非线性动力学丛书　15

生物分子网络的构建和分析

刘曾荣　王瑞琦
杨　凌　赵兴明　著

科学出版社
北　京

内 容 简 介

系统生物学是一门新兴的学科. 它以系统的观点看待生物系统, 把生物系统作为一个多尺度的动态的复杂系统. 因而在研究中除了正常的生物学知识外, 还需要图论(网络)、控制论以及动力系统理论. 本书结合生物问题, 介绍了与系统生物学有关的各种所需知识.

本书可供来自高等院校生物、数学、信息和计算机科学等相关专业并从事系统生物学交叉研究的研究生和青年学者使用, 也可供相关的科研工作者和工程技术人员参考.

图书在版编目(CIP)数据

生物分子网络的构建和分析/刘曾荣等著. —北京: 科学出版社, 2012
(非线性动力学丛书; 15)
ISBN 978-7-03-034448-9

Ⅰ. ①生… Ⅱ. ①刘… Ⅲ. ①分子生物学-研究 Ⅳ. ①Q7

中国版本图书馆 CIP 数据核字(2012) 第 107359 号

责任编辑: 钱 俊 / 责任校对: 宋玲玲
责任印制: 徐晓晨 / 封面设计: 陈 敬

科学出版社出版
北京东黄城根北街 16 号
邮政编码: 100717
http://www.sciencep.com
北京建宏印刷有限公司 印刷
科学出版社发行 各地新华书店经销
*
2012 年 6 月第 一 版 开本: B5(720 × 1000)
2019 年 1 月第三次印刷 印张: 18 3/4
字数: 360 000

定价: 128.00 元

《非线性动力学丛书》序

真实的动力系统几乎都含有各种各样的非线性因素, 诸如机械系统中的间隙、干摩擦, 结构系统中的材料弹塑性、构件大变形, 控制系统中的元器件饱和特性、变结构控制策略等. 实践中, 人们经常试图用线性模型来替代实际的非线性系统, 以求方便地获得其动力学行为的某种逼近. 然而, 被忽略的非线性因素常常会在分析和计算中引起无法接受的误差, 使得线性逼近成为一场徒劳. 特别对于系统的长时间历程动力学问题, 有时即使略去很微弱的非线性因素, 也会在分析和计算中出现本质性的错误.

因此, 人们很早就开始关注非线性系统的动力学问题. 早期研究可追溯到 1673 年 Huygens 对单摆大幅摆动非等时性的观察. 从 19 世纪末起, Poincaré, Lyapunov, Birkhoff, Andronov, Arnold 和 Smale 等数学家和力学家相继对非线性动力系统的理论进行了奠基性研究, Duffing, van der Pol, Lorenz, Ueda 等物理学家和工程师则在实验和数值模拟中获得了许多启示性发现. 他们的杰出贡献相辅相成, 形成了分岔、混沌、分形的理论框架, 使非线性动力学在 20 世纪 70 年代成为一门重要的前沿学科, 并促进了非线性科学的形成和发展.

近 20 年来, 非线性动力学在理论和应用两个方面均取得了很大进展. 这促使越来越多的学者基于非线性动力学观点来思考问题, 采用非线性动力学理论和方法, 对工程科学、生命科学、社会科学等领域中的非线性系统建立数学模型, 预测其长期的动力学行为, 揭示内在的规律性, 提出改善系统品质的控制策略. 一系列成功的实践使人们认识到: 许多过去无法解决的难题源于系统的非线性, 而解决难题的关键在于对问题所呈现的分岔、混沌、分形、孤立子等复杂非线性动力学现象具有正确的认识和理解.

近年来, 非线性动力学理论和方法正从低维向高维乃至无穷维发展. 伴随着计算机代数、数值模拟和图形技术的进步, 非线性动力学所处理的问题规模和难度不断提高. 已逐步接近一些实际系统. 在工程科学界, 以往研究人员对于非线性问题绕道而行的现象正在发生变化. 人们不仅力求深入分析非线性对系统动力学的影响, 使系统和产品的动态设计、加工、运行与控制满足日益提高的运行速度和精度需求, 而且开始探索利用分岔、混沌等非线性现象造福人类.

在这样的背景下, 有必要组织在工程科学、生命科学、社会科学等领域中从事非线性动力学研究的学者撰写一套非线性动力学丛书, 着重介绍近几年来非线性动力学理论和方法在上述领域的一些研究进展, 特别是我国学者的研究成果, 为从事非线性动力学理论及应用研究的人员, 包括硕士研究生和博士研究生等, 提供最新的理论、方法及应用范例. 在科学出版社的大力支持下, 我们组织了这套《非线性动力学丛书》.

本套丛书在选题和内容上有别于郝柏林先生主编的《非线性科学丛书》(上海教育出版社出版), 它更加侧重于对工程科学、生命科学、社会科学等领域中的非线性动力学问题进行建模、理论分析、计算和实验. 与国外的同类丛书相比, 它更具有整体的出版思想, 每分册阐述一个主题, 互不重复. 丛书的选题主要来自我国学者在国家自然科学基金等资助下取得的研究成果, 有些研究成果已被国内外学者广泛引用或应用于工程和社会实践, 还有一些选题取自作者多年的教学成果.

希望作者、读者、丛书编委会和科学出版社共同努力, 使这套丛书取得成功.

胡海岩

2001 年 8 月

前　言

本书主要是想用非线性科学和复杂性科学所提供的思想来研究和分析生命科学问题. 事实上, 这样的研究方法是 20 世纪数理科学和生物科学发展的必然结果.

20 世纪 70 年代, 人们在研究两个客体相互作用时发现了混沌动力学行为, 从而推动了非线性科学迅速发展. 在此基础上, 人们又进一步考虑许多客体发生相互作用时会发生什么现象的问题. 模型研究表明这种系统存在着不同于定态、周期态和混沌态的更复杂的动力学行为, 于是人们对这种现象产生了兴趣, 提出了复杂性问题. 在 20 多年对复杂性问题的研究中, 科学家碰到了前所未有的困难, 当然也总结了不少经验. 这些经验中最重要的一条是复杂性的研究首先要基于复杂系统分析, 从具体的复杂系统研究中找出规律性东西. 进一步的工作又认识到生命系统是复杂系统最典型的例子. 这样就自然地从复杂性理论角度提出了研究生物问题的要求.

另外, 20 世纪中期对分子生物学的研究使人们认识到生命现象产生的本质是大量生物分子 (基因、蛋白质等各种生物分子) 相互作用的结果. 为了加速生物学发展和尽快理解生命本质, 科学家认识到应该在系统层面上全面研究这种相互作用. 事实上, 现在认识到这种生物分子在作用中会表现出服从中心法则, 即有规律而言. 同时在作用过程中, 生物分子会表现出转录、翻译、分子组装、代谢反应、输送和物理运动等动力学过程. 上述认识使我们意识到可以用在数理科学中具有普遍意义的动力学和控制方法加以处理, 这样生物学就自然地提出用非线性科学和复杂系统理论进行研究的要求.

两方面的互相需要使得非线性科学和生物科学最终走到一起, 开启了用复杂网络来研究生物现象的时代. 这是因为一方面由复杂性理论发现复杂网络是研究大量相互作用客体的有效建模工具; 另一方面生命现象从系统层面研究需要考虑大量生物分子相互作用, 从而由数据出发构建出各种生物网络. 这样就自然迫切需要发展出研究生物复杂网络的方法, 本书就是在此基础上完成的.

由于这方面研究涉及多方面内容, 作者个人知识有限, 所以邀请了从东京大学和加利福尼亚大学洛杉矶分校从事博士后研究工作后回国的王瑞琦、杨凌和赵兴明共同合作编著本书. 我们尽可能给出这方面研究的较全面材料, 希望给有志从理论上开展生命科学研究的年轻学者提供入门的渠道.

作为组织者, 作者要声明三位合作者是按其姓名英文字母排序排列. 每个人对本书的具体贡献如下:

刘曾荣：绪论、第 1 章、第 5 章及 10.2、10.3、10.5 节;

王瑞琦：第 3 章、第 8 章、9.2、9.3、9.4 节及 10.4 节部分和 10.6、10.7 节;

杨凌：第 2 章、9.1 节、10.1 节及 10.4 节部分;

赵兴明：第 4 章、第 6 章及第 7 章.

然后由作者在郝军军博士的协助下通读全稿, 并加以整理.

最后作者对于国家自然科学基金 (编号：10832006, 10672093) 以及上海市重点学科 (编号：S30104) 和上海市教育委员会重点学科建设项目 (编号：J50101) 的支持表示感谢, 同时也要感谢力学学科动力学和控制二级学科同仁们的一贯支持.

刘曾荣

2011 年 3 月

目　　录

绪　论

0.1　分子生物学简介

分子生物学是一门内容丰富并对生物学发展有重大影响的学科. 从本书的需要出发, 在这里我们仅就一些分子生物学基本概念与相关知识做一简要介绍. 详细的分子生物学内容可从各种参考书中得到[1~6].

0.1.1　DNA

生物的遗传性表现为子代与亲代的相似. 亲代传递给子代的是带有大量信息的遗传物质. 研究表明对绝大多数生物而言这种遗传物质是脱氧核糖核酸 (DNA), 只有很少一部分为核糖核酸 (RNA).

DNA 和 RNA 是由核苷酸构成. 每一个核苷酸由一个磷酸分子、一个糖分子和一个碱基构成, 具体成分可见表 0.1.

表 0.1　核苷酸的化学组成

核苷酸	DNA	RNA
碱基	腺嘌呤 (adenine, A)	腺嘌呤
	鸟嘌呤 (guanine, G)	鸟嘌呤
	胞嘧啶 (cytosine, C)	胞嘧啶
	胸腺嘧啶 (thymine, T)	尿嘧啶 (uracid, U)
戊糖	脱氧核糖 (deoxyribose)	核糖 (ribose)
磷酸	磷酸	磷酸

DNA 的一级结构是由 A、C、G、T 四种脱氧核苷酸通过 $3'$, $5'$- 磷酸二酯键连接而成的长链高分子多聚体. 一级结构下, DNA 分子是直链分子, 一端是 $5'$ 端, 一端是 $3'$ 端, 它是极性分子, 因而在相关的生物理论研究中, 可以简化地把 DNA 看成由 A、C、G、T 四个字母构成的序列.

1953 年 Watson 和 Crick 在 DNA 的一级结构基础上提出了 DNA 的双螺旋结构模型. 他们提出的 DNA 双螺旋模型是由两条多核苷酸链成反向平行, 即一条链由 $5'$ 端到 $3'$ 端, 另一条由 $3'$ 端到 $5'$ 端, 呈双螺旋状结构. 在双螺旋结构中, 两条链中核苷酸排列要求 A 与 T、C 与 G 配对. 这种配对要求在维持 DNA 分子结构方面起重要作用, 而且在 DNA 复制、转录过程中起着决定性作用. 当然这种 DNA 双螺旋的二级结构可以进一步扭曲、折叠, 形成 DNA 超螺旋的三级结构.

DNA 是可以复制的. 复制过程为原先的 DNA 双链解螺旋, 以解开的双链中的每一条链作为合成模板, 生成一条与该模板配对的新链, 最后形成两个相同的 DNA 双螺旋分子. 由此可见, 在复制的 DNA 双链中, 一条是母链, 另一条是子链, 故一般称 DNA 复制为半保留复制. 这个复制过程相当复杂, 现有研究表明 DNA 聚合酶、解旋酶、拓扑异构酶和连接酶都参与了此过程. 详细情况读者可以进一步参阅有关分子生物学的书籍.

0.1.2　蛋白质

现在我们都知道蛋白质是由氨基酸构成, 自然界有 20 种氨基酸, 它们在结构上的共同之处是与一个羧基相连的 α- 碳原子、一个氨基、一个质子和一个随氨基酸不同的侧链. 除甘氨酸外, 所有氨基酸都有手性. 在水溶液中, 它们可呈酸性、中性和碱性. 氨基酸的侧链在大小、形状、电荷和化学活性上不同.

按侧链不同, 20 种氨基酸可分成下面四类.

(1) 带电荷的侧链：天冬氨酸、谷氨酸、组氨酸、赖氨酸、精氨酸;

(2) 不带电极性的侧链：丝氨酸、苏氨酸、天冬酰胺、谷氨酰胺、半胱氨酸;

(3) 非极性脂族侧链：甘氨酸、缬氨酸、亮氨酸、异亮氨酸、甲硫氨酸、脯氨酸;

(4) 芳香族侧链：苯丙氨酸、酪氨酸、色氨酸.

蛋白质的基本结构单位是氨基酸, 由此形成非常复杂的空间结构. 从形状上来说有球蛋白和纤维蛋白两种. 事实上, 每一个蛋白质都有其复杂的三维空间结构, 这种结构对其在生物学上的功能有很大影响. 在生命过程中, 蛋白质所表现的主要功能有：

(1) 酶可以催化绝大多数生化反应, 底物的结合取决于特异的非共价相互作用;

(2) 当与酶结合时, 膜受体蛋白将信号传入细胞内部;

(3) 有转运与储存作用, 如血红蛋白在血液中转运氧, 铁蛋白在肝脏内储存铁;

(4) 胶原和角蛋白是重要结构蛋白, 肌动蛋白和肌球蛋白构成有收缩力的肌肉纤维;

(5) 酪蛋白和卵清蛋白为生长提供氨基酸的营养蛋白;

(6) 免疫系统依赖抗体蛋白抵御感染;

(7) 调节蛋白, 诸如转录因子, 具有结合并调节其他分子 (如 DNA) 的功能.

0.1.3　从基因到蛋白质

生物学上最重要的问题是 DNA 分子上的遗传信息是如何通过蛋白质转化为控制生物生长发育、分化和死亡的指令. 现有的研究结果表明这些功能都是通过中心法则来执行. 因而中心法则是在分子层次上理解生命现象的最重要法则.

图 0.1 给出了中心法则的示意图. 其中 DNA 通过自我增殖, 将遗传信息维持并传递下去, 这是由复制来完成的; 另外, 以 DNA 双链分子中的一条链为模板, 合成 RNA 的过程在中心法则中称为转录. 然后, 再将 RNA 的核苷酸信息转换成蛋白质氨基酸序列, 这个过程在中心法则中称为翻译, 其中转录和翻译是中心法则的主线. 除此主线外, 对中心法则还存在两点补充.

(1) 在 RNA 生物中, RNA 本身成为遗传物质, 故它也可以自我复制;

(2) 对 RNA 肿瘤病毒研究表明, 可以以 RNA 为模板形成单链 DNA, 再形成双链 DNA, 即存在由 RNA 到 DNA 的逆转录现象.

接下来, 对中心法则所描述的转录和翻译过程作一些简单说明. 这些过程在事实上非常复杂, 详细细节的了解需阅读更多参考资料, 在这里由于不是本书关心的重点, 所以就省略了.

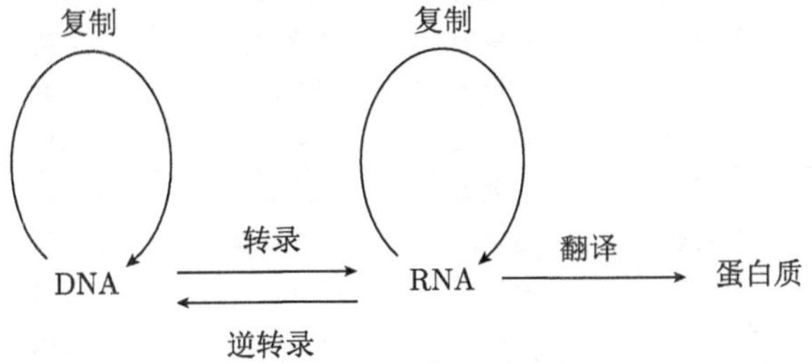

图 0.1　中心法则

在转录开始发生时, 首先是一些转录因子和 DNA 结合, 促进了 RNA 聚合酶、一些蛋白因子和 DNA 双链结合, 使双螺旋解开. 然后, 以 3′ 到 5′ 的 DNA 单链作为模板, 用四种 5′ 脱氧核糖核苷三磷酸作底物, 按碱基配对原则接上第一个核苷酸, 这个核苷酸的位置就是基因转录的起始位点. 接着, 在延伸阶段核苷酸逐个加到前一个核苷酸 3′ 端, 形成 RNA-DNA 杂合分子. 随着 RNA 聚合酶向前移动, 双螺旋逐渐打开, 模板链不断露出. 最终合成的 RNA 从模板 DNA 链上解离并脱出, DNA 仍恢复原双螺旋状. 延伸结束时的特定部位, 核苷酸加不上去了, 成为终止位点. RNA 聚合酶和 RNA 脱离模板, 形成独立 RNA, 转录过程完成, 同时 DNA 也完全恢复原状.

转录后得到的 RNA 对于原核生物一般不需修饰, 但对于真核生物一般需要修饰, 常见的修饰方式有: ① 加上帽子结构; ② 加上 poly A 尾巴; ③ RNA 拼接. 通过这些修饰可以使 RNA 成为有活性的 RNA.

下一步要考虑的是, 通过转录得到 RNA 中由核苷酸所包含的遗传信息是如何通过翻译传递给蛋白质的. 这方面的建议最早是由 Gamow 提出三联体密码或密码子的观点, 这种观点认为可由三个核苷酸的碱基来决定一个氨基酸编码. 经过人们长期的研究, 终于得到全部 20 种氨基酸密码子, 详细结果见表 0.2.

表 0.2　氨基酸密码子

5′-OH 末端的碱基	中间的碱基 U	中间的碱基 C	中间的碱基 A	中间的碱基 G	末端的碱基 3′-OH
U	苯丙氨酸	丝氨酸	酪氨酸	半胱氨酸	U
	苯丙氨酸	丝氨酸	酪氨酸	半胱氨酸	C
	亮氨酸	丝氨酸	终止子	终止子	A
	亮氨酸	丝氨酸	终止子	色氨酸	G
C	亮氨酸	脯氨酸	组氨酸	精氨酸	U
	亮氨酸	脯氨酸	组氨酸	精氨酸	C
	亮氨酸	脯氨酸	谷氨酰胺	精氨酸	A
	亮氨酸	脯氨酸	谷氨酰胺	精氨酸	G
A	异亮氨酸	苏氨酸	天冬酰胺	丝氨酸	U
	异亮氨酸	苏氨酸	天冬酰胺	丝氨酸	C
	异亮氨酸	苏氨酸	赖氨酸	精氨酸	A
	甲硫氨酸	苏氨酸	赖氨酸	精氨酸	G
G	缬氨酸	甘氨酸	天冬氨酸	甘氨酸	U
	缬氨酸	甘氨酸	天冬氨酸	甘氨酸	C
	缬氨酸	甘氨酸	谷氨酸	甘氨酸	A
	缬氨酸	甘氨酸	谷氨酸	甘氨酸	G

由表 0.2, 我们可以从核苷酸的碱基三联密码子中找到对应的氨基酸, 如碱基三联密码子为 GAA 就表示谷氨酸. 通过这种规则可把 RNA 中核苷酸序列翻译为氨基酸序列, 从而得到相应的蛋白质. 此外, 由表中看到密码子有简并性, 即同一氨基酸有好几个密码子. 比如, UCU、UCC、UCA 和 UCG 均为丝氨酸的密码子. AUG 和 GCG 即甲硫氨酸和缬氨酸的密码子, 同时兼作起始密码子; 而 UAA、UAG、UGA 都是无义密码子, 代表了终止密码和终止密码子.

RNA 通过翻译成为蛋白质的具体过程是一个极其复杂的生物过程. 涉及不同分子的合成和降解反应, 事实上还有不少细节目前尚不清楚, 故在这里我们不可能用很短的篇幅把具体生物过程讲清楚. 要想了解详细过程, 读者必须进一步学习有关的参考文献和专业书籍.

此外, 在这里我们要指出, DNA 中所有核苷酸序列并不是全部可以通过翻译编码而成为蛋白质. 通常我们把 DNA 中可以编码为蛋白质的片断所对应的 DNA 序列称为基因. 在 DNA 转录过程形成的 RNA 中, 有些可以翻译成蛋白质, RNA 中不能翻译为蛋白质的片段称为小 RNA, 小 RNA 分成四类, 分别为 siRNA、miRNA、piRNA 和 hsRNA. 现有的认识是小 RNA 的功能研究将使人类可以更加完整地理解基因表达的调控方式.

0.1.4 生物大分子在生命活动中的作用

细胞是生命现象产生的基本单元. 从分子生物学可知, 生物大分子是细胞的基本成分, 这些生物大分子既有含有遗传信息的基因, 又有传递遗传信息与其他各种生物功能的蛋白质, 还有完成转录、翻译以及其他生物功能的各种生物分子. 从理论上讲, 这些生物分子在完成生物功能所表现的过程都可以通过化学反应来表达, 而且我们可以依据化学动力学原理把每一个这样的化学反应用数学模型来描述. 为此, 本书也专门加上关于化学动力学内容的一章, 使得读者按照化学反应来写出对应的方程.

从分子生物学理论上讲, 生物系统所表现的任何生命现象 (在分子水平上, 如果我们了解了生物过程每一个详细细节) 都应当可以通过建模进行理论水平上的研究. 当然, 由于一个生命现象的发生涉及许多生物分子, 所建模型是巨大的, 在以往科学研究中是很少碰到的. 因而如何建立一整套办法, 来处理所面临的新的充满挑战的问题, 成为从理论上开展对生物学研究的一个紧迫的任务.

0.2 分子系统生物学研究的基本特征

分子生物学的研究成果表明对生命现象本质的理解是来自于对生物分子的理解; 同时, 科学界又普遍地认识到生命现象是不可能通过分析单个生物分子 (基因、蛋白质和生化代谢物) 而彻底解释清楚的. 因此, 人们逐步认识到在后基因组时代, 为了深刻地理解生命现象, 生物学面临的一个重大挑战就是如何从整体层面上揭示生物系统中 DNA、RNA、蛋白质和各种生物小分子通过相互作用而产生的生命现象, 为此需要通过从组成系统基本单元的相互作用和它们的动态行为入手来进行系统性研究, 才能最终回答物种形成和执行生命功能的科学问题. 系统生物学 (systems biology) 这门新学科就是在这种背景下诞生的. 不少科学家认为系统生物学是生物学发展中第五个伟大思想 (其他四个分别为基因、细胞、生物化学和适者生存的进化论), 它代表了 21 世纪生物学的发展方向[7].

相对于传统生物学集中于分析构成生物系统的基本单元生物功能, 系统生物学更强调在生物体的系统层面上开展对生命现象的研究. 生命系统从本质上来讲是多尺度的, 即一般来说, 它涉及生物分子、细胞、组织、个体和群体的各个层次, 因而从广义上讲系统生物学的研究按所研究的问题可以涉及上述各个层次. 不管是研究一个层次还是多个层次的系统生物学研究, 其核心思想是研究该系统基本单元之间如何通过相互作用所产生的动态过程来实现生物功能, 从而达到解释和理解各种复杂生命现象的目的[8~13].

事实上, 由于近代分子生物科学的迅速发展, 使得科研工作者逐渐意识到, 生命的复杂程度与基因个体数目没有直接的关系. 生命在从简单到复杂、从低级到高级的进化过程中, 起决定作用的不是基因个体数目, 而是生命系统中基因、蛋白质和生物分子的相互作用而形成的复杂性. 因此, 客观上当前最迫切的课题是需要系统生物研究工作者从生物分子整体水平上解释生命现象. 另外, 随着生物学的发展, 人们利用各种高通量技术已经采集到海量的生物数据, 可以把这些数据直接用来建模; 同时, 科学家们还可间接利用来源于不同角度所积累的各种大通量数据中的信息, 获得更为完整的生物分子相互作用的模型. 总之, 从目前来看, 我们既有在分子水平进行系统生物学研究的理论需要, 又有构建进行研究的模型的实验基础, 因而分子系统生物学首先得到了发展, 这也是 *Nature* 杂志把其系统生物学的子刊定名为 *Nature-Molecular Systems Biology* 的原因. 当然, 有了模型后, 就需要科学家们对模型的整体性态和动态过程进行更深入的研究. 从日前来看, 大致要用到计算机科学、动力系统、控制论和图论等各方面知识. 如上所述, 可看出分子系统生物学研究是涉及多学科的研究, 国外已经非常重视这种交叉研究.

已经开展的分子系统生物学研究所得结果表明这样的研究方式不仅可以帮助生物学家理解复杂的生物功能, 也可以从系统的广度来理解生命系统的根本机制或者本质规律. 因此, 这种系统分子生物学研究方法在短短几年中得到迅速发展, 成为生物学研究中的热点. 本书主要集中于分子系统生物学的内容, 主要是介绍建模、动力学分析和控制机制研究, 希望能推动国内在这方面的交叉研究. 从这个角度出发, 本节主要介绍与分子系统生物学有关的问题.

分子系统生物学的研究工作除了有关的生物实验外, 大致也要经历所研究问题的建模、模型的动力学行为和控制机制的分析以及用所得结果给出生物功能的讨论和对如何理解生物现象的解释.

首先讨论分子生物系统的建模. 在分子系统生物学研究中, 一个重要的任务是如何整合大量的生物数据来正确地建立所需要研究问题的模型. 高通量生物实验手段得到的数据通常有两个主要问题: 一是相对的数量和信息量不足, 只能观测到复杂生命现象中的一个部分; 二是数据的质量不够可靠, 通常有大量的假阳性数据存在. 因而必须发展各种计算方法, 针对这些问题来切实有效地推断或解决模型构建问题.

这里我们先以基因调控关系模型建立为例来作一个简单说明. 基因调控关系预测的研究是一个重要方面, 大量积累的微阵列 (microarray) 基因表达数据为从生物实验数据中学习基因间调控关系, 进而构建基因调控网络和信号传导通路提供了有效的途径. 这类数据的特点是一次微阵列实验能获得细胞在某一条件下的全基因组表达数据, 包含成千上万的基因在细胞中的相对或绝对丰度. 但是由于生物实验条件所限, 一次实验只能获得少数的样本点, 因此基因数据维数远远高于样本个数, 这就导致了由于基因表达数据的 “维数灾难” 所造成的数据相对于构建数学模型不足的困难, 从而使得集成各种不同的信息源、从实验数据出发通过反向工程方法重构可靠的模型成为分子系统生物学中有关建模研究中的最富挑战性的问题. 一种新的重建基因调控网络方法 ——GRNInfer[14], 与传统的只依靠单一时间序列数据集来推断基因调控网的方法不同. 它的特点是能够在统一的数学规划框架下系统地集成多个时间序列数据集, 并且允许这些数据集是在不同条件 (细胞周期的不同阶段、药物作用时间、肿瘤类型、不同患者等) 下的全基因组表达数据. 这种方法在理论上保证从所有数据集中可以得到最相容的网络结构, 因此极大地缓解了基因调控网络重建方法因微阵列数据样本点个数少所产生的困难, 并且显著地提高了基因调控关系预测的可靠度和精度.

我们还提出了一类整数线性规划 (ILP) 模型预测信号转导通路的模型[15]. 信号转导通路是多细胞生物细胞间进行通信的关键过程, 细胞内的各种生物过程 (如蛋白质–蛋白质/DNA 相互作用、蛋白质翻译后修饰、基因表达调控等) 都与各种各样的信号通路有关. 由于信号转导主要是由蛋白质相互作用实现的, 因此利用蛋白质相互作用网络识别信号通路正逐渐成为系统生物学中的研究热点. 蛋白质相互作用网络可以表示成一个无向图 $G(V,E)$, 其中 V 为网络的顶点 (蛋白质或者基因), E 为网络的边 (如蛋白相互作用). 从优化角度来看, 从网络 G 中识别一个信号通路可以看作是从 G 中寻找一个子网络, 该子网络能满足某种评价指标或目标函数. 整数线性规划模型把信号转导网络当成一个整体来处理, 而不是用探索排序的方法来组装单个的线性通路. 更重要的是, 该模型可以很容易地增加限制条件, 并且该方法不用预先限制网络的结构. 因此, 它可以充分利用来自实验结果和文献的信息, 并且可以直接探测具有一般网络结构的信号通路. 同时这个优化问题采用了一个松弛的线性规划算法来求解, 所以用它来解决大规模的问题将不会带来任何数值计算的困难.

在建模方面, 除了上面介绍的一些工作外, 还有不少学者也试图从生物理论出发来构建相应的模型. 这方面工作的依据是进化论, 因为进化论是生物现象满足的基本规律. 这样在分子层次上, 描述生物分子整体行为的模型所具有的基本特征, 应该来自于生物进化论. 这样就自然想到以生物进化论为出发点来建立分子系统生物学模型的基本框架[16~20]. 众所周知, 从自然选择和生物进化论来看, 复制和变异是生物分子进化的内在基本机制. 近几年来, 不少研究者提出了各种不同的基于复制、变异准则的分子系统生物学的模型. 通过把已有的这些模型的结果与生物结果比较, 可以发现这种方法有一定的有效性, 能从不同侧面反映生物的实际情况, 但离建立一个有一定普适性的框架似乎还相距甚远.

如果上述所建模型 (由下述内容可知这种模型就是网络) 是正确的, 应当包含相应生物问题的许多有用信息. 作为第一步应当从静态角度来对网络进行分析. 按照图论知识, 考虑生物学上的需要, 可以对网络作统计分析, 找到描述网络拓扑结构的统计量. 尤其是网络中的模体 (motif) 和模块 (community), 这两项都可能与生物功能有关. 网络模体最早是 2002 年由以色列科学家 Alon 等提出的, 是指其在网络中出现频率远高于随机网络的期望值 (或子网络). 各种复杂网络, 包括生化网络、进化网络和工程网络等, 都被发现包含有网络模体. 在基因调控网络和蛋白质相互作用网络中, 网络模体都以很高的频率出现. 因此, Alon 定义网络模体为网络的基本构造单元. 为此, 很多科学家都开始对生物网络中的各种网络模体展开研究, 如网络模体的识别、网络模体功能的定义和网络模体的动力学建模等. 在转录调控网络中, 网络模体研究最为广泛. 目前, 转录调控网络中被广泛接受的一种模体是前馈模体. 在前馈模体中, 有两个转录因子 (X 和 Y) 和一个被调控基因 (Z), 其中转录因子 X 还调控转录因子 Y. 前馈模体还可以进一步分为一致前馈 (coherent feed-forward) 模体和不一致前馈 (incoherent feed-forward) 模体. 研究发现, 不一致前馈模体是加速被调控基因表达的一种全新机制. 在接受刺激后, 不一致前馈模体会加速目标基因在某一方向的表达时间; 相反, 一致前馈模体会延迟目标基因对刺激的响应.

在分子系统生物学的研究中, 最重要的理论工作之一是对所建的生物分子网络进行动态行为分析和调控机理研究. 在动态分析上, 既要用到确定性的动力系统理论, 又要用到随机性动力学分析. 首先, 我们需要按照化学动力学的基本理论, 在所建的生物分子网络上建立相应的动力学方程, 然后通过理论和数值分析开展动态行为分析, 包括稳定性 (吸引子、吸引盆及分叉) 和鲁棒性、适应性和敏感性等. 在分析中要注意特殊系统可用特殊理论加以解决, 如单调动力系统理论[21]. 随着研究的深入, 也要注意生物系统的多尺度[22] 特性的分析和时滞[23] 影响的讨论. 同时还要注意各种调控机制的研究, 尤其是出现在生物分子网络中的各种形式的正反馈和负反馈环在调控过程中的作用. 另外, 我们在研究生物分子动态过程中必须注意噪声的影响. 这种噪声的影响来自两个方面：一种是生物分子个体的随机行为, 一般称为内噪声; 另一种是环境的随机因素, 它作用于全体生物分子上, 一般称为外噪声. 现有研究表明, 这样的随机噪声会影响整个系统的动力学行为, 它们有时会被生物系统正面合理地利用来产生一些积极的生物功能. 在具体问题的研究中, 当生物分子浓度比较高的时候, 常常主要采用确定性方法; 当生物分子浓度比较低的时候, 就必须考虑随机的影响[24].

当然, 在分子系统生物学的研究中, 我们必须牢记要解决的科学问题是 “什么是生命”, 因而所有结论都应该用相应的生物功能加以说明, 这是极为重要的关键性一步. 例如, 我们用同步作为生物体产生节律机制的动力学起因[25], 用多稳态吸引子作为干细胞在发育过程中分化不同功能细胞产生的动力学原因[26], 用双稳态作为生物学中出现开关效应的起因[27]. 随着工作的深入, 生物功能、动力学和控制机制之间的关系都会得到揭示.

参考文献

[1] Lwein B. Genetic. 4th ed. New York: Wiley and Sons, 1990

[2] Suzuki D T. Genetic. 3rd ed. New York: Freeman and Company, 1986

[3] Raw J D. Biochemistry. New York: Hnoper and Raw. 1989

[4] Branden C, Tooze J. Introductions to Protein Structure. New York and London: Garland Publishing. Inc, 1991

[5] Strgeo L. Biochemistry. 3rd ed. New York: W.H.Freeman, 1988

[6] 寿天德, 徐耀忠. 现代生物学导论. 合肥: 中国科学技术大学出版社, 1998

[7] Vidal M. A unifying view of 21st century systems biology. FEBS Letters, 2009, 583(24): 3891–3894

[8] Hood L. A personal view of molecular technology and how it has changed biology. J Proteome Res, 2002, 1(5): 399–409

[9] Ideker T, Thorsson V, Ranish J A, et al. Integrated genomics and proteomic analyses of a systematically perturbed metabolic network.Science, 2001, 292: 929–934

[10] Noble D. Modeling the heart-from genes to cells to the whole organ Science, 2002, 295: 1678–1682

[11] Arbeitman M N, Furlong E E M, Imam F, et al. Gene express ion during the life cycle of Drosophila melanogaster. Science, 2002, 297: 2270

[12] Kitano H. Systems biology: A brief overview. Science, 2002, 295: 1662–1664

[13] 陈洛南, 王勇, 费敏锐, 等. 从理工科视角探索系统生物学. 科技导报, 2007, 25(10): 5–9

[14] Wang Y, Joshi T, Zhang X S, et al. Inferring gene regulatory networks from multiple microarray datasets Bioinformatics, 2006, 22: 2413–2420

[15] Zhao X M, Wang R S, Chen L, et al. Uncovering signal transduction networks from high-throughput data b integer linear programming. Nucleic Acids Res, 2008, 369(9): e48

[16] Chung F, Liu L, Dewey T G, et al. Duplication models for biological networks. Journal of Computational Biology, 2003, 10: 678–687

[17] Louzoun Y, Muchnik L, Solomou S. Copying nodes versus editing links: the source of the difference between genetic regulatory networks and the WWW. Bioinformatics, 2006, 22: 581–588

[18] Chung F, Lu L. Coupling online and offline analyses for random power law graphs. Internet Mathematics, 2004, 1: 409–461

[19] Berge J, Lassig M, Wagner A. Structure and evolution of protein interaction networks: a statistical model for link dynamics and gene duplications. BMC Evolutionary Biology, 2004, 4: 51

[20] Ispolatov I, Krapivsky P L, Mazo I, et al. Cliques and duplication-divergence network growth. New J Phys., 2005, 7: 145

[21] Angeli D, Sontag E D. Monotone control systems. IEEE Trans, Automat Control, 2003, 48: 1684–1698

[22] Ciliberto A, Capuani F, Tyson J J. Modeling networks of coupled enzymatic reactions using the total quasi-steady state approximation. PLoS Comput Biol, 2007, 3: e45

[23] Lewis J. Autoinhibition with transcriptional delay: A simple mechanism for the zebrafish somitogenesis oscillator. Curr Biol, 2003, 13: 1398–1408

[24] Gonze D, Halloy J, Gaspard P. Biochemical clocks and molecular noise: Theoretical study of robustness factors. J Chem Phys, 2006, 116: 10997–11010
[25] Glass L. Synchronization and rhythmic processes in physiology. Nature, 2001, 410: 277–284
[26] MacArthur B D, Ma'ayan A, Lemischka I R. Systems biology of stem cell fate and cellular reprogramming. Stem Cells, 2009, 10: 672–681
[27] Markevich N, Hoek J, Kholodenko B. Signaling switches and bistability arising from multiple phosphorylation in protein kinase cascades. J Cell Biol, 2004, 164: 353–359

第1章 复杂网络

1.1 复杂系统研究的概况

在绪论中, 我们已经论述了可以把生物系统作为一个复杂系统的观点. 因而在讨论生物系统之前, 有必要就复杂系统的研究现状作一介绍. 事实上, 复杂系统的研究涉及许多方面的问题, 在这里仅就我们认为是一些比较重要的研究工作作一简单介绍.

1.1.1 耗散结构理论

谈到近代复杂系统理论首先应该介绍诺贝尔奖获得者普利高津的观点[1~2]. 他在《对科学的挑战》和《时间之探索》两篇文章中详细地论述了自己的科学观. 在谈到简单性和复杂性问题时, 他认为西方的经典科学更多地强调了还原论, 而中国的古典哲学强调的是整体性, 现在是到了强调两者结合起来的时候了, 也就是说, 科学研究应当进入由简单化向复杂性转化的时代. 为此, 他提出了耗散结构理论, 按照这种理论, 一个复杂系统应当由大量互相作用的基本单元组成. 这个系统应当是开放的, 可以与外界环境进行物质、能量和熵的交换, 从而使系统在处于远离平衡态时表现出耗散结构, 实现由混沌到有序的转化.

现讨论一个由大量基本单元构成的系统. 假定该系统是孤立的, 即系统与外界不发生能量和物质的交换, 那么按照热力学第二定律的结论, 这个系统的熵 S 仅由内部变化决定, 且满足

$$\mathrm{d_i}S \geqslant 0 \tag{1.1}$$

这样的系统最终达到热力学平衡态, 其熵达到最大. 但是普利高津研究的系统的一个特点是具有开放性, 即系统不是孤立于外界环境, 而是与外界发生能量与物质交换, 此系统的熵在演化过程中应由两部分组成

$$\mathrm{d}S = \mathrm{d_e}S + \mathrm{d_i}S \tag{1.2}$$

式中, $\mathrm{d_e}S$ 为由系统与外界通过边界而发生的熵传输; $\mathrm{d_i}S$ 为系统内部的熵产生. 由热力学第二定律仍可假定

$$\mathrm{d_i}S \geqslant 0 \tag{1.3}$$

但式 (1.2) 中 $\mathrm{d_e}S$ 是可正可负的, 结果就不能保证在整个演化过程中 $\mathrm{d}S \geqslant 0$, 系统演化宏观上不一定是最终趋向于热力学平衡态, 系统完全可以远离平衡态. 如

果系统在远离平衡态处形成某种结构的话, 这种结构被称为耗散结构. 这种结构的形成来源于系统的基本单元之间的非线性相互作用. 它可以表现为大量基本单元之间的相干状态.

我们以化学反应为例来说明耗散结构的形成[3]. 在化学反应中, 要使系统处于远离平衡态的状态, 就必须加入自催化反应. 这里我们考虑简单的布鲁塞尔振子

$$\begin{cases} \mathrm{A} \longrightarrow \mathrm{X} \\ 2\mathrm{X} + \mathrm{Y} \longrightarrow 3\mathrm{X} \\ \mathrm{B} + \mathrm{X} \longrightarrow \mathrm{Y} + \mathrm{D} \\ \mathrm{X} \longrightarrow \mathrm{C} \end{cases} \tag{1.4}$$

其中, 开始参与反应物为 A 和 B, 最终生成物为 C 和 D. 让它们在反应过程中保持为常数, 化学中的中间物 X 和 Y 的浓度在反应过程中可随时间变化, 它们起到了自催化作用. 如果假定动力学常数为 1, 则可得到方程

$$\begin{cases} \dfrac{\mathrm{d}x}{\mathrm{d}t} = a + x^2y - bx - x \\ \dfrac{\mathrm{d}y}{\mathrm{d}t} = bx - x^2y \end{cases} \tag{1.5}$$

式中, x、y 分别是 X、Y 的浓度; a 和 b 是大于零的系统参数. 作简单分析, 可知

$$\begin{cases} x_0 = a \\ y_0 = \dfrac{b}{a} \end{cases} \tag{1.6}$$

是方程式 (1.5) 的定态解. 这个解在 $b < b_c = 1 + a^2$ 时是稳定的; 当 $b > b_c = 1 + a^2$ 时, 这个定态解是不稳定的. 此外, 分析表明, 当 $b > b_c$ 时, 式 (1.5) 存在一个稳定的极限环. 很显然, 定态解代表了系统达到了热平衡态, 这个热力学平衡态在系统的外界 (如用参数 b 来表示) 作小的变化时仍可维持, 只有当系统外界发生大的变化 (即系统达到了 $b > b_c$) 时, 热力学平衡态变得不稳定, 结果出现了一种 X、Y 物质的新的相干结构 (在这里是极限环), 即达到了远离平衡态的状态, 出现了耗散结构.

从上述分析来看, 耗散结构的出现相当于系统的解在参数变化中发生了质的变化, 这种现象在数学物理上被称为分叉. 近 20 年来, 人们对分叉现象进行了大量的研究. 现在已在以下两个方面达成共识.

(1) 分叉种类可以是多种多样的;

(2) 对于一个系统, 参数发生变化时, 可以发生逐次分叉.

根据这两条我们就可以得到一个结论：开放系统在远离平衡态的范围内, 可以出现各种各样的耗散结构. 同时我们也要问, 系统由于分叉的出现可能有几个解存

在, 那么它将选择哪一个分叉解? 为了回答这个问题, 我们以树杈分叉来说明这个问题.

图 1.1 是树杈分叉的示意图, 其中 x 代表系统的状态变量, μ 代表 x 系统的参数. 系统在 $\mu = \mu_0$ 时发生树杈分叉, 即当 $\mu < \mu_0$ 时, 系统存在唯一的稳定定态解; 当 $\mu > \mu_0$ 时, 系统原来稳定的定态解变成不稳定的了, 同时分叉出两个新的稳定定态解. 从耗散结构理论来看, 我们要问的是, 系统的参数从 $\mu < \mu_0$ 变到 $\mu > \mu_0$ 时, 系统究竟表现出哪一个耗散结构? 事实上, 如果系统在 $\mu > \mu_0$ 时, 系统的状态仍严格地取不稳定解的值, 那么两个耗散结构就不可能表现出来, 但我们要注意到所研究系统本质上是由大量基本单元组成的, 现在的方程仅仅是其宏观上某种合适的描述, 按照统计力学观点, 这种宏观状态都会受到小的扰动, 它们来自于基本单元的随机变化, 因此这种宏观的不稳定解是不可能存在的, 从宏观上看这两个地位平等的耗散结构哪一个能实现, 完全取决于随机涨落如何发生并由这个随机涨落决定了系统达到哪一个耗散结构, 因此系统表现出来的耗散结构是一种通过涨落而达到的有序结构.

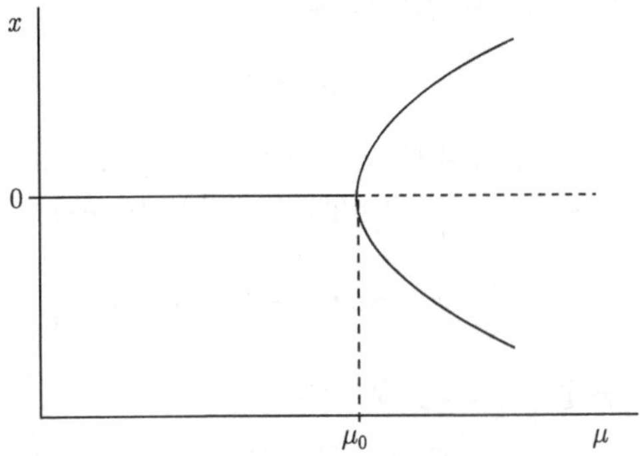

图 1.1 树杈分叉示意图

上面我们已经简单介绍了普利高津的耗散结构理论. 按照这种理论, 一个开放的由大量基本单元组成的系统, 由于系统的开放性, 宏观上会出现各种复杂的有序结构, 这类被称为耗散结构的结构产生的原因是确定性分叉理论和随机涨落共同作用的结果, 即它有决定性的一面也有随机性的一面.

1.1.2 协同论

在普利高津建立耗散结构的同一时期, 德国著名物理学家哈肯[4] 也研究了这种由大量基本单元组成的复杂系统, 并以此建立了协同论理论. 按照协同论观点, 这类由大量基本单元组成的系统存在着彼此协同作用, 结果应当服从伺服原理. 在具体研究某个复杂系统的某一行为时, 基本单元的协同作用表现为序参数, 这个序参数在讨论该行为时起到主导作用, 在系统演化时基本单元的协同作用就表现为它们的行为被序参数所伺服. 序参数的维数往往是不很高的, 因而可以通过对序参数演化的研究得到系统的整体性质. 近年来数学上发现的中心流形定理, 无穷维动力系统中的惯性流形理论以及动力系统中慢变控制快变的一系列结果, 从本质上来说都反映了这种伺服原理的思想.

这里我们以处理手指运动中运动协调问题[5] 为例来说明协同论的基本思想. Kelso 首先完成了这方面实验, 实验中要求被试者平行移动两手的手指, 按节拍器逐步加快手指移动的频率. 结果发现, 存在一个临界频率 ω_c. 当节拍器的频率处于 ω_c 时, 手指运动模式突然出现完全不自主的改变, 即从平行变为反平行 (对称运动). 这样实验结果应该可以通过大脑神经系统发出指令配合肌肉活动来解释, 但如果直接从这个角度出发展开研究将涉及许多颇为复杂的问题, 需要用到许多复杂的系统理论和方法. 如果我们对这个现象进行深入分析, 可发现这个实验中观察的唯一重要现象是相变, 而且这种相变的发生又决定于手指移动频率 ω, 这样按照协同论观点, 神经系统和肌肉活动都受到相变量这个序参数的伺服. 我们从平行与反平行两种运动描述中可以体会到事实上最重要的相变量是相位差, 这样经过适当定义后, 可以用相位差来表示此种运动中的序参数

$$\phi = \phi_1 - \phi_2 \tag{1.7}$$

显然 $\phi = \pi$ (或 $-\pi$) 相当于平行运动, $\phi = 0$ 相当于手指的反平行运动. 考虑到实验结果表示出系统可能出现平行与反平行两种稳定状态, 故可以建立序参量的方程

$$\frac{\mathrm{d}\phi}{\mathrm{d}t} = -a\sin\phi - 2b\sin 2\phi \tag{1.8}$$

要求参数 a 和 b 满足 $\left|\dfrac{a}{4b}\right| > 1$, 以确保 $\phi = 0$ 和 $\phi = \pi$ 是式 (1.8) 的两个稳定的定态解. a 和 b 具体数值可由实验数据得到. 按协同论观点, 协同产生的伺服原理最终都在 a 和 b 中得到实现.

进一步我们再把随机涨落力 $F(t)$ 引入式 (1.8), 得到

$$\dot{\phi} = -a\sin\phi - 2b\sin 2\phi + F(t) \tag{1.9}$$

假定涨落力有两个基本特性, 即 $\langle F(t)\rangle = 0, \langle F(f)F(t')\rangle = Q\delta(t-t')$, 其中, Q 是涨落力的强度, δ 是狄拉克函数. 在研究式 (1.9) 时, 用福克尔–普朗克方程取代朗之万方程. 式 (1.9) 的福克尔–普朗克方程为

$$\dot{p}(\phi,t) = \frac{\partial}{\partial\phi}\left(\frac{\partial V}{\partial\phi}p\right) + \frac{Q}{2}\frac{\partial^2 p}{\partial\phi^2} \tag{1.10}$$

式中, V 是式 (1.8) 右端的势函数, $V = a\cos\phi + b\cos 2\phi$; $p(\phi,t)$ 是概率分布. 式 (1.10) 的稳态解为

$$p(\phi) = N\exp[-2V(\phi)/Q] \tag{1.11}$$

式中, 归一化常数

$$N^{-1} = \int_{-\pi}^{\pi} p(\phi)\mathrm{d}\phi \tag{1.12}$$

利用上面的结果可作如下讨论.

1. 手指反平行运动

此时相位趋于 $\phi = 0$, 在假定相位涨落不大的条件下, 式 (1.9) 中 $\sin x \approx x$, 就可得到

$$p(\phi) = N\exp(-d^2\phi^2) \tag{1.13}$$

式中, $d = \sqrt{\dfrac{a+4b}{Q}}$; $N = \dfrac{d}{\pi\mathrm{erf}(\pi d)}$, 其中 erf 是误差函数. 进一步可计算得到 $|\phi|$ 的均值和标准差

$$\langle|\phi|\rangle = \frac{1-\exp(\pi^2 d^2)}{\sqrt{\pi}\mathrm{erf}(\pi d)} \tag{1.14}$$

和

$$\sigma^2 = \frac{1}{2d^2} - \frac{\sqrt{\pi}\exp(-\pi^2 d^2)}{d\mathrm{erf}(\pi d)} - \langle|\phi|\rangle^2 \tag{1.15}$$

由反应系统受扰后, 弛豫回到原来状态 $\phi = 0$ 所需时间定义的弛豫时间为

$$\tau_{\mathrm{rel}} = \frac{1}{4b+a} \tag{1.16}$$

2. 手指平行运动

此时相位起于 $\phi = \pm\pi$, 同样只要涨落不大, 可把式 (1.9) 在 $\phi = \pm\pi$ 附近作线性化处理, 然后用式 (1.13) 作类似分析, 可得到

$$p(\phi) = N\exp(-f^2\delta^2) \tag{1.17}$$

式中, $\delta = \phi - \pi$, 当 $0 < \phi \leqslant \pi$(或 $\delta = \phi + \pi$, 当 $-\pi < \phi \leqslant 0$) 时, $f = \sqrt{\dfrac{4b-a}{Q}}$, $N = \dfrac{f}{\pi\mathrm{erf}(\pi f)}$. $|\delta|$ 的均值与标准差分别为

$$\langle|\delta|\rangle = \pi - \frac{1-\exp(-\pi^2 f^2)}{\sqrt{\pi} f\mathrm{erf}(\pi f)} \tag{1.18}$$

和

$$\sigma^2 = \frac{1}{2f^2} - \frac{\sqrt{\pi}\exp(-\pi^2 f^2)}{f\mathrm{erf}(\pi f)} - \langle|\delta|\rangle^2 \tag{1.19}$$

同样可得到此时的弛豫时间为

$$\tau_{\mathrm{rel}} = \frac{1}{4b-a} \tag{1.20}$$

ϕ 的取值为 $[0,\pi]$, 在该区间的两个端点附近可用上述分析, 在其余情况下我们只能依赖于数值. 典型的例子和数值结果如图 1.2 所示.

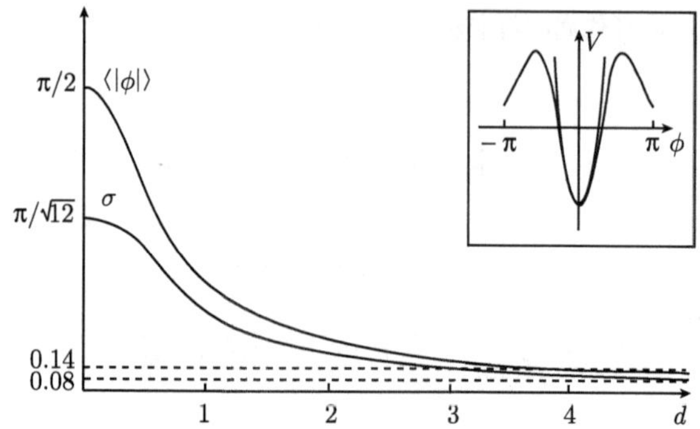

图 1.2　平均相位 ($\langle|\phi|\rangle$) 和标准差 σ 与参量 d 的关系曲线 (插图表示势曲线用抛物线取近似)

图 1.2 中给出了平均绝对相位和其标准差随时间演化的情况, 很明显地给出了 $\pm\pi$ 到 0 的转变. 图 1.3 给出了概率密度随时间的演化, 图中初始条件选取为 $\phi=\pm\pi$ 所代表手指平行运动的稳定模态, 即概率集中在 $\phi=\pi$ 和 $\phi=-\pi$ 附近, 随着时间的演化, 在 $\phi=0$ 处形成中央峰, 最后这个峰变得越来越尖锐, 从而完成了由手指平行运动到反平行运动的相变过程. 所有这些理论结果已经被 Kelso 等[6] 和 Schoner 等[7] 所做的实验验证.

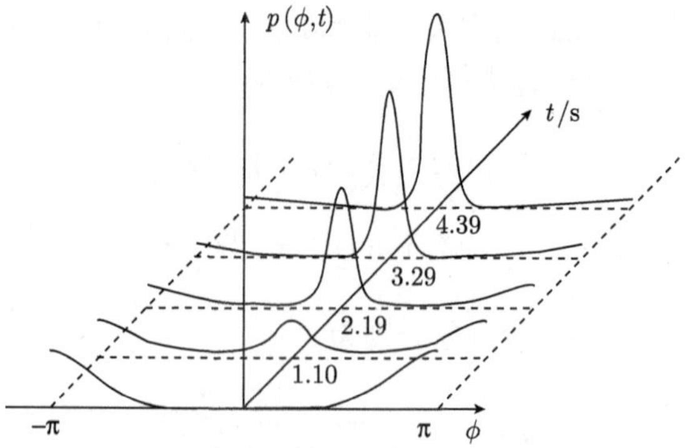

图 1.3　手指从平行运动发展为反平行运动时概率密度分布的时间演化

从上述例子中可以看到, 协同论认为, 对于有大量基本单元组成的系统, 当系统表现出某种特定性质时, 可以认为是由于它们之间协同作用的结果, 而且这种性质往往可以由少量的序参数决定. 一旦我们决定了序参数就可以比较简单地讨论系统的这个性质. 这样的话, 就可以大大简化问题的讨论, 另外, 也要认识到对于系统的各种不同性质, 序参数的选取往往是很困难的. 对于无穷维动力系统理论来讲, 这些序参数往往由代表变化缓慢的模式所决定.

1.1.3 复杂系统中的自适应性

众所周知, 自适应性是复杂系统的一个特点[8], 所谓自适应是指系统能自动改变自己的习性以适应环境的变化, 这种属性在生物系统中得到最明显的体现. 事实上 "适者生存" 的法则就蕴含了这一层意思. 复杂系统作为一个开放性的系统, 它面临不断变化的环境, 当然应该有能力适应环境变化, 故其有自适应性也就不足为奇.

在工程科学的领域中是如何处理自适应性的呢？自动控制界对这个问题有深入的研究, 并为此建立了自适应控制的理论[9], 在这里我们首先以自适应控制方法来说明自适应性.

我们以实现两个系统同步的自适应方法来说明这一点. 给出两个系统, 其中一个系统为

$$\begin{cases} \dot{x}_1 = \sigma(y_1 - x_1) \\ \dot{y}_1 = -x_1 z_1 + r x_1 - y_1 \\ \dot{z}_1 = x_1 y_1 - b z_1 \end{cases} \tag{1.21}$$

式中, $\sigma = 10$; $r = 28$; $b = \dfrac{8}{3}$. 此时式 (1.21) 为处于混沌态的洛伦兹系统. 另一个系统为

$$\begin{cases} \dot{x}_2 = \sigma'(y_2 - x_2) \\ \dot{y}_2 = -x_2 z_2 + r' x_2 - y_2 \\ \dot{z}_2 = x_2 y_2 - b' z_2 \end{cases} \tag{1.22}$$

式中, 参数 σ'、b'、r' 是未知量. 按照自适应控制的说法是我们通过寻找加在式 (1.22) 上的控制器 $\boldsymbol{u} = (u_1, u_2, u_3)^{\mathrm{T}}$ 的设计和未定参数 (σ', r', b') 的自适应控制律, 使得式 (1.22) 产生与式 (1.21) 的同步解. 为此我们先在式 (1.22) 上加入控制项成为

$$\begin{cases} \dot{x}_2 = \sigma'(y_2 - x_2) + u_1 \\ \dot{y}_2 = -x_2 z_2 + r' x_2 - y_2 + u_2 \\ \dot{z}_2 = x_2 y_2 - b' z_2 + u_3 \end{cases} \tag{1.23}$$

并令

$$\begin{cases} \sigma' = \sigma + \delta\sigma \\ r' = r + \delta r \\ b' = b + \delta b \end{cases} \tag{1.24}$$

显然 $(\delta\sigma, \delta r, \delta b)$ 是未知的. 把式 (1.24) 代入式 (1.23), 得到

$$\begin{cases} \dot{x}_2 = \sigma(y_2 - x_2) + \delta\sigma y_2 - \delta\sigma x_2 + u_1 \\ \dot{y}_2 = -x_2 z_2 + r x_2 - y_2 + \delta r x_2 + u_2 \\ \dot{z}_2 = x_2 y_2 - b z_2 - \delta b z_2 + u_3 \end{cases} \tag{1.25}$$

将式 (1.25) 减去式 (1.21), 得到误差函数的动力学方程为

$$\begin{cases} \dot{e}_1 = \sigma(e_2 - e_1) + \delta\sigma y_2 - \delta\sigma x_2 + u_1 \\ \dot{e}_2 = -e_1 z_1 - e_3 x_1 - e_1 e_3 + r e_1 - e_2 + \delta r x_2 + u_2 \\ \dot{e}_3 = e_2 x_1 + e_1 y_1 + e_1 e_2 - b e_3 - \delta b z_2 + u_3 \end{cases} \tag{1.26}$$

式中, $\boldsymbol{e} = (e_1, e_2, e_3)^{\mathrm{T}} = (x_2 - x_1, y_2 - y_1, z_2 - z_1)^{\mathrm{T}}$ 是误差函数. 进一步我们构造 Lyapunov 函数

$$V(\boldsymbol{e}, \delta\tilde{\sigma}, \delta\tilde{r}, \delta\tilde{b}) = \frac{1}{2}(\boldsymbol{e}^{\mathrm{T}}\boldsymbol{e} + \delta\tilde{\sigma}^2 + \delta\tilde{r}^2 + \delta\tilde{b}^2) \tag{1.27}$$

式中, $\delta\tilde{\sigma} = \delta\sigma - \delta\hat{\sigma}; \delta\tilde{b} = \delta b - \delta\hat{b}; \delta\tilde{r} = \delta r - \delta\hat{r}$; 而 $\delta\hat{\sigma}$、$\delta\hat{r}$、$\delta\hat{b}$ 是 $\delta\sigma$、δr、δb 的一个估计值. 计算 V 沿着误差函数动力学方程式 (1.26) 的解的导数, 得到

$$\begin{aligned} \frac{\mathrm{d}V}{\mathrm{d}t} =& e_1\dot{e}_1 + e_2\dot{e}_2 + e_3\dot{e}_3 + \delta\tilde{\sigma}(-\delta\dot{\hat{\sigma}}) + \delta\tilde{r}(-\delta\dot{\hat{r}}) + \delta\tilde{b}(-\delta\dot{\hat{b}}) \\ =& \sigma e_1(e_2 - e_1) + \delta\sigma y_2 e_1 - \delta\sigma x_2 e_1 + e_1 u_1 - e_1 e_2 z_1 - e_2 e_3 x_1 \\ & - e_1 e_2 e_3 + r e_1 e_2 - e_2^2 + \delta r x_2 e_2 + e_2 u_2 + e_2 e_3 x_1 + e_1 e_3 y_1 \\ & + e_1 e_2 e_3 - b e_3^2 - \delta b z_2 e_3 - e_3 u_3 - \delta\tilde{\sigma}\delta\dot{\hat{\sigma}} - \delta\tilde{r}\delta\dot{\hat{r}} - \delta\tilde{b}\delta\dot{\hat{b}} \end{aligned} \tag{1.28}$$

如果我们设计控制器和参数自适应控制律为

$$\begin{cases} u_1 = \delta\hat{\sigma} x_2 - \delta\hat{\sigma} y_2 - (\sigma + r) e_2 \\ u_2 = e_1 z_1 + e_3 x_1 + e_1 e_3 - \delta\hat{r} x_2 \\ u_3 = -e_2 x_1 - e_1 y_1 - e_1 e_2 + \delta\hat{b} z_2 \\ \delta\dot{\hat{\sigma}} = -e_1 x_2 + e_2 y_2 \\ \delta\dot{\hat{r}} = e_2 x_2 \\ \delta\dot{\hat{b}} = -e_3 z_2 \end{cases} \tag{1.29}$$

式 (1.28) 就化为

$$\frac{\mathrm{d}V}{\mathrm{d}t} \leqslant -(\sigma e_1^2 + e_2^2 + b e_3^2) = -W(\boldsymbol{e}) \tag{1.30}$$

式中, $W(\boldsymbol{e})$ 是一个正定函数. 于是式 (1.26) 的零点是全局渐近稳定的, 即有性质

$$\lim_{t\to\infty} \|e(t)\| = 0 \tag{1.31}$$

式 (1.31) 的等价表达式为

$$\begin{cases} \lim\limits_{t\to\infty} \|x_2(t)-x_1(t)\|=0 \\ \lim\limits_{t\to\infty} \|y_2(t)-y_1(t)\|=0 \\ \lim\limits_{t\to\infty} \|z_2(t)-z_1(t)\|=0 \end{cases} \tag{1.32}$$

即式 (1.25) 的解与式 (1.21) 的解达到同步.

我们选取 $x_1(0)=7, y_1(0)=8, z_1(0)=9, x_2(0)=4, y_2(0)=-1, z_2(0)=3$, 并随机假定 $\delta\sigma(0)=1, \delta r(0)=2, \delta b(0)=3$ 和自适应控制律初值为 $\delta\hat{\sigma}(0)=0.1, \delta\hat{r}(0)=-0.1, \delta\hat{b}(0)=0.1$. 然后用 RK4 数值方法, 步长取为 0.001 进行数值模拟, 结果发现式 (1.21) 与式 (1.25) 的三个分量经长时间演化后都达到同步.

如果我们采用复杂系统的观点, 如何用自适应性来看待上述现象呢?

一般来说, 复杂性系统都具有某种不同程度的不确定性, 这些不确定性有时表现在系统的内部, 有时表现在系统的外部. 复杂系统的开放性就决定了外部的不确定性是来自于环境, 这是很好理解的. 系统内部的不确定性可能来自于系统的结构和参数. 复杂系统的自适应性应该表现为对应于系统环境的变化, 系统通过调节结构和参数作出自适应反应, 使得系统对外部环境作出正确合理的响应.

现在利用上述想法来解释自适应现象. 我们先假定式 (1.25) 是我们所要研究的复杂系统, 其中, $\boldsymbol{u}=(u_1,u_2,u_3)^{\mathrm{T}}$ 代表系统结构不确定部分, (σ', r', b') 代表系统参数的不确定部分. 再进一步假定系统式 (1.21) 是复杂系统式 (1.25) 所处的外部环境. 所研究问题是系统式 (1.25) 面对式 (1.21) 的环境如何自适应地调节结构和参数, 使得式 (1.25) 对式 (1.21) 这种环境作出正确合理的响应 (具体地说是同步响应). 当然, 结论可以很自然地得到, 我们只要采取式 (1.29) 的自适应方法就能达到目的. 这里我们要强调一点的是在自适应性控制理论中, 式 (1.29) 是人为设计的, 而在复杂系统的理论中, 式 (1.29) 是复杂系统自己主动地作出适应过程. 当然为何能产生这种适应性仍是一个有待研究的问题, 现在大致上仍停留在 "适者生存" 的理解上.

总结起来, 对于复杂系统的自适应性问题, 我们可以得到如下几点看法.

(1) 从目前积累的资料来看, 复杂系统的自适应应当包括系统参数适应和系统结构适应, 至于是否还有其他形式的自适应方式是一个有待解决的问题.

(2) 在控制论中, 这两种适应性分别表示为控制器的设计和参数适应的选择. 由于都是人工控制的, 所以希望是简单和可操作的. 但是对于复杂系统而言, 这种适应性是系统对外界环境主动的适应, 因而不存在这种简单和可操作性要求. 从理论上讲, 只要存在这种可能性就不能排除实现可能, 除非同系统的一些基本要求发生矛盾.

(3) 从上面的例子中我们可以看出这种结构和参数适应的方式是可以用多种方式实现的, 我们相信这样的结果有一定的代表性. 从数学理论上来说可以选取各种方式, 但落实到具体的复杂系统, 就由该系统的特征来决定其适应方式.

(4) 上面例子中给出的复杂系统仅仅是我们的讨论需要, 事实上我们可以看到复杂系统的自适应性能力完全决定于复杂系统的柔性. 柔性越强的系统应当有更强的自适应性.

(5) 系统的自适应对于系统的复杂性的形成起到了关键的作用, 所以有人认为复杂系统的最典型模型是复杂的自适应系统 (CAS), 从这个角度来看对复杂系统的自适应研究似乎有些不足, 这是值得引起关注的问题.

1.1.4 非线性共性 —— 混沌

上述两项处理复杂系统的思想基本上出现在 20 世纪 60 年代末到 70 年代初. 70 年代末出现的非线性科学研究热潮又一次极大地影响了复杂系统研究. 复杂系统中基本单元的相互作用必然导致其描述的数学模型具有非线性这个共性, 所以作为理解复杂系统的基础必须研究这个共性. 研究结果表明, 对于一个确定性非线性系统, 不管其维数如何 (自治的常微分方程要求维数大于或等于 3), 出现混沌现象是相当普遍的[10,11]. 混沌性质明确地指出了在确定性系统中完全可以出现类随机性质的解, 这是认识论上的一个重大突破. 这个结果告诉我们采用纯确定性或纯随机性观点来研究系统都存在片面性, 对一个系统行为的研究需要把这两种方法有机地结合起来, 尤其对于复杂系统的复杂行为. 从这里我们也可以体会普利高津提出由简单性转化为复杂性是超前的科学预测.

复杂系统所表现的非线性特征中最应当引起关注的是混沌现象. 正是由于无序的混沌现象的存在, 人们才能谈论无序与有序问题, 才能提出混沌边缘的观点, 从而引发复杂系统中斑图涌现的共性. 正是由于混沌在复杂系统中占有重要地位, 所以在这里就它的基本理论作一介绍.

首先我们给出混沌的数学定义. 关于混沌的第一个数学定义是由李–约克给出的[12]. 假设 f 是区间 I 上到其自身的一个连续映射, 如果在 I 中存在不可数子集 $S \subseteq \Omega(f) \backslash P(f)$, f 在 S 上满足

$$\begin{cases} \lim\limits_{n\to\infty} \sup \rho(f^n(x), f^n(y)) > 0, & \forall x, y \in S \\ \lim\limits_{n\to\infty} \inf \rho(f^n(x), f^n(y)) = 0, & \forall x, y \in S \\ \lim\limits_{n\to\infty} \sup \rho(f^n(x), f^n(p)) > 0, & \forall x \in S, p \in P(f) \end{cases}$$

式中, $\Omega(f)$ 是 f 的非游荡集; $P(f)$ 是 f 的周期点集; ρ 是定义在区间 I 上的距离. 这个定义涉及一系列的数学概念, 对于非数学专业的读者在理解上可能有一定困难, 我想可以不去细探这个定义, 最重要的是我们要认识到 f 作用在 S 集中产生的

轨道比较混乱, 有点类似于随机性所导致的轨道. 集合 S 上任意两点 x 和 y 出发的轨道时而接近时而分离的情形, 就是这种混乱性质的体现. 类似的定义有 Devaney 定义[13] 和 Marotto 定义[14], 这里就不重复了.

对于非数学专业的读者直接用上述定义来判断混沌存在显然是一件很困难的事, 所以我们要设法建立模型来判断混沌存在. 其中, 最简单又贴近的模型是符号动力系统[15]. 假设 $A=\{a_1,a_2,\cdots,a_N\}$ 是 N 个符号构成的集合, 以 Σ_A 表示一切由 A 中元素构成的双向无穷序列的集合, 即 $\forall S\in\Sigma_A$, 则 $S=(\cdots,s_{-2},s_{-1};s_0,s_1,s_2,\cdots)$, 其中 $s_j\in A\ (j=0,\pm1,\pm2,\cdots)$. 在符号序列空间定义适当距离, 就可使 Σ_A 成为距离空间. 然后在距离空间 Σ_A 上定义移位映射 σ

$$\begin{aligned}\sigma(S)&=\sigma(\cdots,s_{-2},s_{-1};s_0,s_1,s_2,\cdots)\\&=(\cdots,s_{-2},s_{-1},s_0;s_1,s_2,\cdots)\end{aligned}\tag{1.33}$$

即 $(\sigma(S))_j=(S)_{j+1}\quad(j=0,\pm1,\pm2,\cdots)$. σ 的作用是将序列中元素左移一位 (等价于符号 “;” 右移一位). 可以证明映射 σ 是 Σ_A 上一个同胚. σ 确定了 Σ_A 上的一个动力系统. 这个动力系统有以下性质.

(1) 性质 1: σ 具有周期为任意自然数的周期点, 因而 σ 存在有无穷多个周期点.

(2) 性质 2: σ 的周期点在 Σ_A 中是稠密的. 也就是说, $\forall S\in\Sigma_A$, 对 S 的任意小邻域内可以找到 σ 的周期点.

(3) 性质 3: 存在稠轨道. 即存在 $\overline{S}\in\Sigma_A$, 使得 $\overline{S}$ 的轨道构成集合

$$\{S|S=\sigma^k(\overline{S}),k=0,\pm1,\pm2,\cdots\}\tag{1.34}$$

成为 Σ_A 中的稠密集.

(4) 性质 4: Σ_A 中存在不可数集 $\Delta\subset\Sigma_{\rm A}-{\rm per}(\sigma)$, 使得移位映射 σ 在 Δ 上满足李–约克定义下的三个结果, 其中 ${\rm per}(\sigma)$ 为 σ 的所有周期点集合.

(5) 性质 5: Σ_A 上的移位映射 σ 的拓扑熵为

$${\rm ent}(\sigma)=\log N>0\tag{1.35}$$

式中, N 是 A 中符号的数目.

从以上这些性质可看出以符号空间 Σ_A 上的移位映射 σ 作为产生严格数学意义下的混沌集是合适的. 在实际处理中, 如何把所研究的问题变成符号空间的移位映射不是一件容易的事. 通常只有当所研究问题存在合理粗粒化方法时, 这个目的才能实现. 在其他情况下都要用拓扑共轭方法建立起所研究问题与符号空间的移位映射之间的动力学等价性来处理问题.

设 (X_1, T_1) 和 (X_2, T_2) 是两个动力系统, 如果存在同胚映射 $\phi: X_1 \to X_2$, 使得图 1.4 中的关系成立, 即 $\phi \circ T_1 = T_2 \circ \phi$, 则称 (X_1, T_1) 和 (X_2, T_2) 拓扑共轭. 数学上已经证明两个拓扑共轭的动力系统在动力学上是等价的, 即轨道之间一一对应. 这样我们通过设法证明动力系统与 (Σ_A, σ) 拓扑共轭的办法来判定动力系统是否产生混沌.

考虑 Smale 马蹄变换. 平面 R^2 上的正方形 $Q = [-1, 1] \times [-1, 1]$, 把 Q 在垂直方向上拉长 (拉伸比为 $\mu > 2$), 在水平方向上压缩 (压缩比 $\lambda < \dfrac{1}{2}$), 形成一竖直条, 然后弯成马蹄形 (图 1.5), 这样形成的一个映射 $f: Q \to R^2$ 称为 Smale 马蹄变换.

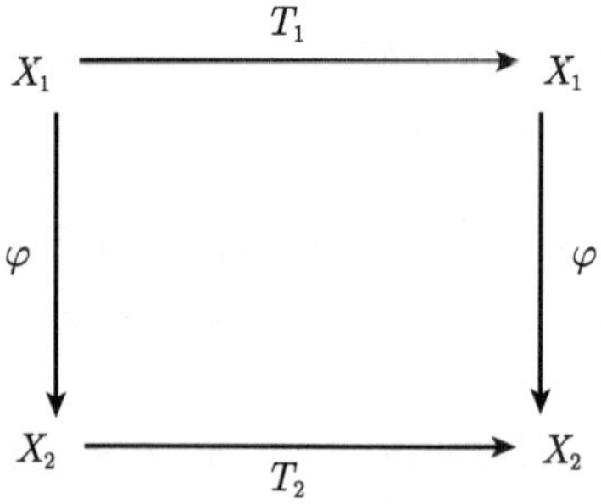

图 1.4　拓扑共轭示意图

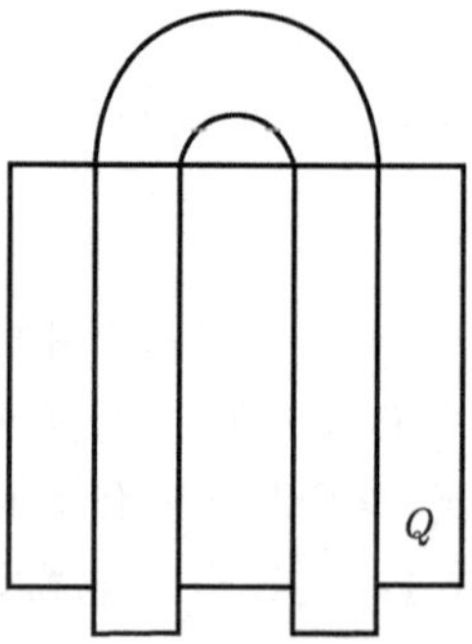

图 1.5　Smale 马蹄变换示意图

显然, $V = f(Q) \cap Q$ 是由两条不相交竖直条 V_0 和 V_1 组成的, 即 $V = V_0 \cup V_1$, 每条竖线宽度小于 Q 的宽度的一半; V 的逆象 $U = f^{-1}(V)$ 是由两条互不相交的横条 $U_0 = f^{-1}(V_0)$ 和 $U_1 = f^{-1}(V_1)$ 组成的, 即 $U = U_0 \cup U_1$, 每条横条的厚度小于 Q 的厚度的一半. 现把 $f(Q) \cap Q$ 的两条竖线记为 0. 和 1., $f^{-1}(V)$ 的两条横条记为.0 和.1. 这样, $Q \cap f(Q) \cap f^{-1}(Q)$ 是由四个小方块组成的 (图 1.6), 可记为

$$
\begin{aligned}
\Lambda_1 &= f^{-1}(Q) \cap Q \cap f(Q) \\
&= (0.0, 0.1, 1.0, 1.1)
\end{aligned}
\tag{1.36}
$$

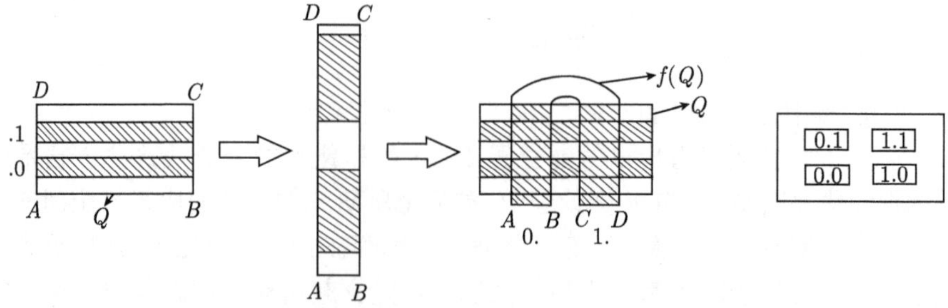

图 1.6　式 (1.36) 图示

另外, $f(\Lambda_1)=Q\cap f(Q)\cap f^2(Q)\subset Q$, 即 Λ_1 中的点在 f 的作用下仍在 Q 中, 同样验证 Λ_1 中的点在 f^{-1} 作用下也在 Q 中.

类似地考虑 $f^2(Q)$, 它与 $Q\cap f(Q)$ 交于四条竖条, 可分别记为

$$Q\cap f(Q)\cap f^2(Q)=(00.,10.,11.,01.)$$

同样有 $f^{-2}(Q)\cap f^{-1}(Q)\cap Q=(.00,.10,.11,.01)$ 为四条横条, 于是得到

$$\begin{aligned}\Lambda_2&=f^{-2}(Q)\cap f^{-1}(Q)\cap Q\cap f(Q)\cap f^2(Q)\\&=(00.00,00.01,00.11,00.10,\cdots,01.00,01.01,01.11,01.10)\end{aligned}\tag{1.37}$$

是由 16 个方块组成的 (图 1.7). 也可以验证 Λ_2 内点在 f、f^2 和 f^{-1}、f^{-2} 作用下仍在 Q 内.

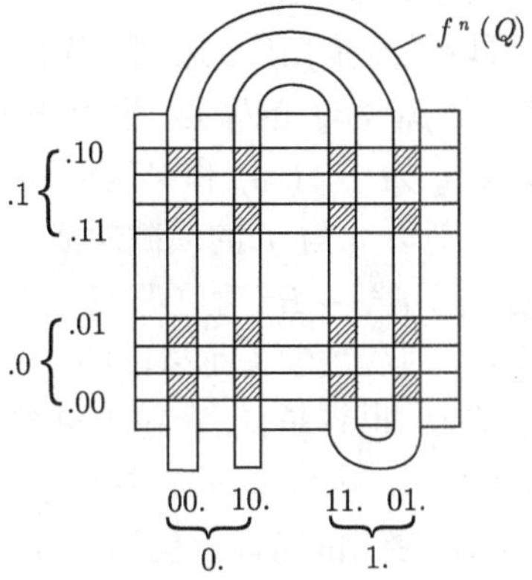

图 1.7 式 (1.37) 图示

按照这样的方式重复进行, 可以得到

$$\Lambda_n=f^{-n}(Q)\cap\cdots\cap f^{-1}(Q)\cap Q\cap f(Q)\cap\cdots\cap f^n(Q)\tag{1.38}$$

由 2^{2n} 个小方块组成, 每一小块可用符号 $a_{-n},\cdots,a_{-1},a_1,\cdots,a_n$ 表示, 其中 $a_j(j=\pm1,\pm2,\cdots,\pm n)$ 为符号 “0” 或 “1”, Λ_n 中的点经过 $k(k\leqslant n)$ 次正变换和逆变换仍在 Q 内. 取 $n\to\infty$, 得到集合 $\Lambda=\lim\limits_{n\to\infty}\Lambda_n$, 因为 $\mu>2$ 和 $\lambda<\dfrac{1}{2}$, 故 Λ 中每个小块收敛为一个点, 该点可以用由符号 “0” 和 “1” 构成的双方无穷序列构成. 这样我们就建立了 Λ 与 Σ_2 间的一一对应关系. 此外, 显然有 Λ 中的点经过任何有限次正变换或逆变换仍在 Λ 内.

进一步我们考察 Λ 中的点在 f 作用下的变化. 由图 1.8 可知, 原先在 Λ 中位于方块 1.10 中的点, 在 f 作用下跑到了 11.0 方块中, 因而 f 对 Λ 中点的作用相当于移位映射 σ 对该点所对应 Σ_2 中符号序列的作用, 即 (Λ,f) 和 (Σ_2,σ) 是拓扑共

轭的. 换句话说, f 在 Λ 上作用有混沌性质, 习惯上就说成 f 具有 Smale 变换意义下的混沌.

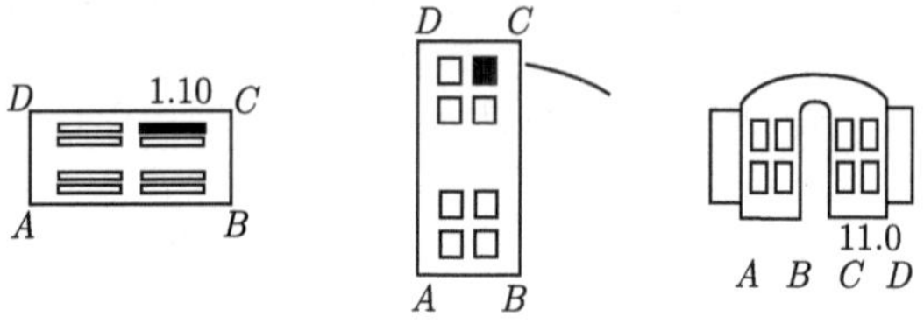

图 1.8　(Λ, f) 和 (Σ_2, σ) 拓扑共轭关系示意图

当然现在的做法是非常正规的, 一般来说只要变换具有马蹄类形状且满足一定条件, 上述同样的结果可以得到, 详细可参见有关资料[16]. 另外, 这些结果不限于二维, 从理论上可以推广到任何有限维空间[17].

由 Smale 马蹄变换又可以进一步拓广到横截同宿点理论. 为简单起见, 考虑平面上微分同胚 $f: R^2 \to R^2$, 设 p_0 为 f 的鞍点, 记 $W^{\mathrm{u}}(p_0)$ 和 $W^{\mathrm{s}}(p_0)$ 为 p_0 的不稳定鞍点流形和稳定流形, 如果 q 为 $W^{\mathrm{u}}(p_0)$ 和 $W^{\mathrm{s}}(p_0)$ 的交点, 称 q 为 f 的同宿点, 进一步当这种相交是横截时, 则称 q 为 f 的横截同宿点.

现在我们假定微分同胚 $f: R^2 \to R^2$ 存在鞍点 p_0, 且 $W^{\mathrm{u}}(p_0)$ 和 $W^{\mathrm{s}}(p_0)$ 横截相交于 q, 即 f 有横截同宿点, 则从数学上可以证明 f 具有双曲不变集 Λ, 在 Λ 上 f 拓扑共轭于 Σ_2 上有限子移位, 也就是说, 存在正整数 $N < +\infty$ 和 Λ 的子集 Λ^N 以及同胚 $h: \Lambda^N \to \Sigma_2$, 使得 $f^N = h^{-1} \circ \sigma \circ h$, 这样 f^N 在 Λ^N 上混沌. 因为这个结论的数学证明也来自于马蹄变换, 故习惯上也因具有横截同宿点而产生的混沌称为具有 Smale 变换意义下的混沌[18].

把上述结果推广到具有多个鞍点的情况, 设 $f: R^2 \to R^2$ 上微分同胚, $p_1, p_2, \cdots, p_n$ 为 f 的互不相同的鞍点, $W^{\mathrm{u}}(p_i)$ 和 $W^{\mathrm{s}}(p_i)$ 分别表示鞍点 $p_i (i = 1, 2, \cdots, n)$ 的不稳定流形和稳定流形, 如果存在 q_i 为 $W^{\mathrm{u}}(p_i)$ 和 $W^{\mathrm{s}}(p_{i+1}) (i = 1, 2, \cdots, n, n+1 \equiv 1)$ 的横截交点, 则称 f 有横截 n 环. 同样可以证明 f 有横截 n 环就意味着 f 有横截同宿点, 也就是说, f 有 Smale 马蹄意义下的混沌[19].

横截同宿点理论在方程中最大的应用为 Mel'nikov 方法. 下面以平面 Hamiltonian 系统在周期扰动下产生混沌问题来说明. 考虑如下系统:

$$\dot{\boldsymbol{x}} = \boldsymbol{f}(\boldsymbol{x}) + \varepsilon \boldsymbol{g}(\boldsymbol{x}, t), \quad \boldsymbol{x} = (u, v)^{\mathrm{T}} \in R^2 \tag{1.39}$$

式中, $\boldsymbol{f}(\boldsymbol{x}) = (f_1(\boldsymbol{x}), f_{\mathbb{Z}}(\boldsymbol{x}))^{\mathrm{T}}$, $\boldsymbol{g}(\boldsymbol{x}, t) = (g_1(\boldsymbol{x}, t), g_2(\boldsymbol{x}, t))^{\mathrm{T}}$ 都是充分光滑函数且在有界集上为有界. $g(x, t)$ 关于 t 是周期函数, 周期为 T. $0 < \varepsilon \ll 1$ 代表扰动强度. 对式 (1.39) 作如下假定:

(1) 当 ε=0 时, 式 (1.40) 为一 Hamilton 系统, 即存在 Hamilton 量 $H(u, v)$ 满

足

$$f_1 = \frac{\partial H}{\partial u}, \quad f_2 = -\frac{\partial H}{\partial v} \tag{1.40}$$

(2) 当 $\varepsilon = 0$ 时, 式 (1.39) 存在一个双曲鞍点 p_0 以及连接 p_0 的同宿轨道

$$\boldsymbol{q}^0(t) = (u^0(t), v^0(t)) \tag{1.41}$$

式 (1.39) 的等价扭扩系统为

$$\begin{cases} \dot{x} = \boldsymbol{f}(x) + \varepsilon \boldsymbol{g}(x, \theta), \\ \dot{\theta} = 1, \qquad\qquad (x, \theta) \in R^2 \times S^1 \end{cases} \tag{1.42}$$

式中, S^1 是周长为 T 的圆. 在式 (1.42) 的相空间 $R^2 \times S^1$ 上取全局横截面

$$\Sigma^{t_0} = \{(x, \theta) \in R^2 \times S^1 | \theta = t_0, t_0 \in [0, T]\} \tag{1.43}$$

就可在 Σ^{t_0} 上定义由式 (1.42) 生成的流所形成的 Poincaré 映射 $P_\varepsilon^{t_0} : \Sigma^{t_0} \to \Sigma^{t_0}$

$$P_\varepsilon^{t_0}(q_\varepsilon(t, t_0)) = \Pi(q_\varepsilon(T + t_0, t), \theta(T)) = q_\varepsilon(T + t_0, t_0) \tag{1.44}$$

式中, $(q_\varepsilon(t, t_0), \theta(t))$ 是式 (1.42) 的解; Π 是投影到第一个因子的映射.

在上述条件下, 可以证明当 ε 充分小时, 映射 $P_\varepsilon^{t_0}$ 存在唯一对应的双曲鞍点 $p_\varepsilon^{t_0} = p_0 + O(\varepsilon)$. 这样就发生鞍点 $P_\varepsilon^{t_0}$ 的不稳定流形 $W^{\mathrm{u}}(p_\varepsilon^{t_0})$ 和稳定流形 $W^{\mathrm{s}}(p_\varepsilon^{t_0})$ 可能发生横截相交问题. 通过引进度量 $W^{\mathrm{u}}(p_\varepsilon^{t_0})$ 和 $W^{\mathrm{s}}(p_\varepsilon^{t_0})$ 之间距离方法, 可以建立如下 Mel'nikov 函数:

$$M(t) = \int_{-\infty}^{\infty} f(q^0(t - t_0)) \wedge g(q^0(t - t_0), t)\mathrm{d}t \tag{1.45}$$

式中, $a \wedge b = a_1 b_2 - a_2 b_1$. 已经证明, 当 $M(t_0)$ 具有不依赖于 ε 的简单零点, 则对充分小的 ε 就能保证 Poincaré 映射 $P_\varepsilon^{t_0}$ 具有横截同宿点, 也就是说, $P_\varepsilon^{t_0}$ 具有 Smale 马蹄意义下的混沌. 习惯上就常说系统式 (1.40) 具有 Smale 马蹄意义下的混沌. 这里要强调一点的是, Mel'nikov 方法不仅对具有周期扰动的平面系统适用, 事实上这种思想已经推广到任何有限维动力系统, 甚至可积的无限维动力系统, 有兴趣的读者可以参考有关文献[20].

上述关于混沌的论述都强调存在一个具有混沌行为的集合, 没有涉及对吸引性的要求, 因而这与数值上在相空间发现的奇怪的混沌吸引子有所不同. 顾名思义, 奇怪的混沌吸引子既要求有混沌性质又要求有某种吸引性. 正是因为这样的原因, 即使我们没法用上述办法证得有混沌集的存在, 也不能保证数值上在相空间一定会发现奇怪的混沌吸引子. 这两者之间的差异读者必须有正确认识.

要使具有混沌行为的集合成为一个相空间上可观察的奇怪的混沌吸引子必须要解决一个吸引性问题. 谈到吸引性问题, 数学上通常涉及邻域, 就是讨论所研究集合的某个邻域中点出发的轨道性质. 吸引性要求存在这样的邻域, 由其中的点出发的轨道在 $t \to +\infty$ 时都趋向于这个研究集合. 混沌研究的大量数值结果表明, 如用这样的观点来讨论奇怪的混沌吸引子的吸引性似乎是很困难的. 事实上, 从应用观点来看, 吸引性主要保证可观察性, 事实上可观察性仅仅要求有相空间的一个正测度集中点出发轨道在 $t \to +\infty$ 都趋向于它就可以了. 显然邻域观点要求太高, 为此 Milnor[21] 对数学上对吸引子概念重新进行了定义, 把邻域要求改为存在正测度的吸引集. 当然这样做在数值上与实际是接近了, 但要完成理论上的证明, 困难就更加大了. 其主要原因是, 数值上的奇怪混沌吸引子一般都是非双曲的, 而现有的理论结果都是针对双曲情况进行讨论的. 上述原因使我们相信, 本节前面提到的结果仅仅只能作为判断相空间出现奇怪混沌吸引子的先兆. 对于数值结果是否真正代表奇怪混沌吸引子还必须作进一步分析, 现在常用的手段有如下几种.

(1) 数值计算表明相空间出现混乱集合, 如果它是系统的某个双曲不变集的不稳定流形的闭包 (如鞍点的不稳定流形闭包), 按照现有的经验可以判断它有可能是反映混沌属性的奇怪吸引子. 但由于奇怪的非混沌吸引子的发现, 这种光凭经验的手段还是不够的.

(2) 进行功率谱分析. 我们已经知道对周期或似周期轨道都可以通过分析功率谱中的峰以及峰的组合性质来加以判断. 而具有混沌性质的轨道的谱应当是以宽带连续谱为主, 不存在明显的峰特征. 这样做可能出现的问题有两个: 其一是如何与随机的宽带连续谱相区分, 其二是如何断定我们已经把所有可能存在的峰的性质排除.

(3) 计算维数. 一般来说分数维数仅仅反映出所研究集合在相空间的几何结构. 如果我们计算得到的维数为分数, 只能说明数值结果的吸引子在结构上是奇怪的, 也就是证实了 “奇怪” 两个字的含义. 对于这个集合上动力学的性质没给出有用信息, 不能判断是否有混沌属性. 在实际问题中它不能区分奇怪混沌吸引子和奇怪的非混沌吸引子, 另外对已经发现具有胖分形 (分维数为整数) 的奇怪的混沌吸引子也不能判断.

(4) 计算 Lyapunov 特征谱. 已经从理论上证明了现有的已知的所有正规吸引子 (定态、周期和拟周期) 的 Lyapunov 特征谱都不可能有正值. 因而如果轨道的 Lyapunov 特征谱至少有一个正值, 就说明轨道敏感地依赖于初始条件. 事实上对于上面所述的 Smale 马蹄, 从构造过程就可见至少存在着一个伸长方向, 其弯曲度可以认为是由函数的非线性决定的, 因而从 Smale 马蹄变换也可以很自然地想到至少存在一个正 Lyapunov 特征指数的结果. 因此, 用至少具有一个正 Lyapunov 特征的指数来判断混沌特征是一个合理可行的方法.

(5) 计算熵. 如果熵是有限且为正值, 则说明系统在数值计算的集合上运动是混乱的, 李–约克定理是用混乱性来定义混沌存在的, 故用熵为正的有限值来判定混沌也是合理的.

从以上分析来看, 用 (1) 和 (3) 来解决数值上发现的 "奇怪现象" 是比较合适的, 由于 "奇怪" 在直觉上往往是行得通的, 所以一般用 (1) 就行了. 此外, 一般用 (2)、(4)、(5) 来解决 "混沌", 从前面所述一般采用 (4) 与 (5) 就可以了, 但由于熵的概念非常复杂, 数值计算是很困难的, 所以最常用的是 (4), 为此我们对 (4) 再作一些交代.

考虑 $f: R^m \to R^m$ 上的一个映射, $\mathrm{D}f(z_0)$ 是 f 在 $z = z_0$ 处的 Jacobi 阵, f 以 z_0 为初始值, 轨道为 $\{z_0, f(z_0) = z_1, f(z_1) = z_2, \cdots, f(z_{n-1}) = z_n, \cdots\}$, 记

$$J_n = \mathrm{D}f(z_0)\mathrm{D}f(z_1)\cdots\mathrm{D}f(z_{n-1}) \tag{1.46}$$

将 J_n 的 m 个复特征根取模后, 以从大到小的顺序排列, 得到

$$|\lambda_1^{(n)}| \geqslant |\lambda_2^{(n)}| \geqslant \cdots \geqslant |\lambda_m^{(n)}| \tag{1.47}$$

则 f 的 Lyapunov 特征指数定义为

$$\lambda_k = \lim_{n\to\infty} \frac{1}{n} \ln|\lambda_k^{(n)}|, \quad k = 1, 2, \cdots, m \tag{1.48}$$

$\{\lambda_1, \lambda_2, \cdots, \lambda_m\}$ 定义为 f 的 Lyapunov 特征谱. 在数值计算时, 如果 $\lambda_1 > 0$, 则是混沌, 它的几何直观在切空间上是发散的, 因而特别要注意数值的不断调整, 否则计算得到的结果脱离原来的轨道, 结论就不可靠了. 最后我们强调一下, 如果不止一个 Lyapunov 指数大于零, 则系统也是混沌, 切空间上平均发散方向不止一个, 习惯上称为超混沌.

近年来在高维系统发现一大类具有混沌特性的运动, 人们称为混沌巡游(chaotic itinerancy)[22,23]. 在混沌巡游中, 轨道在许多由少数自由度上表现的有序运动之间巡游. 对于每一个经历很长时间的有序运动现在通称为 "attractor ruin", 从吸引子观点来看它们处于拟稳态 (quasistationary). 由于结构上的双曲性, 轨道最终会由于某种不稳定性从某个 attractor ruin 上逃逸, 进入高维空间中的混沌运动, 随后经过巡游之后又进入另一个 attractor ruin. 有学者认为这类混沌运动是对大脑动力学的挑战[24].

1.1.5 混沌控制、混沌同步与混沌边缘

复杂系统的共性是斑图 (pattern) 的涌现 (emergence), 斑图可看成空间有关联的结构, 这类有序结构的涌现是如何产生的应当是复杂系统研究的核心问题. 一般来说, 按照混沌无序性的性质, 我们可以把复杂系统涌现共性理解为通过混沌边缘

实现从无序到有序的转化. 现在的问题是如何从更深层次理解混沌边缘与无序到有序的转化关系, 笔者认为混沌控制的发现给这种理解打开了一条新的思路.

经过十多年来的研究, 人们对非线性系统的混沌行为有了较深刻的理解, 促使在 20 世纪 90 年代初混沌控制理论的建立和发展[25,26]. 混沌控制的原始思想是当一个系统处于混沌态时, 其相空间所表现的混沌奇怪吸引子中嵌入有无穷多的不稳定有序态, 这种有序态可以通过系统参数微调后在不改变系统本质特点的条件下得到控制. 换句话说, 对于一个处于混沌状态系统通过参数调节的控制方法, 我们就可以实现向有序态的转化. 同时由于有序态的数目是无穷多个, 故转化为各种有序态的可能性也有无穷多种.

最早提出混沌控制的是 Ott 等[25], 现在通常把他们提出的方法称为 OGY 方法. 为了简化起见, 考虑一个二维平面映射

$$x_{k+1} = F(x_k, p) \tag{1.49}$$

式中, $x \in R^2$ 是状态变量; $p \in R$ 是参数. 设 $p = p^*$ 时, 式 (1.49) 处于混沌状态, 在相空间 R^2 上存在一个奇怪的混沌吸引子. 由现有理论结果知道在这个奇怪的混沌吸引子中嵌入有各种各样不稳定周期轨. OGY 方法是指我们能设计一种方法, 使得当式 (1.49) 中每一步 p 可以调整时, 在要求调整幅度受到限制的条件下, 完成系统式 (1.49) 对嵌入在混沌吸引子中某一个不稳定周期轨的控制.

现在我们假定式 (1.49) 在 $p = p^*$ 的混沌态具有一个正 Lyapunov 特征指数, 于是嵌入在吸引子中的不稳定周期轨都是鞍型的, 选择其中一个鞍型不动点 x_f^* 为控制目标, 即应有

$$x_f^* = F(x_f^*, p^*) \tag{1.50}$$

由混沌轨道的遍历性结论, 对于 x_0 出发的混沌轨道, 总存在充分大的 N, 使 x_N 离 x_f^* 充分近. 从此时刻以后, 我们就调节参数, 要求 $p_k = p^* + \Delta p_k$, 其中 $|\Delta p_k| < \Delta p_{\max}(k \geqslant N)$; 由于 x_k 与 x_f^* 离得很近, 故可用线性化方法来处理式 (1.49), 有

$$x_{k+1} \approx x_f^* + J_k(x_k - x_f^*) + W_k(p_k - p^*) \tag{1.51}$$

记 $\Delta x_k = x_k - x_f^*$, $\Delta p_k = p_k - p^*$, 式 (1.51) 可写成

$$\Delta x_{k+1} \approx J_k \Delta x_k + W_k \Delta p_k \tag{1.52}$$

式中, $J_k = D_x F(x_f^*, p^*)$; $W_k = D_p F(x_f^*, p^*)$. 由于 x_f^* 是映射的鞍型不动点, 故 J_k 存在一个稳定特征值 $|\lambda_{\rm s}| < 1$ 和一个不稳定特征值 $|\lambda_{\rm u}| > 1$. 对应于 $\lambda_{\rm s}$ 和 $\lambda_{\rm u}$ 的局部稳定流形和局部不稳定流形方向是由对应的特征向量 $\boldsymbol{e}_{\rm s}$ 和 $\boldsymbol{e}_{\rm u}$ 给出的. 若 $\boldsymbol{g}_{\rm s}$ 和 $\boldsymbol{g}_{\rm u}$ 是满足下列方程的基向量:

$$\begin{cases} \boldsymbol{g}_{\rm s}^{\rm T}\boldsymbol{e}_{\rm s} = \boldsymbol{g}_{\rm u}^{\rm T}\boldsymbol{e}_{\rm u} = 1 \\ \boldsymbol{g}_{\rm s}^{\rm T}\boldsymbol{e}_{\rm u} = \boldsymbol{g}_{\rm u}^{\rm T}\boldsymbol{e}_{\rm s} = 0 \end{cases} \tag{1.53}$$

现在我们调节 Δp_k, 使 x_{k+1} 能达到 x_f^* 的稳定流形的切向量上去, 即要求

$$\boldsymbol{g}_{\mathrm{u}}^{\mathrm{T}} \Delta x_{k+1} = 0 \tag{1.54}$$

这样把 $\boldsymbol{g}_{\mathrm{u}}^{\mathrm{T}}$ 对式 (1.52) 两边作内积, 得到

$$0 = \lambda_{\mathrm{u}} \Delta x_k + \boldsymbol{g}_{\mathrm{u}}^{\mathrm{T}} W_k \Delta p_k \tag{1.55}$$

即有

$$\Delta p_k = -\lambda_{\mathrm{u}} \frac{\Delta x_k}{\boldsymbol{g}_{\mathrm{u}}^{\mathrm{T}} W_k} \tag{1.56}$$

在推导此式过程中已经用到了 $J_k = \lambda_{\mathrm{u}} \boldsymbol{e}_{\mathrm{u}} + \lambda_{\mathrm{s}} \boldsymbol{e}_{\mathrm{s}}$.

如果由式 (1.56) 中得出 $|\Delta p_k| \leqslant \Delta p_{\max}$, 那么就在第 k 步进行满足式 (1.56) 的参数扰动; 如果 $|\Delta p_k| > \Delta p_{\max}$, 就取 $\Delta p_k = 0$, 即 $p_k = p^*$. 万一通过这样的策略进行一段控制后, x_k 又离开 x_f^*, 那就一直取 $p_k = p^*$, 由遍历性再次等待 x_k 回到 x_f^* 的小邻域内. 事实已经证明通过这样的控制策略, 最终可以使 x_M 达到 x_f^* 的稳定流形 (其中 M 为充分大正整数), 此后就放弃参数调整的控制策略, 在 $n \geqslant M$ 时, x_n 就沿 x_f^* 的稳定流形向 x_f^* 逼近, 最后达到 x_f^*, 控制目的就达到了.

从上述对混沌控制的描述中, 如果不考虑其控制论背景, 我们可看到一种有无序的混沌态转化为有序的周期态的策略. 在实现这个策略的过程中有两点值得注意, 其一是通过系统的参数调节, 而不是通常用的各种控制方法; 其二是转化到有序态是系统原先就有的, 而不是控制论中人为设定的控制目标. 具有上述两个特点的实现由无序到有序的转化也许就包含了混沌边缘所含的一些观点. 例如, 参数调节对复杂系统而言可能意味着系统的自适性, 通过自适性复杂系统可以自适应地调节系统本身到嵌入在它的无序态中的一些不稳定的有序态.

为了更加有力地说明这种观点, 我们首先考虑嵌入在奇怪吸引子中周期点为完全不稳定的情况, 即这些周期点不具有稳定流形. 我们也用参数调节的思想提出了一种直线控制法[27], 从理论上说明了也有可能实现从无序混沌到有序不稳定周期点的转化. 这样一来, 嵌入在奇怪混沌吸引中的不稳定周期点, 是否具有稳定部分是无关紧要的, 它们都可以通过参数调节的这种自适应方式来实现从无序到有序的转化. 这样我们就可以对复杂系统通过自适应方式来实现由无序到有序转化有了一个理解的框架, 同时对混沌边缘的理解也就更加深刻.

另一个要注意的是复杂系统是由大量基本单元组成的, 用数学语言描述, 这样系统的相空间维数很高. 显然对于这样的系统, 如果其处于混沌状态, 则多数情况下其 Lyapunov 特征指数大于零的个数往往是很多的, 即是处于超混沌状态. 这样超混沌状态可能导致嵌入在奇怪混沌吸引子中的不稳定有序态的数目大幅度的增加[28]. 除此之外, 这种大量基本单元构成的系统在一定条件下可与偏微分方程空间离散化后的格点化系统相比较, 因而系统的规则解 (有序态) 应该也具有空间结

构, 故此时嵌入在奇怪混沌吸引子中的不稳定有序态与低维情况下的周期点不同, 应当可以看成有空间结构的斑图. 从以上讨论中, 我们发现如果把低维系统混沌控制所体现的思想用到复杂系统产生的奇怪混沌吸引子中有两个很重要的特点: ① 嵌入在奇怪混沌吸引子中的不稳定有序态应当存在空间结构的斑图; ② 这种有序态的数量比一般低维情况下的奇怪混沌吸引子中的数目多得多. 这样就能更深刻地理解是如何通过混沌边缘而出现各种各样的斑图的.

当然我们这里也要指出的一点是, 至今我们对涉及空间结构的斑图了解得还很少. 数值结果似乎告诉我们斑图的种类实在太多, 至今都很难给出关于它们的大致分类. 可是 20 世纪 90 年代以来关于同步理论的发展, 似乎对斑图形成机理的研究带来了一线希望. 90 年代初在混沌控制提出的同时也提出了混沌同步的概念, 最早提出的混沌同步方法是驱动–响应方法[26]. 但是随着同步研究的深入, 人们的注意力已经更多地集中到同步概念这个问题上, 现在已经普遍认识到存在四种不同同步, 而且可以从数学上给出统一的定义[29,30]. 在这里我们先对四种同步作一简单介绍, 考虑如下系统:

$$\begin{cases} \dot{x} = F_1(x, y, p), \quad x \in R^n, y \in R^n, p \in R^l \\ \dot{y} = F_2(x, y, p) \end{cases} \tag{1.57}$$

式中, (x, y) 是状态变量, 为方便起见, 假设它们都是 n 维的; p 是参数. 如果式 (1.57) 的解 $(x(t), y(t))$ 成立, 有

$$\lim_{t\to\infty} ||x(t) - y(t)|| = 0 \tag{1.58}$$

则称解 $x(t)$ 和 $y(t)$ 达到了完全同步 (complete synchronization). 按照这样定义, 如果复杂系统中各个基本单元中的解经过演化后最终都趋于完全同步, 就意味着在 $t \to \infty$ 时复杂系统从空间结构来看形成的定态显然代表了一种最简单的斑图.

除了完全同步外还有三种其他的同步.

(1) **滞后同步**(lag synchronization), 即式 (1.57) 中的解 $y(t)$ 滞后一个常数 τ 同步于 $x(t)$, 其数学表达式为

$$\lim_{t\to\infty} ||x(t) - y(t-\tau)|| = 0 \tag{1.59}$$

如果一个复杂系统的各个基本单元解构成整个复杂系统解的分量, 彼此之间存在着滞后同步的关系, 显然在 $t \to \infty$ 时可以看到在空间传播的波, 当然这种波没有振荡型的限制, 从理论上来讲可以是任意形式的. 由此可见这种形式同步对于复杂系统也反映了具有空间结构的一种斑图. 近年来发现了对偶于滞后同步的超前同步, 它可以看成滞后同步的一种推广.

(2) **相同步**(phase synchronization), 当式 (1.57) 中解 $x(t)$ 和 $y(t)$ 为振荡型时, 其振动频率达到同步 (可以放宽到两个频率同步为有理比), 数学表达式可以写成

$$\lim_{t\to\infty} ||m\dot{\varphi}_x - n\dot{\varphi}_y|| = 0 \tag{1.60}$$

式中, φ_x 和 φ_y 是解 $x(t)$ 和 $y(t)$ 的相角; m、n 是互质整数. 如果一个复杂系统的各个基本单元解之间存在这样的相同步, 则由于彼此频率与相位的关系必然会使得空间中各个基本单元之间存在某种关联, 也就形成斑图. 显然振荡型的波动是其中最典型的一种.

(3) **广义同步**(generalized synchronization), 这是一种在最广泛意义下的同步. 如果式 (1.57) 中 $y(t)$ 与 $h(x(t))$ 实现同步, 其中 h 为一个性质很好的函数, 则称 $x(t)$ 和 $y(t)$ 之间存在广义同步, 其数学表达式为

$$\lim_{t\to\infty} ||y(t) - h(x(t))|| = 0 \tag{1.61}$$

显然完全同步、滞后同步和相同步都是式 (1.61) 中 h 取特定形式后得到的, 因而它具有最广泛意义. 在广义同步意义下, 解 $x(t)$ 和 $y(t)$ 在长时间之后表现出某种关系. 如果把广义同步这个概念推广到复杂系统, 其各个基本单元之间存在广义同步, 就表明长时间后, 各单元之间存在着关系, 而它们不是彼此独立的, 这样在空间就形成关联, 也就得到了斑图. 也就是广义同步可以看成斑图形成的动力学机制.

由于基本单元数目巨大, 整个系统轨道的分量的数目也就巨大; 加上产生广义同步函数 h 的多样化, 使得可能形成的斑图数目大得不可思议, 因而复杂系统出现斑图涌现是非常正常的事. 我们相信通过讨论复杂系统基本单元之间的广义同步对理解斑图的形成以及斑图涌现都是非常重要的. 可惜的是人们在同步研究中现在基本上还保留在基本单元的完全同步上, 我们认为为了推动复杂性的研究应该把更多的注意力放在广义同步的研究上.

上面我们回顾了对复杂系统研究产生重大影响的理论, 并讨论了现在比较公认的一些观点. 留下一个问题即关于复杂系统结构上的网络特征, 这个问题近几年来受到充分关注, 成为一个很重要的研究热点 —— 复杂网络. 为了介绍复杂网络, 我们首先就网络及有关概念作一介绍.

1.2 生物系统是复杂系统

复杂性和复杂系统研究开始于 20 世纪 80 年代, 研究表明这是一个异常困难而对 21 世纪科学发展又有指导意义的研究方向. 美国 SantaFe 研究所一直坚持了这个方向的研究, 从工作中他们体会到应该把主要精力集中于研究生物系统与社会

经济系统. 经过多年努力, 人们终于在寻找复杂系统的共性方面取得了非常大的进展[31~35]. 就我们的了解而言, 大致可以归纳如下.

(1) 所有复杂系统的共性是涌现 (emergence), 也就是说, 一个复杂系统会涌现出各式各样的斑图. 应该说人们对涌现机制有了一些了解, 也给出了一些局部研究方法, 但离建立一般性的研究框架似乎还相当遥远.

(2) 这些涌现现象是由混沌边缘 (edge of chaos) 来完成的, 换句话说, 这种由无序到有序的过程是由混沌边缘来完成的. 产生混沌边缘的机制以及有关问题在目前看来知道得还很少.

(3) 复杂系统一般具有一些共性. 根据目前了解的情况, 这类特点有四种：① 非均匀性, 如基本研究客体分布的非均匀性, 它们之间相互作用的非均匀性, 在时间演化中表现的不可逆等; ② 非线性性, 这是由于基本研究客体之间的相互作用而产生的, 从而导致系统在各种条件下可能存在无序 (混沌) 和有序 (规则) 的解, 也就引发了无序与有序的转化问题; ③ 自适应性, 由于复杂系统的开放性, 它必定与周围环境发生作用. 复杂系统有能力对外界环境作出正确的反应, 复杂系统的这种性质就是自适应性. 自适应性的来源, 由现在所知来看有系统参数的自适应性和系统结构上的自适应性; ④ 网络性, 复杂系统在结构上具有网络性, 这一点在过去很少研究, 但自从 Watts 等[31] 和 Barabasi 等[32] 发表了两篇开创性论文以来, 这方面研究已经得到迅速发展. 研究结果表明, 复杂系统所构成的网络往往具有小世界性质和 (或) 无标度性质.

对于上述性质的一些理解和认识, 我们将在下一节中作些简单总结, 以供有兴趣的读者参考.

从绪论所述我们可知道生命现象主要是通过生物分子 (主要是蛋白质等生物分子) 的相互作用来实现的, 这个过程在生物中通常称为新陈代谢. 这些蛋白质, 除了参与新陈代谢过程外, 还将通过转录来实现对另一类生物分子 (基因) 的调控, 得到调控的基因又通过翻译而生成蛋白质, 这种基因–蛋白质的调控过程在生物上称为基因调控过程, 这种过程是严格地服从中心法则的. 总之, 生物现象是通过大量生物分子的相互作用来实现的, 因而很明显, 生物系统是符合复杂系统应该存在大量相互作用的研究客体的要求的.

在新陈代谢过程中, 我们可以把蛋白质等生物分子受到基因调控的过程看成导致新陈代谢产生的内因. 另外, 任何一个新陈代谢过程又受到环境的影响, 如在植物光合作用过程中, 它要受到环境所提供的光、CO_2 等因素的影响, 这种影响可看成是促成新陈代谢发生的外因. 这种内、外因就可看成上面我们所提到的产生复杂系统自适应的两个原因. 从这个角度来讲, 生物系统是具有复杂系统所要求的开放性的.

总结上面两条我们可以看到, 生物系统具有复杂系统的基本特征, 所以应用复杂系统现有的理论对生物系统进行分析是合适的. 为此我们在下面几节中就要对复杂系统建模的基本理论以及相关方法作一些介绍.

1.3 网络基础理论

复杂系统是由大量相互作用的基本单元构成的, 这里最重要的两个要素是 "基本单元" 和 "相互作用", 因而可以设想任何描述复杂系统的数学模型都应该包含这两个要素.

在数学中, 图论中网络就包含有 "节点" 和 "连线" 两个要素, 这样人们自然想到了用网络来对复杂系统进行建模. 事实上, 在复杂系统理论中, 我们通常把复杂系统中的基本单元看成节点, 把相互作用看成连线, 这样就可以把一个复杂系统抽象为一个网络. 显然, 这种看法是具有广泛性的, 因而目前普遍认为网络是复杂系统建模的有效形式. 为此, 我们就应当先了解图论中网络分析的有关知识.

由于关于网络的基本数学概念来自于图论, 本节就学习网络所需的必要的数学概念作一介绍[36].

图论中的图或网络 G 是由两个集合组成的, 它们分别称为节点集合 $\nu(G)$ 和节点间的连线集合 $\varepsilon(G)$, 其中 $\nu(G)=\{v_1,v_2,\cdots,v_N\}$, 这里 $v_i(i=1,2,\cdots,N)$ 是节点指标, N 代表网络大小. 如果 $(u,v)\in\varepsilon(G)\subseteq\nu(G)\times\nu(G)$, 则表示节点 u 和节点 v 之间存在一条连线 (我们通常约定不存在节点连接自己的连线和两个节点之间不存在有两条或两条以上连线). 按照连线的不同性质, 可以进一步把网络分类. 如果连线不带权重, 且没有作用方向, 则把网络称为无向网络; 如果连线不带权重, 但是有作用方向, 则称此网络为有向网络. 类似地, 如果连线有权重, 进一步按照连线是否有作用方向, 可把网络分成无向权重网络和有向权重网络.

我们以无向网络为例来说明图论中描述网络结构的一些基本概念. 这些概念可以自然地推广到其他网络.

(1) 对于无向网络, 我们可以定义由它的连线决定的邻接矩阵 $\boldsymbol{A}=[a_{ij}]_{m\times n}$, 其中矩阵元素 $a_{ij}=1$, 如果 $(v_i,v_j)\in\varepsilon(G)$; 反之, $a_{ij}=0$, 如果 $(v_i,v_j)\notin\varepsilon(G)$. 对于无向网络而言, 邻接矩阵 $\boldsymbol{A}$ 为一对称矩阵. 显然这个矩阵反映了网络中节点间的全局连接情况.

(2) 网络的平均路程长度 (average path length). 不失一般性, 可以认为网络为连通的, 即网络中任意两个节点可以通过连线连通. 如果网络是不连通的话, 仅将下面的叙述略作修改即可. 记节点之间的一条连线的长度为 l, 我们称网络中任一对节点 v_i 和 v_j 之间的路程长度 d_{ij} 为连接这一对节点的所有通路中的最短长度, 通常把它称为节点之间的测地线长度. 把所有测地线长度中最长的长度称为网络的

直径, 即有

$$D = \max_{i,j} d_{ij} \tag{1.62}$$

在此基础上, 我们可进一步定义网络的平均路程长度 L, 它是指对网络中所有节点的路程长度取平均值

$$L = \frac{1}{N(N-1)} \sum d_{ij} \tag{1.63}$$

式 (1.63) 中的求和是对网络中所有节点对进行的. 这个量在统计意义上反映了网络中任意两个节点发生联系所要通过的平均节点数目. 相似地, 可以定义网络的 Efficiency

$$E = \frac{1}{N(N-1)} \sum \frac{1}{d_{ij}} \tag{1.64}$$

式中, 求和是对网络中所有节点对进行的.

(3) 网络中的每一个节点都通过节点之间的连线与若干个其他节点相连接, 此连线的条数就称为这个节点的度数. 现在考虑一个度为 k 的节点 v_i, 它与网络中其他 k 个互不相同的节点相连接. 如果此 k 个节点完全相互连接, 则应当有 $\dfrac{k(k-1)}{2}$ 条节点之间的连线, 而在讨论的网络中事实上只有 E_i 条节点之间的连线, 那么我们定义这个节点的聚类系数 (clustering coefficient) 为

$$C_i = \frac{2E_i}{k(k-1)} \tag{1.65}$$

进一步, 从每一个节点的聚类系数出发可以定义整个网络的聚类系数为所有节点的聚类系数的平均值

$$C = \frac{1}{N} \sum_i C_i \tag{1.66}$$

式中, 求和是对网络中所有节点进行的. 这个量从统计意义上反映了网络中节点的平均聚集程度, 当 $C = 1$ 时表示网络中节点是充分聚集的. 近年来, 人们又把这个概念推广到讨论度为 k 的节点的聚类系数, 其表达式为

$$C(k) = \frac{1}{n_k} \sum_i C_i \tag{1.67}$$

式中, n_k 表示网络中所有度为 k 的节点总数; 求和是对所有度为 k 的节点进行的.

(4) 反映网络结构的另一个重要参数是网络中节点的度分布 (degree distribution) $P(k)(k = 1, 2, \cdots)$. 这个量是指如果我们随机地从网络中取一个节点, 这个节点的度是 k 的概率为 $P(k)$. 从数学上来看, 它的表达式可以写成

$$P(k) = \frac{n_k}{N} \tag{1.68}$$

(5) 为了讨论网络上节点在信息传播中的不同作用, 我们还要引进节点的 betweenness 概念. 不失一般性, 我们可以合理地假定信息传播是沿着两个节点之间的测地线进行的. 现在我们考虑网络中一个节点 v_i, 定义该节点的 betweenness 为

$$b_i = \sum_{j,k} \frac{n_{jk}(i)}{n_{jk}} \tag{1.69}$$

式中, 求和是对网络中所有节点对进行的; n_{jk} 是连接节点 v_j 和节点 v_k 之间测地线的总条线; $n_{jk}(i)$ 是连接节点 v_j 和节点 v_k 之间测地线中通过节点 v_i 的条线. 很明显, 这个概念表明节点 v_i 在网络信息传播中的重要性, 它与信息的载量有关, 因而有的文献中也称其为节点的 Load. 近年来, 人们已经把 betweenness 这个概念从节点推广到连线, 提出了网络中连线的 betweenness 的概念, 详细讨论可参见文献 [37] 和 [38].

(6) 反映网络结构还有一个与节点的度关联有关的重要概念. 设节点 v_i 的度为 k, 研究该节点 v_i 与它所连接的 k 个不同节点的度之间的关系. 为了研究这个问题, 我们要引进条件概率 $P(k'|k)$, 它表示度 k 的节点连接度 k' 的节点的概率. 条件概率满足归一化条件 $\sum_{k'} P(k'|k) = 1$. 当然从理论上讲, 条件概率反映了节点的度关联, 但由于这个量在数值计算上所存在的困难, 以至于人们常常不用这个量来讨论度关联. 现在常常采用节点 v_i 的最邻近邻域平均度的概念来研究这个问题, 为此定义节点 v_i 的最邻近邻域平均度 (average nearest neighbor degree) 为

$$k_{nn,i} = \frac{1}{k_i} \sum_{j \in N} k_j = \frac{1}{k_i} \sum_{j=1}^{n} a_{ij} k_j \tag{1.70}$$

式中, k_i 是节点 v_i 的度; N 是节点 v_i 的一次邻域内所含节点的指标集; a_{ij} 是邻接矩阵的元素. 由式 (1.70), 我们用概率论的知识可以计算得到最邻近邻域平均度为度 k 的显式表达式为

$$k_{nn}(k) = \sum_{k'} k' P(k'|k) \tag{1.71}$$

如果网络中节点的度不存在度关联, 由于 $P(k'|k) = \frac{k'P(k')}{\langle k \rangle}$, 我们就得到 $k_{nn}(k) = \frac{\langle k^2 \rangle}{\langle k \rangle}$, 即最邻近邻域平均度不依赖于节点的度. 如果最邻近邻域平均度 $k_{nn}(k)$ 是 k 的单调增加函数, 则说明网络中度大的节点趋向于连接度大的节点, 我们称这样的网络具有 assortative 性质. 反之, 如果 $k_{nn}(k)$ 是 k 单调减少函数, 则表明网络中度大的节点趋向于连接度小的节点, 此时称网络具有 disassortative 性质. 两种情况反映了网络中两种不同的度关联性质. 近年来, Newman 在[39] 进一步给出了描

述度相关性的 Pearson 相关系数 r, 它的定义如下：

$$r = \frac{M^{-1}\sum_i j_i k_i - \left[M^{-1}\sum_i \frac{1}{2}(j_i + k_i)\right]^2}{M^{-1}\sum_i \frac{1}{2}(j_i^2 + k_i^2) - \left[M^{-1}\sum_i \frac{1}{2}(j_i + k_i)\right]^2} \tag{1.72}$$

式中, $i = 1, 2, \cdots, M$(M 是所有的边数); j_i 和 k_i 是第 i 条边两个端点的度. 如果 $r > 0$, 网络是正关联的, 即它具有度的正关联性; 如果 $r < 0$, 网络是负关联的, 即它具有度的负关联性; 如果 $r = 0$, 网络是中性的, 即它既不具有度的正关联性也不具有度的负关联性. 详细情况在这里就不一一描述了, 有兴趣的读者可以参考文献 [37] 和 [40].

在以往的图论关于网络的研究中, 人们把主要兴趣集中在规则网络和随机图的结构上. 在这里我们就把有关这两种网络的主要结果作一简短的复述.

所谓规则网络是最简单的一种网络. 这种网络中节点之间的连线是以固定规则建立的网络. 例如, 我们把一个圆周等分为 N 份, 在每个等分点上安置一个节点, 每个节点与其两边最邻近的 $l(l \ll N)$ 个节点用连线连接起来, 这样形成的网络就是规则网络. 按照这个观点我们用有限元的数值方法对偏微分方程进行研究时, 在空间划分的有限元就构成了一个规则网络, 因而偏微分方程计算是建立在规则网络上的. 一般来说, 当建立连线的规则为已知时, 我们可以解析计算得到这个网络的平均路程长度 L 和聚类系数 C. 事实上, 我们已经发现, 在要求网络为稀疏条件下, 除了一些特殊情况外, 规则网络具有 L 大 (这里的大是指它的大小为 $O(N)$ 量级, 一般比 $O(\log(N))$ 的量级大得多) 和 C 大 (这里的大是指比由同样多节点所生成的随机图的聚类系数大得多) 的特点. 由于节点之间的连线是由固定规则决定的, 因而其度分布在 k-$P(k)$ 关系图上往往表示为几条孤立的峰线. 例如, 上述圆周上形成的规则网络, 其度分布在 k-$P(k)$ 关系图上表现为在 $P(k) = 2l$ 处有高为 l 的单峰线.

图论理论的研究工作很长时间内都集中于随机图, 这是以往网络研究的主要方向. 随机图最早是由 Erdos 和 Renyi 于 1959 年提出的[41,42]. 在最早的一篇文章中, 他们提出生成具有 N 个节点和 K 条连线的一个随机图模型, 现在称此为 ER 随机图. 它的构造过程如下：开始假定有 N 个互不连通的节点, 在禁止两个节点之间存在两条或两条以上连线的约束下, 随机地选取两个节点用一条连线把它们连接起来, 一直到做完 K 条连线. 我们可以换一种思考方法, 可以把 ER 随机图中每一对具有 $0 < p < 1$ 概率的节点用连线连接起来. 事实上, 这两种构造方法在 $N \to \infty$ 的极限条件下是一致的. 后一种方法所构造的 ER 随机图有利于用概率统计理论进行充分研究. 以概率 p 作为生成 ER 随机图的参数, 研究结果表明存在一个临界

概率 $p_c(N)=\dfrac{1}{N}$, 相应的临界平均度为 $\langle k_c\rangle=1$, 具有如下性质:

(1) 如果 $p<p_c$, 几乎所有的 ER 随机图 (它的统计含义是在 $N\to\infty$ 条件下, 概率趋于 1) 都不具有比 $O(\ln N)$ 大的分支, 也不存在任何 cycles;

(2) 如果 $p=p_c$, 几乎所有的随机图都存在有大小为 $O(N^{\frac{2}{3}})$ 的最大分支;

(3) 如果 $p>p_c$, 几乎所有随机图有一个大小为 $O(N)$ 的分支, 在这个分支中存在许多 cycles; 除了这个分支外, 其余分支的大小都不大于 $O(\ln(N))$, 而且不存在 cycles.

对 ER 随机图的研究还表明, 当 $p\geqslant\dfrac{\ln(N)}{N}$ 时, 几乎所有的 ER 随机图都是连通的; 这些图的直径围绕着 $\dfrac{\ln(N)}{\ln(pN)}=\dfrac{\ln(N)}{\ln(\langle k\rangle)}$ 有小范围的变化; 它们的平均路程长度 $L\propto\dfrac{\ln(N)}{\ln(\langle k\rangle)}$, 显然比通常的规则网络小很多; 它们的聚类系数 $C=p=\dfrac{\langle k\rangle}{N}$, 当 ER 随机图很大时, 聚类系数是非常小的. 至于对 ER 随机图的度分布可作如下分析, 节点 v_i 有度 $k_i=k$ 的概率服从二项式分布 $P(k_i=k)=\mathrm{C}_{N-1}^{k}p^k(1-p)^{N-1-k}$. 由于在 ER 随机图中所取节点在统计意义下为等价, 因此它们每一个具有度 k 的分布都具有上述相同的二项式分布, 因此对于充分大的 N, 固定 $\langle k\rangle$, 度分布可近似认为服从 Poisson 分布

$$P(k)=\mathrm{e}^{-\langle k\rangle}\frac{\langle k\rangle^k}{k!} \tag{1.73}$$

另外, 从 ER 随机图生成过程来看, 它们应当是度无关联的网络. 节点之间的连接与它们本身所具有的度是没有关系的, 因而在 ER 随机图中, 条件概率 $P(k'|k)$ 和 $k_{nn}(k)$ 都与度 k 无关.

1.4 复杂系统建模 —— 复杂网络

我们已经提到可以用网络对复杂系统进行建模. 在实践建模中, 发现所建网络的拓扑结构具有与规则网络和随机网络不同的特点. 这些特点中最重要的是小世界性质和无标度性质[43].

先来谈由复杂系统实测所得到的网络的小世界性. 我们收集了有关的资料, 得到的结果汇总在表 1.1 中.

表 1.1 中 N 为网络节点数, M 为网络中节点之间的连线的条数, $\langle k\rangle$ 为网络节点的平均度数, r 为描述网络节点之间的度关联的序参数. 从表中我们可以看到, 许多由复杂系统实测所构造的网络都具有平均路程长度 L 较小和聚集系数 C 与相对应的随机图相比较大的特点. 现在我们把具有这样两条性质的网络称为小世界性质的网络.

表 1.1　一些网络的基本统计特征

网络类型	网　络	类　型	N	M	$\langle k\rangle$	L	C	r
社会网络	演员	无向	449913	25516482	113.43	3.48	0.78	0.208
	公司主管	无向	7673	55392	14.44	4.60	0.88	0.276
	数学合作者	无向	253339	496489	3.92	7.57	0.34	0.120
	物理合作者	无向	52909	245300	9.27	6.19	0.56	0.363
	生物合作者	无向	1520251	11803064	15.53	4.92	0.60	0.127
	电话图	无向	47000000	80000000	3.16			
	Email 信息	有向	59912	86300	1.44	4.95	0.16	
	Email 地址	有向	16881	57029	3.38	5.22	0.13	0.092
	学生关系	无向	573	477	1.66	16.01	0.001	−0.029
	性接触	无向	2810					
信息网络	WWW.nd.edu	有向	269504	1497135	5.55	11.27	0.29	−0.067
	WWW Altavista	有向	203549046	2130000000	10.46	16.18		
	引文网络	有向	783339	6716198	8.57			
	Roget'sThesaurus	有向	1022	5103	4.99	4.87	0.15	0.157
	词组	无向	460902	17000000	70.13		0.44	
技术网络	Internet	无向	10697	31992	5.98	3.31	0.39	−0.189
	电力网	无向	4941	6594	2.67	18.99	0.080	−0.003
	火车路	无向	587	19603	66.79	2.16	0.69	−0.033
	软件包	有向	1439	1723	1.20	2.42	0.082	−0.016
	软件类	有向	1377	2213	1.61	1.51	0.012	−0.119
	电子回路	无向	24097	53248	4.34	11.05	0.030	−0.154
	点对点网络	无向	880	1296	1.47	4.28	0.011	−0.366
生物网络	代谢网络	无向	765	3686	9.64	2.56	0.67	−0.240
	蛋白质作用	无向	2115	2240	2.12	6.80	0.071	−0.156
	大洋食物链	有向	135	598	4.43	2.05	0.23	−0.263
	淡水食物链	有向	92	997	10.84	1.90	0.087	−0.326
	神经网络	有向	307	2359	7.68	3.97	0.28	−0.226

如何构造具有小世界特性的网络, Watt 和 Strogatz 于 1998 年在 *Nature* 杂志上首次发表构造小世界网络的文章[43]. 现在把这个模型称为 WS 模型. 这个模型的具体构造方法如下:

(1) 先把一个圆周等分, 在每一个等分点上放一节点, 共有 N 个节点, 每个节点与它两边 k 个邻近的节点用连线连接 (每一边的邻近节点为 $\frac{k}{2}$ 个), 一般要求 $N \gg k \gg \ln(N) \gg 1$;

(2) 把上述规则网络中的每一条连线以概率 p 进行重新连接, 在重新连接中要求不能产生节点连接自身的连线和两个节点之间不能产生两条或两条以上连线. 也就是说, 在这个过程中产生 $\frac{pkN}{2}$ 条长程连线.

利用上述过程, 对不同概率 p 进行数值模拟, 得到的结果如图 1.9 所示.

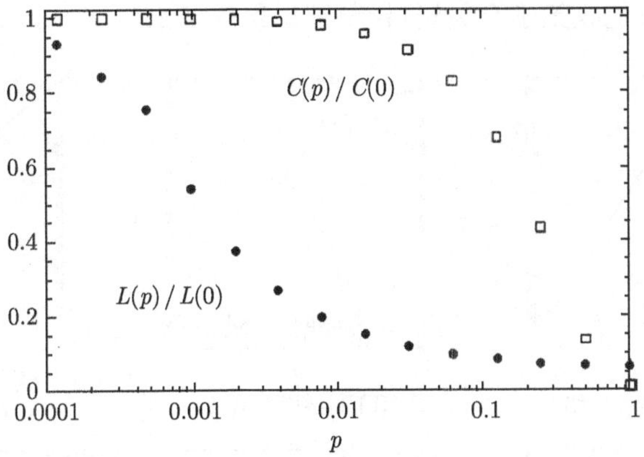

图 1.9 WS 模型的特征路径长度和集群系数

从图 1.9 中不难看出在很大的一段概率 p 范围内所产生的网络具有小世界性质, 即平均路程长度比较小和聚类系数比较大. 事实上, 我们可以把小世界网络看成规则网络 ($p=0$) 和 ER 随机图 ($p=1$) 之间随着随机性增加所产生的网络, 这种过程如图 1.10 所示.

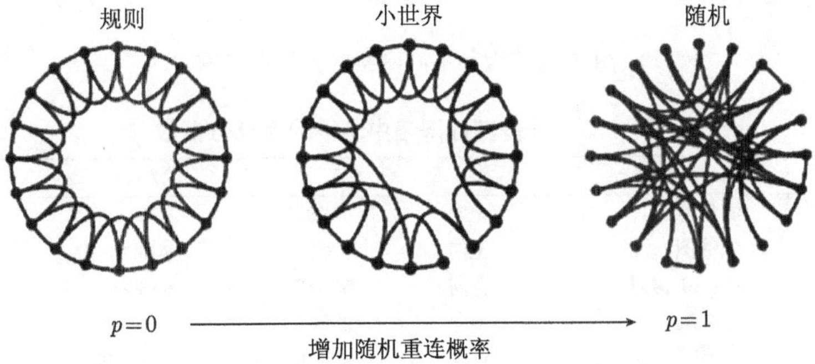

图 1.10 WS 模型中的随机重连过程

近年来, 许多学者从各种角度提出了许多构造小世界网络的方法, 详细情况请读者参阅有关的文献[44~47].

另一个问题是, 由复杂系统实测所得网络的度分布是怎样的? 首先来看由实测数据分析所得到的一些结果. 图 1.11 给出了由六个实测数据分析所绘制的累积度分布示意图. 图中六个网络分别为数学家合作网络、科学引文网络、WWW 网络、Internet 网络、电力网和蛋白质作用网络.

从图 1.11 中我们可以发现图 1.11(c)、(d) 和 (f) 似乎不满足 Poisson 分布, 可以认为它们是满足于幂律分布, 即有 $P(k) \propto k^{-\gamma}$, 其中 γ 被称为幂律指数. 为了进一步说明问题, 我们收集了有关资料, 整理后得到表 1.2.

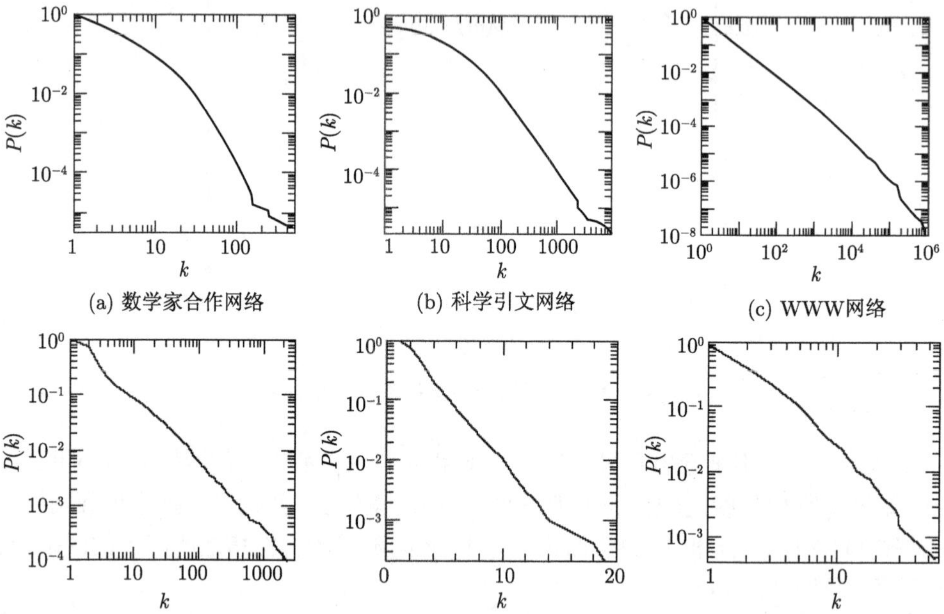

(a) 数学家合作网络　(b) 科学引文网络　(c) WWW网络

(d) Internet网络　(e) 电力网　(f) 蛋白质作用网络

图 1.11　六种不同网络的累积度分布

表 1.2　一些实际网络中测得的度分布指数

网络类型	网　络	类　型	N	M	γ
	演员	无向	449913	25516482	2.3
社会网络	电话图	无向	47000000	80000000	2.1
	Email 信息	有向	59912	86300	1.5/2.0
	性接触	无向	2810		3.2
	WWW. nd.edu	有向	269504	1497135	2.1/2.4
信息网络	WWW Altavista	有向	203549046	2130000000	2.1/2.7
	引文网络	有向	783339	6716198	3.0/–
	词组	无向	460902	17000000	2.7
	Internet	无向	10697	31992	2.5
技术网络	软件包	有向	1439	1723	1.6/1.4
	电子回路	无向	24097	53248	3.0
	点对点网络	无向	880	1296	2.1
生物网络	代谢网络	无向	765	3686	2.2
	蛋白质作用	无向	2115	2240	2.4

由此可见, 在社会、生物、信息和技术领域内存在大量的实测网络的度分布满足幂律分布, 其中幂律指数满足 $2 < \gamma < 3$, 现在把这种网络称为无标度网络.

幂律分布和 Poisson 分布的最大差别在于服从幂律分布的网络的度分布为不均匀的而服从 Poisson 分布的网络度分布为均匀的. 事实上, 服从 Poisson 分布网络中的节点的度大多数为它的均值 $\langle k\rangle$, 而服从幂律分布网络中的大多数节点的度都很小, 仅有少数节点的度很大.

幂律度分布是如何产生的? Barabasi 和 Albert[48] 于 1999 年在 *Science* 杂志上发表了第一篇构建幂律度分布模型的文章. 在这篇文章中, 他们构造了一个具有幂律度分布的模型. 现在通常称这种模型为 BA 模型. BA 模型的构造过程如下.

(1) 增长性: 初始假定有 m_0 (是一个很小的正整数) 个节点构成的小网络 G_0, 每一步增加一个具有 $m(\leqslant m_0)$ 条连线的新节点到网络中去, 这 m 条新连线与网络中已经存在的 m 个不同节点相连接.

(2) 偏爱性: 新节点所选择与它连接节点的概率正比于该节点的度. 即网络中度为 k_i 的节点被选中连接的几率为

$$\prod(k_i)=\frac{k_i}{\sum\limits_j k_j} \tag{1.74}$$

也就是说, 新节点"偏爱"于连接网络中现存的度大的节点.

利用上述模型进行数值模拟所得结果如图 1.12 所示.

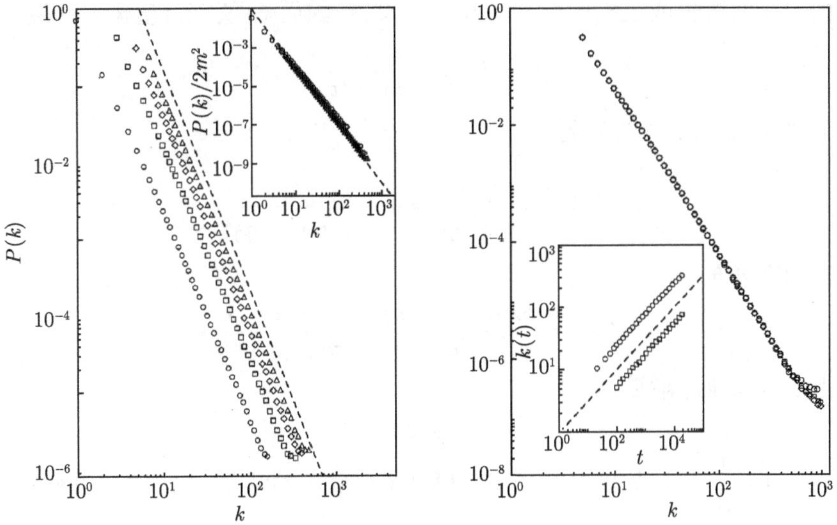

(a) (b)

图 1.12 网络演化的数值模拟

(a) BA 模型的度分布, $N=m_0+t=300000$, 从左到右 $m_0=m$ 分别取值为 1,3,5,7; (b) $m_0=m=5$ 时的 $P(k)$, 不同的规模 N 分别取值为 100000, 150000, 200000

经过 t 步时间后, 网络共有节点 $N=m_0+t$ 个, 节点之间的连线为 mt 条. 在 t 充分大, 并假定节点度和时间为连续变量时, 我们可以对上述模型作一解析推导

$$\frac{\partial k_i}{\partial t}=m\prod(k_i)=\frac{mk_i}{\sum\limits_{j=1}^{N-1}k_j} \tag{1.75}$$

显然式 (1.75) 右边的分母为 $\sum\limits_{j=1}^{N-1}k_j=2mt-m$, 于是对于充分大的 t, 式 (1.75) 可以简化为形式

$$\frac{\partial k_i}{\partial t}=\frac{k_i}{2t} \tag{1.76}$$

注意到每一个节点 i 在引进时刻 t_i 的度为 m, 可对式 (1.76) 建立初始条件 $k_i(t_i)=m$, 然后求解式 (1.76), 得到

$$k_i(t)=m\left(\frac{t}{t_i}\right)^{\beta} \tag{1.77}$$

式中, $\beta=\frac{1}{2}$. 利用式 (1.77), 我们能够写出一个节点有度 $k_i(t)<k$ 的概率为

$$P(k_i(t)<k)=P\left(t_i>\frac{m^{\frac{1}{\beta}}t}{k^{\frac{1}{\beta}}}\right) \tag{1.78}$$

由于在网络生成过程中时间步长是等长的, 因而 t_i 值有常值概率密度

$$P(t_i)=\frac{1}{m_0+t} \tag{1.79}$$

把式 (1.79) 代入式 (1.78), 得到

$$P\left(t_i>\frac{m^{\frac{1}{\beta}}t}{k^{\frac{1}{\beta}}}\right)=1-\frac{m^{\frac{1}{\beta}}t}{k^{\frac{1}{\beta}}(t+m_0)} \tag{1.80}$$

于是得到度分布

$$P(k)=\frac{\partial P(k_i(t)<k)}{\partial k}=\frac{2m^{\frac{1}{\beta}}t}{m_0+t}\frac{1}{k^{1+\frac{1}{\beta}}} \tag{1.81}$$

当 $t\to\infty$ 时, 渐近地有

$$P(k)\propto 2m^{\frac{1}{\beta}}k^{-\gamma} \tag{1.82}$$

式中, $\gamma=1+\frac{1}{\beta}=3$. 这就证实了 BA 模型所生成的网络是一个无标度网络. 在 BA 模型的基础上, 有许多人从多方面对模型进行了改进, 得到了许多种改进的 BA 模型. 详细情况可参见文献 [49~56].

现在通常把具有小世界性质和无标度性质的网络称为复杂网络. 换句话说, 由复杂系统建模所得到的网络一般来说是复杂网络.

1.5 生物网络特征的简介

生物系统作为典型的复杂系统自然可以通过复杂网络建模研究. 从生物分子的角度来看, 目前常常提到的生物分子网络有基因调控网络、蛋白质作用网络以及代谢网络. 随着科学的进步, 把 microRNA 的作用也常常考虑到生物分子网络中去. 近年来, 科学家对许多生物分子网络进行了实证研究, 根据研究结果总结出多种生物分子网络存在如下一些普遍性质.

1) 生物分子网络具有稀疏性

如果网络大小为 N , 那么它的边的数目为 $O(N)$, 而不是 $O(N^2)$. 生物分子网络的稀疏性质的实质是生物在长期进化过程中达到某种优化的表现结果.

2) 生物分子网络具有无标度 (scale-free) 性质

2000 年 Jeong 等对 43 种生物体的新陈代谢过程加以研究, 他们以各种基质 (如 ATP 和 ADP 等) 为节点, 以基质参与的某种化学反应为边, 构建了新陈代谢的生物网络[57]. 对这些网络的数值分析表明, 这些网络的度分布都服从幂律分布 $P(k) \sim k^{-\gamma}$, 幂指数 γ 在 $2.0 \sim 2.4$. 不久, Wagner 和 Fell 又对大肠杆菌的能量和生物合成代谢网络进行了研究, 同样得出这种网络的度分布具有幂律的形式[58,59]. Jeong 等也研究了蛋白质网络的无标度性[60,61]. 在分析这些实证研究结果时发现, 对大多数生物分子网络来说, 幂律指数 $\gamma \in (1, 2.5)$, 而对于大多数非生物分子网络来说, 指数 $\gamma \in (2, 4)$[62]. 指数 γ 取值不同的原因可能是, 在生物分子网络中复制是生物进化的主要动力. 在大多数非生物分子网络中, 择优增长是网络演化的主要动力, 因而择优增长模型 (BA 模型) 不能很好地模型化生物分子网络, 生物分子网络模型的关键在于复制增长.

由此可见, 度分布的无标度性质是生物分子网络的一个重要的拓扑特性, 这个性质有时可以归结为一些普遍的生物学机制. 例如, 在蛋白质相互作用网络中, 就可以用基因复制来解释高连接度节点的形成[63~66]: 复制的基因制造出与同一个蛋白质对象相互作用的相同的蛋白质, 这样, 每个与复制的蛋白质相联系的蛋白质便获得了一条额外的边; 显然, 某些原来高度连接的蛋白质更易于与复制的蛋白质相连接, 从而更易于获得新的边, 这样具有高连接度的节点便产生, 使网络的度分布具有无标度特性.

无标度网络的显著特点是, 多数节点有少量连接, 而少数节点拥有大量连接. 这种特性表明, 在生物分子网络所拥有的动态过程中, 有少数节点所代表的生物分子起到了关键作用. 例如, 在对真核细胞和细菌的研究中发现, 细胞的新陈代谢有着无标度的拓扑特性; 在代谢反应中, 多数的代谢酶解物仅参与了 1 或 2 个反应, 而少数几个酶解物则参与了众多反应, 发挥着代谢中枢的作用[57,58].

3) 生物分子网络具有超小世界性

小世界网络是指有短的平均路径长度和较大的平均聚类系数的网络. 现实生活中的网络普遍具有小世界特性. 万维网、社会关系网[67] 和神经网络也是具有小世界性的网络. 许多生物分子网络, 也具备了小世界特性[61,68~72], 表 1.3 给出的数据反映出这些特点. 从表中看出生物分子网络不仅有小世界性, 而且平均路径长度比一般小世界网络的平均路径还要短. 因此, 有的学者还提出这是一种超小世界的性质. 从表中可见不少生物分子网络具有超小世界性.

表 1.3　几种复杂网络的小世界效应

网络类型	网络规模	平均度 $\langle k\rangle$	平均路径长度 L	聚类系数 C
数学家合作网	70975	3.9	9.5	0.59
医疗文献合作网	1520251	1801	4.6	4.6
因特网	3015~6209	3.52~4.11	3.7~3.76	0.81~0.3
E.coli 基质图	282	7.35	2.9	0.32
E.coli 反应图	315	28.3	2.62	0.59

对于生物分子网络而言, 超小世界效应最先是在细胞内新陈代谢的研究中发现的. 代谢网络中, 平均通过 3 或 4 个反应的路径就能够连接多数成对的代谢物, 而短的路径长度表明, 对代谢物浓度的局域扰动能够迅速地遍及整个网络[58,73]. 由此可见, 具有超小世界效应的网络更便于生物信息在网络的节点之间得到迅速传播.

4) 生物分子网络具有层次结构

网络的聚类性可以通过聚类系数 C 来反映. 层次网络的定量特性可以用网络结构一个重要的测度函数来表征, 我们以规则模块反复迭代的形式不断繁殖, 继而生成层次结构的方式可以构建出一种层次网络. 对于这样构建的层次网络, 它的聚类系数 C 依赖于节点的度 k, 并且成反比关系[58,73,74], 即 $C(k)\propto k^{-1}$. 这说明, 拥有少数边的低度值的节点有着较高的聚类系数, 属于联系紧密的小模块; 而高度连接的中枢节点其聚类系数却较低, 它们的角色是在不同的模块间建立起连接. 数值表明, 许多生物分子网络的聚类系数满足 $C(k)\propto k^{-\beta}$, $\beta\approx 1$. 这个结果表明, 生物分子网络有层次结构. 现有结果表明, 生物分子网络大致上分成节点、Motifs、功能模块和网络四个层次. 功能模块是对生物分子网络中协同运作实现相对独立生物功能的一组节点[75~78]. 这种模块在生物分子网络普遍存在. 至今没有很好的方法来寻找生物分子网络中的功能模块.

5) 生物分子网络具有度的负关联性

几乎所有的生物分子网络都具有度大的节点趋向于连接度小的节点的特点, 即有度的负关联性. 例如, 在蛋白质相互作用的网络中, 度非常大的蛋白质节点 (hubs) 并不是直接相连, 而是与度比较小的蛋白质节点相连接[79,80]. 按照图论的理论和最近的网络理论，一个网络的度负关联性可以用最邻近邻域平均度为度 k 的概率 $k_{nn}(k)$ 和 Pearson 相关系数 r 来刻画. 如果 $k_{nn}(k)$ 是 k 的单调递减函数或 Pearson 相关系数 $r < 0$, 则该网络就具有度负关联性. 但对生物分子网络度的负关联性产生的生物学机制还在不断的探索中.

6) 生物分子网络具有一定的鲁棒性和适应性

大量实验表明, 具有幂律度分布的生物分子网络具有鲁棒性, 即对于外界环境的变化或者内部个体之间的不相容有着一定的承受能力, 这与生物分子网络无标度的拓扑性质息息相关[81]. 生物学上通过对 Cerevisiae 和 Coli 的移除分析已经证实, 拥有不同度值的节点对移除表型的影响差异很大[60], 当移除网络中的多数非关键节点基因时, 几乎没有明显的表型影响[82,83]. 生物分子网络具有鲁棒性的同时, 也就具有适应性. 当外界环境发生变化时, 也表现出适应性. 这些性质的产生机制都是目前研究的重点.

根据生物分子网络的以上实证特性, 我们能否给出一个数学模型构建方法来比较好地模拟生物分子实际网络, 是从理论上开展对生物系统研究关键性的一步. 在实际研究中, 我们通常称这个建模过程为生物分子网络构建的过程. 从现有情况来看, 有下面三种构建方法.

(1) 利用生物上比较成熟的数据来构造出所要研究的相对比较可靠的生物分子网络, 然后直接用于有关生物问题的研究.

(2) 针对很多的生物数据库尚不完整的实际情况, 我们就需要根据所研究的问题进行处理. 首先从数据库和文献中找到所要的材料, 然后还要想办法解决数据量不够的问题以及如何合理处理来自于不同数据库的数据的问题, 提出构建生物分子网络的理论方法. 这些方法通常是建立在基于优化思想的各种算法, 用算法建立网络并预测各种相互作用, 其中一些关键作用还要用实验加以验证. 用这样的过程构建的生物分子网络作为理论研究的基础.

(3) 从生物学进化论的基本原理出发来构建网络. 其基本原理有两个：复制 (duplication) 和变异 (divergence). 如何构建可以包含所有实证结果生物分子网络是目前研究的重点. 然而, 这样得到的一般理论框架如何用来讨论具体生物问题至今还是不清楚的.

本书在网络构建上主要是对 (3) 中方法的现状作一介绍, 对其他方法有兴趣的读者可参阅其他有关系统生物学的资料.

参 考 文 献

[1] 湛垦华, 沈小峰, 等. 普利高津和耗散结构理论. 西安：陕西科学技术出版社, 1982

[2] 普利高津, 斯唐热. 从混沌到有序：人与自然的新对话. 曾庆宏, 沈小峰译. 上海：上海译文出版社, 1987

[3] 普利高津. 时间、结构与涨落. 湛垦华, 沈小峰等. 普利高津和耗散结构理论. 西安：陕西科学技术出版社, 1982
[4] 哈肯　H. 高等协同学. 郭治安译. 北京：科学出版社, 1989
[5] 赫尔曼　哈肯. 大脑工作原理 —— 脑活动、行为和认知的协同学研究. 郭治安, 吕翎译. 上海：上海科技教育出版社, 2000
[6] Kelso J A S, Scholz J P, Schroner G. Nonequilibrium phase transitions in coordinated biology motion: Critical fluctuations.Phys Lett A, 1986, 118: 279–284
[7] Schoner G,Haken H,Kelso J A S. A stochastic theory of phase transitions in human hand movement.Bio Cybemetics, 1986, 53: 247–257
[8] 约翰　H. 霍兰. 隐秩序：适应性造就复杂性. 周晓牧, 韩晖译. 上海: 上海科技教育出版社, 2000
[9] 韩曾晋. 自适应控制. 北京：清华大学出版社, 1995.
[10] 詹姆斯　格莱克. 混沌：开创新科学. 张淑誉译. 上海：上海译文出版社, 1990
[11] Zhang S Y. Bibliography on chaos. *In*: Hao B L. Direction in Chaos. Shanghai: World Scientific, 1991
[12] Li T Y,Yorke J A. Period three implies chaos. Amer Math Monthly, 1975, 82: 985
[13] Devaney R L. An introduction to chaotic dynamical systems. California: Addism Wesley, 1989
[14] Marotto F R. Snap back repellers imply chaos in R^n.J Math Analys and Appl, 1978, 63: 199
[15] 刘曾荣. 混沌的微扰判据. 上海：上海科技教育出版社, 1994
[16] 张锦炎, 钱敏. 微分动力系统导引. 北京：北京大学出版社, 1995
[17] Wiggins S. Global Bifurcation and Chaos, Analytical Methods. Berlin: Springer Verlag, 1988
[18] Palis J,de Melo W. Geometric Theory of Dynamical Systems: An Introduction. Berlin: Springer Verlag, 1982
[19] 严寅, 钱敏. 横截环及其对 Henon 映象的应用. 科学通报, 1985, 30(13): 961–964
[20] 刘曾荣. 混沌研究中的解析方法. 上海：上海大学出版社, 2002
[21] Milnor J. On the concept of attractor. Commun Math Phys, 1985, 99: 177
[22] Kaneko K, Tsuda I. Chaotic itinerancy. Chaos. 2003, 13(3): 926–936
[23] Tsuda I, Umemura T. Chaotic itinerancy generated by coupling of milnor attractors. Chaos, 2003, 13(3): 937–946
[24] Kay L M. A challenge to chaotic itinerancy from brain dynamics.Chaos, 2003, 13(3): 1057–1066
[25] Ott E, Grebogi C, York J A. Controlling chaos. Phys Rev Lett, 1990, 64: 1196–1199
[26] Pecora L M, Carroll T L. Synchronization in chaotic systems. Phys Rev Lett, 1990, 64: 821–824
[27] Yang L, Liu Z R, Mao J M. Controlling hyperchaos. Phys Rev Lett, 2000, 84(1): 67–70
[28] Liu Z R, Chen L Q, Yang L. On properties of hyperchaos: Case study. Acta Mech Sinica, 1999, 15(4): 366–370
[29] Brown R, Kocarev L. A unifying definition of synchronization for dynamical system. Chaos, 2000, 10(2): 344–349
[30] Tang D Y, Dykstra R, Hamilton M W, et al. Stages of chaotic synchronization. Chaos, 1998, 8(3): 697–701
[31] Watts D J, Strogatz S H. Collective dynamics of “small world” network. Nature, 1998, 393: 440–442
[32] Barabasi A L, Albert R. Emergence of scaling in random networks. Science, 1999, 286: 509–512
[33] 弗里德里希　克拉默. 混沌与秩序：生物系统的复杂结构. 柯志阳, 吴彤译. 上海：上海科技教育出版社, 2000

[34] 米歇尔 沃尔德罗普. 混沌：诞生于秩序与混沌边缘的科学. 陈玲译. 上海：生活 读书 新知三联书店, 1997
[35] 约翰 H. 霍兰. 隐秩序：适应性造就复杂性. 周晓牧, 韩晖译. 上海: 上海科技教育出版社, 2000
[36] 刘曾荣. 网络结构和动力学. 张伟, 胡海岩. 非线性动力学理论与应用的新进展. 北京：科学出版社. 2009: 429–465
[37] Boccaletti S, Latora V, Moreno Y, et al. Complex networks: Structure and dynamics. Physics Report, 2006, 424: 175–308
[38] Goh K I, Oh E, Kahng B, et al. Betweenness centrality correlation in social networks. Phys Rev E, 2003, 67: 017101
[39] Newman M E J. Assortative mixing in networks. Phys Rev Lett, 2002, 89: 208701
[40] Newman M E J. Mixing pattern in networks. Phys Rev E, 2003, 67: 026126
[41] Erdos P, Renyi A. On random graphs. Publicationes Mathematicae, 1959, 6, 290–297
[42] Erdos P, Renyi A. On the evolution of random graphs. Publications of the Mathematical Institute of the Hungarian Academy of Science, 1960, 5: 17–61
[43] Watt D J, Strogatz S H. Collective dynamics of small-world networks. Nature, 1998, 393: 440–442
[44] Monasson R. Diffusion,localization and dispersion relations on small-world lattices. Eur Phys J B, 1999, 12: 555–567
[45] Newman M E J, Watt D J. Renormalization group analysis of the small-world network model. Phys Lett A, 1999. 263: 341–346
[46] Newman M E J, Moore C，Watt D J. Mean-field solution of the small-world network model. Phys Rev Lett, 2000, 84: 3201–3204
[47] Barrat A, Weigt M. On the properties of small-world networks. Eur Phys J B, 2000, 13: 547–560
[48] Barabasi A L, Albert R, Emergence of scaling in random networks. Science, 1999, 286: 509–512
[49] Albert R, Barabasi A L. Dynamics of complex systems: Scaling laws for the period of Boolean networks. Phys Rev Lett, 2000, 84: 5660–5663
[50] Albert R, Barabasi A L. Topology of evolving networks: local events and universality. Phys. Rev Lett, 2000, 85: 5234–5237
[51] Krapivsky P L, Redner S, Leyvraz F. Connectivity of growing random networks. Phy Rev Lett, 2000, 85: 4629–4632
[52] Dorogovtsev S N, Mendes J F F. Effect of the accelerating growth of communications networks on their structure. Phys Rev E, 2001, 63: 025101
[53] Dorogovtsev S N, Mendes J F F. Scaling behaviour of developing and decaying networks. Europhys Lett, 2000, 52: 33–39
[54] Krapivsky P L, Redner S. A statistical physics perspective on Web growth. Computer Networks, 2002, 39: 261–276
[55] Tadic B. Dynamics of directed graphs: The World-Wide Web. Physica A, 2001, 293: 273–284
[56] Bianconi G, Barabasi A L. Bose-Einstein condensation in complex networks. Phys Rev Lett, 2001, 86: 5632–5635
[57] Jeong H, Tombor B, Albert R, et al. The large-scale organization of metabolic networks. Nature, 2000, 407: 651–654
[58] Wanger A, Fell D A. The small world inside large metabolic networks. Proc. Roy Soc London Series B, 2001, 268: 1803–1810

[59] Fell D A, Wanger A. The small world of metabolism. Nature Biotechnology, 2003, 18: 1121–1122

[60] Jeong H, Mason S P, Barabasi A L, et al. Lethality and centrality in protein networks. Nature, 2001, 411: 41–42

[61] Wanger A. The yeast protein interaction network evolves rapidly and contains few redundant genes. Mol Biol Evol, 2001, 18: 1283–1292

[62] Kuo P D, Banzhaf W. Scale-free and small world network topologies in an artificial regulatory network model. Proceedings of the Ninth International Conference on the Simulation and Synthesis of Living Systems, Bradford Books, 2004, 404–409

[63] Pastor-Satorras R, Smith E, Sole R. Evolving protein interaction networks through gene duplication. Theor Biol, 2003, 222: 199–210

[64] Qian J, Luscombe N M, Gerstein M. Protein family and fold occurrence in genimes: power-law behavior and evolutionary model. Mol Biol, 2001, 313: 673–681

[65] Bhan A, Galas D J, Dewey T G, A duplication growth model of gene expression networks, Bioinformatics, 2002, 18: 1486–1493

[66] Vazquez A, Flammini A, Maritan A, et al. Modeling of protein interaction networks. ComPlexUs1, 2002, 1: 38–44

[67] Milgram S. The small world problem. Psychl Today, 1967, 2: 60

[68] Chung F, Lu L. The average distances in random graphs with given expected degrees. PNAS, 2002, 99: 15879–15882

[69] Cohen R, Havlin S. Scale-free networks are ultra small. Phys Rev Lett, 2003, 90: 058701

[70] Barabasi A L, Oltvai Z N. Network biology: Understanding the cells: functional organization. Nature, 2004, 5: 101–113

[71] Li S, Armstrong C M, Bertin N, et al. A map of the interaction network of the metazoan *C.elegans*. Science, 2004, 303: 540–543

[72] Giot L, Bader J S. Brouwer C. et al. A protein map of drosophila melanogaster. Science, 2003, 302: 1727–1736

[73] Ravasz E, Barabasi A L. Hierachical organization in complex networks. Phys Rev E, 2003, 67: 026112

[74] Williams R J, Martinez N D, Berlow E L, et al. Hierarchical organization of modularity in metabolic networks. Science, 2002, 297: 1551–1554

[75] Wall M E, Hlavacek W S, Savageau M A. Design of gene circuits: lessons from bacteria. Nature Rev Genet, 2004, 5: 34–42

[76] Alon U. Biological networks: The tinkerer as an engineer. Science, 2003, 301: 1866–1867

[77] Eisenberg E, Levanon E Y, Preferential attachment in the protrin network evolution. Phys Rev Lett, 2003, 91: 138701

[78] Yook S H, Oltvai Z N, Barabasi A L. Functional and topological characterization of protein interaction networks. Proteomics, 2004, 4: 929–942

[79] Maslov S, Sneppen K. Specificity and stability in topology of protein networks. Science, 2002, 296: 378–382

[80] Hase T, Niimura Y, Kaminuma T, et al. Non-uniform survival rate of heterodimerization links in the evolution of the Yeast protein-protein interaction network. PLos One, 2008, 3: e1667

[81] Albert R, Jeong H, Barabasi A L. Error and attack: Tolerance of complex networks. Nature, 2000, 406: 378–382

[82] Winzeler E A, Shoemaker D D, Astromoff A, et al. Functional characterization of the *S.cerevisiae* genome by gene deletion and parallel analysis. Science, 1999, 285: 901–906

[83] Gerdes S Y, Scholle M D, Campbell J W. Experimental determination and system-level analysis of essential genes in Escherichia coli MG1655. J Bacteriology, 2003, 185: 5673–5684

第 2 章　化学反应动力学

生化反应指发生在生物体的细胞内的化学反应, 它们是所有生物进行生理活动的基础, 所以正确地建立生化反应的数学描述是从理论上研究生物系统的核心问题之一. 作为数学描述基础的质量作用定律 (the law of mass action) 是描述化学反应的基本定律, 这个定律刻画了大分子或离子的合成及分解反应的速率.

质量作用定律是一个普适的基本定律, 但在描述有些生化反应时也有其缺陷, 显得过于复杂. 考虑到生化反应的一个主要特点是：催化酶起决定性作用. 在质量作用定律的基础上, 利用酶的催化性质, 经过近似计算可以总结出酶参与生化反应反应速率的 Michaelis-Menten 法则.

另外, 针对质量作用定律刻画系统时的复杂性, 还发展出了一些定性的方法来研究系统的动力学性态 (振荡、多重稳定性等), 如 Species-Reaction 图方法等.

2.1　质量作用定律

质量作用定律是化学反应的基本定律, 它是用来描述大分子 (蛋白等) 或离子 (Ca^{2+}、Na^{+}、Cl^{-}) 等的碰撞和接触合成化合物的反应率. 假定两种化学物质 A 和 B, 经过碰撞合成一种产物 C, 其化学方程式可写成

$$\mathrm{A}+\mathrm{B} \xrightarrow{k} \mathrm{C} \tag{2.1}$$

记产物 C 的积累率为 $\dfrac{\mathrm{d}[\mathrm{C}]}{\mathrm{d}t}$, 其中 [C] 为 C 的浓度, 这个量就是在反应中每单位时间内碰撞次数的产物. 显然, 这个单位时间内碰撞次数 (概率), 应该正比于 A 和 B 的浓度 (通常记为 [A]、[B]), 并依赖于反应分子的几何形状、大小和温度等因素. 综合这些因素, 我们有

$$\frac{\mathrm{d}[\mathrm{C}]}{\mathrm{d}t}=k[\mathrm{A}][\mathrm{B}] \tag{2.2}$$

式中, 反应常数 k 就体现反应分子的几何形状、大小和温度等因素.

一般来讲, 化学反应都是双向的, 但有些情况下, 反方向的反应与正向相比较足够慢, 就常常被忽略 (此时可用上述单向方法处理). 对于双向反应情况, 即有如下可逆反应：

$$\mathrm{A}+\mathrm{B} \underset{k_-}{\overset{k_+}{\rightleftharpoons}} \mathrm{C} \tag{2.3}$$

式中, k_+ 和 k_- 分别是正、负方向的速率常数. 根据质量作用定律, 我们可以类似地写出

$$\frac{\mathrm{d[A]}}{\mathrm{d}t} = k_-[\mathrm{C}] - k_+[\mathrm{A}][\mathrm{B}] \tag{2.4}$$

同样地, 对于下列化学反应:

$$\mathrm{A} + 2\mathrm{B} \xrightarrow{k} \mathrm{C} \tag{2.5}$$

我们也可以写出对应的质量作用定律形式

$$\frac{\mathrm{d[C]}}{\mathrm{d}t} = k[\mathrm{A}][\mathrm{B}]^2$$

注意, 不是 $\frac{\mathrm{d[C]}}{\mathrm{d}t} = k[\mathrm{A}]2[\mathrm{B}]$.

在这些由质量作用定律描述的化学反应方程式中, 所谓的平衡点 (equilibrium) 是指参与反应的化学物质达到浓度不变所描述的状态. 例如, 在化学反应式 (2.3) 中, 平衡点可由 $\frac{\mathrm{d[C]}}{\mathrm{d}t} = 0$ 得到, 也就是 $[\mathrm{C}]_{\mathrm{eq}} = \frac{k_+}{k_-}[\mathrm{A}]_{\mathrm{eq}}[\mathrm{B}]_{\mathrm{eq}}$(通常在习惯上不写下标 eq). 如果在系统中, 化学物质 A 与 C 没有参与除式 (2.3) 外的其他化学反应, 则 A 与 C 的浓度还应满足 $[\mathrm{A}] + [\mathrm{C}] = A_0$(其中 A_0 为常数), 有 $[\mathrm{A}] = A_0 - [\mathrm{C}]$, 代入 $k_-[\mathrm{C}] = k_+[\mathrm{A}][\mathrm{B}]$, 得 $k_-[\mathrm{C}] = k_+(A_0 - [\mathrm{C}])[\mathrm{B}]$, 移项整理得

$$[\mathrm{C}] = A_0\frac{[\mathrm{B}]}{K_{\mathrm{eq}} + [\mathrm{B}]} \tag{2.6}$$

式中, 常数 $K_{\mathrm{eq}} = \frac{k_-}{k_+}$ 称为平衡常数 (equilibrium constant). 这样就得到反应产物与参与底物之间的关系.

2.2 酶动力学 (enzyme kinetics)

很多生物化学反应不像上述反应那么简单, 而是有酶的参与. 此时如果按照上述质量作用定律来处理, 将会非常复杂, 因此有必要作一定的简化.

酶 (enzyme) 是催化剂 (catalysts, 通常是蛋白质), 其作用是帮助底物 (substrates) 转换为产物 (products), 并且在此过程中, 它们自身没有改变. 它们的重要特征是: 催化动力、特异性和调控 (catalytic power, specificity, regulation). 这三个特征的含义分别为: 催化动力, 有催化剂可以使反应加速到高达 1000 万倍的速度; 特异性, 大多数酶只能催化某一种或非常接近的一小类底物; 调控, 通常被非常复杂的正反馈、负反馈管理, 能够很精确地控制反应率.

2.2.1 Michaelis-Menten 法则

第一个描述酶参与的反应模型是 1913 年由 Michaelis-Menten 提出的[1]. 这个模型也是在质量作用定律基础上描述的. 在此模型中, 酶 E 把底物 S 经过两步转换成产物 P. 首先, E 和 S 结合, 产生复合物 C, 然后 C 分解, 产生 P 并释放出 E. 这个模型可以描述成

$$\mathrm{S}+\mathrm{E} \underset{k_{-1}}{\overset{k_1}{\rightleftharpoons}} \mathrm{C} \xrightarrow{k_2} \mathrm{P}+\mathrm{E} \tag{2.7}$$

一般来说, P 和 E 也是可以反过去合成 C 的. 但是如果在实践问题中 P 会被很快连续地移除掉, 那么就可以有效地阻止这个逆转反应.

基于质量作用定律, 我们可以描述各个物质的改变率

$$\begin{aligned}
\frac{\mathrm{d[S]}}{\mathrm{d}t} &= k_{-1}[\mathrm{C}] - k_1[\mathrm{S}][\mathrm{E}] \\
\frac{\mathrm{d[E]}}{\mathrm{d}t} &= (k_{-1}+k_2)[\mathrm{C}] - k_1[\mathrm{S}][\mathrm{E}] \\
\frac{\mathrm{d[C]}}{\mathrm{d}t} &= k_1[\mathrm{S}][\mathrm{E}] - (k_2+k_{-1})[\mathrm{C}] \\
\frac{\mathrm{d[P]}}{\mathrm{d}t} &= k_2[\mathrm{C}]
\end{aligned} \tag{2.8}$$

注意, 在反应中, 由于催化剂的总量 (包括自由的 E 和结合了 S 后成为 C) 保持不变, 从而 $[\mathrm{E}]+[\mathrm{C}]=[E_{\mathrm{Tot}}]$ 为常数, 即应该有 $\dfrac{\mathrm{d[E]}}{\mathrm{d}t}+\dfrac{\mathrm{d[C]}}{\mathrm{d}t}=0$.

注意到由于催化剂的存在大大加速了反应速度, 因而可以认为很快达到平衡态, 为此 Michaelis-Menten 采用一种叫平衡态近似 (equilibrium approximation) 的方法来分析这个过程: $\dfrac{\mathrm{d[S]}}{\mathrm{d}t}=0$, 即 $k_1[\mathrm{S}][\mathrm{E}]=k_{-1}[\mathrm{C}]$, 此种方法有一定缺陷. 1925 年, Briggs 和 Haldane 提出了一种更为合理的方法[2], 即平衡态近似, 假定 $\dfrac{\mathrm{d[C]}}{\mathrm{d}t}=0$. 目前大家采用的都是 Briggs 和 Haldane 提出的平衡态近似, 但仍称为 Michaelis-Menten 法则.

由于假定了 $\dfrac{\mathrm{d[C]}}{\mathrm{d}t}=0$, 所以有 $k_1[\mathrm{S}][\mathrm{E}]=(k_{-1}+k_2)[\mathrm{C}]$. 利用 $[\mathrm{E}]+[\mathrm{C}]=[E_{\mathrm{Tot}}]$, 可以推导

$$[\mathrm{C}]=\frac{[E_{\mathrm{Tot}}][\mathrm{S}]}{[\mathrm{S}]+K_{\mathrm{m}}} \tag{2.9}$$

式中, $K_{\mathrm{m}}=\dfrac{k_{-1}+k_2}{k_1}$. 而 $\mathrm{d[P]}/\mathrm{d}t=k_2[\mathrm{C}]$, 记 V 为整个反应过程式 (2.7) 中产物 P 的生成速率, 它与底物 S 的关系为

$$V=\frac{\mathrm{d}[p]}{\mathrm{d}t}=k_2[\mathrm{C}]=\frac{k_2[E_{\mathrm{Tot}}][\mathrm{S}]}{[\mathrm{S}]+K_{\mathrm{m}}}=\frac{V_{\max}[\mathrm{S}]}{[\mathrm{S}]+K_{\mathrm{m}}} \tag{2.10}$$

式中, $V_{\max} = k_2[E_{\text{Tot}}]$. 这样就得到了产物与底物的关系.

显然, Michaelis-Menten 法则是在催化反应的情况下, 按照质量作用定律的近似得来的, 但仍然是一个很有用的近似.

一般来说, 在实验中 k_1、k_{-1}、k_2 等反应率很难测定. 但我们可能相对容易直接测定到 K_{m} 与 $V_{\max}$. 因为式 (2.10) 可以改写成

$$\frac{1}{V} = \frac{1}{V_{\max}} + \frac{K_{\text{m}}}{V_{\max}} \frac{1}{[\text{S}]} \tag{2.11}$$

换而言之, $1/V$ 是 $1/[\text{S}]$ 的线性函数, 所以通过实验得到 [S] 和 V, 然后通过 $1/V$ 和 $1/[\text{S}]$ 的线性关系斜率与截距可以得到 $V_{\max}$ 和 K_{m}. 详见图 2.1(a).

从式 (2.10) 可看到, Michaelis-Menten 法则有两种特殊形式：当底物浓度较低时, 分母接近于 K_{m}, 速率近似为线性, 正比于催化剂总量 $[E_{\text{Tot}}]$, 称为一阶反应; 当底物浓度很高时, $[\text{S}]/(K_{\text{m}} + [\text{S}])$ 会饱和到 1, 而速率近似到最大速率 $V_{\max}$, 并且基本与 [S] 浓度无关, 称为零阶反应. 详见图 2.1(b).

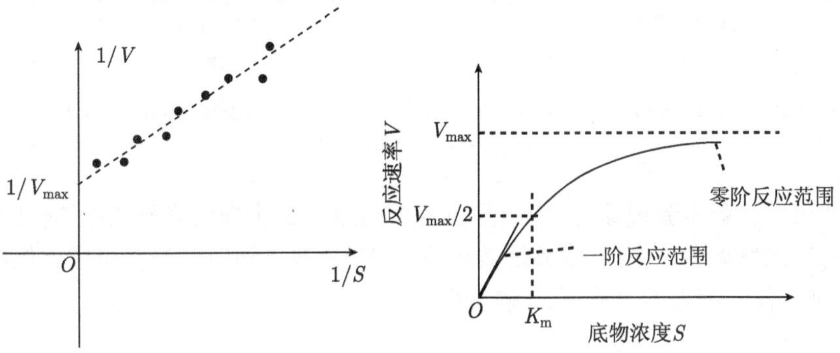

(a) (b)

图 2.1 Michaelis-Menten 法则

现在, 我们用 Michaelis -Menten 法则来分析合成生物学上的一个例子.

例子 合成生物学中的一个人工合成的基因–代谢振子.

在这个例子中, 有两个新陈代谢物的池, 即 Acetyl-CoA (AcCoA) 和 Acetyl-phosphate (AcP), 分别被蛋白 Acs、LacI 与 Pta 催化. 由于两者都是负反馈, 结果会在系统中导致振荡 [图 2.2(a)]. 在最初的数学模型中[3], 这三种催化蛋白酶的降解都被描述成线性的. 然而实际上, 这些蛋白的降解都是被催化的. 实验观察发现, 对单个细胞蛋白降解的时间过程是线性的; 而对众多细胞构成的群体, 蛋白降解的时间过程是指数的 [图 2.2(b)]. 因此, Liao 等认为应关注催化降解是如何影响振荡的[4]. 众所周知, 线性的时间过程代表其降解速率是常数, 而指数的时间过程代表

其降解速率是与自身成比例的. 因而实验发现这两个过程可用如下模型来描述:

$$\begin{aligned} \frac{\mathrm{dG}}{\mathrm{d}t} &= k_{\mathrm{s}} - k_{\mathrm{d}} & & \mathrm{G}(t) = (k_{\mathrm{s}} - k_{\mathrm{d}})t + \mathrm{C}_1 \\ & & \rightarrow & \\ \frac{\mathrm{dG}}{\mathrm{d}t} &= k_{\mathrm{s}} - k_{\mathrm{d}}\mathrm{G} & & \mathrm{G}(t) = \mathrm{C}_1 + \mathrm{C}_2\mathrm{e}^{-k_{\mathrm{d}}t} \end{aligned} \tag{2.12}$$

式中, G 代表被降解的蛋白.

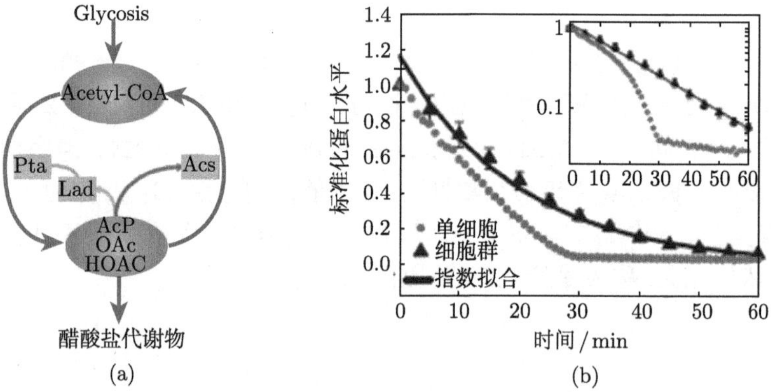

图 2.2 两个新陈代谢物的池 Acetyl-CoA(AcCoA) 和 Acetyl-phosphate(AcP) 分别被蛋白 Acs、LacI 与 Pta 催化

如果要解释实验现象, 就应当回答两个问题: ① 蛋白的降解是被催化的, 如何导致常数的降解率? ② 个体都是常数的降解率, 群体如何有与自身成比例的降解率? 为此, 我们考虑 G 的催化降解过程

$$\begin{aligned} &\mathrm{mRNA} \xrightarrow{k_1} \mathrm{G} \\ &\mathrm{G} + \mathrm{P} \underset{k_3}{\overset{k_2}{\rightleftharpoons}} \mathrm{GP} \xrightarrow{k_4} \mathrm{G}^* + \mathrm{P} \end{aligned} \tag{2.13}$$

在过程式 (2.13) 中, mRNA 合成蛋白 G, G 由催化剂 P 结合为复合物 GP, GP 又分解成降解物 G^* 并释放出催化剂 P. 由质量作用定律, 写出对应的方程为

$$\begin{aligned} \frac{\mathrm{d[G]}}{\mathrm{d}t} &= k_1[\mathrm{mRNA}] + k_3[\mathrm{GP}] - k_2[\mathrm{G}][\mathrm{P}] \\ \frac{\mathrm{d[GP]}}{\mathrm{d}t} &= k_2[\mathrm{G}][\mathrm{P}] - (k_3 + k_4)[\mathrm{GP}] \\ \frac{\mathrm{d[G^*]}}{\mathrm{d}t} &= k_4[\mathrm{GP}] \end{aligned} \tag{2.14}$$

利用 Michaelis-Menten 法则, 可以近似得到 $\dfrac{\mathrm{d[GP]}}{\mathrm{d}t} = 0$, 从而得到产物生成率

与底物的关系 $V=\frac{dG^*}{dt}=V_{\max}\frac{G}{G+K_m}$, 其中 $K_m=\frac{k_2}{k_3+k_4}$.

由于开始时 G 很多, 所以 $V=\frac{dG^*}{dt}=V_{\max}\frac{G}{G+K_m}\approx V_{\max}$ 为常数. 另外, 设 mRNA 浓度开始时基本不变, 从而有

$$\frac{dG}{dt}\approx k_1[C]-V_{\max} \tag{2.15}$$

这样对于第一个问题, 我们就有了解答：由于 G 相对催化剂很多, 其降解率饱和, 接近常数 $k_1[C]-V_{\max}$.

而对于第二个问题, 假定每个细胞都是常数降解率, 考虑在初始时刻每个细胞内的 G 含量不同, 且有一个分布. 理论分析显示, 不同的分布可以导致整个群体的降解率呈现不同的曲线：对于指数分布的初值, 群体呈现指数降解曲线, 是一阶降解率; 对于平均分布 (normal distribution) 的初值, 群体呈现的降解曲线表达式比较复杂, 不再是一阶降解率. 而实验显示, 初值的分布的确接近于指数分布, 这可能就是群体有降解率的主要原因.

2.2.2 可逆的催化反应

2.2.1 小节讨论了不可逆转的催化反应中反应率的数学描述. 如果催化反应是可逆的 (haldane relationship), 即产物 P 也可以逆向产生复合物 ES, 那么反应过程可写为

$$E+S \underset{k_{-1}}{\overset{k_1}{\rightleftharpoons}} ES \underset{k_{-}}{\overset{k_{+}}{\rightleftharpoons}} EP \underset{k_{-2}}{\overset{k_2}{\rightleftharpoons}} E+P \tag{2.16}$$

按平衡态近似, 假定 $d[EP]/dt=0$, 即

$$\frac{d[EP]}{dt}=k_+[ES]-k_-[EP]-(k_2[EP]-k_{-2}[E]\cdot[P])=0 \tag{2.17}$$

其中

$$\frac{d[P]}{dt}=k_2[EP]-k_{-2}[E]\cdot[P] \tag{2.18}$$

从而有

$$\frac{d[P]}{dt}=k_+[ES]-k_-[EP] \tag{2.19}$$

在式 (2.16) 中, 催化剂各种形式的总量 $[E_{\text{Tot}}]=[E]+[EP]+[ES]$, 在式 (2.19) 的两边除以此总量可得

$$\frac{1}{[E_{\text{Tot}}]}\frac{d[P]}{dt}=\frac{k_+[ES]-k_-[EP]}{[E]+[ES]+[EP]}=\frac{k_+\frac{[E][S]}{k_{mS}}-k_-\frac{[E][P]}{k_{mP}}}{[E]+\frac{[E][S]}{k_{mS}}+\frac{[E][P]}{k_{mP}}}=\frac{k_+\frac{[S]}{k_{mS}}-k_-\frac{[P]}{k_{mP}}}{1+\frac{[S]}{k_{mS}}+\frac{[P]}{k_{mP}}} \tag{2.20}$$

式中, $[\mathrm{ES}] = [\mathrm{E}][\mathrm{S}]/[k_{\mathrm{m}S}]$, $[\mathrm{EP}] = [\mathrm{E}][\mathrm{P}]/[k_{\mathrm{m}P}]$ 是根据 $\mathrm{d}[\mathrm{ES}]/\mathrm{d}t = \mathrm{d}[\mathrm{EP}]/\mathrm{d}t = 0$ 得到的, 并且 $k_{\mathrm{m}S}$、$k_{\mathrm{m}P}$ 也是由此确定的常数. 进一步整理, 得

$$\frac{\mathrm{d}[\mathrm{P}]}{\mathrm{d}t} = \frac{[E_{\mathrm{Tot}}]k_+\dfrac{[\mathrm{S}]}{k_{\mathrm{m}S}} - [E_{\mathrm{Tot}}]k_-\dfrac{[\mathrm{P}]}{k_{\mathrm{m}P}}}{1+\dfrac{[\mathrm{S}]}{k_{\mathrm{m}S}}+\dfrac{[\mathrm{P}]}{k_{\mathrm{m}P}}} \triangleq \frac{V_{\max+}\dfrac{[\mathrm{S}]}{k_{\mathrm{m}S}} - V_{\max-}\dfrac{[\mathrm{P}]}{k_{\mathrm{m}P}}}{1+\dfrac{[\mathrm{S}]}{k_{\mathrm{m}S}}+\dfrac{[\mathrm{P}]}{k_{\mathrm{m}P}}} \tag{2.21}$$

式中, $V_{\max+}$、$V_{\max-}$ 分别是最大正向和负向速率, 该速率公式称为 Haldane relationship. 上述公式的推导相当烦琐, 有兴趣的读者可以尝试自己推导, 也可以参阅有关文献.

另一个更简化的方法是, 考虑

$$\mathrm{S}+\mathrm{E} \underset{k_{-1}}{\overset{k_1}{\rightleftharpoons}} \mathrm{C} \underset{k_{-2}}{\overset{k_2}{\rightleftharpoons}} \mathrm{P}+\mathrm{E} \tag{2.22}$$

式中, $[E_{\mathrm{Tot}}] = [\mathrm{E}] + [\mathrm{C}]$ 为催化剂的总量. 作平衡态近似, 即 $\mathrm{d}[\mathrm{C}]/\mathrm{d}t = 0$, 得到

$$[\mathrm{C}] = \frac{[E_{\mathrm{Tot}}](k_1[\mathrm{S}] + k_{-2}[\mathrm{P}])}{k_1[\mathrm{S}] + k_{-2}[\mathrm{P}] + k_{-1} + k_2} \tag{2.23}$$

代入 $V = \mathrm{d}[\mathrm{P}]/\mathrm{d}t = k_2[\mathrm{C}] - k_{-2}[\mathrm{P}][\mathrm{E}]$, 得

$$V = [E_{\mathrm{Tot}}]\frac{k_1k_2[\mathrm{S}] - k_{-1}k_{-2}[\mathrm{P}]}{k_1[\mathrm{S}] + k_{-2}[\mathrm{P}] + k_{-1} + k_2} \tag{2.24}$$

当 [P] 比较小趋近于零的时候, 就趋近于单向的 MM 公式.

2.2.3 Hill 公式

在描述生化反应的数学模型中常常出现 Hill 公式

$$\frac{x^n}{x^n + c^n}, \quad n > 0 \tag{2.25}$$

上述 Michaelis-Menten 法则得到的 $V = V_{\max}\dfrac{G}{G+K_{\mathrm{m}}}$ 就是 Hill 公式中 $n = 1$ 的一种特例.

在这里我们举协调作用 (cooperativity) 为例说明 Hill 公式多次出现的原因.

考虑如下典型催化协调作用. 假定一种催化剂有两种分子形式可以和底物结合, 即催化剂 E 可以和底物 S 结合, 成为复合物 $\mathrm{C_1}$, 而复合物 $\mathrm{C_1}$ 也有催化作用, 可以和 S 结合成复合物 $\mathrm{C_2}$. 它们的化学反应可表达为

$$\begin{aligned} &\mathrm{S}+\mathrm{E} \underset{k_{-1}}{\overset{k_1}{\rightleftharpoons}} \mathrm{C_1} \xrightarrow{k_2} \mathrm{E}+\mathrm{P} \\ &\mathrm{S}+\mathrm{C_1} \underset{k_{-3}}{\overset{k_3}{\rightleftharpoons}} \mathrm{C_2} \xrightarrow{k_4} \mathrm{C_1}+\mathrm{P} \end{aligned} \tag{2.26}$$

对式 (2.26) 可以写出相应的反应方程组

$$\begin{aligned}\frac{\mathrm{d[S]}}{\mathrm{d}t} &= -k_1[\mathrm{S}][\mathrm{E}] + k_{-1}[\mathrm{C_1}] - k_3[\mathrm{S}][\mathrm{C_1}] + k_{-3}[\mathrm{C_2}] \\ \frac{\mathrm{d[C_1]}}{\mathrm{d}t} &= k_1[\mathrm{S}][\mathrm{E}] - (k_{-1} + k_2)[\mathrm{C_1}] - k_3[\mathrm{S}][\mathrm{C_1}] + (k_4 + k_{-3})[\mathrm{C_2}] \\ \frac{\mathrm{d[C_2]}}{\mathrm{d}t} &= k_3[\mathrm{S}][\mathrm{C_1}] - (k_4 + k_{-3})[\mathrm{C_2}]\end{aligned} \tag{2.27}$$

式中, $[\mathrm{E}] + [\mathrm{C_1}] + [\mathrm{C_2}] = [E_{\mathrm{Tot}}]$ 为催化剂各种形式的总量. 然后对 $[\mathrm{C_1}]$ 和 $[\mathrm{C_2}]$ 作平衡态近似假设：$\mathrm{d[C_1]}/\mathrm{d}t = \mathrm{d[C_2]}/\mathrm{d}t = 0$. 从而得到 $[\mathrm{C_1}]$ 和 $[\mathrm{C_2}]$ 平衡态

$$\begin{aligned}[\mathrm{C_1}] &= \frac{K_2[E_{\mathrm{Tot}}][\mathrm{S}]}{K_1K_2 + K_2[\mathrm{S}] + [\mathrm{S}]^2} \\ [\mathrm{C_2}] &= \frac{[E_{\mathrm{Tot}}][\mathrm{S}]^2}{K_1K_2 + K_2[\mathrm{S}] + [\mathrm{S}]^2}\end{aligned} \tag{2.28}$$

式中, $K_1 = \dfrac{k_{-1} + k_2}{k_1}; K_2 = \dfrac{k_4 + k_{-3}}{k_3}$.

从而反应速率 V 为

$$V = k_2[\mathrm{C_1}] + k_4[\mathrm{C_2}] = \frac{(k_2K_2 + k_4[\mathrm{S}])[E_{\mathrm{Tot}}][\mathrm{S}]}{K_1K_2 + K_2[\mathrm{S}] + [\mathrm{S}]^2} \tag{2.29}$$

考虑式 (2.26) 的一个极端情况：从 $\mathrm{C_1}$ 产生 P 的速率非常慢, 绝大部分 P 是从 $\mathrm{C_2}$ 产生的, 即 $k_1 \to 0$, $k_3 \to \infty$, 且 k_1k_3 是常数. 这时 $K_2 \to 0$, $K_1 \to \infty$, 而 $K_1K_2 = \dfrac{k_{-1} + k_2}{k_1}\dfrac{k_{-3} + k_4}{k_3}$ 也趋于常数时, 于是在这种极端情况下有

$$V = \frac{k_4[E_{\mathrm{Tot}}][\mathrm{S}]^2}{K_{\mathrm{m}}^2 + [\mathrm{S}]^2} = \frac{V_{\max}[\mathrm{S}]^2}{K_{\mathrm{m}}^2 + [\mathrm{S}]^2} \tag{2.30}$$

式中, $K_{\mathrm{m}}^2 = K_1K_2; V_{\max} = k_4[E_{\mathrm{Tot}}]$. 式 (2.30) 就是 Hill 公式中 $n = 2$ 的情形.

一般地, 考虑 n 重催化过程, 有 n 个平衡常数 K_1 到 K_n. 当保持 K_1K_2 为常数, 并且 $K_n \to 0$, $K_1 \to \infty$ 时, 就可产生如下公式：

$$V = \frac{V_{\max}[\mathrm{S}]^n}{K_{\mathrm{m}}^n + [\mathrm{S}]^n} \tag{2.31}$$

式中, $K_m^n = \prod_{i=1}^{n} K_i$. 这就是著名的 Hill 公式.

2.2.4 Species-Reaction (SR) Graph 简介

Martin Feinberg 和他的学生 Craciun 等[5] 还发展出一套基于质量作用定律的 SR Graph 方法. 对于一组反应, 可以相应地按质量作用定律写成方程式, 另外, 也可以对它们用图的形式来表示. 因此, 恰当的图表示与方程组应当是一一对应的.

在 SR Graph 方法中, 点表示反应, 而边表示物质 (这与一般的图恰好相反). 图 2.3 是一个简单的例子.

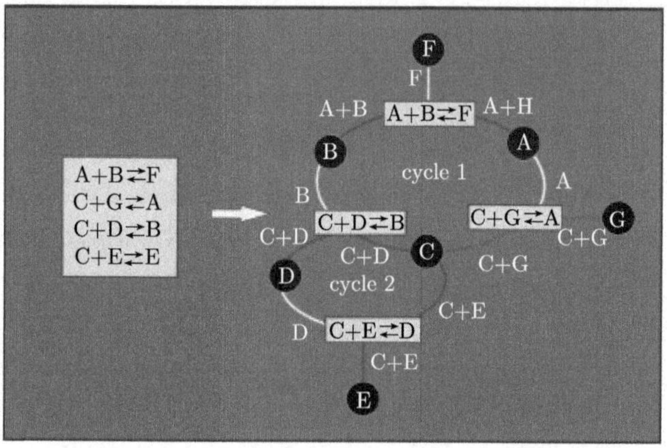

图 2.3　SR Graph 方法表示反应

Martin Feinberg 理论证明了一些定理[6,7], 通过直接观察图的特点, 可以判定系统的特性, 如全局稳定、多重稳态等. 详细的数学证明, 可以参考相关文献.

【注】 本章内容多处参考 Keener 和 Sneyd 所著的教程 *Mathematical Physiology*[8].

参 考 文 献

[1] Michaelis L, Menten M I. Die kinetik der invertinwirkung. Biochem, 1913, (Z) 333–369

[2] Briggs G E, Haldane J B. A note on the kinetics of enzyme action. Biochem J, 1925, 19: 338–339

[3] Fung E, Wong W W, Suen J K, et al. A synthetic gene-metabolic oscillator. Nature, 2005, 435: 118–122

[4] Wong W W, Tsai T Y, Liao J C. Single-cell zeroth-order protein degradation enhances the robustness of synthetic oscillator. Mol Syst Biol, 2007, 3: 130

[5] Craciun G, Tang Y, Feinberg M. Understanding bistability in complex enzyme-driven reaction networks. Proc Natl Acad Sci U S A, 2006, 103: 8697–702

[6] Craciun G, Feinberg M, Multiple equilibria in complex chemical reaction networks: I. the injectivity property. SIAM J Appl Math, 2005, 65: 1526–1546

[7] Craciun G, Feinberg M. Multiple equilibria in complex chemical reaction networks: extensions to entrapped species models. Syst Biol (Stevenage), 2006, 153: 179–186

[8] Keener J, Sneyd J. Mathematical Physiology. Berlin: Springer, 1998

第3章　单调动力系统

在生物系统中,通过化学动力学原理所建立的生物网络数学模型往往具有一些特定数学性质,尤其是生物调控网络. 动力系统理论上把这类系统称为单调动力系统. 本章就这个问题作一简单介绍.

3.1　单调动力系统基础

在讨论单调动力系统前,我们先给出两个有关概念. 考虑系统

$$\dot{x} = f(x), \quad x \in \mathbb{R}^{+n} \tag{3.1}$$

式中, $f = (f_1, \cdots, f_n) : \mathbb{R}^{+n} \to \mathbb{R}^{+n}$ 为连续可微的函数. 我们给出如下定义:如果对于所有的 x, 以下条件成立:

$$\frac{\partial f_i(x)}{\partial x_j} > 0(< 0), \quad i, j = 1, 2, \cdots, n$$

则称 x_j 对 x_i 的作用为促进 (抑制). 如果 $\dfrac{\partial f_i(x)}{\partial x_j} = 0$, 则 x_j 对 x_i 没有直接的作用.

在上述定义中,我们给出相空间为 $\mathbb{R}^{+n}$, 也就是 $\mathbb{R}^{+n}$ 中所有分量中为正的象限,这样选取的理由是生物系统中研究的是生物分子数相关量,它们都有这种要求.

在一个网络中,通路 (path) 定义为从一个节点出发通过一系列的节点到达另一个节点的作用路径. 如果一条通路的起点为同一个节点,则该通路称为反馈环. 例如,在图 3.1 中, $A \to B \to C$ 为一条通路,而 $A \to B \to C \to A$ 为一个反馈环. 按照促进或抑制给予反馈环的每一条边上附上 "+" 号或 "−" 号,一条通路 (反馈环) 的符号定义为在该条通路中所有的边的符号的乘积. 例如,通路 $A \to B \to C$ 的符号为负,反馈环 $A \to B \to C \to A$ 的符号也为负.

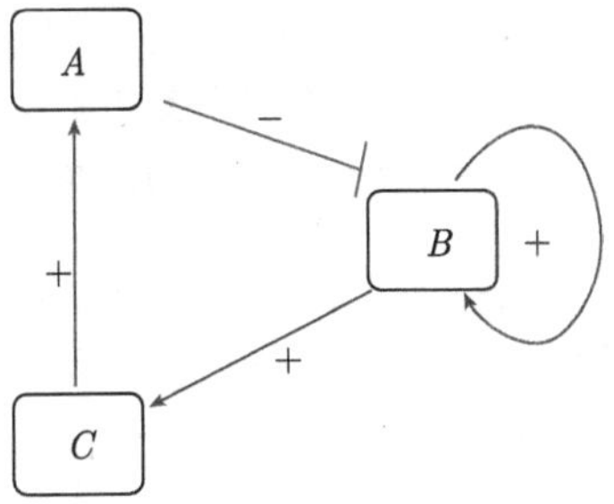

图 3.1　一个简单的网络示意图

在上述基础上, 我们给出单调动力系统的有关概念. 如果系统 $\dot{x}=f(x)$ 存在偏序, 并且该系统在状态空间能够保持该偏序, 则该系统为单调系统. 若记该序为 $\leqslant$, 则对所有的 t, 有

$$x(0) \leqslant y(0) \Rightarrow \varphi(t, x(0)) \leqslant \varphi(t, y(0)) \tag{3.2}$$

成立, 其中 $\varphi(t,\xi)$ 为初始条件为 $x(0)=\xi$ 的解. 换句话说, 系统的解对一切 $t \geqslant 0$ 保持其初始的序.

对于具有输入、输出的系统

$$\dot{x}=f(x,u)$$

$$y=h(x)$$

称为单调的, 如果对所有的 t, 下面的条件满足:

$$u_1 \leqslant u_2 \ \& \ \xi_1 \leqslant \xi_2 \Rightarrow \varphi(t,\xi_1,u_2) \leqslant \varphi(t,\xi_2,u_2) \tag{3.3}$$

也就是说, 如果初始与输入有序, 则系统的输出将保持对初始和输入的序.

一个系统的连接图为一个由具有符号的有向边以及节点构成的网络: 把这个系统的每一个分量看成一个节点, 对任何两个节点 x_j 与 x_i, 如果 $\dfrac{\partial f_i(x)}{\partial x_j} \neq 0$, 则连接一条从 x_j 到 x_i 的边 (其符号与 $\dfrac{\partial f_i(x)}{\partial x_j}$ 的符号相同). 两个典型的网络连接图如图 3.2 所示 (图中 → 表示促进, ⊣ 表示抑制).

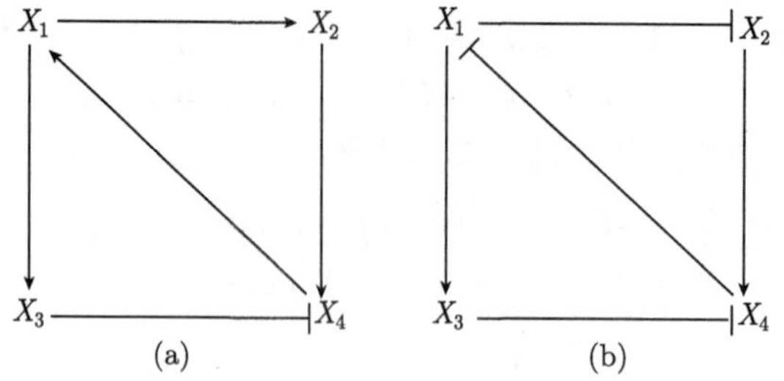

图 3.2　两个网络连接图

(a) 非单调系统; (b) 单调系统

关于单调系统, 一个重要的结论为: 一个系统单调当且仅当它的连接图 (incidence graph) 不包含任何负反馈环[1,2]. 图 3.2(b) 所示的系统为单调系统, 因为它不包含任何负反馈环. 在一般情况下, 我们通常所说的单调系统为

$$x(0) \leqslant y(0) \text{ 但 } x(0) \neq y(0) \Rightarrow \varphi(t, x(0)) < \varphi(t, y(0)) \tag{3.4}$$

可以证明单调系统的吸引子只能是稳定的平衡点, 因而不存在任何复杂的动力学行为, 如混沌或者周期解[1,2]. 正因为如此, 单调系统可以用来构建多稳态系统, 如基因开关等, 在合成生物学方面有着良好的应用. 例如, 参考文献 [2] 中根据单调系统理论提出了构建基因开关的步骤和具体例子.

3.2 单调动力系统的动态与分解

尽管单调动力系统具有较为简单的动力学性质, 也就是它的吸引子只能是稳定的平衡点. 但对于单调动力系统的多个平衡点, 如何判定其稳定性以及如何分解一个非单调系统为多个非单调系统等问题仍然值得研究. 下面先通过一个简单的例子介绍如何通过系统分解来研究单调系统的平衡点的稳定性.

考虑一个简单的 Cdc2-Cyclin B/Wee1 系统, 它可用如下系统来描述:

$$\dot{x} = \alpha_1(1-x) - \frac{\beta_1 x y^{\gamma_1}}{K_1 + y^{\gamma_1}} \equiv f(x,y) \tag{3.5}$$

$$\dot{y} = \alpha_2(1-y) - \frac{\beta_2 y x^{\gamma_2}}{K_2 + x^{\gamma_2}} \equiv g(x,y) \tag{3.6}$$

式中, x 表示 Cdc2; y 表示 Wee1. 在第一象限很容易得到

$$\frac{\partial f(x,y)}{\partial y} < 0 \text{ 以及 } \frac{\partial g(x,y)}{\partial x} < 0$$

因而, 该系统的两个节点相互抑制, 构成一个正反馈环, 从而该系统为单调系统, 如图 3.3 所示.

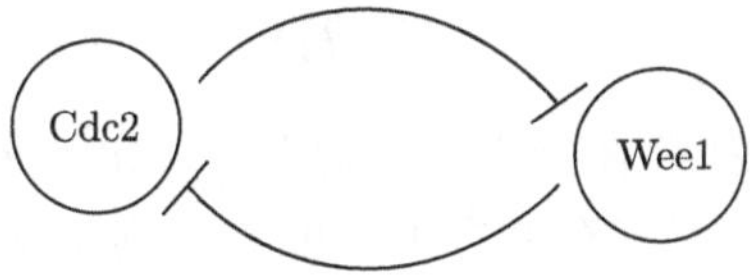

图 3.3 Cdc2-Cyclin B/Wee1 构成的网络系统示意图

现在把该闭系统分解为开系统, 也就是

$$\dot{x} = \alpha_1(1-x) - \frac{\beta_1 x \omega^{\gamma_1}}{K_1 + y^{\gamma_1}} \tag{3.7}$$

$$\dot{y} = \alpha_2(1-y) - \frac{\beta_2 y x^{\gamma_2}}{K_2 + x^{\gamma_2}} \tag{3.8}$$

如图 3.4 所示, 其中 ω 代表输入, η 代表输出. 当 $\omega = \eta$ 时, 开系统恢复为原来的闭系统. 通过分析开系统, 可以得到原来闭系统的性质, 如平衡点的稳定性. 闭系统

式 (3.5)、式 (3.6) 的平衡点的个数为开系统式 (3.7)、式 (3.8) 的平衡点曲线与直线 $\omega = \eta$ 交点的个数, 也就是说, 在闭系统式 (3.5)、式 (3.6) 有三个平衡点 (图 3.5).

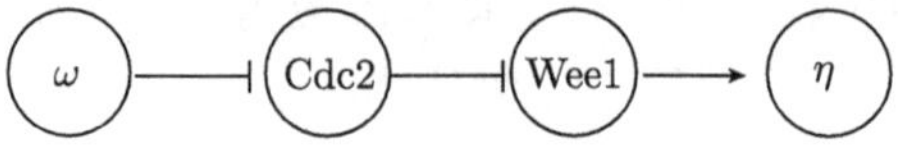

图 3.4　对应图 3.3 的开系统 (其中图 ω 为输入, $\eta = y$ 为输出)

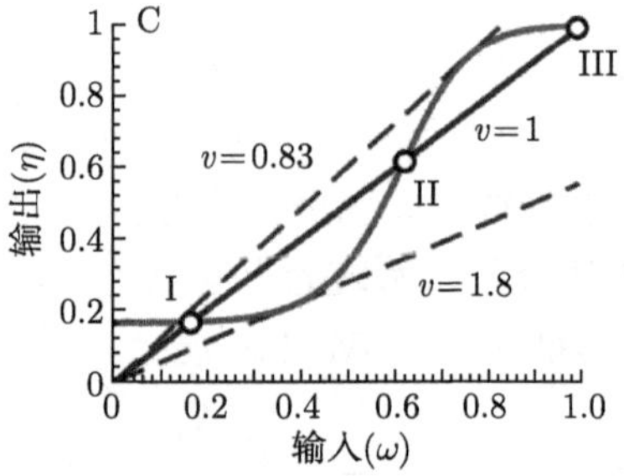

图 3.5　开环系统式 (3.7)、式 (3.8) 的平衡点曲线[3]

闭系统式 (3.5)、式 (3.6) 平衡点稳定性的判定可根据开环系统式 (3.7)、式 (3.8) 的平衡点曲线与直线 $\omega = \eta$ 的交点处的斜率来确定: 如果斜率小于 1, 则平衡点为稳定的; 如果大于 1, 则不稳定. 所以对系统式 (3.5)、式 (3.6), 从图 3.5 可以看出, 平衡点 I 与 III 为稳定的, II 为不稳定的.

现在回到一般性处理, 首先考虑输入、输出系统

$$\dot{x} = f(x, u) \tag{3.9}$$

$$y = h(x) \tag{3.10}$$

如果对任意给定的 $u \in U$, 存在唯一的全局渐进稳定的平衡点 $K_x(\cdot) : U \to X$, 且 $\det(K_x(\cdot), u) \neq 0$, 则称该系统存在非退化的输入到状态的静态特性 [nondegenerate input to state (I/S) static characteristic], 进一步定义输入/输出静态特征 [input/output (I/O) static characteristic] 为

$$K_y = h \circ K_x(\cdot)$$

式中, $\circ$ 为合成函数, 也就是 $h \circ K_x(u) = h(K_x(u))$.

对于这样的系统有如下重要结论. 考虑单输入、输出系统式 (3.9)、式 (3.10), 也就是输入与输出均为标量, 且存在非退化的 I/S 以及 I/O 静态特征, 考虑反馈连接 $u = y$. 假设 K_y 有非退化的平衡点, 且闭环系统为强单调的, 以及所有的解有界, 则对几乎所有的初始点, 该系统的解收敛到满足条件 $K_y'(u) < 1$ 的平衡点.

从这个定理我们就可以通过把一个闭环系统构建成相应的开环系统, 从而来讨论原来闭环系统的平衡点性质, 上面的例子就是如此做的.

再给出一个例子[4], 考虑系统

$$\dot{x}_1 = \frac{\alpha_1}{1+x_2^\beta} - x_1 \tag{3.11}$$

$$\dot{x}_2 = \frac{\alpha_2}{1+x_1^\gamma} - x_2 \tag{3.12}$$

考虑反馈 $u = x_2$, 则开环系统可以写为

$$\dot{x}_1 = \frac{\alpha_1}{1+u^\beta} - x_1 \tag{3.13}$$

$$\dot{x}_2 = \frac{\alpha_2}{1+x_1^\gamma} - x_2 \tag{3.14}$$

$$y = x_2 \tag{3.15}$$

其 I/S 以及 I/O 静态特征分别为

$$K_x u = \begin{pmatrix} \dfrac{\alpha_1}{1+u^\beta} \\ \dfrac{\alpha_2(1+u^\beta)^\gamma}{(1+u^\beta)^\gamma + \alpha_1^\gamma} \end{pmatrix}$$

$$K_y = \frac{\alpha_2(1+u^\beta)^\gamma}{(1+u^\beta)^\gamma + \alpha_1^\gamma}$$

如图 3.6 所示, 其中 $\alpha_1 = 1.3, \alpha_2 = 1, \beta = 3, \gamma = 10$.

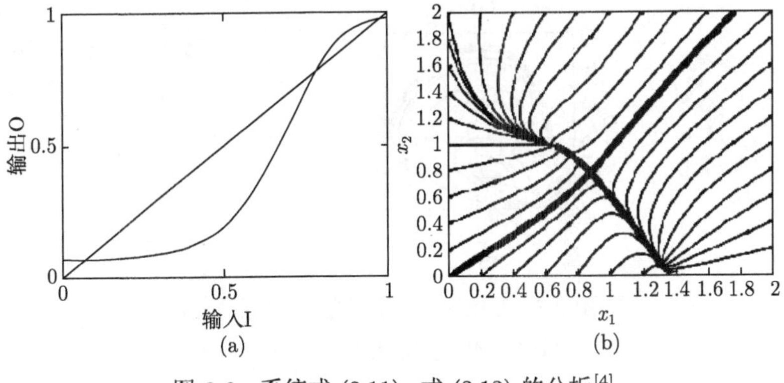

图 3.6 系统式 (3.11)、式 (3.12) 的分析[4]

(a) I/O 特征; (b) 相图

一个更为复杂的例子是 MAPK 通路. 该通路有 5 个变量, 也可以利用上述方法进行分析. 在利用该方法时, 需要说明的是单调性是必需的. 下面给出一个例子说明, 当单调性不满足时, 可能出现跟上述方法不一致的结论.

考虑系统

$$\dot{x} = x(-x + y) \tag{3.16}$$

$$\dot{y} = 3y\left(-x + c + \frac{by^4}{k + y^4}\right) \tag{3.17}$$

令 $\omega = \eta = y$, 该系统可以看作下面系统的开环系统的闭系统：

$$\dot{x} = x(-x + y) \tag{3.18}$$

$$\dot{y} = 3y\left(-x + c + \frac{b\omega^4}{k + \omega^4}\right) \tag{3.19}$$

容易得出

$$K_\eta(\omega) = c + \frac{b\omega^4}{k + \omega^4}$$

该系统的连接图如图 3.7 所示, 可以看出连接图存在一个负反馈环. 因而该系统不是单调系统, 所以尽管系统存在 I/O 以及 I/S 静态特征, 上述结论仍不能用来对这个系统进行分析.

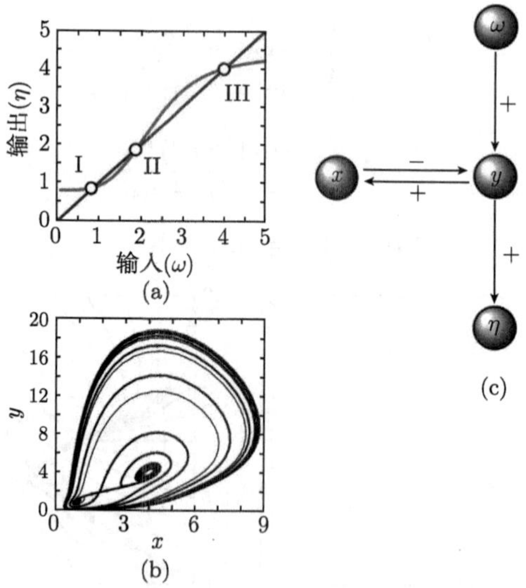

图 3.7 系统式 (3.16)、式 (3.17) 的分析

(a) I/O 特征; (b) 相图; (c) 连接图[3]

尽管单调系统具有良好的结构以及较为简单的动力学结构, 但对于一个较大系统来讲, 单调性却很难保证. 同时, 较大系统却包含着多个单调模块. 因而, 一个直接的问题是, 是否可以通过系统分解的方法把非单调系统分解为多个单调的模块, 然后通过对简单模块的分析进而得到原来非单调系统的性质？该方面的内容将在后面讨论.

前面几章我们主要介绍了研究生物分子网络的一些必要的基础知识，主要有复杂系统理论、复杂网络、单调动力系统以及化学动力学. 由于篇幅所限只能作简单介绍，有兴趣的读者可参考相关文献. 从第 4 章开始我们展开对生物分子网络的研究.

参考文献

[1] Smith H. Monotone Dynamical Systems: An Introduction to the Theory of Competitive and cooperative Systems. American Mathematical Society, Providence, 1995
[2] Kobayashi T, Chen L N, Aihara K. Modelling genetic switches with positive feedback loops. J Theor Biol, 2003, 221: 379–399
[3] Angeli D, Ferrell J, Sontag E. Detection of multistability, bifurcations, and hysteresis in a large class of biological positive-feedback systems. Proc Nat Acad Sci, 2004, 101: 1822–1827
[4] Angeli D, Sontag E. Multistability in monotone input/output systems. Syst and Control Lett, 2004, 51: 185–202

第 4 章　基于生物数据的网络推导

4.1 概　　述

系统生物学 (systems biology) 是研究一个生物系统中所有组成成分 (基因、mRNA 和蛋白质等) 的构成, 以及在特定条件下这些组成成分间的相互关系的学科. 而生物网络由于其对生物系统很好描述, 正逐渐成为系统生物学研究中的主要研究对象. 网络是图论中图的通俗说法, 由节点和连接节点之间的边构成. 在生物分子网络 (bio-molecular network) 中, 生物分子作为节点, 而生物分子之间的物理、遗传及调控等多种相互作用作为边, 因此它可以从系统层面上描述复杂的生命现象, 以及系统中的相互作用、调控和动态行为等特性. 备受关注的生物分子网络主要包括基因调控网络 (gene regulatory network)、转录调控网络 (transcriptional network)、蛋白质相互作用网络 (protein interaction network) 和代谢网络 (metabolic network).

目前, 生物网络的研究主要分为两类: 正向工程和逆向工程. 在正向工程中, 主要是利用已有的生物知识设计生物网络 (也就是合成生物学), 或者是构建量化模型来解释生物系统工作的机制. 目前, 正向工程已经取得了非常瞩目的成果. 在 2000 年, 波士顿大学成功合成了转换开关 (toggle switch), 而普林斯顿大学合成了振动子 (repressilator). 振动子的基本电路是一个质粒 (plasmid, 环状 DNA), 该质粒带有三个基因, 即 tetR、lacI 和 λcI, 分别编码三种蛋白, 即 TetR、LacI 和 λcI. 每个基因的蛋白产物分别有选择性地与另外一个基因的启动子结合, LacI 蛋白与 tetR 基因的启动子结合, λcI 蛋白与 lacI 基因的启动子结合, 而 TetR 蛋白则与 λcI 基因的启动子结合. 这种关联性使得一个基因的蛋白产物能够阻止聚合酶与另一个基因的启动子结合. 因此, 这三种蛋白的生成构成了一个振荡循环: 大量 LacI 蛋白的生成抑制了 tetR 基因的表达, TetR 蛋白的缺失使 λcI 基因得以表达, 而 λcI 蛋白又抑制 LacI 蛋白的生成, 这个过程不断循环. 近年来, 又有不同的基因网络被成功地合成, 如基因-代谢振动子. 特别是在 2009 年, 新的基因网络被合成用来计数, 这使得利用合成基因网络来模拟数字电路正逐渐成为现实.

与正向工程不同, 生物网络的逆向工程研究主要是利用高通量的生物数据来构建生物网络. 生物网络的构建是生物分子网络研究的基础和重点内容, 过去几年中主要是利用高通量数据重建生物分子网络. 这些高通量数据描述了成百上千的相互作用, 但是这些数据一般都具有高噪声和假阳性的特点. 因此, 如何利用这些高通量的生物数据来构建精确的生物分子网络正成为系统生物学中的研究热点. 本章主要介绍了目前常用的一些构建转录调控网络和转录后调控网络的方法.

4.2 转录调控网络

转录调控是指 DNA 分子在转录因子的调控下, 转录生成信使 RNA 的过程. 在转录过程中, DNA 分子被转录生成互补的信使 RNA(mRNA). 在真核细胞中, mRNA 在核内加工后转运到细胞质. 在细胞质中 mRNA 与核糖体结合合成多肽, 进而折叠成三维蛋白质结构. 在人体中有各种不同的器官和组织, 而在不同的组织中, 可能只有一小部分基因在特定的细胞中表达. 另外, 在细胞生长的不同阶段, 所表达的基因也是有所不同的. 因此, 生物系统中的基因调控是一个非常复杂和精确的过程, 而基因调控过程中的错误会导致各种疾病的产生. 基因表达的调控不仅包括转录调控, 也包括对加工和分选 mRNA 到蛋白质过程的调控、翻译速率的调控和 mRNA 衰减速率的调控等.

基因表达调控是细胞的重要过程之一, 它把编码在 DNA 序列上的遗传信息传递到功能蛋白分子上, 从而控制大部分细胞过程. 基因主要由调控区域和编码区域两部分组成. 编码区域指的是基因翻译成蛋白质的部分, 这部分先被转录成 mRNA, 然后再被翻译成蛋白质. 调控区域是基因中被用来控制这个基因的部分, 被称为启动子区域. 启动子区域包含转录因子的结合位点, 转录因子通过结合位点而绑定到基因上, 同时可能会直接或者间接地与其他转录因子形成的蛋白质复合物来调节该基因的转录过程. 转录因子对基因的调控影响可以是正面的 (激活), 也可以是负面的 (抑制). 也就是说, 转录因子浓度的增加可以增强或者减弱基因的表达. 一般情况下, 转录因子并不是单独地附着到基因上, 而是通过某种复合物的形式附着到基因上, 转录因子一旦附着到基因上, 将使 RNA 聚合酶附着到基因编码区域的上游, 把 DNA 的两条链分开, 然后沿着其中的一条链移动, 逐步地把编码区域转录成 mRNA[1,2]. 基因的调控原理图如图 4.1 所示.

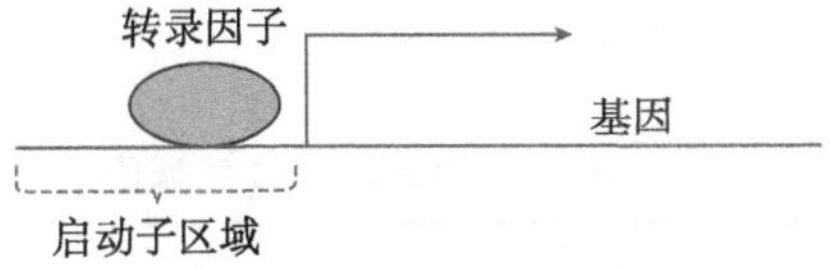

图 4.1 基因转录调控原理图

在基因转录调控中, 转录因子起到非常重要的作用, 通过绑定到基因的启动子区域来激活或者抑制基因的转录. 转录因子是基因翻译后生成的产物, 其对应的基因反过来又被其他转录因子调控. 一个转录因子可以有多个靶基因, 一个基因也可以被多个转录因子组合调控. 这种复杂的调控关系可以用基因转录调控网络来描述. 转录调控网络是一个有向图, 其中节点代表基因或转录因子, 边代表转录因子与基因之间的调控关系.

目前, 对转录调控网络的工作机制还不是很清楚, 而已知的转录调控关系还很少, 这些都对转录调控的研究造成了困难. 一方面, 生物学家努力通过新的实验技术来研究基因调控的机制; 另一方面, 一些来自其他学科的专家开始利用数学、统计学和人工智能等方法, 结合生物实验中得到的大量数据, 重建基因调控网络. 本节主要介绍近几年来发展起来的一些流行的基因转录调控网络构建模型和算法.

4.2.1　构建转录调控网络的常用数据

1. 微阵列基因芯片数据

基因芯片又叫 DNA 微阵列基因芯片, 为后基因组学提供了一种高通量和系统性的研究手段. 基因芯片借用了计算机芯片的集成化特点, 运用缩微技术, 把核酸密集有序地固定在相平面载体 (硅片、玻片等) 中预先设置的区域内, 形成微型的检测器件, 将待测样本标记后同芯片进行杂交, 样本中的标记分子和芯片上的探针分子特异性结合后, 通过激光共聚焦荧光扫描仪等手段获取信息, 然后对信息进行处理分析得到信号值, 信号值代表了结合在探针上的待测样本中特定大分子的信息, 即对应片段是否存在、存在量多少. 基因芯片技术最大的特征是能同时定量或者定性地检测成千上万基因的表达信息, 具有高效、快速等特点, 这是其他传统的基因检测技术不可比拟的. 基因芯片数据的出现为生物信息学的发展提供了方便, 已成为生物医学研究中必不可少的实验手段, 已深入到几乎所有生物学研究领域中. 对基因芯片数据加以整理和分析, 并发展对应的数学模型和算法来阐明生物现象, 是近几年生物信息学研究的热点. 目前, 微阵列基因芯片最广泛的应用是大规模研究基因的表达, 并通过对基因芯片数据的分析, 推导基因之间的调控关系, 建立系统的基因调控网络, 以从整体和系统的角度来研究生命的规律[3,4].

目前, 已有大量基因芯片数据存放在公共数据库中供研究使用. 表 4.1 列出了一些常用的基因芯片数据库及其相应的网址[5], 这些数据的公开使得利用计算手段构建转录调控网络成为可能.

表 4.1　常用基因芯片数据库

数据库	网　址	物　种
Stanford Microarray DB	http://stanford.com	多个物种
Gene Expression Omnibus	http://www.ncbi.nlm.nih.gov/geo/	多个物种
ArrayExpress at EBI	http://www.ebi.ac.uk/arrayexpress/	多个物种
RNA Abundance DB	http://www.cbil.upenn.edu/RAD/	多个物种
Genevestigator	http://www.genevestigator.ethz.ch/	多个物种
ExpressDB	http://twod.med.harvard.edu/ExpressDB/	多个物种

续表

数据库	网 址	物 种
Yale Microarray DB	http://info.med.yale.edu/microarray/	多个物种
ChipDB	http://staffa.wi.mit.edu/chipdb/ public/	多个物种
GXD	http://www.informatics.jax.org/mgihome/	小鼠
Human Gene Expression	http://www.biotechnoogycenter.org/ hio/	人
M3D	http://m3d.bu.edu/	微生物类
Plant Expression DB	http://www.plesdb.org/	植物类
Rice Expression DB	http://red.dna.affrc.go.jp/RED/	水稻
Tomato Expression DB	http://ted.bti.cornell.edu/	番茄
Yeast Microarray	http://www.transcripotome.ens.fr/ ymgv/	酵母
Riken Expression DB	http:read.gsc.riken.go.jp/	小鼠
Bodymap	http://bodymap.ims.u-tokyo.ac.jp/	人、小鼠

2. ChIP-on-Chip 技术和转录因子数据

虽然基因芯片数据能同时测量成千上万基因的表达, 但是不能告诉生物学家哪个转录因子调控哪个基因. 最近, 新发展起来的染色质免疫共沉淀 (ChIP-on-Chip) 技术能很好地弥补该不足之处. ChIP-on-Chip 技术结合了染色质免疫和基因芯片技术, 能识别细胞中 DNA 与蛋白质之间的相互作用. 另外, 该技术能识别基因组范围内的 DNA 结合蛋白质的绑定位点. 对于转录因子来说, 这些绑定位点是转录因子的结合部位. 而对于其他蛋白, ChIP-on-Chip 技术可以帮助识别增强子 (enhancer)、抑制因子 (repressor) 和隔离子 (insulators) 等, 通过 ChIP-on-Chip 技术可以识别转录因子与基因之间的调控关系. 表 4.2 列出了常用的转录因子以及转录因子与靶基因之间的调控关系数据库[6].

表 4.2 CHiP-on-Chip 数据库

数据库	网 址	物 种
YEASTRACT	http://www.yeastract.com	酵母
RegulonDB	http://regulon.ccg.unam.mx	大肠杆菌
AtTFDB	http://arabidopsis.med.ohio-state.edu	拟南芥
DBTBS	http://dbtbs.hgc.jp	枯草芽孢杆菌
TRANSFAC	http://www.biobase-international.com	真核细胞类
TFdb	http://genome.gsc.riken.jp/TFdb	小鼠
RiceTFDB	http://ricefdb.bio.uni-potsdam.de	水稻
nTFdB	http://worms.mcmaster.ca/ntfdb	线虫
FTFD	http://FTFD.SNU.AC.KR	真菌类
DMTR	http://bioinfo3.noble.org/dmtr	苜蓿
LymphTF DB	http://www.iupui.edu/tfinterx	淋巴细胞

3. miRNA 及其调控关系数据

MicroRNA(miRNA) 是一种小的内源性非编码 RNA 分子, 由 21~25 个核苷酸组成. 这些小的 miRNA 通过与靶 mRNA 的互补配对而在转录后水平上对基因的表达进行负调控, 导致 mRNA 的降解或翻译抑制. 到目前为止, 已报道有几千种 miRNA 存在于动物、植物和真菌等多细胞真核生物中, 且进化上高度保守. 随着基因转录调控网络研究的深入, 由 miRNA 参与的调控网络开始受到研究者的重视. 目前已有很多经实验证实或计算得到的调控关系, 主要包括转录因子与 miRNA、miRNA 与靶基因之间的调控关系. 许多研究组把已确定的调控关系整理成列表的形式存储到数据库中, 以供研究人员查阅和使用. 这些数据资源大多都是免费的, 可以从因特网上下载. 目前调控关系数据库有很多, 表 4.3 列出了一些常用的调控关系数据库.

表 4.3 miRNA 调控关系数据库

数据库	网 址	说 明
PuTmiR	http://www.isical.ac.in/~bioinfo miu/TF-miRNA.php	转录因子调控 miRNA
RegulonDB	http://regulondb.ccg.unam.mx/index.jsp	转录因子调控 miRNA
TransmiR	http://204.38.126.151/hmdd/mirna/tf/	转录因子调控 miRNA
mirGen	http://diana.cslab.ece.ntua.gr/mirgen/	转录因子调控 miRNA
miRBase	http://www.mirbase.org/index.shtml	miRNA 调控靶基因

4.2.2 转录调控网络重建

随着上面提到的基因芯片和 CHiP-on-Chip 等生物技术的发展, 越来越多的高通量数据可用. 如何从这些数据中挖掘出生物系统中内在的复杂基因调控关系, 正引起越来越多科学家的兴趣. 转录调控网络重建, 也称作逆向转录调控网络构建, 就是来从高通量实验数据中识别潜在的基因调控关系, 其一般工作流程如图 4.2 所示. 转录调控网络重建, 能帮助人们了解细胞中的基因调控机制, 揭示生命的奥秘.

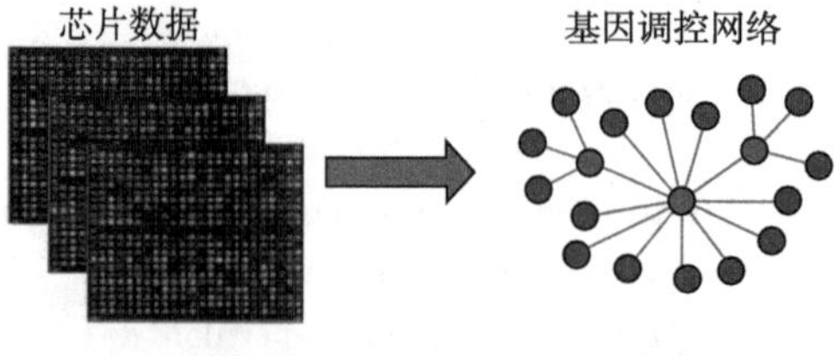

图 4.2 基因调控网络反向工程示意图

目前, 已经有很多新的数学模型和算法被用来推导蛋白质和基因之间的转录调控关系, 像奇异值分解法、微分方程法和贝叶斯网络方法等. 下面将对比较典型的几种基因转录调控网络推导方法进行介绍.

1. 奇异值分解

奇异值分解是线性代数中的一种矩阵分解方法, 已在信号处理和统计学等领域得到广泛应用. 目前, 奇异值分解已被广泛应用于大规模基因表达数据分析[7~11]. 例如, Yeung 等[11] 利用奇异值分解法在稀疏条件下重建了基因调控网络, 实验证明该方法具有较高的准确性, 而且具有较低的计算复杂度. 为了减少复杂度, 这种方法只考虑了稳态情况下的调控关系, 并用一个线性微分方程组来表示

$$\frac{\mathrm{d}x_i(t)}{\mathrm{d}t} = -\lambda_i x_i(t) + \sum_{j=1}^{n} W_{ij} x_j(t) + b(t) + \xi_i(t), \quad i = 1, 2, \cdots, n \tag{4.1}$$

式中, $x_i(t)(i = 1, 2, \cdots, n)$ 反映了基因 i 的表达水平; λ_i 是基因 i 的自我降解率; $b(t)$ 是外部因素; $\xi_i(t)$ 是噪声; W_{ij} 是调控矩阵元素, 表示基因 j 对基因 i 的调控类型和调控强度, 正数表示激活, 负数表示降解, 零表示没有调控关系.

在外部刺激条件 $(b_1, b_2, \cdots, b_n)^{\mathrm{T}}$ 干扰下, n 个不同基因的表达量分别记为 $(x_1, x_2, \cdots, x_n)^{\mathrm{T}}$

$$\boldsymbol{X} = \begin{pmatrix} x_1(1) & x_1(2) & \dots & x_1(m) \\ x_2(1) & x_2(2) & \cdots & x_2(m) \\ \vdots & \vdots & & \vdots \\ x_n(1) & x_n(2) & \cdots & x_n(m) \end{pmatrix}$$

式中, $x_i(j)$ 是在第 j 个样本 (干扰) 中第 i 个基因的表达. 方程式 (4.1) 可以写成矩阵形式

$$\dot{\boldsymbol{X}} = \boldsymbol{J}\boldsymbol{X} + \boldsymbol{B} \tag{4.2}$$

这里忽略了噪声, 自我降解率 $\xi_i(t)$ 被 J_{ij} 合并用来简化公式. $\dot{\boldsymbol{X}} = \mathrm{d}\boldsymbol{X}(t)/\mathrm{d}t$, $\boldsymbol{B} = [b_i(j)]$, $i = 1, 2, \cdots, n$, $j = 1, 2, \cdots, m$, $J_{ij} = W_{ij} - \delta_{ij}\lambda_i$, δ_{ij} 为函数, 即

$$\delta_{ij} = \begin{cases} 1, & i = j \\ 0, & i \neq j \end{cases} \tag{4.3}$$

通过奇异值分解, 我们可以把 $\boldsymbol{X}^{\mathrm{T}}$ 分解成 $\boldsymbol{X}^{\mathrm{T}} = \boldsymbol{U}\boldsymbol{E}\boldsymbol{V}^{\mathrm{T}}$, 其中 $\boldsymbol{U}$ 是一个左特征向量的 $m \times n$ 阶酉矩阵, $\boldsymbol{E} = \mathrm{diag}(e_1, e_2, \cdots, e_n)$ 是包含 n 个特征值的 $n \times n$ 阶主对角线矩阵, $\boldsymbol{V}^{\mathrm{T}}$ 是右特征向量的 $n \times n$ 阶酉矩阵. 我们可以得到方程的解

$$\hat{\boldsymbol{J}} = (\dot{\boldsymbol{X}} - \boldsymbol{B})\boldsymbol{U}\boldsymbol{E}^{-1}\boldsymbol{V}^{\mathrm{T}} \tag{4.4}$$

式中, $\boldsymbol{E}^{-1}=\mathrm{diag}(1/e_i)$, 若 $e_i=0$, 则令 $1/e_i=0$. 所以我们可以得到方程的一般相互关系矩阵解 $\boldsymbol{J}=[J_{ij}]_{n\times n}$, 即

$$\boldsymbol{J}=(\dot{\boldsymbol{X}}-\boldsymbol{B})\boldsymbol{U}\boldsymbol{E}^{-1}\boldsymbol{V}^{\mathrm{T}}+\boldsymbol{Y}\boldsymbol{V}^{\mathrm{T}}=\hat{\boldsymbol{J}}+\boldsymbol{Y}\boldsymbol{V}^{\mathrm{T}} \tag{4.5}$$

式中, $\boldsymbol{Y}=[y_{ij}]_{n\times n}$ 是一个 $n\times n$ 阶矩阵, 若 $e_i\neq 0$, 则 $y_{ij}=0$; 若 $e_i=0$, 则 y_{ij} 为任意常数. 每个 $\boldsymbol{J}$ 代表一个依赖于 $\boldsymbol{Y}$ 与芯片数据的网络.

由于奇异值分解会导致非唯一解, 这就需要一定的约束从所有解之中分离出真正的解. 由于真正的基因调控网络通常是稀疏的, 就是说每个基因一般只与所有基因中的一小部分基因相互作用, 因此稀疏性是合理的约束条件. Yeung 等基于此点利用优化方法使 $\boldsymbol{J}$ 的 L_1 值最小, 即

$$\min_{\boldsymbol{Y}}\left|\hat{\boldsymbol{J}}+\boldsymbol{Y}\boldsymbol{V}^{\mathrm{T}}\right| \tag{4.6}$$

Yeung 等[11] 在文献中通过多个实验证明, 奇异值分解方法推出的基因调控网络具有较高的准确性. 但是值得注意的是, 这种方法只适合基因调控网络的线性模型.

2. 伪拟矩阵模型

在基因调控网络推导中, 所用到的基因芯片数据通常具有样本个数少 (通常小于 10) 而基因数目大 (通常大于 1000) 的局限性, 也就是说, 实验样本个数远远小于基因的个数. 另外, 调控矩阵具有较强的稀疏性, 即每个基因只被少量的转录因子调控, 而每个转录因子只调控少量的基因. 伪拟矩阵法就是为了解决基因调控网络线性模型中基因个数远远大于样本个数的问题而发展起来的一种有效的基因调控网络推导方法. Andrecut 和 Kauffman[12] 给出了推导基因调控网络的伪拟矩阵模型, 并用贪婪算法进行了计算, 得到了较好的结果. 在建模过程中, 考虑含有 N 个基因在 M 次干扰实验中的基因调控网络, 每一次干扰实验可以用一个 N 维动力系统建模

$$\frac{\mathrm{d}x_{nm}}{\mathrm{d}t}=\sum_{i=1}^{N}w_{ni}x_{im}-\mu_n x_{nm}+u_{nm},\quad n=1,2,\cdots,N,\quad m=1,2,\cdots,M \tag{4.7}$$

式中, x_{nm} 是基因 n 在实验 m 中的转录活性, 即 mRNA 的浓度; w_{ni} 是基因 i 对基因 n 的调控强度, $w_{ni}>0$ 表示激活, $w_{ni}<0$ 表示抑制; μ_n 是由基因 n 转录生成的 mRNA 的降解率; u_{nm} 是基因 n 在实验 m 中的噪声.

如果系统具有稳定性或处于平衡态, 则稳态条件为

$$\frac{\mathrm{d}x_{nm}}{\mathrm{d}t}=0\Leftrightarrow\sum_{i=1}^{N}w_{ni}x_{im}-\mu_n x_{nm}+u_{nm}=0 \tag{4.8}$$

设 $\boldsymbol{X}=[x_{nm}]_{N\times M}$ 为 $N\times M$ 阶矩阵, $\boldsymbol{G}=[w_{nn}]_{N\times N}-\mathrm{diag}(\mu_1,\mu_2,\cdots,\mu_N)$ 表示基因相互作用的 $N\times N$ 矩阵, $\boldsymbol{U}=[u_{nm}]_{N\times M}$ 为与转录干扰有关的 $N\times M$ 阶矩阵, 则稳态条件等价于一个线性方程系统

$$\boldsymbol{G}\boldsymbol{X}+\boldsymbol{U}=0 \tag{4.9}$$

对方程取转置, 可得

$$\boldsymbol{X}^{\mathrm{T}}\boldsymbol{G}^{\mathrm{T}}+\boldsymbol{U}^{\mathrm{T}}=0 \tag{4.10}$$

这等价于 N 个线性方程

$$\boldsymbol{X}^{\mathrm{T}}\boldsymbol{g}_j+\boldsymbol{u}_j=0,\quad j=1,2,\cdots,N \tag{4.11}$$

式中, $\boldsymbol{g}_i$ 和 $\boldsymbol{u}_i$ 分别是矩阵 $\boldsymbol{X}^{\mathrm{T}}$、$\boldsymbol{U}^{\mathrm{T}}$ 的第 j 列. 既然 $M<N$, 则该方程是欠定的. 一般方法是考虑等价的 l_2 优化问题

$$\boldsymbol{g}_j=\arg\min_{\boldsymbol{g}_j}\left\|\boldsymbol{g}_j\right\|_2,\quad \text{s.t.}\boldsymbol{X}^{\mathrm{T}}\boldsymbol{g}_j+\boldsymbol{u}_j=0 \tag{4.12}$$

式中, $\left\|\boldsymbol{g}_j\right\|_2$ 为 $\boldsymbol{g}_j$ 的欧几里得范数. 这种情况可以通过最小化 l_2 范数 $\left\|\boldsymbol{g}_j\right\|_2$ 得到唯一解

$$\boldsymbol{g}_j=-(\boldsymbol{X}^{\mathrm{T}})^{\dagger}\boldsymbol{u}_j \tag{4.13}$$

式中, $(\boldsymbol{X}^{\mathrm{T}})^{\dagger}=\boldsymbol{X}(\boldsymbol{X}^{\mathrm{T}}\boldsymbol{X})^{-1}$ 为 $\boldsymbol{X}^{\mathrm{T}}$ 的伪拟. 但是所有解 $\boldsymbol{g}_j$ 的参数都是非零的, 所以结果将违背基因调控网络的稀疏性. 为了量化稀疏性, 考虑 l_0 范数 $\left\|\boldsymbol{g}_j\right\|_0$, 它能够方便地计算向量 $\boldsymbol{g}_j$ 中非零项的个数. 所以, 为了达到最稀疏的要求需要解 l_0 优化问题

$$\boldsymbol{g}_j=\arg\min_{\boldsymbol{g}_j}\left\|\boldsymbol{g}_j\right\|_0,\quad \text{s.t.}\boldsymbol{X}^{\mathrm{T}}\boldsymbol{g}_j+\boldsymbol{u}_j=0 \tag{4.14}$$

Andrecutd 等用贪婪迭代试探法结合稀疏模型对微阵列芯片数据进行了分析, 数值实验结果表明该算法是简单有效的, 能够对稀疏模型问题给出较好的近似解, 满足了基因调控网络的稀疏性要求. 参考文献 [13,14] 对伪拟矩阵模型进行了更深入的研究, 对方法进行了推广, 给出了更高效的算法.

3. *微分方程方法*

微分方程模型广泛应用于自然科学的各个领域, 目前已应用于基因调控网络和转录调控网络推导中, 并取得了较好效果. 在建立微分方程时, 考虑到反曲函数具有更能代表真实系统、控制基因表达和处理饱和与降解的分子开关的特征, 一般选择反曲函数作为转录因子的调控函数, 即

$$f[a(t):\alpha,\beta]=\frac{1}{1+\exp\{-\alpha a(t)+\beta\}} \tag{4.15}$$

在推导转录调控网络的早期工作中, Chen 等[15] 提出转录调控网络可以用如下常微分方程组来表示:

$$\frac{\mathrm{d}x_i(t)}{\mathrm{d}t} = G_i(t) - d_i x_i(t) + \xi_i(t) \tag{4.16}$$

式中, $G_i(t)$ 和 d_i 分别是基因 i 的转录率和自我降解率; $x_i(t)$ 是基因 i 的表达谱; $\xi_i(t)$ 是数据不确定性的噪声. 假设转录率 $G_i(t)$ 为反曲函数的线性组合, 即

$$G_i(t) = \sum_{j=1}^{m} \frac{a_{ij}}{1 + \exp\{-\alpha[u(t, \beta_j, \delta) - \gamma]\}} \tag{4.17}$$

式中, a_{ij} 是控制开关函数的相关参数; $u(t, \beta_j, \delta) - \gamma$ 是由参数 $\beta_j - \delta$、δ、$\beta_j + \delta$ 决定的三角函数. 通过此模型, 用两步法可以来推导转录调控网络. 第一步, 建立基因表达的动力系统, 评价转录率 $G_i(t)$; 第二步, 通过评价转录率识别可能的转录因子, 用匹配靶基因 i 的转录率来计算转录因子的转录强度, 这可以通过一个来自转录子的系列调控函数的组合来实现, 即

$$G_i(t) = c_{i0} + \sum_{j \in L_i} c_{ij} f_j[x_j(t) : \alpha, \beta] \tag{4.18}$$

式中, f_j 具有形式式 (4.15); c_{ij} 是转录子 j 调控靶基因 i 的调控能力; L_i 是基因 i 的转录子的集合. 该方法的一个主要优点是能够定量计算转录子对一个靶基因的调控能力.

不同于反曲模型, Nachman 等[16] 采用非线性 Michaelis-Menten 函数

$$f[a(t) : \alpha, \beta] = \alpha \frac{a(t)}{\beta + a(t)} \tag{4.19}$$

式中, $a(t)$ 是转录蛋白的浓度; α 是生成率; β 是半饱和常数. 该方法基于调控函数结合动态贝叶斯网络模拟调控因子 (regulator) 和网络结构学习算法, 允许调控网络结构重建, 识别定量 kinetic 参数以及调控因子活性谱.

4. 贝叶斯网络

贝叶斯网络是一种因果关系网络, 被认为是现今构造基因调控网络最有效的方法之一. 贝叶斯网络是指用图形来表示随机向量 $\boldsymbol{X} = (X_1, \cdots, X_n)$ 的联合概率, 其中变量表示基因. 贝叶斯网络可以将基因调控关系用图表示出来, 如图 4.3 所示, 其中节点表示基因, 边表示调控关系. 从图 4.3 中可以看出基因 A 和基因 B 共同调控基因 C, 基因 C 又协同基因 D 调控基因 E. 从而可以根据基因 A 和基因 B 的状态推导基因 C 的状态, 再根据基因 C 的状态并结合基因 D 的状态推导基因 E 的状态.

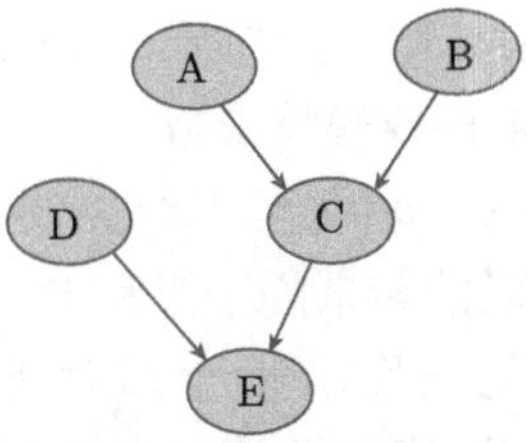

图 4.3 贝叶斯网络结构图

贝叶斯网络已在系统生物学和生物信息学的各个领域有广泛的应用,在转录调控网络研究中也起到非常重要的作用. 例如, Sun 等[17] 用对数线性模型来表示基因表达水平, 转录相互作用和转录因子活性之间的关系如下:

$$\frac{x_i(t)}{x_0(t)} = \prod_{j=1}^{c} \left(\frac{a_j(t)}{a_0(t)}\right)^{J_{ij}} \tag{4.20}$$

该模型可以看成是稳态或者半稳态形式. 文献通过 Markov chain Monte Carlo (MCMC) 算法建立了贝叶斯误差分析模型来估计调控矩阵或者转录活性. 对数线性模型实际产生于基因转录调控的一系列生物化学反应, 通过模拟一个包含蛋白质、DNA、mRNA 和其他中间物质在内的反应系统的 mRNA 调控. 转录因子绑定 DNA 序列和吸引 RNA 聚合酶到 DNA 转录子区域的过程可以看成是一种可逆反应. 考虑到所有可逆反应会达到平衡态, 转录起始的化学反应计量可以用如下化学反应表示:

$$\mathrm{DNA}_i + J_{i1}\mathrm{TF}_1 + \cdots + J_{ic}\mathrm{TF}_c + \mathrm{polII} \rightarrow \mathrm{DNA}_i(\mathrm{TF}_1)_{J_{i1}}(\mathrm{TF}_c)_{J_{ic}}\mathrm{polII} \tag{4.21}$$

式中, c 是基因 i 的调控因子的个数; 化学计量参数 J_{ij} 是转录因子 j 对基因 i 的调控强度; DNA_i 是基因 i 序列; polII 是 RNA 聚合酶 II 复合体, 转录起始产物 $\mathrm{DNA}_i(\mathrm{TF}_1)_{J_{i1}}(\mathrm{TF}_c)_{J_{ic}}\mathrm{polII}$ 是固定复合物. 假设细胞中有足够的 RNA 聚合酶 II, 系统达到平衡态后, 则由生物化学质量守恒定律可得如下方程:

$$[\mathrm{DNA}_i(\mathrm{TF}_1)_{J_{i1}}(\mathrm{TF}_c)_{J_{ic}}\mathrm{polII}] \propto \prod_{j=1}^{c} [\mathrm{TF}_j]^{J_{ij}} \tag{4.22}$$

假设 DNA 充分使 mRNA 合成率达到最大值, 在 mRNA 合成和降解的半稳态假设下, 下面的方程:

$$[\mathrm{mRNA}] \propto [\mathrm{DNA}_i(\mathrm{TF}_1)_{J_{i1}}(\mathrm{TF}_c)_{J_{ic}}\mathrm{polII}] \tag{4.23}$$

可以转化为对数线性模型 (4.20), 其中 $x_i(t) = [\mathrm{mRNA}_i]_t$, $x_i(0) = [\mathrm{mRNA}_i]_0$, $a_j(t) = [\mathrm{TF}_j]_t$, $a_j(0) = [\mathrm{TF}_j]_0$. 由于基因芯片数据存在噪声以及生物系统的随机性, Sun 等

构造了一种贝叶斯分层模型来描述在蛋白质-DNA 绑定数据和基因表达数据中的测量误差, 并用 MCMC 算法来推导模型参数.

Sabatti 和 James[18] 提出了一种能够整合文献信息、DNA 序列和表达谱的方法, 用已有文献信息来决定关联的转录因子集和 DNA 序列数据来识别可能的靶基因, 这能够建立一个调控网络的先验分布. 然后对基因表达数据建立对数线性模型和贝叶斯模型来得到新的调控网络和调控强度以及转录因子的活性. 这种方法的一个主要优点是能够重建调控网络以及转录因子的活性.

5. 网络成分分析法

网络成分分析法 (NCA) 是由 Liao 等 [19] 最早提出的结合基因表达数据和 ChIP-chip 数据来推导基因调控网络和调控因子活性的方法. 此方法充分利用基因调控关系的部分先验知识, 具有准确度更高的优点. 在模型中, 基因表达数据用 $n \times m$ 阶矩阵 $\boldsymbol{X}$ 来表示, 这里 n 表示基因个数, m 表示时间点或样本数. 基因表达值与调控关系和调控因子活性的关系可以用下面的矩阵方程来表示, 即

$$\boldsymbol{X} = \boldsymbol{J}\boldsymbol{A} \tag{4.24}$$

式中, $\boldsymbol{J}$ 为 $n \times c$ 阶矩阵, 表示转录层与输出信号之间的连接强度; $\boldsymbol{A}$ 为 $c \times m$ 阶矩阵, 表示 c 个转录因子在 m 个样本中的表达值, 即转录因子的活性, 其中 c 一般远远小于 n. 这里矩阵分解是不唯一的, 也就是说, 有多个连接矩阵和活性矩阵满足方程式 (4.24). 为了保证矩阵 $\boldsymbol{X}$ 分解具有唯一性, 可以制定一些准则对网络矩阵 $\boldsymbol{J}$ 和转录活性矩阵 $\boldsymbol{A}$ 进行限制. Liao 等用 ChIP-chip 数据作为连接矩阵的先验数据 $\boldsymbol{J}_0$, 然后通过最小化目标函数来求解

$$\min_{\boldsymbol{J},\boldsymbol{A}} \|\boldsymbol{X} - \boldsymbol{J}\boldsymbol{A}\|^2, \quad \text{s.t.}\boldsymbol{J} \in \boldsymbol{J}_0 \tag{4.25}$$

式中, $\boldsymbol{J} \in \boldsymbol{J}_0$ 表示 $\boldsymbol{J}$ 必须与先验网络连接矩阵 $\boldsymbol{J}_0$ 一致. 调控网络和活性推导流程如图 4.4 所示. 通过最小二乘算法, 可以得到最优解 $\boldsymbol{J}$ 和 $\boldsymbol{A}$. 网络成分分析法在网络结构方面具有利用已知信息的优点, 但是为了保证解存在唯一性, 该方法要求两个矩阵满足多个准则, 这限制了该方法的应用范围. 也就是说, 只有数据满足这些条件的时候才可以用网络成分分析方法. 另外, 这些准则虽然能够保证矩阵分解存在唯一性, 但是解决优化问题的最小二乘法并不一定收敛于唯一解, 这些都是网络成分分析法的缺点.

为了克服网络成分分析法的局限性, Boulesteix 和 Strimmer[20] 提出了推广的网络成分分析法的部分最小二乘 (partial least square, PLS) 网络成分分析法, 此方法对于给定的没有任何限制条件的连接矩阵都可以很快地推导出转录因子活性.

该方法利用基因表达数据建立如下线性模型:

$$X = C + JB + E \tag{4.26}$$

式中, $\boldsymbol{X}$ 是 n 个基因和 m 个样本的基因表达数据矩阵; $\boldsymbol{C}$ 是 $n \times m$ 阶衰退系数矩阵; $\boldsymbol{J}$ 是 n 行、c 列的连接矩阵; $\boldsymbol{B}$ 是一个 $c \times m$ 阶矩阵, 表示 c 个转录因子对 m 个样本的转录活性矩阵; $\boldsymbol{E}$ 是 $n \times m$ 阶矩阵, 表示误差项.

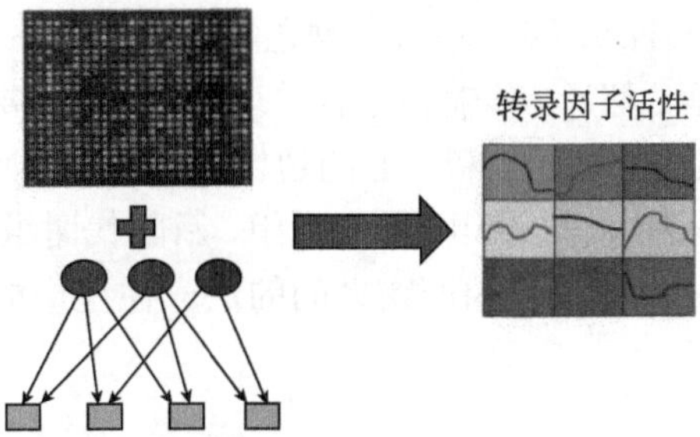

图 4.4 调控网络及活性推导流程图

6. 布尔网络

基因网络是由细胞中参与基因调控作用的 DNA、RNA、蛋白质以及代谢中间物所形成的相互作用的网络, 基因网络是从分子层次上对生物系统进行研究的, 其研究目标是通过基因之间的相互作用从系统的角度全面说明基因组的功能和行为以揭示复杂的生命现象. 基因网络有助于从基因组层次对生命过程进行详细的解释, 从而达到系统地解释细胞活动、生命活动、解释疾病的发生、发展与治疗等目标. 基因网络是基因组学研究的重要内容, 也是当前生物学研究的前沿, 因此在研究生物体的生长、发育以及疾病等过程方面受到极大的重视.

动力学模型可以根据时间状态的描述分为连续与离散两类, 若时间取值为连续的, 就是连续性动力系统, 时间取值为离散的点, 则为离散性动力系统; 也可以根据结合不确定性或变异性与否分为确定性和随机性以及混合性模型, 采用概率、统计方法进行描述的为随机模型, 采用微分方程来刻画状态变化的为确定性模型[21]. 在目前提出的许多模型当中, 布尔网络模型可以很好地描述生物系统这一复杂的调控特性, 它可以进行高维系统的分析和大规模的运算, 从而成为近期研究基因网络的一个有力工具. 下面我们介绍布尔网络模型, 说明它在缺少具体的参数时能预测动力学趋势这一优越性.

一个网络包括三个方面：①表示元素或成分的节点，对应图论中的点，它可以是 DNA、RNA、蛋白质、基因及其产物；②元素或成分之间的联系，如果两个节点发生作用则用一条边连接它们，可以是无向边，也可以是有向边，有向边则明确起始点和终点，能够反映物质流动或信号作用的方向；③节点上的动力学，反映节点的行为或所处的状态. 布尔网络的优点是基因相互作用的定性描述，这种网络中基因表达共分为两种状态，即 0 和 1，如果它的状态为真 (或激活或达到特定阈值)，则输出为 1；如果它的状态为假 (或抑制或未达到特定阈值)，则输出为 0. $\boldsymbol{x}$ 是表示系统中 n 个基因状态的一个 n 维向量，因此系统的每个时刻的状态空间包括 n 个可能的状态. 在基因层次上，基因和基因产物之间的调控关系构成了基因调控网，调控过程涉及转录、降解、翻译、传输和结合等，调控作用主要分为促进和抑制两种，相对应地形成了节点间权重为 1 和 -1 的边[4]. 有关细胞网络的基因组的信息常被描述为五个组，即基因组、转录组、蛋白质组、新陈代谢组和反应组，它们构成了各种各样的布尔网络. 基因或基因产物之间的反应往往形成一个有向图，如图 4.5 所示.

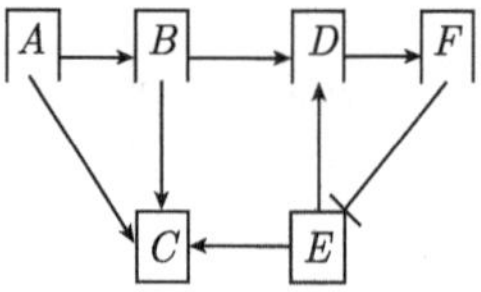

$$S_A^* = S_A$$
$$S_B^* = S_A$$
$$S_C^* = S_A \text{ and } S_B \text{ or } S_E$$
$$S_D^* = S_B \text{ or } S_E$$
$$S_E^* = \text{not } S_F$$
$$S_F^* = S_D$$

图 4.5 布尔网络的反应示意图及所对应的布尔函数

布尔网络是一类离散确定型网络，每个基因的状态离散化后，下一个状态可能受与它相连的多个基因或基因产物的影响，可以根据输入或影响用一个布尔传递函数或逻辑函数表述该节点的下一个状态，逻辑算子 “且”、“或”、“非” 分别表示几个输入之间的逻辑关系，分别对应几个输入同时作用才发生，几个输入有一个则可发生，以及没有这个输入时才发生，下一时刻的状态用右上角的星号加以区别. 这样前面的 n 个元素的状态构成的 n 维向量，下一时刻都有开和关两种可能，因此它有 2^{2n} 个可能的布尔传递函数，因此如图 4.5 所示，如节点 C，ABC 形成了一个前馈环，同时节点 E 对节点 C 有正调控作用，因此该节点处的布尔函数为 $S_C^* = S_A \text{and} S_B \text{or} S_E$；而节点 E 受节点 F 的负调控，因此节点 E 处的布尔函数为 $S_E^* = \text{not} S_F$[21].

布尔网络中，每个时刻的输出状态都是确定的向量，一系列输出所对应的向量就是它的一个轨迹. 特殊地，如果连续的两个状态是相同的，则网络的轨迹不会改变，此时系统处于一个点吸引子中；如果一个状态经过一定时间的演化再次出现，则网络的状态处于一个循环中, 此时系统呈现一定的周期性. 近年来已有不少工作者[22,23] 根据系统初始状态以及传递函数的不同, 相同基因组构成的网络系统会呈现出不同的状态跃迁过程, 从而可以对基因调控网络系统复杂的动力学过程进行再现和深入分析.

由于生物网络里充满了变异和噪声, 连续随机模型准确地描述生物系统有很大的潜力, 可是它需要大量的输入信息. 随机方法的一种思路是采用随机主方程来表示系统的每个可能状态的概率演化即概率密度函数, 另一种思路是在微分方程的基础上附加随机项即随机微分方程[24]. 连续确定性模型经常起到折中的作用, 克服了随机性模型中分子数目很大时噪声趋近于零的局限性. 离散确定性模型常把点的状态分为几类, 因此它的抽象程度比较高, 其优点是只有很少的输入信息时就能构造. 此时构造连续模型往往是不可能的, 定量结果比较少, 适合定性分析, 也就是说, 在研究的开始阶段或在许多性质不清楚的情况下用布尔网络分析是常用的. 因此, 基因网络模型将为深入理解生命本质提供一个新的研究框架和平台.

4.3 转录后调控网络

microRNA(miRNA) 是一种小的内源性非编码 RNA 分子, 由 21~25 个核苷酸组成. miRNA 通过与靶 mRNA 的互补配对而在转录后水平上对基因的表达进行调控, 其作用主要表现为对 mRNA 的降解, 抑制 mRNA 的翻译. miRNA 存在于动物、植物和真菌等多细胞真核生物中, 对基因表达起着关键作用. 前面我们讨论的转录调控网络推导方法, 都没有考虑 microRNA(miRNA) 在基因调控网络中的调控作用. 随着基因转录调控网络研究的深入, 由 miRNA 参与的调控网络开始受到研究者的重视, 并取得了很大的进展. 对 miRNA 的调控关系主要包括 miRNA 对转录因子、转录因子对 miRNA、miRNA 与靶基因之间的调控关系以及它们的组合调控网络. 在转录后调控网络研究中, 一般结合转录调控过程构建网络模型来分析转录后调控网络, 即研究转录因子和 miRNA 共同参与的复杂调控网络. 随着参与转录后调控过程和调控重要通路的 miRNA 数量的增加, 量化分析 miRNA 在基因表达中的调控作用是一个崭新的重要任务.

4.3.1 线性规划模型

Wang 等[25] 根据生化反应建立了包含转录因子、miRNA 和基因的调控网络模型, 并用线性规划模型进行求解, 从基因表达水平和部分已知调控关系推导转录因子与 miRNA 的活性, 同时预测未知转录因子和 miRNA 对基因的调控关系, 其流程如图 4.6 所示.

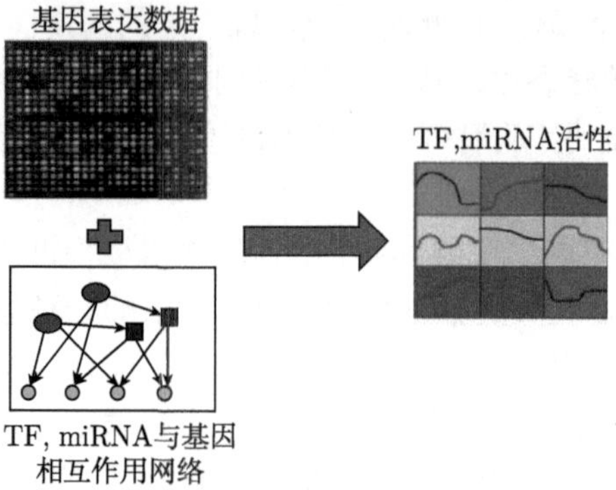

图 4.6　转录后调控活性推导流程图

在转录过程中, 独立的转录因子或者相互作用的转录因子通过一系列的可逆反应绑定到 DNA 序列上, 从而把 RNA 聚合酶吸附到 DNA 的启动子区域. 转录因子除了参与转录调控也可能参与其他独立反应, 这些反应一般比转录要快很多, 这里假设它们很快达到平衡态. 因此, 转录调控的化学反应可以表示为

$$\mathrm{DNA}_i + J_{i1}\cdot \mathrm{TF}_1 + \cdots + J_{ic}\cdot \mathrm{TF}_c + \mathrm{RPII} \underset{k_{-1}}{\overset{k_1}{\rightleftharpoons}} \mathrm{DNA}_i(\mathrm{TF}_1)_{J_{i1}}\cdots(\mathrm{TF}_c)_{J_{ic}}\mathrm{RPII} \quad (4.27)$$

这里共有 c 个转录因子调控基因 i, 化学计量系数 $J_{ij}(j=1,2,\cdots,c)$ 表示转录因子 TF_j 调控基因 i 的强度, DNA_i 表示基因 i 序列, k_1 和 k_{-1} 分别表示正反应率和逆反应率, $\mathrm{DNA}_i(\mathrm{TF}_1)_{J_{i1}}(\mathrm{TF}_c)_{J_{ic}}\mathrm{RPII}$ 表示 DNA、转录因子和 RNA 聚合酶的复合体. 转录开始后, 基因 i 通过如下不可逆反应合成 mRNA:

$$\mathrm{DNA}_i(\mathrm{TF}_1)_{J_{i1}}\cdots(\mathrm{TF}_c)_{J_{ic}}\mathrm{RPII} \xrightarrow{k_2} \mathrm{mRNA}_i \quad (4.28)$$

式中, k_2 是反应率. 如果不考虑转录后生物过程对 mRNA 的降解和翻译的抑制, 可以直接根据上述两个反应式建立数学模型来描述 mRNA 浓度的改变. 但是最近的研究表明, miRNA 通过绑定目标 mRNA 来消极调控 mRNA. 因此, 可以通过下列生物化学反应来描述 miRNA 对 mRNA 的转录后调控:

$$M_{i1}\cdot\mathrm{miRNA}_1+\cdots+M_{ik}\cdot\mathrm{miRNA}_k+\mathrm{mRNA}_i \xrightarrow{k_3} (\mathrm{miRNA}_1)_{M_{i1}}\cdots(\mathrm{miRNA}_k)_{M_{ik}}\mathrm{mRNA}_i \quad (4.29)$$

式中, $M_{is}(s=1,2,\cdots,k)$ 是生物化学反应系数; k_3 是反应率. 该反应式表示 mRNA 被降解. 根据生物化学反应的质量守恒定律, mRNA 和 $\mathrm{DNA}_i(\mathrm{TF}_1)_{J_{i1}}\cdots(\mathrm{TF}_c)_{J_{ic}}$ RPII 的浓度变化率可以写成如下微分方程形式:

$$\begin{aligned}\frac{\mathrm{d}[\mathrm{mRNA}_i]}{\mathrm{d}t} =& k_2[\mathrm{DNA}_i(\mathrm{TF}_1)_{J_{i1}}\cdots(\mathrm{TF}_c)_{J_{ic}}\mathrm{RPII}] \\ & -k_3\prod_{s=1}^{k}[\mathrm{miRNA}_s]^{M_{is}}[\mathrm{mRNA}_i]\end{aligned} \quad (4.30)$$

$$\begin{aligned}\frac{\mathrm{d}[\mathrm{DNA}_i(\mathrm{TF}_1)_{J_{i1}}\cdots(\mathrm{TF}_c)_{J_{ic}}\mathrm{RPII}]}{\mathrm{d}t}=&k_1[\mathrm{DNA}_i][\mathrm{RPII}]\prod_{j=1}^{c}[\mathrm{TF}_j]^{J_{ij}}\\&-k_{-1}[\mathrm{DNA}_i(\mathrm{TF}_1)_{J_{i1}}\cdots(\mathrm{TF}_c)_{J_{ic}}\mathrm{RPII}]\end{aligned}\tag{4.31}$$

式中, $[\cdot]$ 是浓度. 当系统达到平衡状态时, 由于细胞中存在充分的聚合酶, 从而可以假设为标准量, 即 $[\mathrm{RPII}]=1$, $[\mathrm{DNA}_i]$ 为常量. 根据上面微分方程的平衡态, 可以得到

$$[\mathrm{mRNA}_i]\propto\prod_{j=1}^{c}[\mathrm{TF}_j]^{J_{ij}}\prod_{s=1}^{k}[\mathrm{miRNA}_s]^{-M_{is}}\tag{4.32}$$

然后用 $t=0$ 作为参照样本, 可以得到对数双线性模型

$$\frac{x_i(t)}{x_i(0)}=\prod_{j=1}^{c}\left(\frac{A_j(t)}{A_j(0)}\right)^{J_{ij}}\prod_{s=1}^{k}\left(\frac{R_s(t)}{R_s(0)}\right)^{-M_{is}}\tag{4.33}$$

式中, $x_i(t)=[\mathrm{mRNA}_i](t)$; $A_j(t)=[\mathrm{TF}_j](t)$; $R_s(t)=[\mathrm{miRNA}_s](t)$. 对方程的两边取对数, 可得矩阵形式的模型

$$\begin{aligned}\boldsymbol{X}=&\boldsymbol{J}\boldsymbol{A}-\boldsymbol{M}\boldsymbol{R}\\=&[\boldsymbol{J}-\boldsymbol{M}]\begin{bmatrix}\boldsymbol{A}\\\boldsymbol{R}\end{bmatrix}\end{aligned}\tag{4.34}$$

式中, $\boldsymbol{X}$ 是元素为 $\log(x_i(t)/x_i(0))(i=1,2,\cdots,m;\ t=1,2,\cdots,n)$ 的 $m\times n$ 阶矩阵, 表示基因表达水平; $\boldsymbol{J}$ 是元素为 $J_{ij}(i=1,2,\cdots,m;\ j=1,2,\cdots,c)$ 的 $m\times c$ 阶矩阵, 表示转录因子对靶基因的调控关系; $\boldsymbol{M}$ 是元素为 $M_{i\times s}(i=1,2,\cdots,m;\ s=1,2,\cdots,k)$ 的 $m\times k$ 阶矩阵, 表示 miRNA 对靶基因的调控关系; $\boldsymbol{A}$ 是元素为 $\log(A_i(t)/A_i(0))(i=1,2,\cdots,m;\ t=1,2,\cdots,n)$ 的 $m\times n$ 阶矩阵; $\boldsymbol{R}$ 是以 $\log(R_s(t)/R_s(0))(s=1,2,\cdots,k;\ t=1,2,\cdots,n)$ 的 $k\times n$ 阶矩阵, 表示 miRNA 的活性. 由于 miRNA 通常抑制 mRNA 的表达, 所以矩阵 $\boldsymbol{M}$ 的大部分非零元素为正数, 上面的方程是包含 m 个基因、k 个 miRNA、c 个转录因子和 mRNA 在 n 个时间点的浓度.

在该线性模型中, $[\boldsymbol{J}-\boldsymbol{M}]$ 代表包含以转录因子为中心的转录调控和以 miRNA 为中心的转录后调控的双层网络, 每行表示相关靶基因, 每列表示相关转录子.

基因、转录因子和 miRNA 之间的调控关系可以通过上述生物化学反应来建立模型, 并通过对数变换得到一个双线性模型. 在实际应用中, 还要考虑到数据的误差或者噪声, 因此可以通过优化方法来寻找使实验数据和重建数据误差最小的解. 由于优化模型的非线性, 在文献中选择迭代法来求解, 其优化模型可以表示为

$$\min_{\boldsymbol{J},\boldsymbol{M},\boldsymbol{A},\boldsymbol{R}}|\boldsymbol{X}-\boldsymbol{J}\boldsymbol{A}+\boldsymbol{M}\boldsymbol{R}|\tag{4.35}$$

对于上面优化问题的求解, 可以通过迭代算法来求解.

其算法如下.

步骤 1　根据先验知识定义初始矩阵 $\boldsymbol{J}$ 和 $\boldsymbol{M}$: 若已知转录因子 j 激活基因 i 的转录, 则 $J_{ij}=1$; 若已知转录因子 j 抑制基因 i 的转录, 则 $J_{ij}=-1$; 若已知转录因子 j 不参与基因 i 的调控, 则 $J_{ij}=0$. 对 $\boldsymbol{M}$ 用同样的方法来定义初值.

步骤 2　给定 $\boldsymbol{X}$、$\boldsymbol{J}$ 和 $\boldsymbol{M}$, 通过线性规划问题

$$\min_{\boldsymbol{A},\boldsymbol{R}}|\boldsymbol{X}-\boldsymbol{J}\boldsymbol{A}+\boldsymbol{M}\boldsymbol{R}| \tag{4.36}$$

来求调控活性矩阵 $\boldsymbol{A}$ 和 $\boldsymbol{R}$.

步骤 3　给定 $\boldsymbol{X}$、$\boldsymbol{A}$ 和 $\boldsymbol{R}$, 通过线性规划问题

$$\min_{\boldsymbol{J},\boldsymbol{M}}|\boldsymbol{X}-\boldsymbol{J}\boldsymbol{A}+\boldsymbol{M}\boldsymbol{R}|+\lambda(|\boldsymbol{J}|+|\boldsymbol{M}|) \tag{4.37}$$

来求调控强度矩阵 $\boldsymbol{J}$ 和 $\boldsymbol{M}$.

步骤 4　重复步骤 2 和步骤 3 直到收敛.

在上面的迭代算法中, 假设表达矩阵 $\boldsymbol{X}=[x_{it}]_{m\times n}$, $\boldsymbol{A}=[a_{jt}]_{c\times n}$, $\boldsymbol{R}=[r_{st}]_{k\times n}$, $\boldsymbol{J}=[J_{ij}]_{m\times c}$, $\boldsymbol{M}=[M_{is}]_{m\times k}$, 则步骤 2 中的模型可以转化为

$$\min_{u_{it},v_{it},\gamma_{ij},z_{ij},w_{is},\xi_{is}}\sum_{i=1}^{m}\sum_{t=1}^{n}(u_{it}+v_{it})+\lambda\left(\sum_{i=1}^{m}\sum_{j=1}^{c}(\gamma_{ij}+z_{ij})+\sum_{i=1}^{m}\sum_{s=1}^{k}(w_{is}+\xi_{is})\right)$$

$$\text{s.t.}\begin{cases}u_{it}+v_{it}=x_{it}-\displaystyle\sum_{j=1}^{c}(\gamma_{ij}-z_{ij})a_{jt}+\sum_{s=1}^{k}(w_{is}+\xi_{is})r_{st}\\ w_{is}-\xi_{is}\geqslant 0\\ u_{it},v_{it},\gamma_{ij},z_{ij},w_{is},\xi_{is}\geqslant 0\end{cases}$$

该方法通过生化反应, 建立了基因转录以及转录后调控的线性模型, 准确地描述了基因转录调控的过程; 然后转化为优化模型, 并通过迭代算法来求解, 推导基因调控网络. 该方法具有模型简单、算法容易实现等优点.

4.3.2　动力学模型

动力学模型在基因调控网络中应用研究较为成熟, 并取得了较好的效果. 随着转录调控网络研究的深入, 动力学模型开始应用在考虑 miRNA 参与调控的转录后调控网络的研究中[26,27], 但考虑的模型都属于理论研究而没有对真实实验数据进行分析.

Khanin 和 Vinciotti[28] 提出了一种考虑 miRNA 的转录后调控的基因调控网络动力学模型, 该模型重点考虑 miRNA 对 mRNA 的降解作用. 若不考虑 miRNA

的降解作用, mRNA 在时间 t 的表达水平 $\mu(t)$ 的动力学模型为

$$\dot{\mu}(t) = p(t : \mathrm{TF}) - \delta\mu(t) \tag{4.38}$$

式中, p 是 mRNA 的转录率, 是调控其转录的一个或多个转录因子的函数, δ 是 mRNA 的降解率常量. 若考虑 miRNA 对 mRNA 的降解作用, 则不能再将降解率看作常量 δ, 而要依赖于 miRNA 的表达水平 m, 可以表示为

$$\delta = \delta_0 + \delta(m) \tag{4.39}$$

式中, δ_0 是 mRNA 的基降解率; $\delta(m)$ 是 miRNA 对 mRNA 的降解函数, 除非 miRNA 的存在确实能够对 mRNA 起降解作用, 否则该函数的形式是不知道的. 这里可以给出一个合理的假设, 即 mRNA 的降解率与 miRNA 的表达水平成线性关系, 则

$$\delta(m) = \delta_0 + \tilde{d}m = \delta_0(1 + dm) \tag{4.40}$$

式中, $d \geqslant 0$ 表示 mRNA 在 miNRA 倍数变化时相对于基降解率 δ_0 的降解率. 更一般地描述 mRNA 在 miRNA 作用下降解率的 Michaelis-Menten 型函数可以写成

$$\delta(m) = \delta_0 + \tilde{d}\frac{m}{k+m} = \delta_0\left(1 + d\frac{m}{k+m}\right) \tag{4.41}$$

式中, m 远小于 k, mRNA 的降解率与 miRNA 的表达水平 m 成线性关系. 方程式 (4.40) 和方程式 (4.41) 中 $d = 0$, $\delta = \delta_0$, 表示 miRNA 对 mRNA 没有调控关系, 方程式 (4.40) 中的 d 和方程式 (4.41) 中的 d 和 k 依赖于 miRNA 绑定 mRNA 的 3'UTR 端的强度.

一个 miRNA 可能有多个靶基因, 所以对每个靶基因 i 的表达水平可以表示为

$$\dot{\mu}_i(t) = p_i - \delta_{0i}\left(1 + d_i\frac{m}{k_i+m}\right)\mu_i(t) \tag{4.42}$$

式中, p_i 是 mRNAi 的转录动力学参数; δ_{0i} 是基降解率; d_i、k_i 是 miRNA 对靶基因的降解参数. 一般地讲, 转录参数 p_i 取决于调控它的一个或者多个转录因子, 在这里假设为常量, 而不依赖于其他靶基因或 miRNA、mRNAi 的稳态 ($\dot{\mu}_i(t) = 0$) 表达水平

$$\mu_i(t) = \frac{p_i}{\delta_{0i}\left(1 + d_i\dfrac{m}{k_i+m}\right)}$$

可以用来分析不同器官或细胞的芯片数据集.

动力学模型 (4.42) 可以用来研究 miRNA 对靶基因的影响. 在文献 [28] 中, 对利用该模型对人的 miRNA 转染实验得到的包含几个时间点的时序列芯片数据集

进行了研究, 并利用最大似然优化方法, 用 R 统计语言实现对模型中的动力参数的估计, 并取得了较好的效果. 由于动力学模型能够准确表达生理现象, 克服了一些模型线性假设的缺点, 更适宜于研究基因调控网络, 特别是较为复杂的转录后调控网络.

4.3.3 分级网络模型

随着基因调控网络研究的深入, 基因调控网络的复杂性逐渐开始被清晰地描述, miRNA 对 mRNA 的转录后作用研究起到了重要作用. 在以转录因子为中心的转录调控网络研究得到很大的发展, 并已相当成熟后, 人们开始转向研究转录因子、miRNA 和靶基因 mRNA 的组合调控作用, 其中以 miRNA 为中心的调控网络是研究的热点之一.

Tu 等[29] 提出了由 miRNA 为中心的分级网络概念, 即网络结构的层次性, 并构建了 miRNA 的一级和二级调控的组合网络, 其结构图如图 4.7 所示. 在元件为转录因子、miRNA 和靶基因 mRNA 的组合调控网络中, miRNA 对靶 mRNA 的直接调控作用可以看作第一级调控作用, miRNA 对 mRNA 的降解作用或抑制 mRNA 翻译成蛋白的调控作用可以间接地传递给转录因子的靶基因, 这层作用可以看作第二级调控作用. 根据第一级和第二级作用可以把组合调控网络看作分级调控网络. 对于第一级调控, 可以通过靶基因的预测方法, 如 PicTar[30]、TargetScan[31] 和 miRanda[32] 直接预测. 对于第二级调控, 可以通过靶基因 mRNA 表达的变化, 即 mRNA Change(MC) 来量化, 写成方程的形式为

$$\mathrm{MC}_g = a_m * b_{m,g} + a_{\mathrm{TF}_i} * b_{\mathrm{TF}_{i,g}} + \mathrm{in} + \mathrm{err} \tag{4.43}$$

式中, MC_g 是基因 g 的 MC; m 是对其有调控作用的 miRNA m; a_m 是 miRNA 的第一级调控强度; TF_i 是被 miRNA m 所调控的转录因子 i; a_{TF_i} 是 miRNA m 对转录因子 i 的调控强度; $b_{m,g}$、$b_{\mathrm{TF}_{i,g}}$ 分别是基因 g 与 miRNA m 和转录因子 i 的调控关系, 其取值为 1(有调控关系) 或 0(无调控关系); in 是截距常量; err 是残量. 如果考虑调控 mRNA 的 n 个转录因子的作用, 则方程为

$$\mathrm{MC}_g = a_m * b_{m,g} + a_{\mathrm{TF}_1} * b_{\mathrm{TF}_{1,g}} + \cdots + a_{\mathrm{TF}_n} * b_{\mathrm{TF}_{n,g}} + \mathrm{in} + \mathrm{err} \tag{4.44}$$

式中, MC_g、$b_{m,g}$ 和 $b_{\mathrm{TF}_{1,g}}$ 是已知的, 可以通过逐步线性回归方法优化方程式 (4.44) 来估计系数 a_m 和 a_{TF_i}, 然后根据该系数来构建组合调控网络.

随着基因调控网络研究的深入, 组合调控网络能够更好地描述复杂的生物现象和规律. 分层调控网络作为一种简单直观的组合调控网络更能清晰地描述这种复杂调控网络, 能够容易地解释复杂的基因转录调控关系.

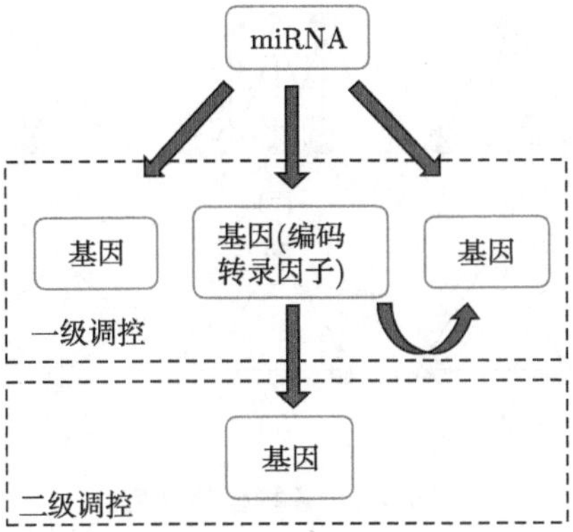

图 4.7 分级调控网络构建流程图

4.4 转录调控网络模体

基因调控网络是描述细胞系统转录调控相互作用的网络, 具有处理信息的功能. 外部输入信号, 如物理压力、营养等都会影响转录因子的活性, 使转录因子绑定到特定基因的调控域来激活或抑制它们的转录, 从而来控制细胞适应外部环境. 所以对基因调控网络的动态行为和功能进行研究具有重要意义.

最近的研究发现, 基因调控网络具有重要的局部性质, 其中包括 Milo 等[33] 首次提出的网络模体概念. 网络模体的发现引起了生物信息学领域的广泛关注, 已成为目前生物信息学研究的热点之一. Shen-Orr 等[34] 的研究表明, 基因调控网络中的网络模体是细胞系统中最基本的功能模块, 这些网络模体互相配合来实现各种生物过程. 在参考文献 [33] 和 [34] 中, 给出了定义网络模体的条件, 如在所对应的随机网络中出现次数远远小于在真实网络中出现的次数等, 这些条件为网络模体的识别提供了重要依据.

在基因调控网络中, 节点表示转录因子、miRNA 或靶基因、边表示调控关系, 包括正调控和负调控, 或称为激活和抑制. 转录因子、miRNA 和它们所调控的基因之间的调控关系表现为整个网络的子网络, 即网络模体. 这些网络模体具有明显的生物学意义而被深入地研究, 目前研究较多的网络模体主要有单输入模体 (single input motifs)、多输入模体 (multi-input motif)、双扇形模体 (bi-fan motif)、双并行模体 (bi-parallel motif)、前馈环 (feedforward loop) 和反馈环 (feedback loop) 等, 其网络结构如图 4.8 所示.

基因转录调控网络模体反映了生物体行使功能的最小单位, 网络模体最初是在细菌和酵母中发现的, 它更多地反映了基因调控网络的局部性质, 能够从系统的水平研究转录调控关系. 不同生物体的基因转录调控网络包含相同类型的网络模体,

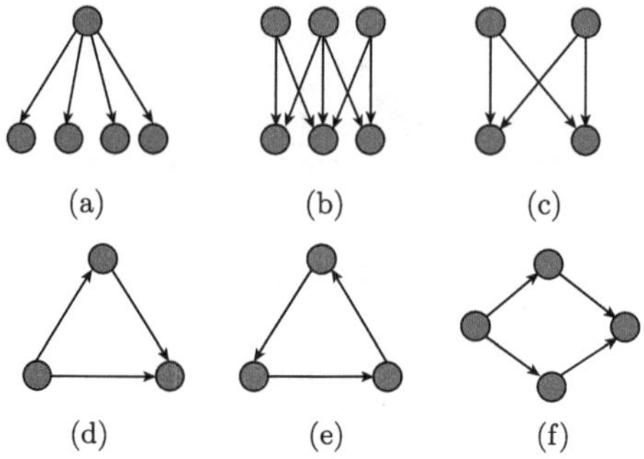

图 4.8　各种模体结构

(a) 单输入模体; (b) 多输入模体; (c) bi-fan 模体; (d) 前馈环模体; (e) 反馈环模体; (f) bi-parallel 模体

不但说明这些模体是基因正常表达的机制, 而且也说明这些不同的生物体存在进化关系. 对模体在生物体中具体功能的研究还刚刚开始, 这些模体在生物体中的功能是很难评价的. 这主要是因为这些模体在基因调控网络中是连接度较高的子网络, 它们的敲除可能得不到可分辨的结果. 虽然在一些生物体内已经通过实验方法发现了前馈环和反馈环的存在, 但是它们的功能主要还是通过数学模型来分析[35].

反馈环可以分成一致反馈环和非一致反馈环两种, 其网络结构图如图 4.9 所示, 其中圆圈表示转录因子, 长方形表示 miRNA, 箭头表示激活, 钉子头表示抑制. 在一致反馈环中, 两种调控对靶目标具有同样的影响, 或者都是激活或者都是抑制. 而在非一致反馈环中, 两种调控对靶目标的影响相反, 其中一个为激活, 另外一个为抑制. 最近的研究表明, 一致反馈环在功能上可以使靶目标的表达很快达到双稳态, 也可以使瞬态信号修饰后成为一个不可逆转的锁定状态. 而非一致反馈环的功能是对基因表达进行微调, 从而使环的两个组成部分保持稳态水平. 另外, 非一致反馈环可以在外部输入信号的影响下, 使环的两个组成部分振荡表达. 同样, 前馈环也可以分成两种, 即一致前馈环和非一致前馈环, 其网络结构如图 4.10 所示, 调控因子 X 可以直接或者通过调控因子 Y 间接地调控靶目标 Z 的表达. 一致前馈环可以起到加强转录的作用, 同时也起切换开关的作用, 把起始信号转换成一个持久的细胞反应. 而非一致前馈环能加快信号检测的反应速度. Kaplan 等[36] 通过对大肠杆菌的研究发现非一致前馈环能够使基因表达对输入信号产生非单调依赖性.

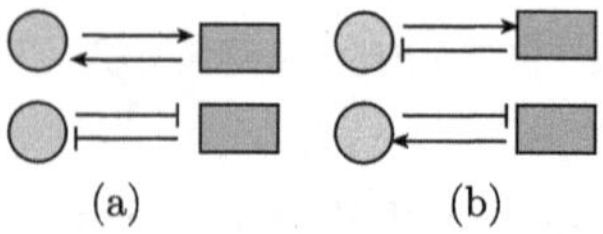

图 4.9　反馈环结构

(a) 一致反馈环; (b) 非一致反馈环

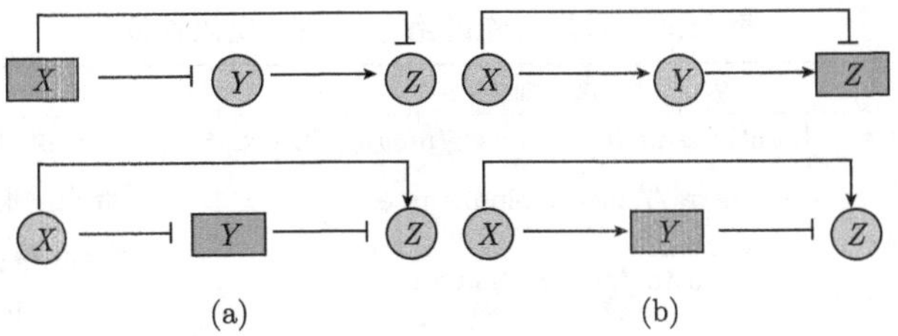

图 4.10 前馈环结构

(a) 一致前馈环; (b) 非一致前馈环

最近的研究表明, 包含转录因子和 miRNA 的调控环不只是以个例的形式存在, 而在基因组水平上是大量存在的. 基因表达的相关和负相关性一直是研究的热点, Tsang 等[37] 通过包含转录因子和 miRNA 的各种前馈环和反馈环的存在解释了基因表达的相关性和负相关性. Shalgi 等[38] 对人类基因组调控靶基因的 miRNA-TF 进行了研究, 在实际人类基因组中 miRNA-TF 调控关系比随机选取的 miRNA-TF 调控关系的频率要高, 表明了在人类基因组中的确存在前馈环和反馈环. Wang 等[39] 对果蝇的 miRNA 的顺式调控元件进行了研究, 通过整合 miRNA 靶目标的相互作用, 对假定的调控反馈环进行了识别. Martinez 等[40] 对线虫的基因组进行了研究, 整合了通过实验得到的 TF→miRNA 调控网络和预测得到的 miRNA→TF 网络, 得到了 miRNA 和 TF 相互作用的反馈环, 并发现这种反馈环的发生要比随机网络高很多, 这表明这种反馈环为基因表达的一般调控机制.

4.5 常用生物网络分析和可视化软件

尽管生物分子网络可以很好地描述生物分子之间的功能关系, 但是对于一个生物, 特别是真核生物, 成千上万的分子之间具有非常复杂的关系, 要想清楚地揭示其相互调控关系是非常困难的. 因此, 生物分子网络的分析可以帮助理解生物分子之间的相互关系, 以及不同生物分子在生物系统中的作用. 例如, 生物分子网络分析可以帮助识别网络中的功能模块, 在同一功能中的分子被认为具有相似的功能并可能参与相同的生物过程. 另外, 生物分子网络分析可以识别网络中的重要基因, 这些重要基因一般是在生物系统中必不可少的, 并且通常在网络中连接比其他基因更多的基因. 如果生物分子网络可以用肉眼观察的话, 上面提到的这些特征可以很容易地得到. 但是, 成千上万的分子及其复杂的相互作用使得生物网络可视化变成一个极具挑战性的工作. 幸运的是, 目前有很多研究者已经开发了一些很好的工具使得这一任务正变得简单. 在这一部分, 我们将重点介绍目前常用的一些生物网络分析和可视化工具, 其网址可见表 4.4.

表 4.4　常用生物网络分析和可视化软件

软　件	网　址	介　绍
CentiScaPe	http://chianti.ucsd.edu/cyto_web/plugins/index.php	网络中心性参数分析
SNOW	http://snow.bioinfo.cipf.es	蛋白质相互作用网络分析
VisANT	http://visant.bu.edu	生物网络和通路的集成可视化分析工具
ChiBE	http://www.bilkent.edu.tr/bcbi/ chibe.html	生物通路模型的编辑和可视化工具
Cytoscape	http://www.cytoscape.org/	生物网络分析和可视化软件
Pajek	http://vlado.fmf.uni-lj.si/pub/ networks/pajek/	大规模网络分析软件
FANMOD	http://theinf1.informatik.uni-jena.de/wernicke/motifs/	网络模体识别
POINeT	http://poinet.bioinformatics.tw	具有子网络分析功能的蛋白质相互作用网络分析工具
Osprey	http://biodata.mshri.on.ca/osprey/servlet/Index	复杂相互作用网络分析软件
BioLayout Express3D	http://www.biolayout.org/Express3D	转录调控网络分析和可视化

4.5.1　CentiScaPe

CentiScaPe 是一款用来分析生物网络中心性参数的工具, 同时可利用实验数据和网络拓扑识别功能相关的分子 (网络节点). 另外, 该工具还有一个特征, 就是有一款基于布尔逻辑的工具, 可以利用不止一种的中心性参数来描述网络节点之间的拓扑相关性. 并且, 该工具已经开发成 Cytoscape 的一个插件, 可以很方便地对网络进行操作和可视化[41].

4.5.2　SNOW

SNOW 是一款专门用来分析蛋白质相互作用网络的软件. 根据用户提供的蛋白质列表, 该软件可以自动利用蛋白质相互作用来分析蛋白质之间的关系. 同时, 可以计算一些相关的网络参数以及这些参数的统计显著性. SNOW 为网络节点计算的参数包括: 连接性 (connectivity)、介数 (betweenness) 和聚类系数 (clustering coefficient). 另外, SNOW 还提供了网络可视化[42].

4.5.3　VisANT

VisANT 提供了一个生物网络分析的集成框架. 该软件的特色之处在于能够挖掘和显示生物网络所提供的功能分级层次信息. 另外, 该工具可以可视化基因功能注释 Gene Ontology(GO) 的分级结构. 同时, VisANT 可以识别显著的 GO 注释富集和表达富集的基因模块. 该软件可免费使用[43].

4.5.4 ChiBE

BioPAX 是用来表示生物通路的一种数据交换格式. ChiBE 是一个开源的软件, 用来多角度可视化和操作 BioPAX 生物通路模型. 在 ChiBE 中, 生物通路可以用多种现有的可视化工具来显示, 包括化合物、细胞器和分子复合物. 用户可以很容易地通过共同通路 (pathway commons) 查询和可视化生物通路, 以及生物通路中的分子表达谱[44].

4.5.5 Cytoscape

Cytoscape 是一个开源软件工程, 可以在一个统一框架下将高通量的表达数据、分子状态和生物分子网络进行集成分析. Cytoscape 可以对各种分子组件和相互作用进行分析, 特别是对大的蛋白质相互作用、蛋白质–DNA 相互作用和遗传相互作用等. 另外, Cytoscape 具有简单的网络发布和查询功能, 结合表达谱数据、表型数据和分子状态等进行网络分析, 结合功能注释等进行网络分析. Cytoscape 的另一个特色之处在于可以利用不同的插件软件来对生物网络进行分析. 此外, 用户可以根据自己的需要开发自己的插件, 结合 Cytoscape 使用. 应该说, Cytoscape 是目前最为流行的生物网络绘图软件[45].

4.5.6 Pajek

Pajek 是一款专门用来可视化大规模网络的软件, 在社会网络分析中应用较为广泛. Pajek 可以操作几千甚至上百万的节点. Pajek 被用来分析随机网络、网络分解等. Pajek 的优点在于网络可视化效果好, 可视化选项较多; 缺点在于该款软件是只针对 Windows 操作系统开发的[46].

4.5.7 FANMOD

网络模体 (motif) 是小的连通子网络, 该子网络的出现频率远高于随机子网络. 目前, 很多生物网络都表现出模块化的现象, 模体被认为是网络的基本功能单元. FANMOD 就是一款有效识别生物网络中模体的工具, 并特别适合于大网络中大的模体. 另外, 该软件具有很好的用户界面, 并可以将结果输出为多种机器可读格式[47].

4.5.8 POINeT

POINeT 是一款用来进行蛋白质相互作用查找、分析和可视化的软件. 该工具可以将蛋白质相互作用和多个数据来源的组织特异表达数据. 同时, 该工具还可以结合文本信息来对蛋白质相互作用进行过滤. 该软件还提供了一个特色功能, 就是对子网络工具其优先级进行排序[48].

4.5.9 Osprey

Osprey 可以提供无向、有向和加权网络的二维可视化. 该软件不适合大规模网络分析, 但是提供了很多网络分布选项以及多种网络节点分布方式. Osprey 还可以利用基因功能注释对基因进行聚类[49].

4.5.10 BioLayout Express3D

BioLayout Express3D 是一款可以二维或者三维显示和聚类大规模网络的工具. BioLayout Express3D 可以利用基因表达数据对基因调控网络进行可视化和聚类. 由于采用了多种颜色模式, 该软件为网络聚类的可视化提供了更多选项. 特别是, 该软件采用马尔可夫聚类算法使得网络聚类具有较高的精度[50].

4.6 小　结

在本章中, 我们主要介绍了基因转录调控网络的最新进展, 包括通过高通量数据推导基因调控网络以及基因调控网络模体的概念. 另外, 介绍了常用的数据库和网络可视化软件. 对于基因调控网络的预测, 大多数计算方法都是基于基因表达数据和 ChIP-chip 数据. 早期研究的基因调控网络是简单的基因与基因之间的调控网络, 而现在研究的基因调控网络相对复杂得多, 如现在主要考虑转录因子、miRNA 对靶基因的调控关系. 此外, 经研究表明, 转录因子和 miRNA 之间也有一定的调控关系, 综合考虑这些复杂关系的基因调控网络是今后基因调控网络研究的主要方向. 随着基因调控网络的深入研究, 所建立的基因调控网络越来越完整, 那么通过对已建立的基因调控网络所反映的生物机理进行研究, 显得越来越重要. 目前, 已有很多学者开始利用基因调控网络的特征 (如网络模体等) 来分析生物过程, 并通过网络模块分析成功描述了部分生物现象. 随着基因调控网络研究日趋成熟, 为了评价基因调控网络推导方法的优劣, Marbach 等[51] 启动了 DREAM(dialogue on reverse engineering assessment and methods) 工程, 对参与评价的推导方法进行了排名, 并分析了各种方法的优缺点. 分析表明, 目前的基因调控网络预测方法的准确度仍有待于进一步提高. 总之, 为了理解完整的基因调控机理, 还需要更大的努力对基因调控网络进行更深入的研究.

参 考 文 献

[1] 陈启民, 王金忠, 耿运琪. 分子生物学. 天津：南开大学出版社, 2003
[2] 杨岐生. 分子生物学. 杭州：浙江大学出版社, 2005
[3] 李瑶. 基因芯片数据分析与处理. 北京：化学工业出版社, 2006
[4] 柯利普. 系统生物学的理论、方法和应用. 贺福初, 杨芃原, 朱云平译. 上海：复旦大学出版社, 2008

[5] Chen L N, Wang R S, Zhang X S. Biomolecular Networks: Methods and Applications in Systems Biology. John Wiley Sons, lnc. Hoboken, New Jersey, 2009

[6] Huerta A M, Salgado H, Thieffry D. Collado-Vides, J.RegulonDB: a database on transcriptional regulation in Escherichia coli. Nucleic Acids Res, 1998, 26: 55–59

[7] Alter O, Brown P O, Botstein D. Singular value decomposition for genome-wide expression data processing and modeling. Proc Natl Acad Sci USA, 2000, 97: 10101–10106

[8] Alter O, Brown P O, Botstein D. Generalized singular value decomposition for comparative analysis of genome-scale expression data sets of two different organisms. Proc Natl Acad Sci USA, 2003, 100: 3351–3356

[9] Holter N S, Mitra M, Maritan A, et al. Fundamental patterns underlying gene expression profiles: Simplicity from complexity. Proc Natl Acad Sci USA, (2000), 97: 8409–8414

[10] Holter N S, Maritan A, Cieplak M, et al. Dynamic modeling of gene expression data. Proc Natl Acad Sci USA, 2001, 98(4): 1693–1698

[11] Yeung M K S, Tegner J, Collins J. Reverse engineering gene networks using singular value decomposition and robust regression. Proc Natl Acad Sci USA, 2002, 99: 6163–6168

[12] Andrecut M, Kauffman S A. On the sparse reconstruction of gene networks. J Comput Biol, 2008, 15: 21–30

[13] Andrecut M, Huang S, Kauffman S A. Heuristic approach to sparse approximation of gene regulatory networks. J Comput Biol, 2008, 15: 1173–1181

[14] Sun N, Zhao H Y. Reconstructing transcriptional regulatory networks through genomics data. Statistical Methods in Medical Research, 2009, 18(6): 595–617

[15] Chen H C, Lee H C, Lin T Y, et al. Quantitative characerization of the transcriptional regulatory network in the yeast cell cycle. Bioinformatics, 2004, 20: 1914–1927

[16] Nachman I, Regev A, Friedman N. Inferring quantitative models of regulatory networks from expression data. Bioinformatics, 2004, 20: i248–i256

[17] Sun N, Carroll R J, Zhao H. Bayesian error analysis model for reconstructing transcription regulatory networks. Proc Natl Acad Sci USA, 2006, 103: 7988–7993

[18] Sabatti C, James G M. Bayesian sparse hidden components analysis for transcription regulation networks. Bioinformatics, 2006, 15: 739–746

[19] Liao J C, Boscolo R, Yang, Y L, et al. Network component analysis: Reconstruction of regulatory signals in biological systems. Proc Natl Acad Sci USA, 2003, 100(26): 15522–15527

[20] Boulesteix A L, Strimmer K. Predicting transcription factor activities from compined analysis of microarray and Chip data: A partial least squares approach. Theor biol Med Model, 2005, 2: 23

[21] Albert R. Network inference, analysis, and modeling in systems biology. The Plant Cell, 2007, 19: 3327–3338

[22] Thakar J, Pilione M, Kirimanjeswara G. et al. Modeling systems-level regulation of host immune responses. PLoS Computational Biology, 2007, 3(6): 1022–1039

[23] Albert R. Boolean modeling of genetic regulatory networks. Lect Notes Phys, 2004, 1650: 459–481

[24] Christensen C, Thakar J, Albert R. Systems-level insights into cellular regulation: inferring, analysing, and modelling intracellular networks. IET Syst Biol, 2007, 1(2): 61–77

[25] Wang R S, Jin G G, Zhang X S, et al. Modeling post-transcriptional regulation activity of small non-coding RNAs in Escherichia coli. BMC Bioinformatics, 2009, 10(Suppl 4): S6

[26] Levine E, Jacob B, Levine H. Target-specfic and global effectors in gene regulation by microRNA. Biophys J, 2007, 93: L52–L54

[27] Shimoni Y, Friedlander G, Hetzroni G, et al. Regulation of gene expression by small non-coding RNAs: a quantitative view. Mol Syst Biol, 2007, 3: 1–9

[28] Khanin R, Vinciotti V. Computational modeling of post-transcriptional gene regulation by microRNAs. J Comput Biol, 2008, 15: 305–316

[29] Tu K, Yu H, Hua Y J, et al. Combinatorial network of primary and secondary microRNA-driven regulatory mechanisms. Nucleic Acids Research, 2009, 37(18): 5969–5980

[30] Krek A, Grun D, Poy M N, et al. Combinatorial microRNA target predictions. Nat Genet, 2005, 37: 495–500

[31] Lewis B P, Burge C B, Bartel D P. onserved seed pairing, often fanked by adenosines, indicates that thousands of human genes are microRNA targets. Cell, 2005, 120: 15–20

[32] Lewis B P, Shih I H, Jones-Rhoades M W, et al. Prediction of mammalian microRNA targets. Cell, 2003, 115: 787–798

[33] Milo R, Shen-Orr S S, Itzkovitz S, et al. Network motifs: Simple building blocks of complex networks. Science, 2002, 298(5594): 824–827

[34] Shen-Orr S S, Milo R, Mangan S, et al. Network motifs in the transcriptional regulation network of Escherichian Coli. Nature Genetics, 2002, 31(1): 64–68

[35] Martinez N J, Walhout A J. The interplay between transcription factors and microRNAs in genome-scale regulatory networks. Bioessays, 2009, 31(4): 435–45

[36] Kaplan S, Bren A, Dekel E, et al. The incoherent feed-forward loop can generate nonmonotonic input functions for genes. Molecular Systems Biology, 2008, 4: 1–9, 203

[37] Tsang J, Zhu J, van Oudenaarden A. MicroRNA-mediated feedback and feed forward loops are recurrent network motifs in mammals. Mol Cell, 2007, 26: 753–767

[38] Shalgi R, Lieber D, Oren M, et al. Global and local architecture of the mammalian microRNA-transcription factor regulatory network. PLoS Comput Biol, 2007, 3: e131

[39] Wang X, Gu J, Zhang M Q, et al. Identification of phylogenetically conserved microRNA cis-regulatory elements across 12 Droso-phila species.Bioinformatics, 2008, 24: 165–171

[40] Martinez N J, Ow M C, Barrasa M I, et al. A C. elegans genome-scale micro RNA network contains composite feedback loops with high flux capacity. Genes Dev, 2008. 22: 2535–2549

[41] Scardoni G, Petterlini M, Laudanna C. Analyzing biological network parameters with CentiScaPe. Bioinformatics, 2009, 25(21): 2857–2859

[42] Minguez P, Gotz S, Montaner D, et al. SNOW, a web-based tool for the statistical analysis of protein-protein interaction networks. Nucleic Acids Research, 2009, 37(l): W109–W114

[43] Hu Z M, Snitkin S E, DeLisi C. VisANT: an integrative framework for networks in systems biology. Briefings in Bioinformatics, 2008, 9: 317–325

[44] Babur O, Dogrusoz U, Demir E, et al. ChiBE: interactive visualization and manipulation of BioPAX pathway models. Bioinformatics, 2010, 26(3): 429–431

[45] Cline M S, Smoot M, Cerami E, et al. Integration of biological networks and gene expression data using Cytoscape. Nature Protocols, 2007, 2: 2366–2382

[46] Batagelj V, Mrvar A. Analysis of large networks with Pajek. In: Mrvar A. Pajek workshop at XXVI Sunbelt Conference. Vancouver, BC, Canada: 2006: 25–30

[47] Wernicke S, Rasche F. FANMOD: a tool for fast network motif detection. Bioinformatics, 2006, 22(9): 1152–1153

[48] Lee S A, Chan C H, Chen T C, et al. POINeT: protein interactome with sub-network analysis and hub prioritization. BMC Bioinformatics, 2009, 10: 114

[49] Breitkreutz B J. Stark C, Tyers M. Osprey: a network visualization system. Genome Biol, 2003, 4(3): R22

[50] Freeman T C, Goldovsky L, Brosch M, et al. Construction, visualisation, and clustering of transcription networks from microarray expression data. PLoS computational biology, 2007, 3(10): 2032–2042

[51] Marbach D, Prill R J. Schaffter T, et al. Revealing strengths and weaknesses of methods for gene network inference. Proc Natl Acad Sci USA, 2010, 107(1422): 6286–6291

第 5 章　由进化论构建网络的方法

除了第 4 章提到由高通量数据构建生物分子网络外, 还存在一种由理论出发构建生物网络的方法. 科学发展到今天, 一方面人们认识到生命的起源与发展的动力来自于进化论; 另一方面也认识到生命系统是复杂的, 可以用复杂系统讨论加以研究. 这样在分子层次上, 描述生物分子整体行为的网络所具有的基本特征, 应该来自于生物进化论. 这样就自然想到用生物进化论作为理论基础讨论生物分子网络构建的基本框架[1~5].

众所周知, 从自然选择和生物进化论来看, 复制和变异是生物分子网络进化的内在基本机制. 近几年来, 不少研究者提出了各种不同的基于复制变异准则的生物网络构建模型 (我们在这里将这种网络称为 DD 模型). 最初文献 [6] 和 [7] 率先提出了两个简单的蛋白质进化模型来再现蛋白质作用网络的拓扑性质, 后来 Wagner[8] 做了进一步的工作. 最近, 许多文章[5,9,10] 又对复制变异模型进行了进一步的探索. Ispolatov 等[9] 提出来了一个单参数的复制变异网络模型来描述蛋白质相互作用网络的进化, 并且考虑了当参数变化时网络的自平均 (self-average) 性质. 在文献 [5] 中, 作者推广文献 [9] 中的结果, 通过考虑一个任意的变异模型 (arbitrary divergence model) 得到了完全非对称变异, 并进一步研究了网络中 clique 的分布. Romano 和 Eguia 等[10] 通过研究以前提出的一个复制网络模型分析了酵母菌蛋白质的相互作用网络的度分布. 已有的关于 DD 模型工作表明, 一些实测网络的上述拓扑性质, 如稀疏、小世界性和度分布的标度性都能够很好地吻合. 但是还存在一些尚不能说明的现象, 如生物网络的度负关联性, 截止到目前, 还没有见到解决度的负关联性这个拓扑性质的报道.

5.1　用 DD 方法研究生物网络的度负关联性

我们将以生物进化论作为理论基础, 按照一些基本生物实验和观察的事实为依据, 在复制和变异过程中提出一些原则, 从而设法构造出具有度负关联性的生物分子网络模型, 解决网络中度负关联性产生的生物学机制, 希望为生物分子网络构建的一般方法提供一些有用的启示.

让我们首先考虑复制对度负关联性的影响, 为此我们提出了两种模型分别加以讨论.

5.1.1 随机复制模型

(1) 初始化：给定单连通的具有 n_0 个节点的初始网络 G_0;

(2) 每一个时间步长, 随机选取一个节点进行复制. 也就是说, 新的复制节点将与原来的被复制节点的邻居相连接.

这个过程一直进行下去直到网络到达预期规模 N 个节点.

图 5.1 和图 5.2 给出了网络节点数 k 和 Pearson 关联系数 r 的关系. 两个初始网络是中性的, 节点数目都为 n_0=100, 初始关联系数分别为 $r_0 = -0.0068$(图 2.1) 和 $r_0 = 0.0182$(图 5.2), 最后的网络规模为 $N = 3000$. 由于网络的生成是具有随机性质的, 因此图中每一点都是通过 100 个网络取平均值得到. 从结果明显可以看出随机复制能够产生生物分子网络的度负关联性.

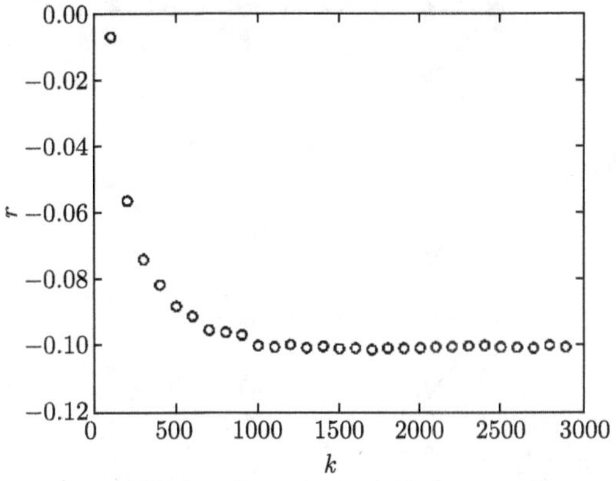

图 5.1 随机复制模型的 r-k 关系图 (其中 k 是网络节点数, r 是 Pearson 关联系数, 初始值为：$r_0 = -0.0068$, $N = 3000$)

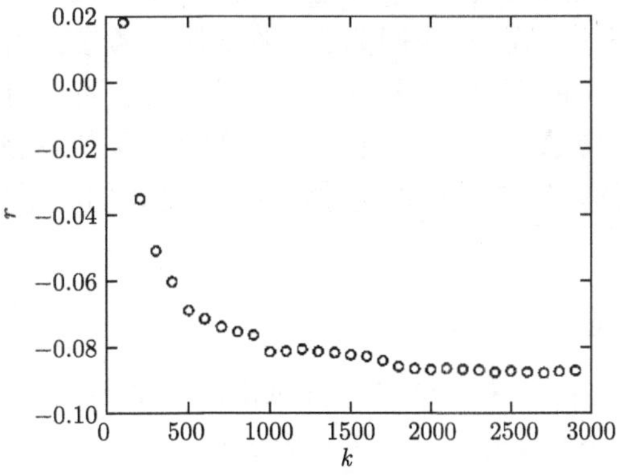

图 5.2 随机复制模型的 r-k 关系图 (其中 k 是网络节点数, r 是 Pearson 关联系数, 初始值为：$r_0 = 0.0182$, $N = 3000$)

接下来结合图 5.3, 我们将对上述结果作些解释, 由于生物网络是幂率 (power-law) 分布, 度大的节点远远小于度小的节点, 因此我们可以假设节点 a 是个度大的节点, 节点 b、c、d 是 a 的邻居, 节点 b、c、d 中度小的占绝大多数, 通过一次复制要么 a 要么它的一个度小的邻居 (不失一般性, 我们假定节点 d) 被复制, 因此就会产生图 5.3(a) 和 (b) 所示的两种情况. 我们注意到度大的节点占少数, a 被复制的概率要被它的一个度小的邻居复制的概率小很多, 因此一次复制以后图 5.3(b) 的情况更容易出现, 显然图 5.3(b) 的网络比图 5.3(a) 的网络更具有度的负关联性质. 因此, 经过一个时间步长以后, 网络更有可能朝着负关联网络方向发展.

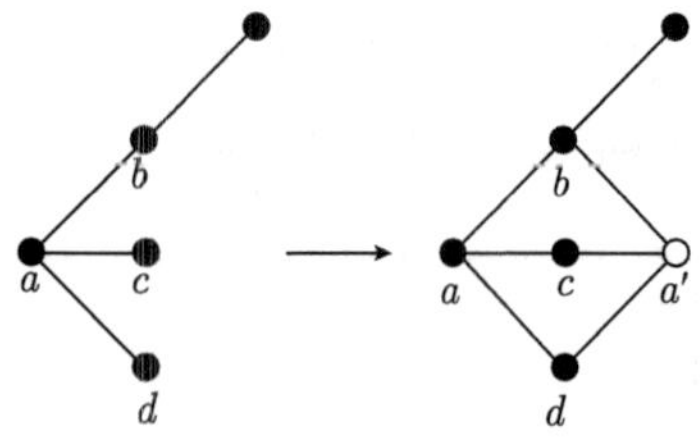

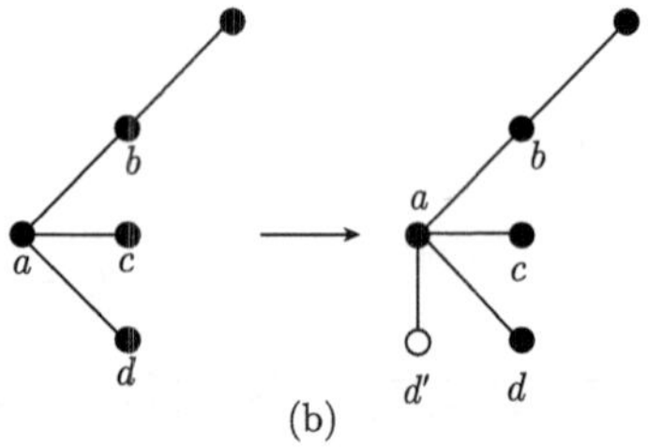

图 5.3　度的负关联性性质说明的辅助图

接下来, 我们将进一步研究加强生物分子网络变成负关联网络趋势的可能性. 基于增长和偏爱的准则 (度大的节点更容易获得新边), 1999 年 Barabasi 与 Albert 提出了著名的 BA 模型. 现在, 我们基于生物实际的考虑提出偏爱复制模型. 事实上, 在蛋白质相互作用网络中, 度大的蛋白质对应的基因序列也更长. 合理地认为相同长度的基因序列被复制的概率相等, 度大的蛋白质更难被复制, 因此我们有理由假定上述模型中的复制具有某种偏爱性质, 于是我们就得到了如下偏爱复制模型[11].

5.1.2　偏爱复制模型

(1) 初始化：给定初始网络 G_0(假设初始网络是连通的);

(2) 网络在每一个时间步长按如下步骤更新：对于 $t-1$ 时刻的网络 G_{t-1}, 节点 i 以概率 $p(k_i)=k_i^{-1}\Big/\sum\limits_j k_j^{-1}$ 进行复制, 其中 k_i 是节点 i 的度. 记复制节点

为 i', 即将 i' 连接到 i 的所有邻居上.

以后每一个时间单位都按以上步骤进行更新, 直到网络的规模达到预期的规模 N 为止.

图 5.4 和图 5.5 给出了数值模拟结果. 图 5.4、图 5.5 和图 5.1、图 5.2 的参数取法分别相同. 网络的最后的规模也是 $N = 3000$, 图形是对 100 个网络平均后得到的. 从图 5.4 和图 5.5 我们很容易看出随着网络节点数目 k 的增大 r 减小, 相比于随机复制模型而言, 偏爱复制模型的 r 减小得更快. 也就是说, 两种复制机制都能导致网络度负关联性质, 偏爱复制模型比随机复制模型能够进一步加强这种负关联性. 事实上, 这点很容易解释: 我们回到图 5.3, 易知经过一次复制以后图 5.3(b) 较图 5.3(a) 更容易出现. 因而网络更容易朝着负关联网络演化.

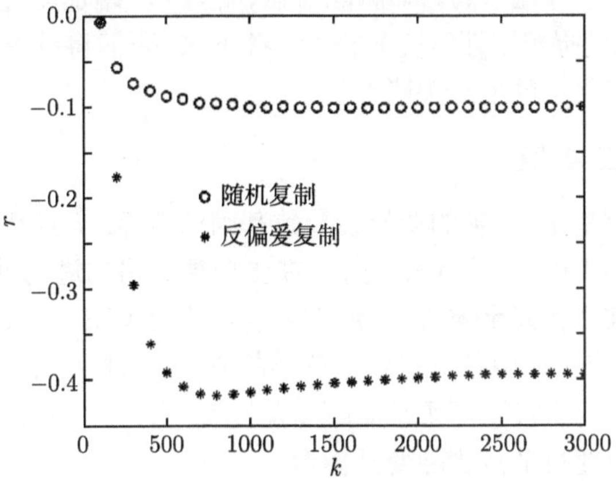

图 5.4 反偏爱复制模型与随机复制模型的 r-k 关系图 (初始值为: $r_0 = -0.0068$, $N = 3000$)

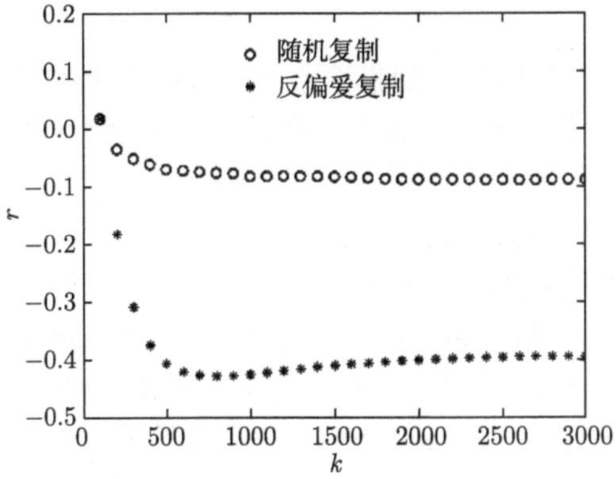

图 5.5 反偏爱复制模型与随机复制模型的 r-k 关系图 (初始值为: $r_0 = 0.0182$, $N = 3000$)

从上述讨论中, 很容易看到: 复制能够使得网络朝着负关联网络发展, 偏爱模型会加强这种变化趋势. 因此, 从生物进化论的角度来看, 复制是生物网络产生度负关联性的一种机制.

在上面的复制模型中, 我们着重讨论了复制对生物分子网络负关联性质的影响, 只考虑复制忽略变异是为了更好地弄清楚复制对生物分子网络度负关联性的内在本质. 事实上生物分子网络是复制和变异这两个进化机制共同作用的结果, 因此, 我们应当进一步研究变异对度负关联性的影响.

在真实网络的进化过程中, 存在着以下两个基本的生物变异过程[12].

(1) 删除节点：当一个基因发生功能缺失变异时, 会发生节点删除;

(2) 边的变化：新的边会产生, 已经存在的边会删除或者重组. 这些变化都是由于生物分子编码序列的变异造成的.

针对生物网络中存在着的诸如删除节点、删除边、增加新边和重组边等多种形式的变异方式, 我们提出了四种变异模型. 接下来, 我们将讨论这四种变异方式是如何影响生物分子网络的度负关联性的.

5.1.3 节点删除变异模型

从生物层面上来说, 有害的变异会导致基因的毁灭. 一旦基因变成非功能性基因, 它所调控的蛋白也就与之不相关了. 在蛋白质网络的进化过程中, 通过复制产生的大多数蛋白被当作冗余被丢弃, 这在生物网络上反映为节点删除. 为了模拟这个变异过程, 我们将考虑两种节点删除变异的方式：随机移除蛋白 (和它的相互连接)、偏爱移除蛋白 (和它的相互连接).

首先我们给出随机节点删除变异模型.

(1) 初始化：给定单连通的具有 N 个节点的初始网络 G_0, G_0 是由 BA 模型生成的中性网络, 即初始关联系数 r 接近于零. 这样, G_0 是无标度的, 网络中度小的节点占大多数;

(2) 网络在每一个时间步长, 随机选取一个节点, 删除它及其他所有连接. 若产生孤立节点, 删除它, 相当于本次操作失败, 这对应生物网络中不起作用的蛋白质的降解.

这个过程一直进行下去直到网络经过 T 个时间步长.

事实上, 研究表明, 拥有越多连接的蛋白进化速度越慢[13]. 在蛋白相互作用的网络中, 具有最多连接的蛋白在存活时间上是具有较少连接的蛋白的三倍[14], 这些蛋白是更多效的[15]、进化更慢的[16], 更不容易在进化时被移除[17]. 另外, 度小的节点在网络中确实更容易被删除. 特别地, 保守性好的蛋白的度与它的进化速度是成反比的[16]. 因此, 我们可以认为节点删除变异的过程确实包含偏爱性, 从而可以给出如下偏爱节点删除变异模型：

(1) 初始化 (同随机节点删除变异模型);

(2) 网络在每一个时间步长, 度为 k_i 的节点 i 以概率 $P_i = k_i^{-1} \Big/ \sum_p k_p^{-1}$ $(p = 1, 2, \cdots, N)$ 被选择删除及其相连的边. 若产生孤立节点, 删除它.

这个过程一直进行下去, 直到网络经过 T 个时间步长.

图 5.6 和图 5.7 给出了随机节点删除变异模型和偏爱节点删除变异模型中时间步长 t 和 Pearson 关联系数 r 的数值模拟结果的典型情况. 两个中性网络的初始节点数目都为 $N = 2000$, 初始关联系数分别为 $r_0 = 0.0067$(图 5.6) 和 $r_0 = -0.0072$(图 5.7), 我们删去的节点数目为初始网络节点数目的 10%, 故经过的时间步长 $T = 200$, 且数据都作了 100 次平均.

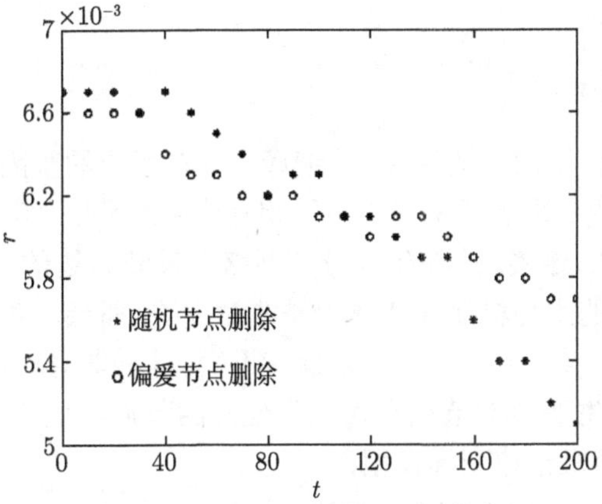

图 5.6 随机节点删除变异模型和偏爱节点删除变异模型的 r-k 关系图 (初始值为: $r_0 = 0.0067$, $N = 2000$, $T = 200$)

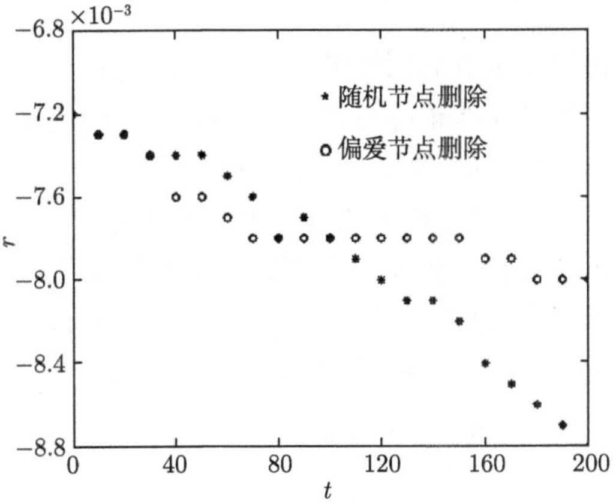

图 5.7 随机节点删除变异模型和偏爱节点删除变异模型的 r-k 关系图 (初始值为: $r_0 = -0.0072$, $N = 2000$, $T = 200$)

在图 5.6 和图 5.7 中, 我们可以看到在两个图中关联系数 r 都随着时间步长的增大而稍微下降, 或者说, 在一定的时间步长内, 随机删除节点和偏爱删除节点对网络的度负关联性是没有太大影响的. 事实上, 由于初始网络为无标度网络, 即初始网络中度小的节点占大多数, 所以在选择节点的时候, 无论是随机还是偏爱, 都是容易选择度小的节点. 再者, 由于初始网络为中性网络, 即无关联网络, 对于一个度小的节点来说, 它的邻居中度大的节点与度小的节点的比例是几乎相同的. 所以当移去一个小节点时, 删除小节点 —— 小节点的边 (简称小—小) 与小节点 —— 大节点的边 (简称小—大) 的概率是大致相同的, 这样在一定的时间步长内, 随机删除节点和偏爱删除节点会使得关联系数 r 有略微的减小, 但并不会强烈影响网络的度负关联性.

5.1.4 删边变异模型

在蛋白质相互作用网络的演化中, 编译已存在蛋白的基因中发生核苷置换, 引起编译序列发生变异, 影响了编译蛋白的相互作用. 因此, 相应的蛋白会得到或失去与其他蛋白之间的连接, 这在生物分子网络上反映为边的删除和添加. 事实上, 这种引起边的变异的生物机制在本质上是非对称的, 即当一条边发生编译时, 其中只有一个节点发生变异, 而另一个节点保持不变, 这种非对称性意味着边变异的速率会同时决定于发生变异的节点和未发生变异的节点的度[4]. 基于这样的变异方式, 我们首先提出随机删边变异模型:

(1) 初始化 (同随机节点删除变异模型);

(2) 网络在每一个时间步长, 随机选择一个节点 i 作为变异节点, 再从 i 的邻居中随机选择节点 j(节点 j 不发生变异), 删去连接 i 到 j 的边 L_{ij}. 若产生孤立节点, 删除它.

这个过程一直进行下去直到网络经过 T 个时间步长.

根据生物大分子的保守性和边变异的非对称性, 我们选择度小的节点作为变异节点. 然而, 现在还存在这样一个问题, 即怎样去选择剩下的那个未发生变异的节点呢? Berg 等[4] 考虑了一个最简单的例子去反映边的失去, 并且给出了失去边的速度为 $d_{k,k'} \propto (1/k+1/k')$, 即度小的节点之间更容易发生边的失去. 这种特殊的机制也同样运用于其他研究中[18,19]. 例如, Shi 等[19] 提出了一个反偏爱的删除机制. 在每一个时间步长, T_0 条已存在的连接将按照下列方式删除: 第 i 个节点首先以偏爱概率 $\Pi(k_i) = k_i^{-1} \Big/ \sum\limits_{p} k_p^{-1}$ 被选择, 随后从 i 的邻居中 (定义为 $O(i)$) 以概率 $P(k_j) = \Pi(k_j) \Big/ \sum\limits_{q\in O(i)} \Pi(k_q)$ 选择节点 j. 两个节点 i 和 j 之间的连接将被删除. 重复这个过程 T_0 次. 这里, 我们注意到概率 $P(k_j)$ 是全局的, 而事实上边的变异是个局部的过程[4], 所以我们对此进行修正, 并给出了偏爱删边变异模型:

(1) 初始化 (同随机节点删除变异模型);

(2) 网络在每一个时间步长, 度为 k_i 的节点 i 以偏爱概率 $\Pi(k_i)$ 选择成为变异节点, 随后再从 i 的邻居中以偏爱概率 $P^*(k_j) = k_j^{-1} \Big/ \sum\limits_{p\in O(i)} k_p^{-1}$ 选择节点 j(节点 j 不发生变异), 删去连接 i 到 j 的边 L_{ij}. 若产生孤立节点, 删除它.

这个过程一直进行下去直到网络经过 T 个时间步长.

图 5.8 和图 5.9 给出了随机删边变异模型和偏爱删边变异模型中时间步长 t 和 Pearson 关联系数 r 的数值模拟结果的典型情况. 初始网络的参数分别与图 5.6 和图 5.7 相同. 这里, 我们打算删除初始网络总边数的 10%. 由于初始网络总边数 $M = 5974$, 因此我们取 $T = 597$. 同样地, 数据都作了 100 次平均.

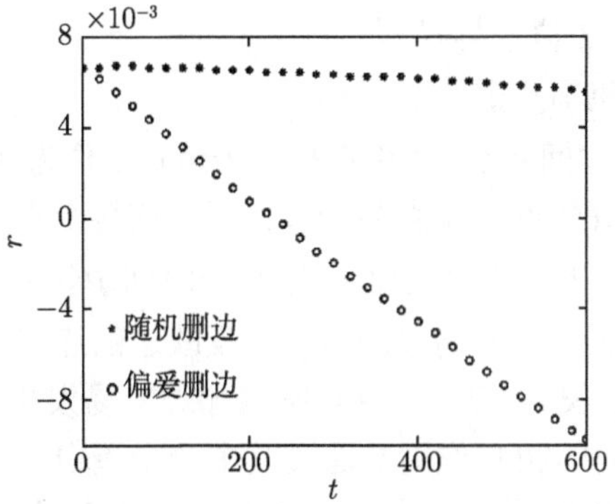

图 5.8 随机删边变异模型和偏爱删边变异模型的 r-k 关系图 (初始值为: $r_0 = 0.0067$, $N = 2000$, $T = 597$)

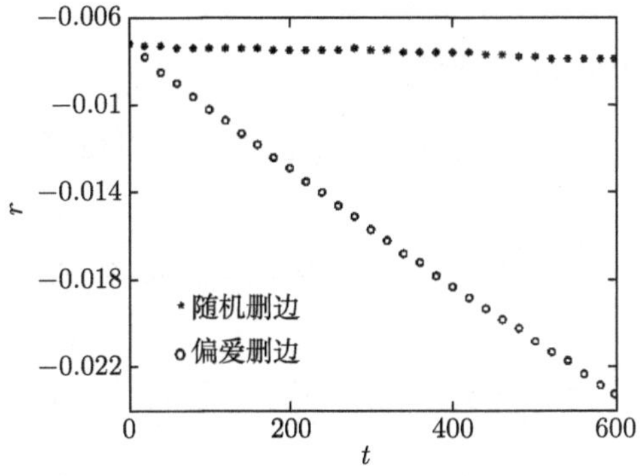

图 5.9 随机删边变异模型和偏爱删边变异模型的 r-k 关系图 (初始值为: $r_0 = -0.0072$, $N = 2000$, $T = 597$)

我们很容易看到在两种情况中关联系数 r 都随着时间步长 t 的增大而减小. 相对于随机删边变异模型而言, 偏爱删边变异模型中的关联系数 r 减少得更快. 这两种删边机制都能产生负关联性, 而偏爱删边机制比随机删边机制更能加强这种负关联性. 事实上, 这很容易解释. 对于随机删边机制, 由于初始网络是中性的, 两次随机选择的节点就容易是度小的节点, 这样大–小在网络中所占的比例会变大. 所以, 经过一定的时间步长后, 网络会逐渐演化成一个负关联的网络. 而对于偏爱删边机制而言, 删除小–小的概率比随机删边机制更高. 因此, 网络会演化成负关联性更强的网络. 另外, 在随机删边变异模型中, 负关联性的强度太小以至于关联系数 r 看上去是几乎不变的.

5.1.5 加边变异模型

在删边变异模型中, 我们已经描述了蛋白–蛋白作用 (PPI) 网络中在演化过程中蛋白之间会得到或失去与其他蛋白之间的连接, 对应于生物分子网络中删边与加边. 现在我们给出随机加边变异模型:

(1) 初始化 (同随机节点删除变异模型);

(2) 网络在每一个时间步长, 随机选择一个节点 i 作为变异节点, 再从不是 i 的邻居中随机选择节点 j(节点 j 不发生变异), 添加连接 i 到 j 的边 L_{ij}.

这个过程一直进行下去直到网络经过 T 个时间步长.

Berg 等同样考虑了一个最简单的模型来反映边的连接, 结果显示, 加边速率与 $k+k'$ 成正比, 即 $a_{k,k'} \propto k+k'$[4]. 这意味着加边容易发生在度大的节点之间. 一条新的蛋白与蛋白之间的相互作用是通过其中一个蛋白的变异来实现的. 同样地, 根据生物大分子的保守性, 我们选择度小的蛋白作为变异节点. 根据文献 [4] 的结论, 剩下的不发生变异的蛋白应该为度大的蛋白. 这个选择没有违背生物大分子的保守性, 因为第二次选择的蛋白是不发生变异的. 因此, 我们给出如下偏爱加边变异模型:

(1) 初始化 (同随机节点删除变异模型);

(2) 网络在每一个时间步长, 度为 k_i 的节点 i 以偏爱概率 $k_i^{-1}\Big/\sum\limits_p k_p^{-1}$ 选择成为变异节点, 随后从不是 i 的邻居中以偏爱概率 $I(k_j)\Big/\sum\limits_{a\notin O(i)} I(k_q)$(这里, $I(k_i)=k_i\Big/\sum\limits_p k_p$) 选择节点 j(节点 j 不发生变异), 添加连接 i 到 j 的边 L_{ij}.

这个过程一直进行下去, 直到网络经过 T 个时间步长.

数值结果如图 5.10 和图 5.11 所示, 参数分别与图 5.6 和图 5.7 相同. 总的时间

步长为 $T=597$, 数据都作了 100 次平均. 我们很容易看到在偏爱加边模型中, 关联系数 r 随着时间步长 t 的增大而减小; 反之, 在随机加边模型中, 关联系数 r 随着时间步长 t 的增大而增大, 而且变化趋势更强. 因此, 这两种机制能对负关联性产生不同的影响, 即随机加边会抑制度的负关联性, 而偏爱加边能促进度的负关联性. 在随机加边变异机制中, 两次的随机选择使得新增的边多为小–小的情况, 这样经过一定的时间步长, 小–小在所有边中的比例将会增加, 而小–大的比例将会减少, 故而关联系数 r 将增大, 网络的度负关联性将受到抑制. 而在随机加边模型中, 第一个选择的变异节点同样是度小的节点, 理论上第二次选择的不发生变异的节点应该是度大的节点, 然而, 事实并非一定如此.

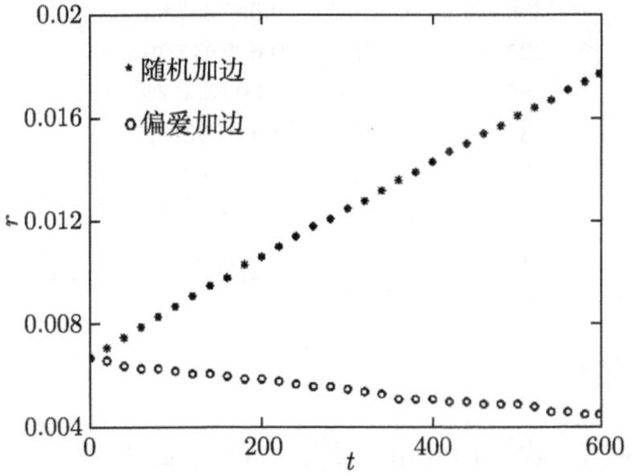

图 5.10 随机加边变异模型和偏爱加边变异模型的 r-k 关系图 (初始值为: $r_0=0.0067$, $N=2000$, $T=597$)

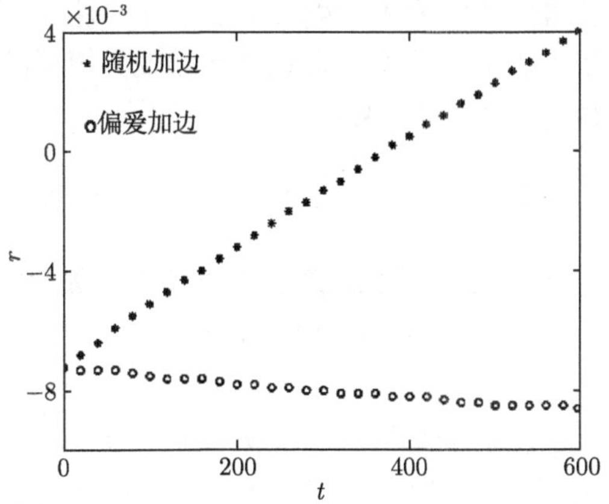

图 5.11 随机加边变异模型和偏爱加边变异模型的 r-k 关系图 (初始值为: $r_0=-0.0072$, $N=2000$, $T=597$)

为了说明这个问题, 我们给出表 5.1, 从第 4 列可以看到, 单个度大的节点被选择的概率大, 但由于数目小, 所以这一类以总概率来看可能比度小的节点类来得小. 第二次偏爱选择的节点并不全是那些度大的节点, 度小的节点同样容易被选择. 这样, 经过若干时间步长, 网络会逐渐演化成具有负关联性的网络, 但是变化的强度并不如随机加边机制大.

表 5.1　对偏爱加边变异模型解释的辅助表格(数据来自于初始网络：$r_0 = -0.0072,\ N = 2000$)

度	数　目	偏爱概率	总概率
3	785	0.000 250 38	0.196 548 3
4	398	0.000 333 83	0.132 864 34
5	227	0.000 417 29	0.094 724 83
6	150	0.000 500 75	0.075 112 5
52	3	0.004 339 8	0.013 019 4
22	7	0.001 836 1	0.012 852 7
132	1	0.011 017	0.011 017
108	1	0.009 013 5	0.009 013 5

5.1.6　重组边变异模型

在边的进化过程中, 除了删边和加边, 还存在重组边变异. 从进化层面上看, 调控蛋白的基因内部发生碱基置换变异会导致蛋白一级结构氨基酸组成的改变而影响编码的蛋白的相互作用. 这样, 在生物分子网络中一个本来存在的连接会消失, 而会得到一个新的连接.

同样地, 根据变异的非对称性和生物大分子的保守性, 我们利用偏爱选择相互连接较少的蛋白作为变异节点. 具体的随机重组边变异模型操作如下：

(1) 初始化 (同随机节点删除变异模型);

(2) 网络在每一个时间步长, 度为 k_i 的节点 i 以偏爱概率 $k_i^{-1}\Big/\sum\limits_p k_p^{-1}$ 选择成为变异节点, 再从 i 的连接中随机地选择一条边 L_{ij} 删除它. 随后, 从不属于 i 的邻居中随机选择一个节点 j', 添加 i 到 j' 的连接 L_{ij}. 很明显, 这两个节点都不发生变异.

这个过程一直进行下去, 直到网络经过 T 个时间步长.

进一步, 我们考虑节点 j' 的性质, 提出了第二个重组边变异模型.

我们利用有关偏爱加边机制的有关结果, 提出了下面的偏爱重组边变异模型：

(1) 初始化 (同随机节点删除变异模型);

(2) 网络在每一个时间步长, 度为 k_i 的节点 i 以偏爱概率 $I(k_i) = k_i^{-1} \Big/ \sum_p k_p^{-1}$ 选择成为变异节点, 再从 i 的连接中随机地选择一条边 L_{ij} 删除它. 随后, 从不属于 i 的邻居中以偏爱概率 $I(k_j') \Big/ \sum_{q \notin O(i)} I(k_q)$ 选择一个节点 j', 添加 i 到 j' 的连接 L_{ij}. 这里, 节点 j 和 j' 都不发生变异.

这个过程一直进行下去, 直到网络经过 T 个时间步长.

图 5.12 和图 5.13 给出了数值模拟结果. 初始网络的参数分别如图 5.6 和图 5.7 所示. 并且同样地, 总步长 $T = 597$, 数据都作了 100 次平均. 我们很清楚地看到, 随机重组边变异模型中的关联系数 r 随着时间步长 t 的增加而变大, 即随机重组边变异机制会抑制生物分子网络的度负关联性. 而偏爱重组边变异模型中的关联系数 r 随着时间步长 t 的增加而减小, 即随机重组边变异机制会促进生物分子网络的度负关联性, 但强度不大. 对于随机重组边变异机制来说, 首先被选择的变异节点多为度小的节点. 由于初始网络是无关联网络, 所以对于一个度小的节点来说, 连接到度小节点和度大节点的情况是相当的, 删除连接并不会强烈地影响网络的度负关联性. 而又由于初始网络为无标度网络, 在重组边新节点的选择中, 度小的节点将被优先选择. 这样, 经过一定的时间步长, 小—小在总边数中的比例将会增大, 小—大的比例将会减少, 从而抑制网络的度负关联性. 然而, 对于偏爱重组边机制, 我们可以利用偏爱加边中的说明来解释.

在 5.1.5 小节中, 我们研究了变异对负关联性的影响. 在研究中, 对四种变异给出了相关的变异模型, 这些模型的建立都是有生物依据的. 所得的数值结果也能进一步地从生物上解释变异对生物分子网络度负关联性的影响[20].

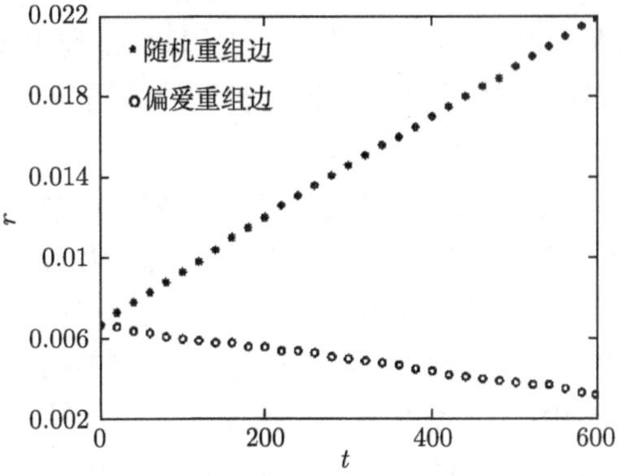

图 5.12 随机重组边变异模型和偏爱重组边变异模型的 r-k 关系图 (初始值为：$r_0 = 0.0067,\ N = 2000,\ T = 597$)

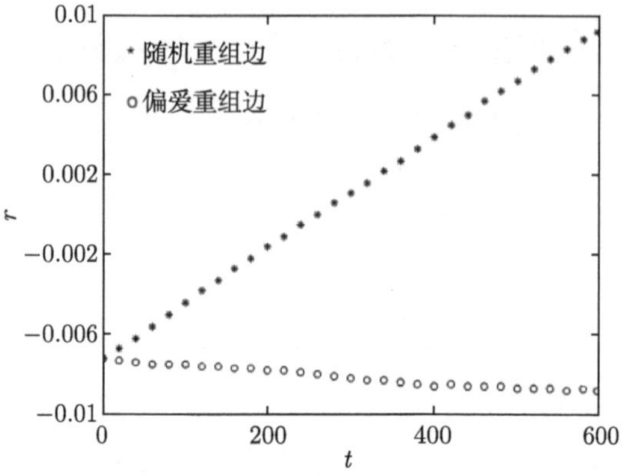

图 5.13　随机重组边变异模型和偏爱重组边变异模型的 r-k 关系图 (初始值为：$r_0 = -0.0072,\ N = 2000,\ T = 597$)

当然, 生物分子网络度负关联性是复制、变异共同作用的结果, 我们在前面分开考虑两个机制对度负关联的影响. 总体看到复制对度负关联起重要作用, 各种变异作用相对比较少. 两者综合作用还必须考虑它们在进化论中时间尺度不同, 这是一项更符合实际的工作, 将在 5.2 节论述.

5.2　DD 方法构建具有综合生物网络特征的模型

从现有的 DD 模型来看, 存在着两个欠缺. 首先是在网络构建中所选取的参数与生物实验结果结合不密切, 有的是部分依据生物结果, 个别是完全人为地选取, 这样所得网络结果能在多大程度上代表真实生命系统是值得商榷的. 其次, 现有模型得出的结果中, 一般都集中在平均度、度分布和小世界性, 缺少对网络全面性质的讨论. 针对这些问题, 我们开展了工作. 我们的目标是利用生物实验的数据, 提出构建生物分子网络的各种 DD 模型, 从模型得到的数据与现有认可的结果相比较, 总结出较为合理的生物分子网络构建框架.

首先, 我们收集了散落在文献中关于生物分子网络中复制与变异的有关实验数据. 虽然我们对复制与变异过程的细节了解还不全面, 如复制事件发生的频度、复制生物分子的 "命运"、复制生物分子得到新功能的频度等. 但是有很多研究者已经得到了部分结果[21~25]. 在现有的文献中, 关于复制的结果比较一致, Berg 等[4]认为每个基因发生复制的有效速率为 10^{-3}/Ma. 现在已经测量出每个酵母基因个体发生复制的速率数量级为 10^{-2}/Ma. 然而, 90%的基因复制品在复制以后都会消失, 从而使得复制的有效速率为 10^{-3}/Ma[22,24,26,27]. 对于变异情况, 文献介绍的情况各有不同, 我们从所能收集到的文献中将有关删边和加边发生速率的结果加以整

理, 分成如下四种情况:

(1) Beltrao 和 Serrano[28] 通过对真核生物物种的研究, 得出每个蛋白发生删边和加边的速率是大致相同的, 大约为 10^{-5}/Ma;

(2) Wagner[26] 通过建立模型, 得出每个蛋白发生删边和加边的速率分别为 5.9×10^{-4}/Ma 和 8.6×10^{-4}/Ma, 我们可以认为这两个速率为相同的数量级 (10^{-3} /Ma);

(3) Berg 等[4] 认为每个蛋白发生删边和加边的速率是相等的, 都为 10^{-1}/Ma;

(4) Wagner[22] 分析了酒酿酵母的蛋白质相互作用网络的演化和结构, 发现每个蛋白发生删边的速率的数量级为 10^{-3}/Ma, 加边的速率比删边小三个数量级, 为 10^{-6}/Ma.

另外, 在基因组的长期进化中, 基因删除也扮演了很重要的角色. Kent 等研究得出老鼠的基因组中约有 2%的基因被删除或部分删除[28]. 我们把这个数据看成生物分子删除的基本数据. 对于生物分子网络中边的重组情况, 在已经发表的文章中得到很少的关注, 也就是可以认为在实际进化论中此类变异很少发生, 因此在我们的建模中可以忽略它在长期进化中的作用.

根据上面所列出的数据, 考虑发生删边和加边速率的四种情况, 我们可以设计四种 DD 模型方案. 每一种模型中包括了复制、删边、加边、删除节点这四种生物分子网络的进化现象. 模型中以 10^{-3}/Ma 作为基本时间单位, 它们在偏爱原则下发生删边和加边的概率是不同的, 但都忽略重组边的进化现象.

此外, 在 DD 模型中, 网络中已存在的蛋白通过一定机制被选择并复制, 且伴随着该蛋白参与的所有相互作用, 接着基因突变导致复制和原蛋白逐渐发生分歧, 表现为它们参与的相互作用发生改变. 注意到现在研究 DD 模型的文章一般都以酵母蛋白质相互作用网络作为参考网络, 所描述的模型, 差别主要表现在原蛋白与复制蛋白相互作用规则的变化[29]. 一种是非对称模型, 它假设复制蛋白保留部分原蛋白的相互作用[26,30~32]; 另一种是对称模型, 它假设复制蛋白和原蛋白在失去相互作用时具有相同的概率[33]. 这样, 我们对四种方案中每一种都考虑对称机制和非对称机制两种情况.

四种方案的操作过程如下.

5.2.1 第一种方案

我们采用建网的数据: ①每个蛋白复制速率为 10^{-3}/Ma; ②每个蛋白删边和加边速率平衡, 为 10^{-5}/Ma; ③大约有 2%的蛋白被删除, 即每个蛋白发生删除的概率为 0.02.

我们针对此方案给出对称 DD 模型如下.

(1) 初始化: 给定单连通的具有 N_0 个节点的初始网络 G_0, G_0 是由完全随机图生成的中性网络, 即 G_0 的初始关联系数 r 接近于零 (以下 DD 模型的初始化都与此相同).

(2) 网络在每一个时间步长, 度为 k_i 的节点 i 以概率 $\Pi(k_i) = k_i^{-1} \Big/ \sum_p k_p^{-1}$ 进行复制, 即原蛋白被复制, 并引进与原蛋白的邻居相连接 (以下 DD 模型的反偏爱都与此相同).

(3) 网络在每一个时间步长, 以概率 a_1 发生删边. 首先, 在原蛋白与复制蛋白间以对称机制删边, 即随机选择原蛋白或复制蛋白的一条边删去. 接下来, 在网络的剩余部分, 按照偏爱原则删边, 即度为 k_a 的节点 a 以偏爱概率 $\Pi(k_a)$ 选择成为变异节点, 随后再从 a 的邻居中以偏爱概率 $P^*(k_b) = k_b^{-1} \Big/ \sum_{p\in O(a)} k_p^{-1}$ 选择节点 b, 删去连接 a 到 b 的边 L_{ab}(以下 DD 模型的偏爱删边都与此相同). 若产生孤立节点, 删除它[20].

(4) 网络在每一个时间步长, 以概率 a_1 发生加边. 首先, 在原蛋白与复制蛋白间以对称机制加边, 在蛋白与复制蛋白间随机选择其一, 再从剩余网络中以概率 $\Pi(k_c) = k_c^{-1} \Big/ \sum_d k_d^{-1}$ 选择度为 k_c 的节点 c 相连接. 接下来, 在网络的剩余部分 (不只是复制蛋白的连接), 按照偏爱原则加边, 即度为 k_m 的节点 m 以偏爱概率 $\Pi(k_m)$ 选择成为变异节点, 再从不是 m 的邻居中以偏爱概率 $I(k_n) \Big/ \sum_{r\notin O(m)} I(k_r)$ (这里, $I(k_i) = k_i \Big/ \sum_p k_p$) 选择节点 n, 添加连接 m 到 n 的边 L_{mn}(以下 DD 模型的偏爱加边都与此相同).

(5) 网络在每一个时间步长, 以概率 β 发生节点删除. 节点删除遵循偏爱机制, 即度为 k_s 的节点 s 以概率 $P_s = k_s^{-1} \Big/ \sum_t k_t^{-1}$ 被选择删除及其他度 (以下模型的偏爱节点删除都与此相同). 若产生孤立节点, 删除它.

这个过程一直进行下去, 直到网络的规模达到预期的规模 N 为止.

接下来我们给出第一种方案非对称 DD 模型:

(1) 初始化.

(2) 网络在每一个时间步长进行同上的偏爱复制.

(3) 网络在每一个时间步长, 以概率 a_1 发生删边. 首先, 在原蛋白与复制蛋白间以非对称机制删边, 即随机选择复制蛋白的一条边删去. 接下来, 在网络的剩余部分按照偏爱原则删边. 若产生孤立节点, 删除它.

(4) 网络在每一个时间步长, 以概率 a_1 发生加边. 首先, 在原蛋白与复制蛋白间以非对称机制加边, 从剩余网络中以概率 $\Pi(k_c) = k_c^{-1} \Big/ \sum\limits_d k_d^{-1}$ 选择度为 k_c 的节点 c 与复制蛋白相连接. 接下来, 在网络的剩余部分, 按照偏爱原则加边.

(5) 网络在每一个时间步长, 以概率 β 发生偏爱节点删除. 若产生孤立节点, 删除它.

这个过程一直进行下去, 直到网络的规模达到预期的规模 N 为止.

在这两个模型中, 参数 $\alpha_1 = 10^{-5}/10^{-3} = 0.01$, $\beta = 0.02$(以下 DD 模型的 β 都与此相同).

5.2.2 第二种方案

我们采用建网数据: ①每个蛋白复制速率为 10^{-3}/Ma; ②每个蛋白删边和加边速率平衡, 为 10^{-3}/Ma; ③大约有 2%的蛋白被删除, 即每个蛋白发生删除的概率为 0.02.

此时在对称情况下为:

(1) 初始化.

(2) 网络在每一个时间步长进行偏爱复制.

(3) 网络在每一个时间步长, 都发生删边. 首先, 在原蛋白与复制蛋白间以对称机制删边, 即随机选择原蛋白或复制蛋白的一条边删去. 接下来, 在网络的剩余部分, 按照偏爱原则删边. 若产生孤立节点, 删除它.

(4) 网络在每一个时间步长, 都发生加边. 首先, 在原蛋白与复制蛋白间以对称机制加边, 在蛋白与复制蛋白间随机选择其一, 再从剩余网络中以概率 $\Pi(k_c) = k_c^{-1} \Big/ \sum\limits_d k_d^{-1}$ 选择度为 k_c 的节点 c 相连接. 接下来, 在网络的剩余部分, 按照偏爱原则加边.

(5) 网络在每一个时间步长, 以概率 β 发生偏爱节点删除. 若产生孤立节点, 删除它.

这个过程一直进行下去直到网络的规模达到预期的规模 N 为止.

接下来我们给出非对称情况:

(1) 初始化.

(2) 网络在每一个时间步长进行偏爱复制.

(3) 网络在每一个时间步长, 都发生删边. 首先, 在原蛋白与复制蛋白间以非对称机制删边, 即随机选择复制蛋白的一条边删去. 接下来, 在网络的剩余部分, 按照偏爱原则删边. 若产生孤立节点, 删除它.

(4) 网络在每一个时间步长, 都发生加边. 首先, 在原蛋白与复制蛋白间以非对称机制加边, 从剩余网络中以概率 $\Pi(k_c) = k_c^{-1} \Big/ \sum_d k_d^{-1}$ 选择度为 k_c 的节点 c 与复制蛋白相连接. 接下来, 在网络的剩余部分, 按照偏爱原则加边.

(5) 网络在每一个时间步长, 以概率 β 发生偏爱节点删除. 若产生孤立节点, 删除它.

这个过程一直进行下去, 直到网络的规模达到预期的规模 N 为止.

5.2.3　第三种方案

我们采用建网数据: ①每个蛋白复制速率为 10^{-3}/Ma; ②每个蛋白删边和加边速率平衡, 为 10^{-1}/Ma; ③大约有 2%的蛋白被删除, 即每个蛋白发生删除的概率为 0.02.

此时在对称情况下为:

(1) 初始化.

(2) 网络在每一个时间步长, 以概率 θ_{dup} 进行偏爱复制.

(3) 网络在每一个时间步长, 都发生删边. 若第二步中复制事件发生, 则分两个步骤. 首先, 在原蛋白与复制蛋白间以对称机制删边, 即随机选择原蛋白或复制蛋白的一条边删去; 然后, 在网络的剩余部分, 按照偏爱原则删边. 若第二步中没有发生复制事件, 则在整个网络中, 按照偏爱原则删除一条边. 若产生孤立节点, 删除它.

(4) 网络在每一个时间步长, 都发生加边. 若第二步中复制事件发生, 则分两个步骤. 首先, 在原蛋白与复制蛋白间以对称机制加边, 在蛋白与复制蛋白间随机选择其一, 再从剩余网络中以概率 $\Pi(k_c) = k_c^{-1} \Big/ \sum_d k_d^{-1}$ 选择度为 k_c 的节点 c 相连接; 然后, 在网络的剩余部分, 按照偏爱原则加边. 若第二步中没有发生复制事件, 则在整个网络中, 按照偏爱原则增加一条边.

(5) 网络在每一个时间步长, 以概率 β 发生偏爱节点删除. 若产生孤立节点, 删除它.

这个过程一直进行下去, 直到网络的规模达到预期的规模 N 为止.

接着给出非对称 DD 情况:

(1) 初始化.

(2) 网络在每一个时间步长, 以概率 θ_{dup} 进行偏爱复制.

(3) 网络在每一个时间步长, 都发生删边. 若第二步中复制事件发生, 则分两个步骤. 首先, 在原蛋白与复制蛋白间以非对称机制删边, 即随机选择复制蛋白的一条边删去; 然后, 在网络的剩余部分, 按照偏爱原则删边. 若第二步中没有发生复制事件, 则在整个网络中, 按照偏爱原则删除一条边. 若产生孤立节点, 删除它.

(4) 网络在每一个时间步长, 都发生加边. 若第二步中复制事件发生, 则分两个步骤. 首先, 在原蛋白与复制蛋白间以非对称机制加边, 从剩余网络中以概率 $\Pi(k_c)=k_c^{-1}\Big/\sum\limits_d k_d^{-1}$ 选择度为 k_c 的节点 c 与复制蛋白相连接; 然后, 在网络的剩余部分, 按照偏爱原则加边. 第二步中没有发生复制事件, 则在整个网络中, 按照偏爱原则增加一条边.

(5) 网络在每一个时间步长, 以概率 β 发生偏爱节点删除. 若产生孤立节点, 删除它.

这个过程一直进行下去, 直到网络的规模达到预期的规模 N 为止.

在这两个模型中, 参数 $\theta_{\mathrm{dup}}=10^{-3}/10^{-1}=0.01$.

5.2.4 第四种方案

我们采用建模数据: ①每个蛋白复制速率为 10^{-3}/Ma; ②每个蛋白删边的速率为 10^{-3}/Ma, 加边速率为 10^{-6}/Ma; ③大约有 2%的蛋白被删除, 即每个蛋白发生删除的概率为 0.02.

此时对应的对称情况为:

(1) 初始化.

(2) 网络在每一个时间步长进行偏爱复制.

(3) 网络在每一个时间步长, 都发生删边. 首先, 在原蛋白与复制蛋白间以对称机制删边, 即随机选择原蛋白或复制蛋白的一条边删去; 然后, 在网络的剩余部分, 按照偏爱原则删边. 若产生孤立节点, 删除它.

(4) 网络在每一个时间步长, 以概率 α_4 发生加边. 首先, 在原蛋白与复制蛋白间以对称机制加边, 在蛋白与复制蛋白间随机选择其一, 再从剩余网络中以概率 $\Pi(k_c)=k_c^{-1}\Big/\sum\limits_d k_d^{-1}$ 选择度为 k_c 的节点 c 相连接. 接下来, 在网络的剩余部分, 按照偏爱原则加边.

(5) 网络在每一个时间步长, 以概率 β 发生偏爱节点删除. 若产生孤立节点, 删除它.

这个过程一直进行下去, 直到网络的规模达到预期的规模 N 为止.

接下来我们给出非对称情况:

(1) 初始化.

(2) 网络在每一个时间步长进行偏爱复制.

(3) 网络在每一个时间步长, 都发生删边. 首先, 在原蛋白与复制蛋白间以非对称机制删边, 即随机选择复制蛋白的一条边删去. 接下来, 在网络的剩余部分, 按照偏爱原则删边. 若产生孤立节点, 删除它.

(4) 网络在每一个时间步长, 以概率 α_4 发生加边. 首先, 在原蛋白与复制蛋白间以非对称机制加边, 从剩余网络中以概率 $\Pi(k_c) = k_c^{-1} \Big/ \sum_d k_d^{-1}$ 选择度为 k_c 的节点 c 与复制蛋白相连接; 然后, 在网络的剩余部分, 按照偏爱原则加边.

(5) 网络在每一个时间步长, 以概率 β 发生偏爱节点删除. 若产生孤立节点, 删除它.

这个过程一直进行下去, 直到网络的规模达到预期的规模 N 为止.

在这两个模型中, 参数 $\alpha_4 = 10^{-6}/10^{-3} = 0.001$.

对上述四种基于生物背景的 DD 模型分别进行数值模拟. 初始网络的初始节点数为 $N_0 = 100$, 初始关联系数 $r_0 = -0.0075$. 网络的预期规模 $N = 3000$. 由于网络的生成过程是随机的, 因此我们所得数据点都取了 100 的平均. 第三种方案最终不能形成连通网络, 其余三种方案所形成的最终网络的各种拓扑性质如表 5.2 所示, 图 5.14~图 5.19 为各个 DD 模型最终网络的度分布.

表 5.2 实测生物网络拓扑性质的统计量(网络类型, 节点总数 N, 总边数 M, 平均度 $\langle k\rangle$, 平均最短路径 L, 幂律度分布指数, 聚类系数 C 和度关联系数 r. 最后一列为文献来源. 空白项数据表示未被检测出)

网络类型	N	M	$\langle k\rangle$	L	γ	C	r	参考文献
新陈代谢网络	756	3686	9.64	2.56	2.2	0.67	−0.240	[16]
蛋白交互网络	2115	2240	2.12	6.8	2.4	0.071	−0.071	[17]
蛋白交互网络	2115	—	6.8	2.12	2.4	0.07	<0	[17]
新陈代谢网络	778	—	3.2	7.4	2.2/2.1	0.7	—	[16]
蛋白交互网络	985	—	1.83	7.14	2.5	0.022	—	[4]

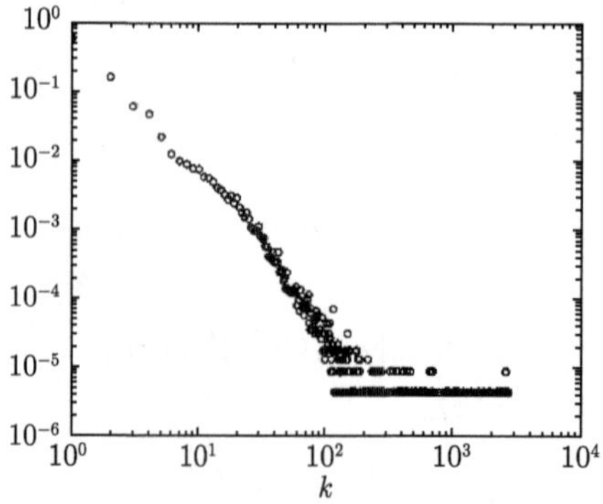

图 5.14 方案一中的对称 DD 模型最终网络度分布

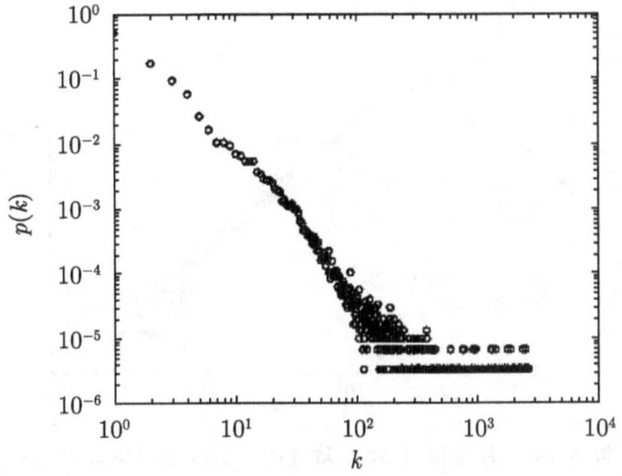

图 5.15 方案一中的非对称 DD 模型最终网络度分布

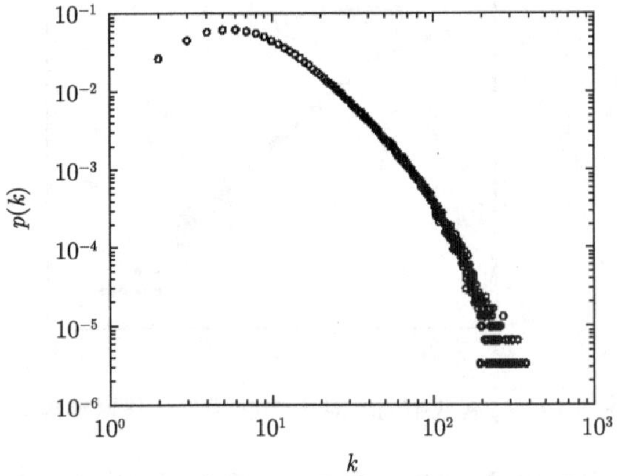

图 5.16 方案二中的对称 DD 模型最终网络度分布

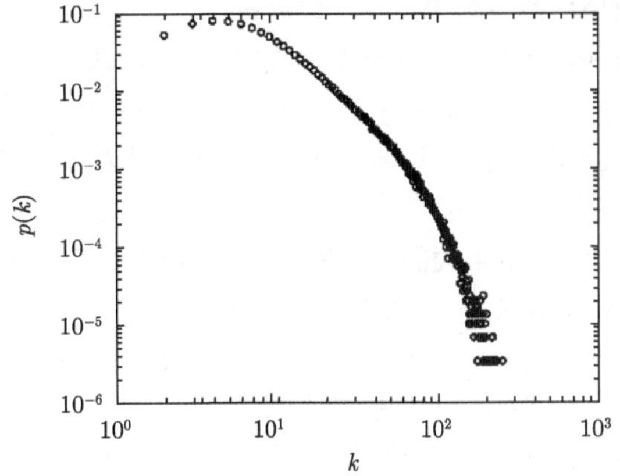

图 5.17 方案二中的非对称 DD 模型最终网络度分布

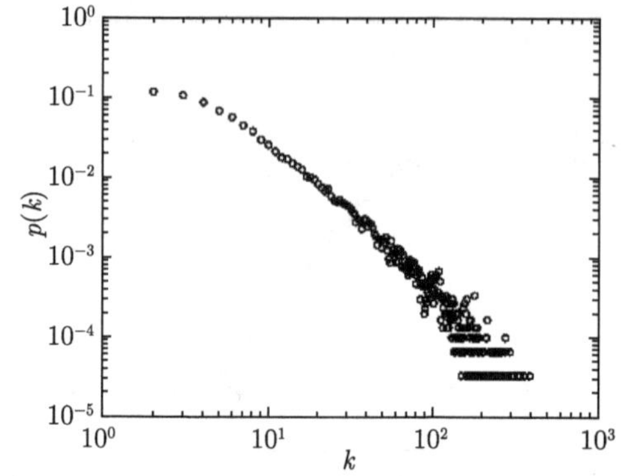

图 5.18　方案四中的对称 DD 模型最终网络度分布

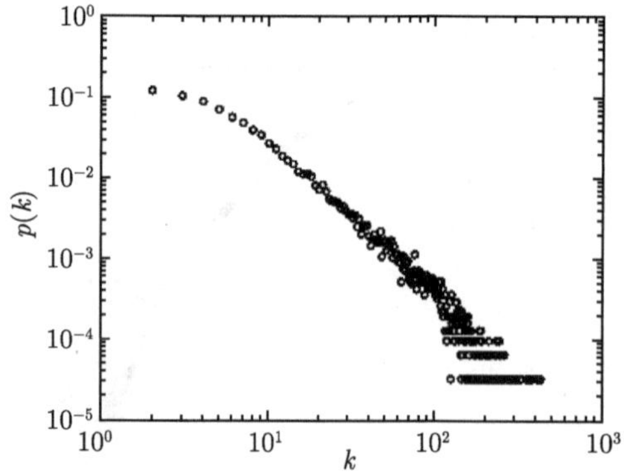

图 5.19　方案四中的非对称 DD 模型最终网络度分布

为了与真实情况相比较, 我们在表 5.2 中列出了已发表的生物网络拓扑性质的统计量, 这些数据都是实测结果, 并且得到公认. 在这里, 我们作为典型结果可用来与我们后面所建模型的数值结果进行对比分析.

通过数值模拟和比较表 5.2 与表 5.3, 我们可以给出如下讨论：

(1) 第三种方案无法最终生成连通的网络, 其主要原因是边的变异速率比复制快. 这个事实是与生物进化论中复制是进化的主要动力相吻合的. 因而在生物分子网络构建模型中, 复制占重要位置是必然的.

(2) 第一和第二种方案生成的最终网络, 其等级结构不够明显 (见表 5.3 最后一列, 第一和第二种方案的 m 指数与 1 差距较大); 另外, 第二种方案生成的最终网络的平均度过大 (见表 5.3 第四列), 与实际的生物网络不符 (见表 5.2 第四列), 因而这两种方案并不是理想的 DD 模型方案.

(3) 由第四种方案的两个 DD 模型生成的最终网络在数值上都与实际生物网络的各种拓扑性质相吻合, 即这个网络是稀疏的、小世界的、幂律分布的、度负关联的, 同时具有较为明显的等级结构.

表 5.3 最终网络拓扑性质的统计量(网络类型, 节点总数 N, 总边数 M, 平均度 $\langle k\rangle$, 平均最短路径 L, 幂律度分布指数, 聚类系数 C(相同规模的随机图的聚类系数 C'), 度关联系数 r 和等级结构指数 m)

DD 模型方案	N	M	$\langle k\rangle$	L	γ	$C(C')$	r	m
方案一对称情形	3000	6885	4.5900	2.5266	−1.8536	0.0823(0.0015)	−0.3601	0.6372
方案一非对称情形	3000	7641	5.0939	2.9336	−1.9263	0.1255(0.0023)	−0.3427	0.5751
方案二对称情形	3000	28346	18.898	2.6786	−2.1769	0.0270(0.0066)	−0.1472	0.3386
方案二非对称情形	3000	22154	14.7319	3.1713	−2.876	0.0216(0.0053)	−0.0947	0.2414
方案四对称情形	3000	4571	5.1273	2.2257	−2.1818	0.0158(0.0053)	−0.3862	1.1204
方案四非对称情形	3000	4860	5.0621	2.2836	−1.8902	0.0645(0.0057)	−0.3748	1.0676

最近, 还有一些模型也考虑了复制蛋白与网络中已存在蛋白特别是原蛋白之间出现新的相互作用[32~34]. Zhang 等[35] 经过研究发现: 原基因与复制基因这对基因对在长期的进化过程中, 对于度小的原基因, 它们之间的变异是遵循对称或几乎对称的变异, 即原基因与复制基因两者的连接数是几乎相同的; 而对于度大的原基因, 它们之间的变异遵循不对称变异, 即其中一个比另外一个有显著多的连接. 为此, 我们对第四种方案作进一步修正, 提出了一种新的混合 DD 模型.

5.2.5 新的混合 DD 模型

(1) 初始化.

(2) 网络在每一个时间步长进行偏爱复制.

(3) 网络在每一个时间步长, 以概率 a_1 发生删边. 首先, 在原蛋白与复制蛋白间删边: 若原蛋白的度大于 d_{std}, 则以非对称机制删边, 即随机选择复制蛋白的一条边删去; 否则, 以对称机制删边, 即随机选择原蛋白或复制蛋白的一条边删去. 然后, 在网络的剩余部分, 按照偏爱原则删边. 若产生孤立节点, 删除它.

(4) 网络在每一个时间步长, 以概率 a_1 发生加边. 首先, 在原蛋白与复制蛋白间加边: 若原蛋白的度大于 d_{std}, 则以非对称机制加边, 即从剩余网络中以概率 $\Pi(k_e) = k_e^{-1}\bigg/\sum\limits_d k_d^{-1}$ 选择度为 k_c 的节点 c 与复制蛋白相连接; 否则, 以对称机制加边, 即在蛋白与复制蛋白间随机选择其一, 再从剩余网络中以概率 $\Pi(k_e) = k_e^{-1}\bigg/\sum\limits_f k_f^{-1}$ 选择度为 k_e 的节点 e 相连接. 然后, 在网络的剩余部分, 按照偏爱原则加边.

(5) 网络在每一个时间步长, 以概率 β 发生偏爱节点删除. 若产生孤立节点, 删除它.

这个过程一直进行下去, 直到网络的规模达到预期的规模 N 为止.

同样地, 我们对第一类的混合 DD 模型进行数值模拟, 网络的预期规模为 $N = 3000$, 结果都作了 100 次平均. 从数值结果中, 我们看到最终网络 $\langle k \rangle = 4.5060$, $L = 2.6723$, $C = 0.0577(C' = 0.0016)$, $r = -0.3562$. 在图 5.20 中, 我们给出了混合 DD 模型的最终网络的度分布图, 其中幂律分布的度指数为 $\gamma = -1.8885$. 这些统计量与真实生物网络的统计量 (表 5.3) 能很好地吻合, 因此我们认为基于生物背景的混合 DD 模型与以往的 DD 模型更能符合生物实际, 这种模型是目前我们见到的与实际生物最接近的 DD 模型.

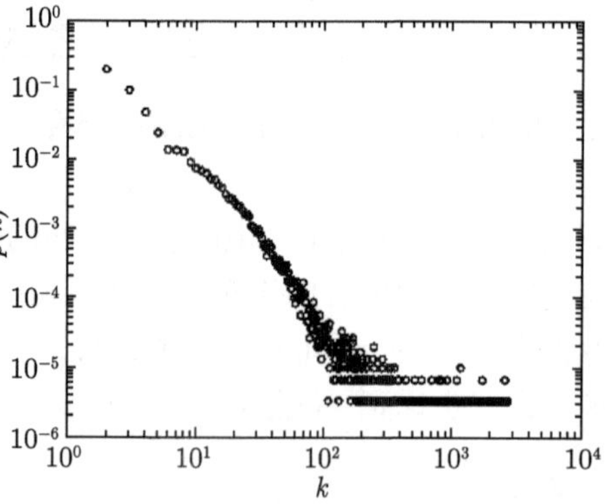

图 5.20 混合 DD 模型最终网络度分布

从本节的结果, 我们可对生物分子网络的模型构建提出如下看法.

(1) 生物分子网络的构建中, 复制速率快于变异速率才能保证网络生成, 换句话说, 复制是生物网络进化的主要动力.

(2) 结合以前工作可了解到, 偏爱复制和变异中的各种偏爱对生物分子网络中各种特征的形成也有重要作用.

(3) 删边速率大于加边速率保证网络对形成生物分子网络等级结构是重要的. 事实上, 删边和加边中的偏爱原则是加强不利于呈现等级结构的边被删去或被增加.

(4) 变异的各种具体方式: 对称、不对称或混合似乎对生物分子网络统计特征不是最主要的因素.

5.3 用 DD 方法构建平均场意义下的生物网络

用 DD 方法构建的蛋白质网络基本上是根据生物上的观察结合复制和变异提出一些含有特定策略 (包括各种变异手段和不同偏爱方式) 的建模方案, 然后通过数值模拟得到相应的生物网络，再通过分析该网络的统计特征来说明模型的合理性. 至今我们没有见到可以通过解析方法处理的模型，而理论的认证对于一个方法往往是不可或缺的. 最近我们用 DD 方法构建了一个模型，并用平均场方法对该模型作了解析处理，得到了令人满意的结果，下面就对此模型作一介绍.

我们的模型主要包含了节点复制、节点二聚、删边和增边四个不同步骤，这些操作反映了生物上复制和变异的主要过程，因而是一个合理的 DD 模型[1,5,7,9,14,22,33,36~48].

具体来说，初始从大小为 N_0 的连通的随机网络出发，并允许在每一个时间步长按照下面的规则演化，直到达到所期望的网络的大小.

(1) 在网络中任选节点 A 进行复制，即在网络中加入一个新节点 A'，将它与 A 的所有邻居相连接；

(2) 对连接到新节点 A' 的每一条边以 α 概率删除；

(3) 节点 A 和 A' 以概率 β 发生异源二聚 (heterodimerization, 二聚) 作用，即在节点 A 和 A' 间以概率 β 增加一条边；

(4) 在节点 A' 和网络中除节点 A 外的任一节点之间以概率 γ 增加一条连接边.

每一步结束时，如果新节点 A' 不存在任何连接边，就把它从网络中删去，以确保网络的连通性[9,45]. 上述过程一直进行到网络达到要求的大小. 图 5.21 给出了上述过程的示意图.

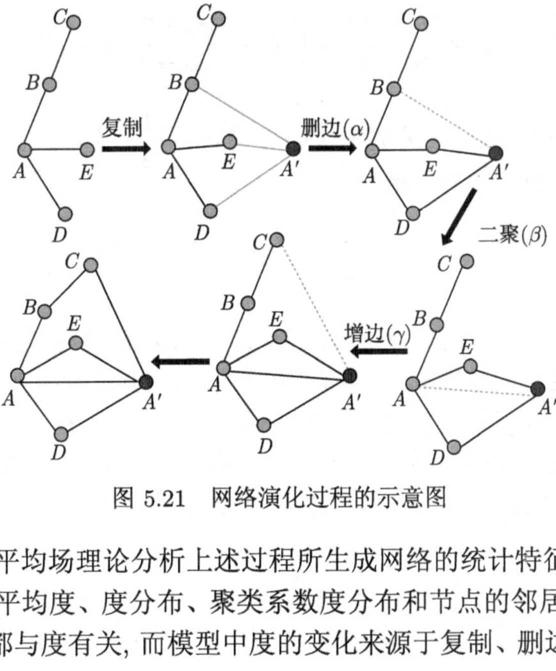

图 5.21 网络演化过程的示意图

现在我们用平均场理论分析上述过程所生成网络的统计特征. 在讨论中主要分析涉及网络的平均度、度分布、聚类系数度分布和节点的邻居平均度这些统计量演化. 这些量都与度有关，而模型中度的变化来源于复制、删边、二聚和增边过程. 我们用平均场的方法分开考虑每种情况给统计量带来的影响, 然后合成为总的结果. 首先分析所生成网络的平均度. 设 K_N 为网络节点数为 N 时的平均度, 按平均场理论可得到其近似方程为

$$\frac{\mathrm{d}K_N}{\mathrm{d}N} \simeq K_{N+1} - K_N = \frac{1}{N}[K_N - 2\alpha K_N + 2\gamma(N - K_N) + 2\beta] \tag{5.1}$$

式 (5.1) 右边的前两项对应于由节点的复制增加的平均度和从新节点删除 αK_N 条边所减少的平均度, 最后两项对应于增边和二聚作用增加的平均度. 对式 (5.1) 进行求解, 可以得到在初始条件为 K_0 时的解为

$$K_N = \frac{\gamma}{\alpha+\gamma}N - \frac{2\beta}{1-2(\alpha+\gamma)} + \left[K_0 + \frac{2\beta}{1-2(\alpha+\gamma)} - \frac{\gamma}{\alpha+\gamma}\right]N^{\Gamma} \tag{5.2}$$

式中, $\Gamma = 1 - 2(\alpha+\gamma)$. 此解说明了网络平均度随时间是增加的. 考虑到生物网络为稀疏的特征, 显然不能假定 γ 为常数, 通常可认为 $p_0 = \dfrac{\gamma}{N}$, 其中 p_0 为一常数, 它代表每一个时间步长所增加的边数, 这样就可以克服随着网络增大而带来的平均度增大所引起的麻烦. 于是, 当 N 很大时, 式 (5.1) 可以改写为

$$\frac{\mathrm{d}K_N}{\mathrm{d}N} = (1-2\alpha)\frac{K_N}{N} + \frac{2\beta + 2p_0}{N} \tag{5.3}$$

求式 (5.3) 的解, 得到在 K_0 为初始条件时的解

$$K_N = \frac{2p_0 + 2\beta}{2\alpha - 1} + \left(K_0 - \frac{2p_0 + 2\beta}{2\alpha - 1}\right)N^{1-2\alpha} \tag{5.4}$$

从式 (5.4) 可见, 删边概率 α 存在一个临界值 $\alpha_c = \dfrac{1}{2}$. 当 $\alpha > \alpha_c$ 时, 在 $N \to \infty$ 的条件下, 平均度达到一个有界量

$$K_\infty = \lim_{N\to\infty} K_N = \frac{2p_0 + 2\beta}{2\alpha - 1} \tag{5.5}$$

否则, 网络的平均度将趋于无穷, 显然无法达到生物网络稀疏且是小世界的要求. 总结起来说, 在我们的模型中, 只要删边概率 α 大于其临界值 $\alpha > \alpha_c$, 再通过调节参数值 α、β、p_0, 就有可能使生成网络呈现稀疏和小世界的特性.

接着讨论生成网络的度分布. 令 $f(t,k)$ 和 N_t 分别代表 t 时刻度为 k 的节点数目和节点的总数目. 利用平均场的思想, 我们可以得到如下递推公式：

$$\begin{aligned} & f(k,t+1) \\ = & \left(f(k,t) - \frac{\beta f(k,t)}{N_t} - \frac{(1-\alpha)kf(k,t)}{N_t} - \left(1 - \frac{(k+1)f(k,t)}{N_t}\right)\frac{p_0 f(k,t)}{N_t}\right) \end{aligned}$$

$$+\left(\frac{\beta f(k-1,t)}{N_t}+\frac{(1-\alpha)(k-1)f(k-1,t)}{N_t}+\left(1-\frac{kf(k-1,t)}{N_t}\right)\frac{p_0 f(k-1,t)}{N_t}\right)$$
$$+(1-\beta)\sum_{j\geqslant k-m}\sum_{m\geqslant 0}\frac{f(j,t)}{N_t}\begin{pmatrix} j \\ k-m \end{pmatrix}(1-\alpha)^{k-m}\alpha^{j-(k-m)}\Re(t,p_0/N_t;m)$$
$$+\beta\sum_{j\geqslant k-m-1}\sum_{m\geqslant 0}\frac{f(j,t)}{N_t}\begin{pmatrix} j \\ k-m-1 \end{pmatrix}(1-\alpha)^{k-m-1}\alpha^{j-(k-m-1)}\Re(t,p_0/N_t;m) \tag{5.6}$$

式中, 第一项代表在 t 时刻度为 k 的节点在 $t+1$ 时刻仍保留度为 k 的节点期望数目; 第二项代表在 t 时刻度为 $k-1$ 的节点在 $t+1$ 时刻变成度为 k 的节点期望数目; 最后二项是生成度为 k 的新节点的概率, 其中 $\Re\left(t,\frac{p_0}{N_t},m\right)=\begin{pmatrix} N_t-K_N \\ m \end{pmatrix}\left(\frac{p_0}{N_t}\right)^m\left(1-\frac{p_0}{N_t}\right)^{t-m}$ 为由新节点连接到尚未连接到复制节点的 N_t-K_N 节点中 m 个节点的连线期望数. 由于每一个时间步增加一个节点, 所以对大的 t, 应该有 $N_t=N_0+t\approx t$, 设 a_k 代表在 t 时刻度为 k 的节点在总节点中所占的比例, 则应有 $f(k,t)=a_k t$, 把这些关系代入式 (5.6), 则可得到关于 a_k 的递推关系

$$0=(-1-\beta-(1-\alpha)k-p_0)a_k+(\beta+(1-\alpha)(k-1)+p_0)a_{k-1}$$
$$+(1-\beta)\sum_{j\geqslant k-m}\sum_{m\geqslant 0}a_j\begin{pmatrix} j \\ k-m \end{pmatrix}(1-\alpha)^{k-m}\alpha^{j-(k-m)}\Re(t,p_0/N_t;m)$$
$$+\beta\sum_{j\geqslant k-m-1}\sum_{m\geqslant 0}a_j\begin{pmatrix} j \\ k-m-1 \end{pmatrix}(1-\alpha)^{k-m-1}\alpha^{j-(k-m-1)}\Re(t,p_0/N_t;m) \tag{5.7}$$

考虑到网络度分布可能存在的标度率, 我们可假定 $a_k=ck^{-b}$, 并把它代入式 (5.7), 同时注意到 $\left(\frac{k}{1-k}\right)^{-b}=1+\frac{b}{k}+O\left(\frac{1}{k^2}\right)$, $\sum_{j=k}^{\infty}\begin{pmatrix} j \\ k \end{pmatrix}q^k(1-q)^{j-k}\left(\frac{k}{j}\right)^b=\left(1+O\left(\frac{1}{k}\right)\right)q^{b-1}$, $\sum_{m\geqslant 0}\Re\left(t,\frac{p_0}{N_t},m\right)=1$[16], 通过对 k 取极限, 并定义 b 的极限为 θ, 可得到 θ 所满足的方程

$$(1-\theta)(1-\alpha)=(1-\alpha)^{\theta-1}-1 \tag{5.8}$$

式 (5.8) 表示所建网络的幂律度分布指数 θ 不依赖于二聚概率 β 和增边概率 γ, 仅与删边概率 α 有关, 类似的结果在文献 [1] 和 [48] 中有介绍. 通过对式 (5.8) 进行数值求解, 得到图 5.22.

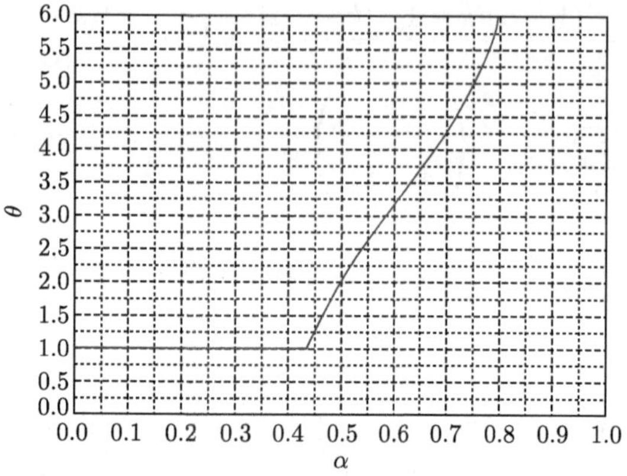

图 5.22　度分布指数 $\theta(\alpha)$

从图 5.22 可见, 式 (5.8) 有两个解, 一个是平凡解 $\theta=1$, 另一个是非平凡解. 这两个解在 α =0.4329 处相交. 显然, 我们感兴趣的是在 $\alpha\geqslant$0.4239 时所得到的非平凡解. 按照图 5.22 的结果, 当 0.4329$\leqslant\alpha\leqslant$0.5 时, 标度指数为 1~2; 当 0.5$\leqslant\alpha\leqslant$0.5858 时, 标度指数为 2~3. 注意到绝大多数实测生物网络的指数为 2~3, 有少数为 1~2, 因而理论结果基本与实验吻合[1,22,49]. 总结起来, 用模型生成网络具有无标度性, 其幂律指数与实测值吻合, 而且参数符合稀疏性和小世界性的要求.

下一步我们通过分析聚类系数 $C(k)$ 的幂律标度关系来说明生成网络的等级模块结构. 从现有复杂网络知识来看, 只能通过聚类系数的幂律标度率就模块结构作出一些合理的说明. 从理论上讲, 如果 $C(k)\propto k^{-1}$, 则可以说网络有很好的等级模块的结构. 为了计算在每一步时间的 $C(k)$, 需要考虑网络中任何一个节点 i 的所有邻居之间连线的总数目 e_i 的变化率. 为此, 我们先考虑节点 i 的度 k_i 的变化率. 事实上节点 i 的度 k_i 经过一步时间, 有可能经过下面三个过程实现度数增加 1: ①节点 i 被复制, 并与新生成节点发生二聚作用; ②节点 i 的任何一个邻居被复制, 新生成节点与 i 节点连线被保留; ③不属于 i 和 i 的邻居的节点被复制, 一条新连线在新生成的节点和 i 节点之间建立起来. 这样, 就可得到 i 节点度 k_i 的演化的动力学方程

$$\frac{\partial k_i}{\partial t}=\frac{\beta}{t}+\frac{k_i}{t}(1-\alpha)+\left(1-\frac{k_i+1}{t}\right)\frac{p_0}{t} \tag{5.9}$$

为了进一步讨论 e_i 的变化率, 我们引进如下记号: $O(i)=\{i_1,i_2,\cdots,i_{k_i}\}$ 是节点 i 的邻居集合, 对每一个 $j\in O(i_l)\,(l=1,\cdots,k_i)$, 我们用 $\#(O(j)\cap O(i_l))=m_{j,i_l}$ 表示节点 i_l 的邻居集合和节点 j 的邻居集合的交集中节点的数目, 记节点 i_l 的邻居节点 j 的度为 $k_{O_j(i_l)}$. 类似地, 经过一定时间, e_i 出现增加的三种情况分别为:

(1) 节点 i 被复制, 复制后生成的新节点与原节点发生二聚, 这个新生成节点成

为 i 节点的第 k_i+1 个邻居, 则节点 i 的邻居之间的连接边增加数目为 $\frac{\beta}{t}k_i(1-\alpha)$;

(2) 节点 i 的任一个邻居被复制, 如果复制后生成新节点与节点 i 之间的连线被保留, 那么新生成节点就成为 i 节点的第 k_i+1 个邻居, 又因为聚类系数 C_i 是节点 i 的两个邻居被连接的概率, 因此第 i 个邻居与其他邻居之间连接线的期望数是 $C_i(k_i-1)$, 因此节点 i 的邻居之间的增加的连接边数是 $\left(\frac{k_i}{t}\right)(1-\alpha)(C_i(k_i-1)(1-\alpha)+\beta)$;

(3) 不属于节点 i 和它的邻居的节点被复制, 当节点 i 和被复制新节点之间增加一条连线时, 被复制的新节点变成 i 节点的第 k_i+1 个邻居, 可以类似地导出 i 节点的邻居之间增加的连接边数为

$$\sum_{l=1}^{k_i}\sum_{j\in O(i_l)}\left(1-\frac{k_i+1}{t}\right)\frac{k_{O_j(i_l)}}{t}\frac{p_0}{t}m_{j,i_l}(1-\alpha)$$

依据上述分析, 我们可以得到 e_i 的变化率的方程

$$\begin{aligned}\frac{\partial e_i}{\partial t}=&\frac{\beta}{t}k_i(1-\alpha)+\frac{k_i}{t}(1-\alpha)(C_i(k_i-1)(1-\alpha)+\beta)\\&+\sum_{l=1}^{k_i}\sum_{j\in O(i_l)}\left(1-\frac{k_i+1}{t}\right)\frac{k_{O_j(i_l)}}{t}\frac{p_0}{t}m_{i_l,j}(1-\alpha)\end{aligned}\tag{5.10}$$

对大的 t, 注意到 $C_i=\frac{2e_i}{k_i(k_i-1)}$, 式 (5.10) 可以写成

$$\frac{\partial e_i}{\partial k_i}=\frac{\partial e_i}{\partial t}\frac{\partial t}{\partial k_i}=\frac{2(1-\alpha)e_i}{k_i+\eta_1}-\frac{2\beta\eta_1}{k_i+\eta_1}+2\beta\tag{5.11}$$

式中, $\eta=\frac{\beta+p_0}{1-\alpha}$. 在初始条件为 T_{i0} 情况下, 求解式 (5.11), 得到的结果为

$$e_i=\frac{2\beta}{2\alpha-1}k_i+T_{i0}k_i^{2-2\alpha}\left(1+\frac{\eta_1}{k_i}\right)^{2-2\alpha}+\frac{2\beta\eta_1}{2\alpha-1}+\frac{2\beta\eta_1}{2-2\alpha}\tag{5.12}$$

对于大的 k, 式 (5.12) 可以简化为

$$C(k)=\frac{2e}{k(k-1)}\propto k^{-r_c}\tag{5.13}$$

其中, $r_c=\begin{cases}1, & \frac{1}{2}\leqslant\alpha<1,\ \text{且}\ \beta\neq0\\ 2\alpha, & 0<\alpha\leqslant\frac{1}{2},\ \text{或}\ \beta=0\end{cases}$

从聚类系数的表达式, 我们可以发现所生成网络聚类系数 $C(k)$ 的确也表现出随着度 k 的增加呈现幂律衰减形式, 这表示了生成网络具有等级结构. 即网络中度小的节点一般都属于相应的连通分支; 度非常大的节点的邻居节点有可能不直接连

通, 它们分属于不同的生物功能模块. 我们得出的结果表明, 这个幂律指数是与删边概率 α 和二聚概率 β 有关的. 如果按照上面已经得到的关于稀疏性、小世界性和无标度性的要求, 为了产生等级结构, 二聚现象的存在是必要的. 事实上, 二聚在形成网络等级模块中的重要作用在文献 [5] 中已经指出. 当然, 由于我们讨论的是热力学极限情况, 因而平均度的临界删边概率要求不会如此严格, 所以删边概率接近且小于临界删边概率的情况仍可能存在, 因而在式 (5.13) 中把两种情况都考虑了. 我们要指出, 实测生物网络是有功能模块的结构且聚类系数的幂律指数接近于 1, 因而这个指数的理论值与实测值基本是一致的.

最后我们分析生成网络的度关联性, 这是可以通过分析节点度与它的所有邻居平均度之间的关系来刻画的[50], 通常用下面的量进行讨论:

$$k_{nn,i} = \frac{T_{nn,i}}{k_i} \tag{5.14}$$

式中, $T_{nn,i}$ 是 i 节点的所有邻居节点度的总和. 如果节点的度之间不存在关联时, $k_{nn,i}$ 是常数. 当节点的度之间存在关联时, 主要有两种度关联: 如果 $T_{nn,i}$ 随 k_i 增加, 即度大的节点趋向于连接度大的节点, 则定义网络为度正关联 (assortative); 反之, 如 $T_{nn,i}$ 随 k_i 减少, 即度大的节点趋向于连接度小的节点, 则定义网络为度负关联 (disassortative).

这样为了计算生成网络中节点 i 的 $k_{nn,i}$, 我们应当计算节点 i 的所有邻居节点度的总和 $T_{nn,i}$ 的变化率. 经过一步时间, 存在有三种情况使 i 节点的邻居节点度的总和增加.

(1) 节点 i 被复制, 且节点 i 与新生成的节点发生二聚作用, 新生成的节点成为节点 i 的第 k_i+1 个邻居, 这样就使得节点 i 的邻居度的总和增加了 $2\beta k_i(1-\alpha)$;

(2) 节点 i 的一个邻居被复制, 如果新生成的节点与节点 i 之间的连线得到保留, 则新生成的节点成为节点 i 的第 k_i+1 个邻居, 此时节点 i 的邻居度的总和增加了 $(1-\alpha)[C_i(k_i-1)(1-\alpha)+\beta+(k_j-1)(1-\alpha)+\beta]$;

(3) 不属于节点 i 和它的邻居节点被复制了, 新生成的节点和节点 i 之间增加了一条连线, 同样地, 新生成的节点成为节点 i 的第 k_i+1 个邻居, 可以推导出节点 i 的邻居度的总和增加了 $2\gamma \sum_{l=1}^{k_i} \begin{pmatrix} k_i \\ l \end{pmatrix} \gamma^l (1-\gamma)^{k_i-l}$.

根据这些分析, 我们可以得到节点 i 的邻居节点度的总和 $T_{nn,i}$ 的变化率为

$$\begin{aligned}\frac{\mathrm{d}T_{nn,i}}{\mathrm{d}t} =& \frac{2}{t}\beta k_i(1-\alpha) + \frac{1}{t}\sum_{j\in O(i)}(1-\alpha)[C_i(k_i-1)(1-\alpha)+\beta] \\ &+2\left(1-\frac{k_i+1}{t}\right)\gamma \sum_{l=1}^{k_i} \begin{pmatrix} k_i \\ l \end{pmatrix} \gamma^l (1-\gamma)^{k_i-l}\end{aligned}$$

$$\approx \frac{1-\alpha}{t}[k_i(4\beta+\alpha-1)+C_0k_i^{2-r_c}+(1-\alpha)T_{nn.i}] \tag{5.15}$$

根据方程式 (5.9), 对于大的 t, 可以得到

$$\frac{\mathrm{d}T_{nn,i}}{\mathrm{d}k_i}=\frac{\mathrm{d}T_{nn,i}}{\mathrm{d}t}\frac{\mathrm{d}t}{\mathrm{d}k_i}=\frac{k_i(4\beta+\alpha-1)+C_0k_i^{2-r_c}+(1-\alpha)T_{nn.i}}{\eta_1+k_i}. \tag{5.16}$$

求解式 (5.16), 最后得到

$$T_{nn,i}(k_i)=\frac{\zeta_0}{1-\alpha}+\frac{\zeta_1}{\alpha}(k_i+\eta_1)+\frac{C_0}{1+\alpha-r_c}(k_i+\eta_1)^{2-r_c}+T_{i,0}(k_i+\eta_1)^{1-\alpha} \tag{5.17}$$

其中 $\zeta_0=\zeta_1\eta_1, \zeta_1=4\beta+\alpha-1$, $T_{i,0}$ 是某一常数. 因此

$$K_{nn}(k)=\frac{T_{nn}(k)}{k}\approx\frac{\zeta_0}{1-\alpha}k^{-1}+\frac{\zeta_1}{\alpha}+\frac{C_0}{1+\alpha-r_c}k^{1-r_c}+T_0k^{-\alpha} \tag{5.18}$$

注意到 $\dfrac{C_0}{1+\alpha-r_c}k^{1-r_c}$ 这项相当小, 对于大的 k, 可得到反映度关联的节点所连接的邻居节点平均度为

$$K_{nn}(k)\approx \text{constant} \tag{5.19}$$

式 (5.19) 表明, 模型所生成网络的节点的度之间是没有关联的. 事实上实测生物网络的结果是存在度的负关联的, 因而所建模型在这一点上是存在欠缺的, 有关原因的分析将在下面给出.

总之, 我们的模型的解析结果能较好地反映生物网络的稀疏性、小世界性和无标度性, 基本上也能用来描述网络的等级模块结构, 对于网络的度负关联性的刻画存在欠缺. 分析其产生的原因是我们为了得到解析结果, 在建模时进行了如下两条简化：①在现有构建的模型中, 一般都从各种生物数据出发, 提出了不同的偏爱策略, 然后构建网络. 结果发现偏爱策略对模型所生成网络的特征是有影响的[11,20]. 为了避免解析处理的困难, 我们在这里略去了偏爱因素, 采用了纯随机的假设. 在这种假设下, 每一个节点与具有各种度的其他节点连接是等概率的, 因而生成的网络不具有度关联性质是必然的; ②模型中, 把增边和删边发生的情况限于非对称, 认为对称情况不存在. 从现有的文献介绍来看, 两种情况都有可能[5,33], 因而模型是一种简化, 但文献 [5] 中指出, 对称和非对称情况下对生物网络的统计特征基本上不影响. 按照上述分析, 可以认为模型中生成网络的不足之处主要是由缺乏偏爱机制引起的, 为此我们进一步进行了数值研究工作.

从实测的蛋白质相互作用网络的文献介绍[5,14,22,45] 中可得到它们的平均度为 2~7, 度分布的指数为 2~3. 在这里, 我们考虑平均度为 $K_\infty\approx 4$ 和指数为 $\theta=2.5$ 作典型情况. 此时, 由式 (5.8) 知, 当 $\alpha=0.5408$ 时, 理论预测的度分布的指数为 $\theta=2.5$, 故可以固定 $\alpha=0.5408$; 再由式 (5.5), 为得到理论预测的平均度 $K_\infty=4$,

应取 $p_0 = 4\alpha - \beta - 2$, 变化二聚概率 β 从 0.01 到 0.1, 计算得到相应的 p_0, 利用这些数值结果进行模拟. 首先, 计算生成网络的聚类系数, 数值结果发现, 当 $\beta = 0.06$ 时, 平均聚类系数为 $C = 0.0616$, 接近于实测的蛋白质相互作用网络的结果. 然后, 我们取 $\alpha = 0.5408$, $\beta = 0.06$, $p_0 = 0.1032$, 在确保 K_∞、C、γ 三个统计量合理的情况下, 对模型进行了数值模拟, 结果如图 5.23~图 5.25 所示.

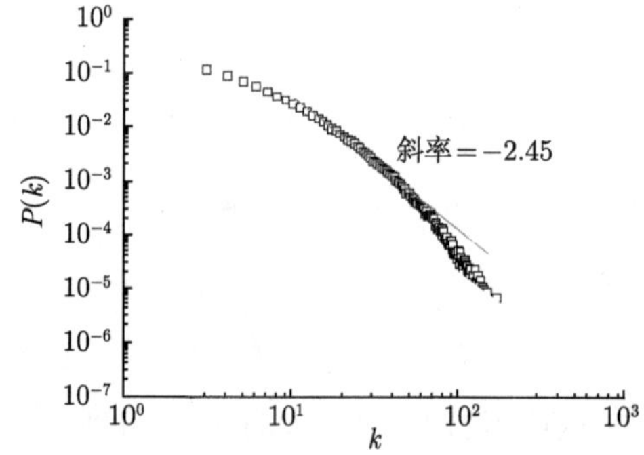

图 5.23　度分布

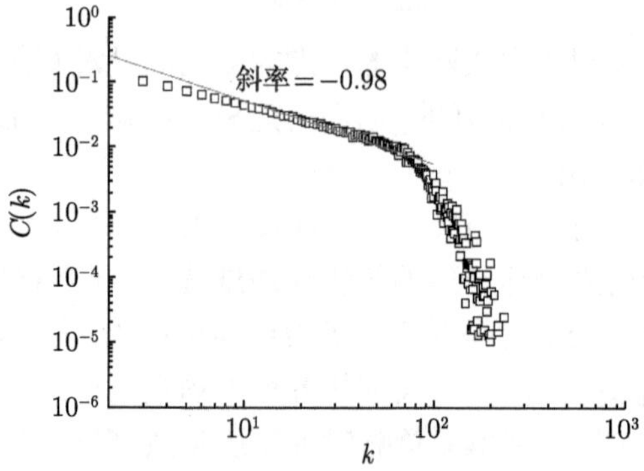

图 5.24　聚类系数的度分布

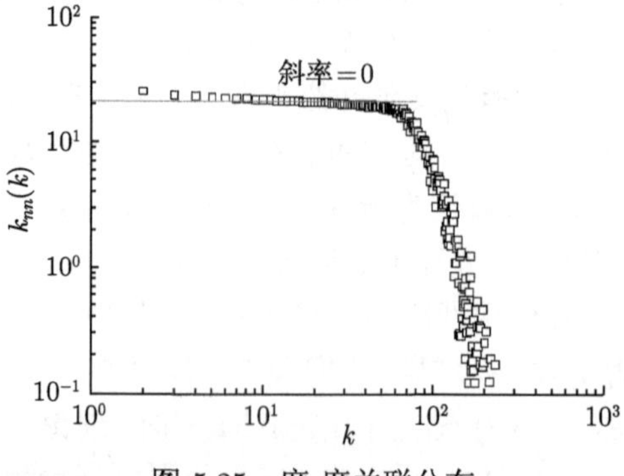

图 5.25　度-度关联分布

结果表明, 我们的解析分析是合理的, 模型基本上能反映出蛋白质网络统计特征. 为了说明节点度的关联性, 我们在上述基础上加上偏爱原则. 在文献介绍中存在各种偏爱策略, 我们认真分析了各种偏爱策略, 从生物背景考虑, 我们认为最主要的是在复制中偏爱度小的节点[51,52]. 所谓复制中偏爱度小节点是指以与节点度成反比的概率来选取复制节点, 即选取复制度为 k_i 节点的概率 $p(k_i) \propto \dfrac{1/k_i}{\sum\limits_{j=1}^{N} 1/k_j}$, 这里是此时网络节点的总数. 为此, 我们定义偏爱概率 p, 在每一时间步, 以 p 概率随机选节点复制, 以 $1-p$ 概率偏爱选取度小的节点. 根据这样的偏爱原则, 我们进行了数值计算, 得到一些有意义的结果.

从数值模拟可以看出, 偏爱机制的引入可以使生成网络的统计特征量发生变化:

(1) 表 5.4 给出了偏爱概率与度分布、聚类系数的度分布以及度–度关联分布关系. 随偏爱程度的增大, 网络的度分布的幂律指数稍微变大, 这是因为偏爱机制有利于生成度小的节点;

(2) 网络的聚类系数的度分布的幂律指数不受偏爱影响, 维持为 1, 表现出很好的等级模块结构;

(3) 网络的度关联分布由原来的无关联变成了负关联, 而且度关联的幂律指数随着偏爱概率的减少而增大, 这时将利于度大的节点与度小的节点之间的连接;

(4) 当概率为 0.5 时, 度关联的幂律指数接近于 0.4, 这与实测的生物网络的数据基本上相吻合. 图 5.26~图 5.28 给出了具有偏爱性的典型数值结果.

综上所述, 我们可以得出下面的结论: 适当的偏爱机制不仅可以保留度分布的无标度性和等级模块结构, 而且有利于形成网络节点度之间的负关联特性, 由此可以推断在生物网络的构建上偏爱是一个不可缺少的机制.

表 5.4 三个幂律指数随偏爱强度的变化

参数	Pro=0.9	Pro=0.8	Pro=0.7	Pro=0.6	Pro=0.5	Pro=0.4	Pro=0.3	Pro=0.2
θ_1	2.7	2.7	2.7	2.7	2.7	2.7	2.7	2.7
θ_2	1.0	1.0	1.0	1.0	1.1	1.1	1.1	1.2
θ_3	0.15	0.20	0.25	0.30	0.35	0.40	0.45	0.50

这里假设 $P(k) \propto k^{-\theta_1}$, $C(k) \propto k^{-\theta_2}$, $K_{nn}(k) \propto k^{-\theta_3}$, 因而 θ_1、θ_2 和 θ_3 分别代表度分布、聚类系数度分布和度–度关联分布的三个幂律指数.

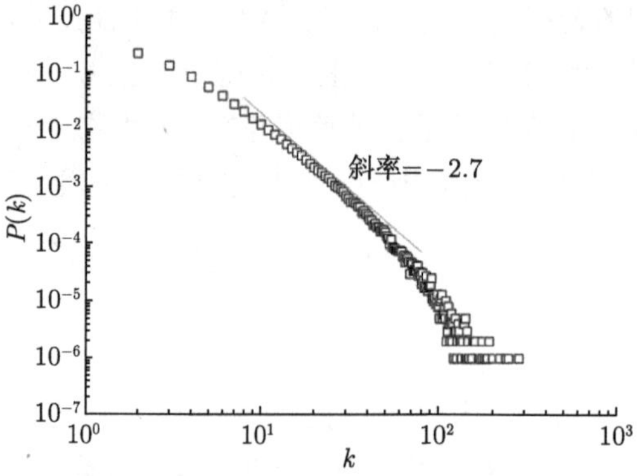

图 5.26　偏爱概率为 0.5 时的度分布

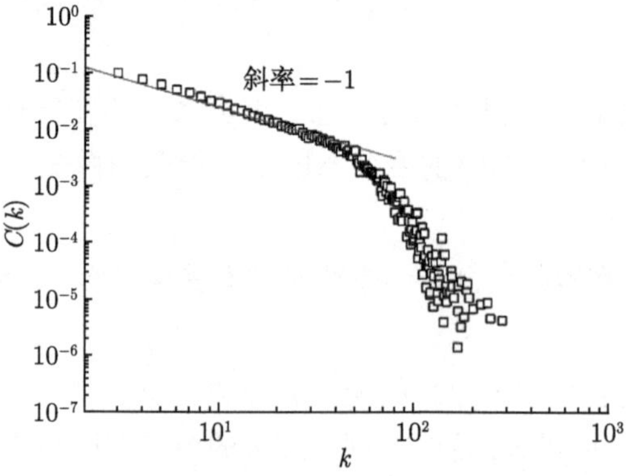

图 5.27　偏爱概率为 0.5 时聚类系数的度分布

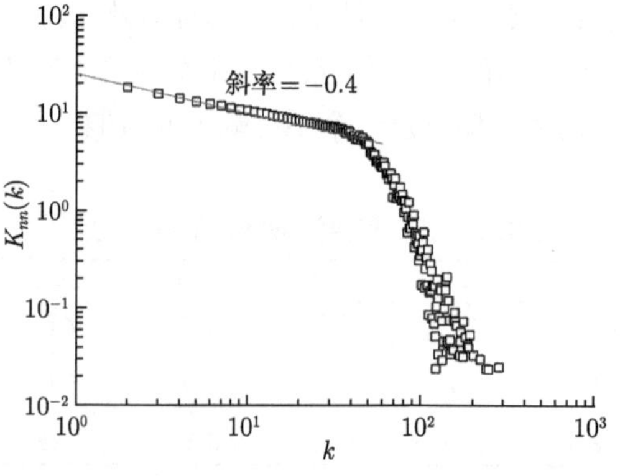

图 5.28　偏爱概率为 0.5 时度–度的关联分布

我们还要考虑对称是否可能影响模型生成. 在参数取为 $\alpha = 0.5408$, $\beta = 0.075$

的条件下, 在同时具有偏爱复制和非对称变异情况下进行数值研究, 得到如下结果, 见表 5.5.

表 5.5 三个幂律指数在非对称条件下随偏爱强度的变化

参数	Pro = 0.9	Pro = 0.8	Pro=0.7	Pro = 0.6	Pro=0.5	Pro = 0.4	Pro=0.3	Pro = 0.2
θ_1	2.5	2.5	2.5	2.5	2.5	2.5	2.5	2.5
θ_2	0.95	0.95	0.95	0.95	0.95	1.0	1.1	1.2
θ_3	0.1	0.15	0.20	0.25	0.30	0.35	0.40	0.45

表 5.5 中, 同样表现在偏爱趋向增大时三个指数都比较接近实测生物网络. 对于 $p = 0.4$ 的数值情况, 如图 5.29~图 5.31 所示.

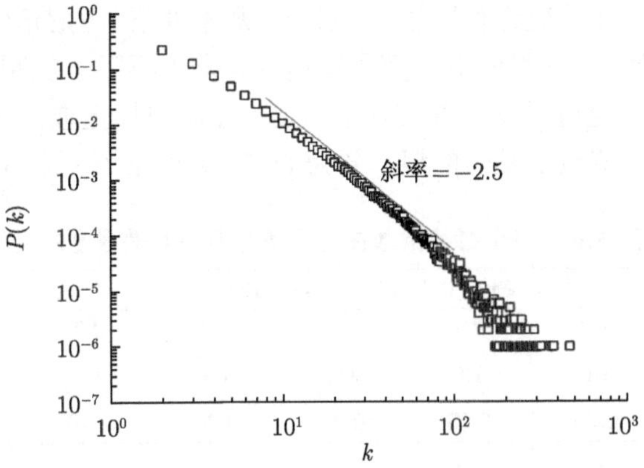

图 5.29 偏爱概率为 0.4 时在非对称条件下的度分布

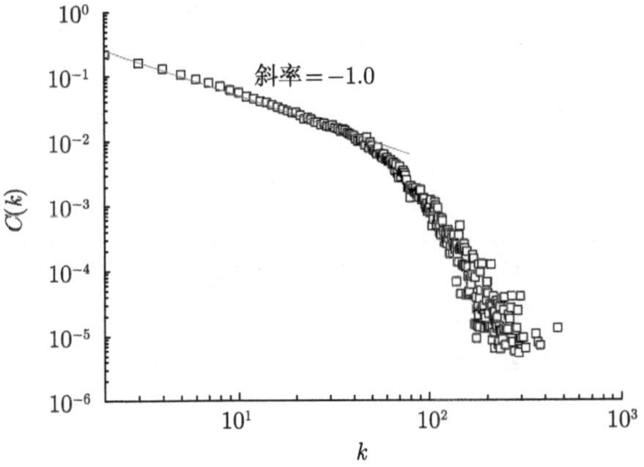

图 5.30 偏爱概率为 0.4 时在非对称条件下的聚类系数的度分布

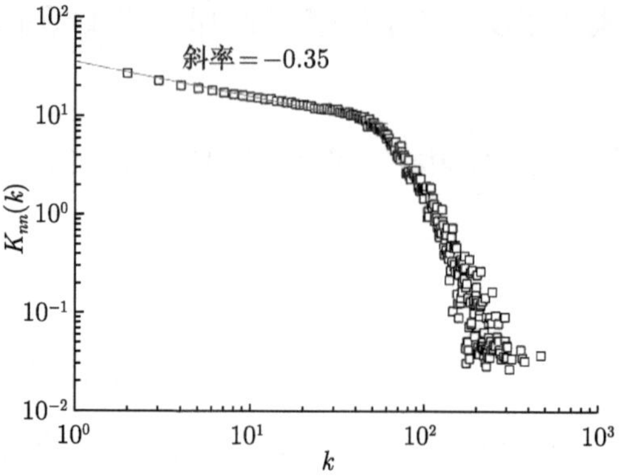

图 5.31　偏爱概率为 0.4 时在非对称条件下的度—度的关联分布

为了与对称变异情况进行比较, 在同一参数条件下, 考虑偏爱复制和对称变异的情况进行数值计算. 这里的对称变异是指变异发生不限于复制节点, 即变异可以在复制节点上发生也可以发生在其他节点上. 在此我们选取的对称情况是删边在复制新节点和其他节点上发生的概率各为 50%. 数值结果见表 5.6.

表 5.6　三个幂律指数在对称条件下随偏爱强度的变化

参数	Pro = 0.9	Pro = 0.8	Pro=0.7	Pro = 0.6	Pro=0.5	Pro = 0.4	Pro=0.3	Pro = 0.2
θ_1	2.7	2.7	2.7	2.7	2.7	2.7	2.7	2.7
θ_2	1.0	1.0	1.0	1.0	1.1	1.1	1.1	1.2
θ_3	0.15	0.20	0.25	0.30	0.35	0.40	0.45	0.50

从表 5.6 可以看出在对称情况下, 生物网络的基本统计特征保持不变, 三个指标的幂律指数稍微变大. 当 $p = 0.4$ 时, 结果如图 5.32～图 5.34 所示.

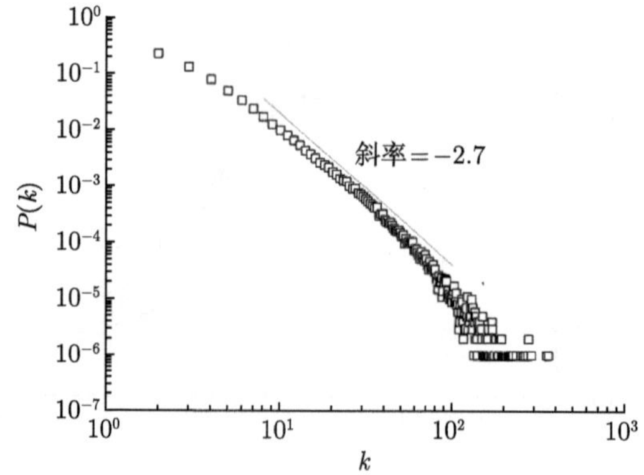

图 5.32　偏爱概率为 0.4 时在对称条件下的度分布

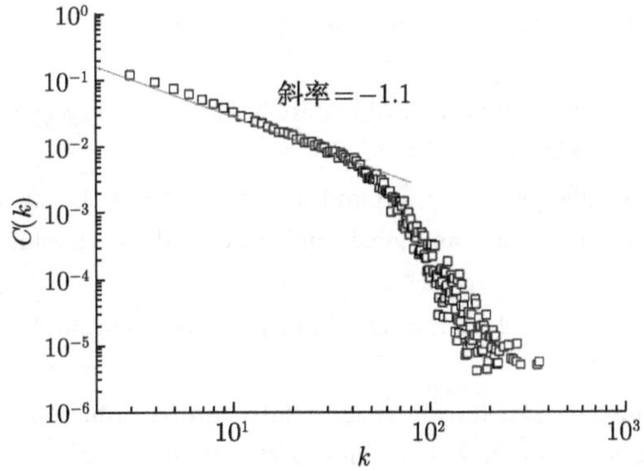

图 5.33 偏爱概率为 0.4 时在对称条件下的聚类系数的度分布

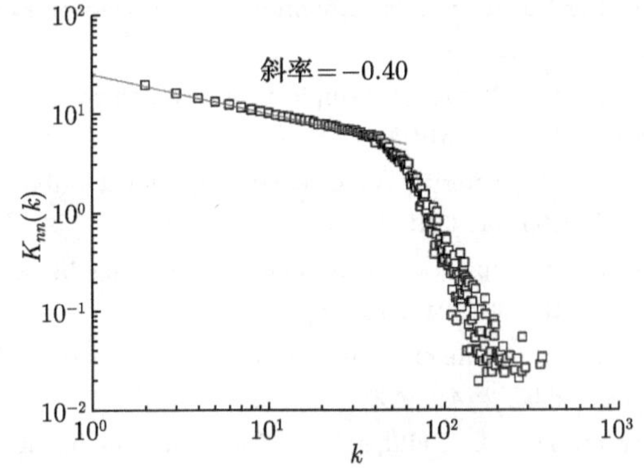

图 5.34 偏爱概率为 0.4 时在对称条件下的度—度的关联分布

从这些结果可以相信, 变异上的对称性对我们设计构建的生物网络的统计结果的影响不大. 这个预言从文献 [5] 的介绍中是可以推测到的.

本节中我们提出了一种生物网络构建方法. 其优点是可以通过解析分析所生成网络的统计特征, 从而加深对这些统计特征产生的生物学机制的理解. 结果表明, 除度—度关联外, 基本上都较好地刻画了生物网络的统计特征. 数值表明, 度—度关联可能来自于生物网络进化中的偏爱原则; 数值计算同时表明, 对称变异对生物网络统计特征不会产生太大的影响. 这些结果对于用生物网络研究生命现象时遇到的建模问题将会提供有益帮助.

参 考 文 献

[1] Chung F, Lu L, Dewey T G, et al. Duplication models for biological net-works. Journal of Computational Biology, 2003, 10: 67–687

[2] Louzoun Y, Muchnik L, Solomon S. Copying nodes versus editing links: the source of the

difference between genetic regulatory networks and the WWW. Bioinformatics, 2006, 22: 581–588

[3] Chung F, Lu L. Coupling online and offine analyses for random power law graphs, Internet Mathematics, 2004, 1: 409–461

[4] Berg J, Lassig M, Wagner A. Structure and evolution of protein interaction networks: a statistical model for link dynamics and gene duplications. BMC Evolutionary Biology, 2004, 4: 51

[5] Ispolatov I, Krapivsky P L, Mazo I, et al. Cliques and duplication-divergence network growth. New J Phys, 2005, 7: 145

[6] Vazquez A, Flammini A, Maritan A, et al. Global protein function prediction from protein-protein interaction networks. Nat Biotechnol, 2003, 21: 697–700

[7] Sole R V, Pastor-Satorras R, Smith E, et al. A model of large-scale proteome evolution. Adv in Complex Systems, 2002, 5: 43–54

[8] Wagner A. How the global stureucture of protein interaction networks evolve. Proc R Soc Lond B Biol Sci, 2003, 270: 457–466

[9] Ispolatov I, Krapivsky P L, Yuryev A. Duplication-divergence model of protein interaction network. Phys Rev E, 2005, 71: 061911

[10] Romano S A, Eguia M C. Characterization of degree frequency distribution in protein interaction networks. Phys Rev E, 2005, 71: 031901

[11] Zhao D, Liu Z R, Wang J Z. Dupication: a mechanism producing disassortative mixing networks in biology. Chin Phys Lett, 2007, 24: 2766–2768

[12] de Silva E, Stumpf M P H. Complex networks and simple models in biology. Journal of the Royal Society Interface, 2005, 2: 419–430

[13] Proulx S R, Promislow D E L, Phillips P C. Network thinking in ecology and evolution. TRENDS in Ecology and Evolution, 2005, 20: 345–352

[14] Jeong H, Mason S, Barabasi A L, et al. Lethality and centrality of protein networks. Nature, 2001, 411: 41–42

[15] Promislow D E L. Protein networks, pleiotropy and the evolution of senescence. Proc R Soc Lond B Biol Sci, 2004, 271: 1225–1234

[16] Fraser H B, Hirsh A E, Steinmetz L M, et al. Evolutionary rate in the protein interaction network. Science, 2002, 296: 750–752

[17] Krylov D M, Wolf Y I, Rogozin I B, et al. Gene loss, protein sequence divergence, gene dispensability, expression level, and interactivity are correlated in eukaryotic evolution. Genome Res, 2003, 13: 2229–2235

[18] Klemm K, Egúiluz V M. Growing scale-free networks with small-world behavior. Physical Review E, 2002, 65: 057102

[19] Shi D, Liu L, Zhu S X, et al. Degree distribution of evolving networks. Euro Phys Lett, 2006, 10: 1209

[20] Xu C S, Liu Z R, Wang R Q. How divergence mechanisms influence disassortative mixing property in biology. Physica A, 2010, 389: 643–650

[21] Farid N, Christensen K. Evoving networks through delection and duplication. New Journal of Physics, 2006, 8: 212

[22] Wagner A. The yeast protein interaction network evolves rapidly and contains few redundant duplicate genes. Mol Biol Evol, 2001, 18: 1283–1292

[23] Hughes A L. The evolution of functionally novel proteins after gene duplication. Proc Bilo Soc, 1994, 256: 119–124

[24] Lynch M, Conery J S. The evolutionary fate and consequences of duplicate genes. Science, 2000, 290: 1151–1155

[25] Prince V E, Pickett F B. The diverging fates of duplicated genes. Nature Rev Genet, 2003, 3: 827–837

[26] Wagner A. How the global structure of protein interaction networks evolve. Proc R Soc Lond B: Biol Sci, 2003, 270: 457–466

[27] Li W H. Unbiased estimation of the rates of synonymous and nonsynonymous substitution. J Mol Evol, 1993, 36: 96–99

[28] Beltrao P, Serrano L. Specificity and evolvability in eukaryotic protein interaction networks. PLoS Comput Biol, 2007, 3: 258–267

[29] Kent W J, Baertsch R, Hinrichs A, et al. Evolution's cauldron: duplication, deletion and rearrangement in the mouse and human genomes. PNAS, 2003, 100: 11484–11489

[30] Gerdes S Y, Scholle M D, Campbell J W. Experimental determination and system-level analysis of essential genes in Escherichia coli MG1655. Journal of Bacteriology, 2003, 185: 5673–5684

[31] Vazquez A, Flammini A, Martian A, et al. Global protein function prediction from protein-protein interaction networks. Nat Biotechnol, 2003, 21: 697–700

[32] 刘中扬, 李栋, 朱云平等. 蛋白质相互作用网络进化分析研究进展. 生物化学和生物物理进展, 2009, 36(1): 13–24

[33] Vazquez A, Flammini A, Maritan A, et al. Modeling of protein interaction networks. ComPlexUs1, 2002, 1: 38–44

[34] Bhan A, Galas D J, Dewey T G. A duplication growth model of gene expression networks. Bioinformatics, 2002, 18: 1486–1493

[35] Zhang Z, Luo Z W, Kishino H, et al. Divergence pattern of duplication genes in protein-protein interactions follows the power law. Molecular Biology and Evolution, 2004, 22: 501–505

[36] Uetz P, Giot L, Cagney G, et al. A comprehensive analysis of protein-protein interactions in Saccharomyces cerevisiae. Nature, 2000, 403: 623–627

[37] Ito T, Chiba T, Ozawa R, et al. A comprehesive two-hybrid analysis to explore the yeast protein ineraction. Pro Natl Acad Sci USA, 2001, 98: 4569–4574

[38] Guldener U, Munsterkotter M, Hattori M, et al. Mpact: The MIPS protein interaction resource on yeast. Nucleic Acids Res, 2006, 34: 436–441

[39] Li S, Armstrong C M, Bertin N, et al. A map of the interaction network of the metazoan *C. elegans*. Science, 2004, 303: 540–543

[40] Giot L, Bader J S, Brouwer C, et al. A protein map of drosophila melanogaster. Science, 2003, 302: 1727–1736

[41] Ravasz E, Barabási A L. Hierarchical organization in complex networks. Phys Rev E, 2003, 67: 026112

[42] Williams R J, Martinez N D, Berlow E L, et al. Hierarchical organization of modularity in metabolic networks. Science, 2002, 297: 1551–1555

[43] Yook S H, Oltvai Z N, Barabasi A L. Functional and topological characterization of protein interaction networks. Proteomics, 2004, 4: 929–942
[44] Maslov S, Sneppen K. Specficity and Stability in topology of protein netoworks. Science, 2002, 296: 910–913
[45] Hase T, Niimura Y, Kaminuma T, et al. Non-uniform survival rate of heterodimerization links in the evolution of the yeast protein-protein interaction network. PLos ONE, 2008, 3: e1667
[46] Kim J, Krapivsky P L, Kahng B, et al. Infinite-order percolation and giant fluctuations in a protein interaction network. Phys Rev E, 2002, 66: 055101(R)
[47] Pastor-Satorras R, Smith E, Solé R V. Evolving protein interaction networks through gene duplication. J Theor Biol, 2003, 222: 199–210
[48] Bebek G, Berenbrink P, Cooper C, et al. The degree distribution of the generalized duplication model. Theor Comput Sci, 2006, 369: 234–249
[49] Barabási A L, Oltvai Z N. Network biology: Understanding the cell's functionl organization. Nat Rev Genet, 2004, 5: 101–113
[50] Pastor-Satorras R, Vázquez A, Vespignani A. Dynamical and correlation properties of the internet. Phys Rev Lett, 2001, 87: 258701
[51] Kellis M, Patterson N, Endrizzi M, et al. Sequencing and comparison of yeast species to identify genes and regulatory elements. Nature, 2003, 423: 241–254
[52] Prachumwat A, Li W H. Protein function, connectivity, and duplicability in yeast. Mol Biol Evol, 2006, 23: 30–69

第 6 章　基于生物分子网络的知识发现

虽然各种生物分子网络千差万别, 但是现有研究表明生物网络具有很强的模块化性质. 这种模块化的特性使得生物网络具有更强的鲁棒性和自适应性. 例如, 人体某个器官功能的丧失并不影响其他器官的功能. 同时, 生物网络的模块化特性使得生物网络可被用来进行基因的功能预测、疾病相关基因的识别和药物设计等[1]. 另外, 生物网络分析可以更好地帮助理解疾病的产生过程、宿主与致病菌的相互作用和药物的作用机制等, 使得人们可以更好地改善人体健康状况. 因此, 针对生物网络的知识挖掘, 可以加深人们对生命过程的认识.

在本章中, 我们将介绍三种常见的生物网络知识挖掘, 包括网络模体识别、网络分层结构和基于生物分子网络的药物设计.

6.1　网 络 模 体

网络模体 (motif)最早是 2002 年由以色列科学家 Alon 等[2] 提出的, 是指在网络中出现频率远高于随机期望的模式 (或子网络). 各种复杂网络, 包括生化网络、进化网络和工程网络等, 都被发现包含有网络模体[3]. 在基因调控网络和蛋白质相互作用网络中, 网络模体都以很高的频率出现. 因此, Alon 定义网络模体为网络的基本构造单元. 为此, 很多科学家都开始对生物网络中的各种网络模体展开研究, 如网络模体的识别、网络模体功能的定义和网络模体的动力学建模等. 其中, 在转录调控网络中, 网络模体研究最为广泛.

6.1.1　转录调控网络中的网络模体

在转录调控网络中, 基因的转录是由专门的调控蛋白 (像转录因子) 控制的. 一个转录因子可能只转录一个基因, 但是很多情况下, 多个转录因子会协同转录一个基因. 为此, 转录调控网络被认为可能具有模块化结构, 并得到证实. 目前, 被广泛接受的一种模体是前馈模体 [feed-forward motif, 图 6.1(a)]. 在前馈模体中, 有两个转录因子 (A 和 B) 和一个被调控基因 (C), 其中转录因子 A 还调控转录因子 B. 由于在前馈模体中, 每条边 (调控关系)具有两种可能的状态 (激活或者抑制), 因此整个前馈模体具有 $8(2^3)$ 种可能的网络结构. Alon 等对这 8 种网络结构的模体进行了理论分析, 发现这 8 种网络结构可以大致分为两种模体结构：一致前馈 (coherent feed–forward)模体 (表 6.1) 和不一致前馈 (incoherent feed–forward) 模体 (表 6.2). 在一致前馈模体中, 直接调控通路 (A→C) 的符号和间接调控通路 (A→B→C) 的符号是一致的; 相反, 在不一致模体中, 直接调控通路的符号与间接调控通路的符号是相反的. 在前馈模体中, 基因 C 的表达是由转录因子 A 和 B 决定的. 由图 6.1(a) 我们可以看到, 转录因子 A 和 B 对基因 C 的调控可能有两种形式 (A and B 或者 A or B). 通过对具有 AND 和 OR 逻辑的 8 种网络结构的前馈模体的建模, Alon 等发现不一致前馈模体是加速被调控基因表达的一种全新机制. 在接受刺激后, 不一致前馈模体会加速目标基因在某一方向的表达时间; 相反, 一致前馈模体会延迟目标基因对刺激的响应. 另外, 进一步分析发现, AND 逻辑的前馈模体和 OR 逻辑的前馈模体在功能上基本是一样的.

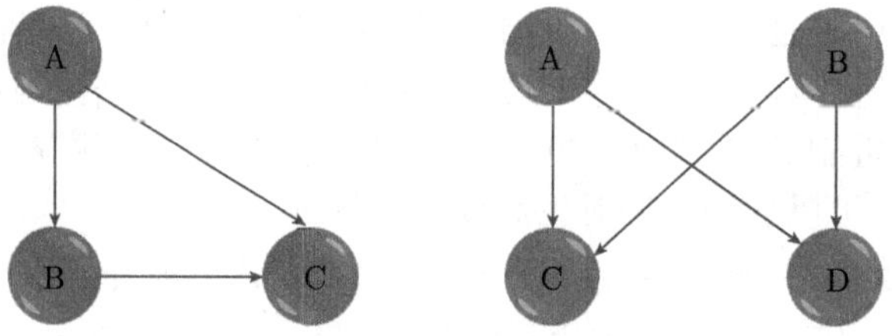

(a)　　　　(b)

图 6.1　网络模体[4]

(a) 前馈网络模体; (b) bi-fan 网络模体

表 6.1　一致前馈模体的结构以及在大肠杆菌 (*E.coli*) 和酿酒酵母 (*S.cerevisiae*) 转录调控网络中出现的次数[5]

物种	一致类型1		一致类型2		一致类型3		一致类型4	
	结构	丰度	结构	丰度	结构	丰度	结构	丰度
大肠杆菌	x $\downarrow$ Y $\downarrow$ z	28	x $\perp$ Y $\downarrow$ z	2	Y $\downarrow$ Y $\perp$ z	4	x $\perp$ Y $\perp$ z	1
酿酒酵母		26		5		0		0
z Logic3	AND	OR	AND	OR	AND	OR	AND	OR
稳态 $z(S_x,S_y)$	$S_x \wedge S_y$	S_x	$S_x \wedge S_y$	S_x	S_x	$S_x \wedge S_y$	S_x	$S_x \vee S_y$
响应延迟								
S_x on step	Delay	—	—	Delay	—	—	Delay	Delay
S_x off step	—	Delay	Delay	—	Delay	Delay	—	—
Inverted out	No	No	Yes	Yes	Yes	Yes	No	No

尽管前馈网络在生物网络中出现的频率非常高, 其他类型的模体出现的频率可能会更高. 对大肠杆菌和酿酒酵母的基因调控网络, 以及哺乳动物的神经信号网络分析后发现, bi–fan 网络模体 [图 6.1(b)] 是最为重要的模体. bi–fan 模体的出现很有可能是由于进化过程中基因复制和变异所产生的大量同型体 (isoform) 所导致的. 研究发现, bi–fan 模体和其他模体, 像反馈模体和前馈模体, 可以去除信号中的噪声. 对大的信号网络的分析表明, 在细胞表面, 负反馈环比正反馈环更重要. 同时, 研究发现, 在生命的进化过程中, 正反馈被更多地选择, 这是因为负反馈会导致动

态不稳定性[6]. 此外, 研究还发现, 负反馈可以减少噪声的传播, 但是会导致对信号敏感度的减少. 而正反馈被发现可以减少噪声的传播, 并会同时保持对输入信号的敏感度. 分析表明, 正反馈对噪声的减少主要是由于时间上快速振动 (fluctuation) 的处理. 因此, 在未来生物网络的设计中, 正反馈网络结构可以被用来提高信号敏感度并减少噪声的传播.

表 6.2 不一致前馈模体的结构以及在大肠杆菌 (*E.coli*) 和酿酒酵母(*S.cerevisiae*)转录调控网络中出现的次数[5]

物种	不一致类型1		不一致类型2		不一致类型3		不一致类型4	
	结构	丰度	结构	丰度	结构	丰度	结构	丰度
大肠杆菌	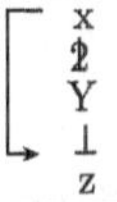	5	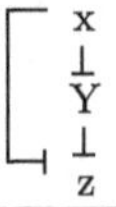	0	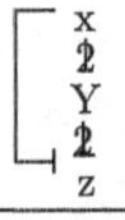	1	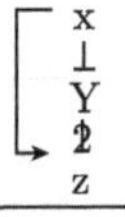	1
酿酒酵母		21		3		1		0
z Logic 3	AND		AND		AND		AND	
稳态								
$z(S_x,S_y)$	$S_x \wedge S_y$		$S_x \wedge S_y$		0		0	
脉冲								
S_x on step	Weak		—		—		Strong	
S_x off step	—		Weak		Strong		—	
S_y effect	Destroy		Destroy		Enable		Enable	
响应加速								
S_x on step	Accelerate		—		—		Accelerate	
S_x off step	—		Accelerate		Accelerate		—	

生物网络具有模块化, 而模块化可以增强生物网络的鲁棒性. 但是, 并不是所有的生物模块都可以增强生物的鲁棒性或者自适应性(adaption). 在生物中, 自适应性是指一个系统在对刺激进行响应后, 该系统能返回原始状态的能力 [图 6.2(a)]. 最近, Ma 等利用计算方法识别了具有自适应能力的网络模体. 相比于 Alon 等在 2003 年对三节点 8 种可能网络结构的分析, Ma 等对三节点网络模体进行了更深入的分析. 在一个调控网络中, 每条边可能具有三种可能的状态, 即正调控、负调控或无调控. 因此, 一个三节点的网络模体可能具有 19 683(3^9) 种可能的网络结构. 在对三节点网络的所有结构进行建模分析后发现, 两种主要的网络结构具有自适应性: 具有一个缓冲 (buffering)节点的负反馈环和具有比例控制节点的不一致前馈环. 在动态模型中, 在适当的参数区间内, 具有这两种模体的最小网络可以具有自适应性. 而所有其他能实现自适应性的复杂网络中, 网络的核心部分至少包含这两种网络模体中的一种. 自适应网络模体的主要功能特色在于不管输入信号是什么形式的, 该网络能够保持其输出是一个近似恒定的值. 如果 A 是三节点网络模体中的输入节点, B 是中间调控节点, C 是输出节点, 网络模体的自适应性主要是由节点 B 来实现的, 并且自适应性不是通过对参数的微调来实现的, 而主要是由通过对控制节点 B 的调控来实现的. 这种分析网络模体自适应性的方法也可以应用于其他生物网络的功能分析. 目前, 随着高通量数据的大量积累, 越来越多的生物网络开始出现. 类似于自适应性分析, 分析生物网络拓扑和其他功能的对应关系, 可以帮助理解生

物网络的功能. 同时, 目前很多已知功能的生物网络其工作机制还不明确或者其网络还不完整. 通过网络拓扑和功能对应关系的分析, 可以识别网络结构的重要信息或者网络中的重要元素. 另外, 生物网络分析的最终目的是能够控制生物网络使得其能够按照人的意愿工作, 或者提高网络的性能. 例如, 通过对生物网络的部分干扰或者特定部分的修改, 可以使得复杂疾病 (像癌症) 状态下的网络转变为正常状态下的网络. 这样, 可以帮助设计更好的医疗设施或药品来对抗复杂疾病. 在最近流行的合成生物学中, 这种网络拓扑与功能的对应关系也可以帮助设计更为合理的合成基因网络.

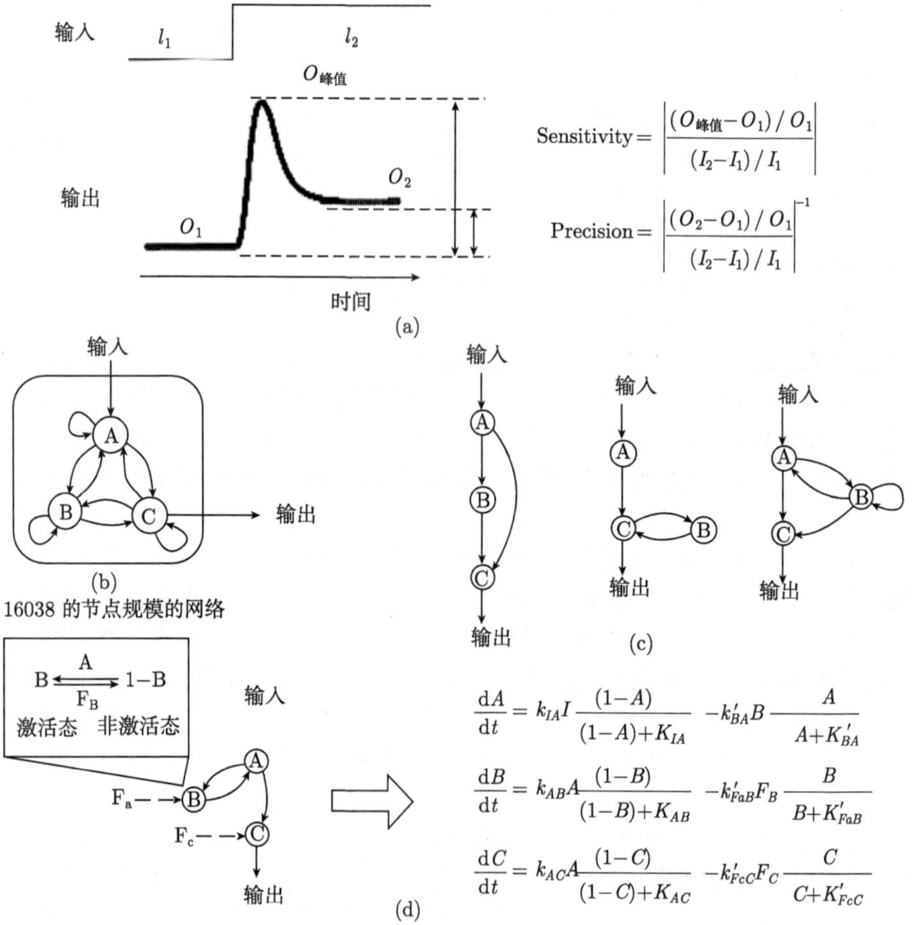

图 6.2　识别自适应网络模体[7]

(a) 根据输入和输出对自适应性的定义; (b) 三节点网络模体可能具有的网络结构; (c) 三节点网络模体的网络结构例子; (d) 对给定拓扑结构网络模体的分析过程

6.1.2 转录后调控网络中的网络模体

在转录调控网络中，调控因子是转录因子，被调控对象为基因，因此转录调控网络描述的是调控因子调节基因表达的过程. 近几年，随着表观遗传学的发展，研究人员发现，有一类称作小 RNA(micro RNA) 的特殊非编码 RNA 在基因转录后会对基因的表达值起着微调的作用. 小 RNA 是一种长为 21~23 个核苷酸的 RNA 分子，这种 RNA 是由 DNA 转录产生的，但是不能进一步翻译生成蛋白质，因此称作非编码 RNA. 小 RNA 在真核生物中是非常保守的，被认为是遗传调控中重要的进化保守元素. 在人的基因组中，大概有 1000 个小 RNA，而这些小 RNA 调控着大概 60% 的基因 (大约 12000 个)，其中每个小 RNA 可能会调控几百个基因.

历史上的第一个小 RNA 是在 20 世纪 90 年代初被发现的，但是直到 2000 年小 RNA 才被发现是一类进化保守的调控因子. 后续的研究发现，小 RNA 主要起负调控作用，包括 mRNA 的降解和翻译的抑制. 由于小 RNA 影响着转录调控，因此小 RNA 在很多生物过程中都起着重要作用. 另外，研究发现，小 RNA 在细胞分化和组织特异性中都起着很重要的作用. 最近的研究表明，许多疾病都与小 RNA 的不正常表达有关. 为此，越来越多的研究开始关注小 RNA 的功能及其调控作用.

大多数小 RNA 位于基因之间的区域，并可能具有自己的启动子区域和调控单元，会进行独立的转录. 有些小 RNA 位于蛋白质编码或非编码基因的内含子区域，而有些可能位于外含子区域. 因此，这些小 RNA 有可能会与包含它的宿主基因共同转录. 小 RNA 基因首先由 RNA 聚合酶 (RNA polymerase II) 转录生成. 生成的转录物会被剪切生成初级转录产物 (pri–miRNA)，该产物具有发卡结构. pri–miRNA 会包含几百甚至几千个核苷酸，经过核糖核酸酶 III Drosha 剪切后会生成大约 70 个核苷酸的前体小 RNA(pre–miRNA). 具有发卡结构的 pre–miRNA 经过 Dicer 酶 (RNase III enzyme Dicer) 进一步加工后，被转运出细胞核成为成熟的单链小 RNA. 由于小 RNA 是由 RNA 聚合酶转录的，因此它可能会与蛋白质编码基因一样具有同样的调控机制，受到转录因子的调控. 在转录调控网络中，前馈模体大量出现，而反馈模体却出现得很少. 反馈模体出现较少的一个可能解释是反馈模体是由转录和转录后调控共同作用产生的. 最近的实验研究在几种不同的生物中都发现了包含转录因子和小 RNA 的反馈模体. 因此，小 RNA 的加入，可能会使得包含反馈调控模体的数量增加.

目前，关于转录因子和基因之间的相互作用，以及小 RNA 和基因之间的相互作用有很多研究. 但是，基因组范围内的小 RNA 调控网络研究还很少. 小 RNA 作为一种调控因子，可以调控基因的表达，影响蛋白的翻译过程，而小 RNA 本身的表达又受到调控蛋白的控制. 因此，在转录过程中，转录因子和小 RNA 协同操作，以保证整个转录程序的精确性. 为了研究小 RNA 和转录因子对基因的共同调控, Walhout 等以线虫 (*C.elegans*) 为研究对象, 建立了其全基因组内的小 RNA 调控网络. 在该网络中, 网络节点包含三种分子：小 RNA、转录因子和被调控基因. Walhout 等利用酵母单杂交技术检测了线虫基因组范围内转录因子调控小 RNA 的转录调控网络. 然后利用生物信息学方法, 他们预测了小 RNA 和转录因子之间的相互作用. 将两种转录调控网络组装后, 发现有 23 种包含小 RNA 和转录因子的反馈模体. 对转录因子调控小 RNA 的调控网络分析后, 发现转录因子的出度 (从该点指向其他点的边的数目) 服从幂律 (power-law) 分布 [图 6.3(b)], 而小 RNA 的入度 (从其他点指向该点的边的数目) 服从指数分布 [图 6.3(c)].

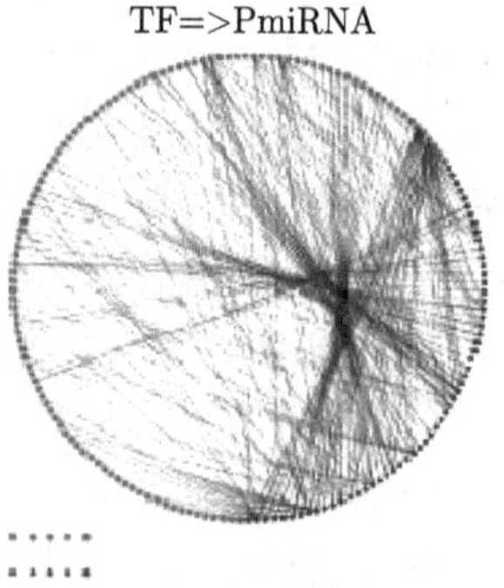

(a)

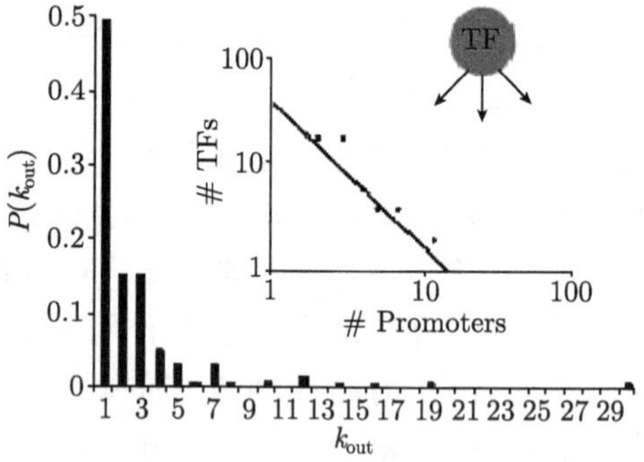

(b)

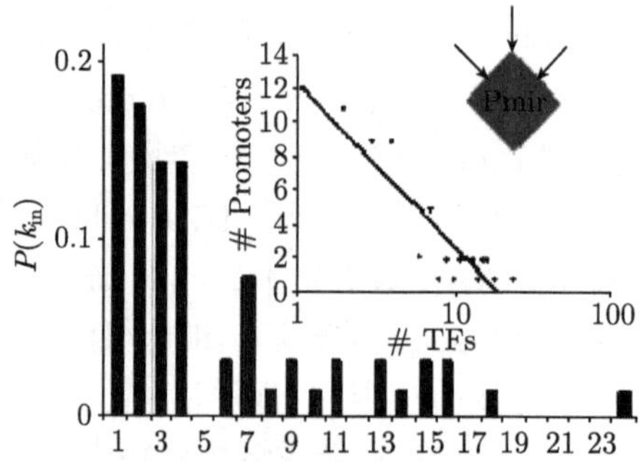

(c)

图 6.3　转录因子调控小 RNA 的调控网络[8]

(a) 转录因子调控小 RNA 的转录调控网络; (b) 转录因子的出度服从幂律分布;

(c) 小 RNS 的入度服从指数分布

将所有的小 RNA 与转录因子的相互作用以网络表示后, 经分析后发现, 小 RNA 的出度和转录因子的入度都符合指数分布 [图 6.4(c) 和 (d)]. 这与目前发现的大多数生物网络服从幂率分布是不相符的. 在服从幂率分布的生物网络 (如蛋白质相互作用网络) 中, 有少数蛋白质与很多其他蛋白质相连接, 被称作 hub 节点, 而其他大多数蛋白质只与少数蛋白质相连接. hub 节点基因一般来说是生物系统必需的基本分子. 小 RNA 与转录因子的调控网络服从指数分布说明该网络中不存在明显的小 RNA hub 节点. 另外, 现有研究表明, 很多小 RNA 的缺失并不影响细胞的发育. 小 RNA 的出度分布服从指数分布以及实验研究说明, 小 RNA 在生物系统中的作用很有可能只对基因表达起微调的作用, 而不是起决定性作用. 在将转录

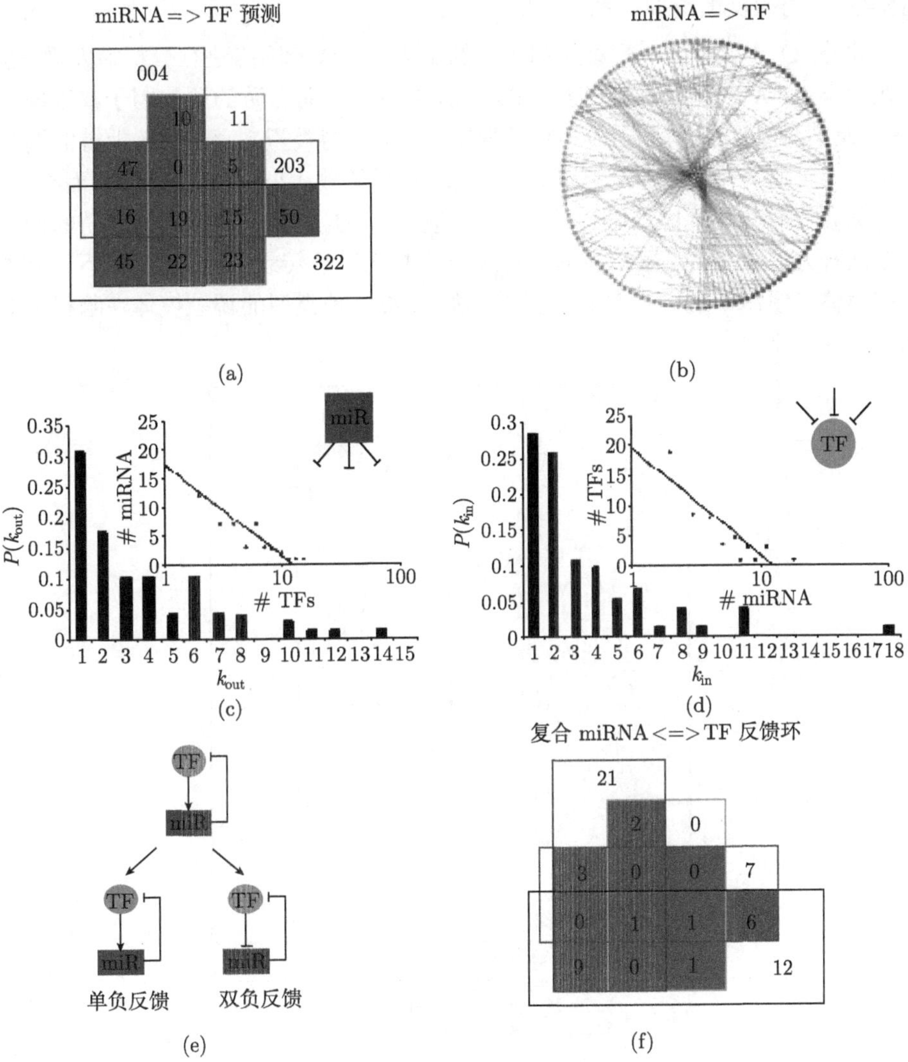

图 6.4 RNA 调控转录因子的调控网络[8]

(a) 韦恩图显示了 miRA ⇒ TF 过程 TF 的数目; (b) miRNA ⇒ TF 转录调控网络; (c) 小 RNA 出度服从指数分布; (d) 转录因子 TF 入度服从指数分布; (e) 两种类型的反馈环; (f) 韦恩图显示了复合 miRNA ⇒ TF 过程反馈环数目

因子调控小 RNA 的转录调控网络 (图 6.3) 和小 RNA 调控转录因子的调控网络组装成一个网络后发现, 有一种特殊的调控模体 [一型模体, 如图 6.4(e) 所示], 其中转录因子和小 RNA 相互调控. 在组装后的调控网络中, 发现了 23 种一型的模体, 包含 14 个小 RNA 和 16 个转录因子. 另外, Walhout 等利用实验证实了 mir–43 和 LIN–26 之间的反馈调控关系.

此外, Oudenaarden 等对人和小鼠的小 RNA 调控网络进行分析后发现, 有两种包含小 RNA 的调控模体 (图 6.5). 一种类型是共同上游的调控因子或过程对小 RNA 及其靶基因施以不同的转录调控 (图 6.5 中的类型二). 例如, 上游的调控因子可能会抑制一个小 RNA 靶基因的转录, 同时又激活小 RNA 的转录, 而小 RNA 反之又会抑制其靶基因的翻译. 另一种类型是小 RNA 和其靶基因被上游的调控因子以同种方式调控, 如被共同抑制转录或者共同激活转录. 研究发现, 不同类型的调控模体在组织中的分布是有差异的. 例如, 第一种类型的调控模体在脑相关的组织中特别富集.

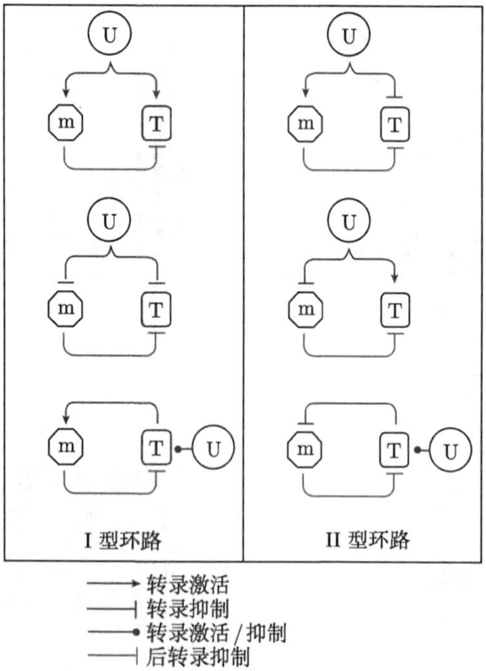

图 6.5 两类包含小 RNA 的模体[9]

(U 是上游的调控因子或者过程, 用来调控小 RNA(m) 及其靶基因 (T) 的转录率)

最近, Caselle 等对人类的转录和转录后调控网络进行了分析, 发现前馈型调控模体 (图 6.6) 非常富集[10]. 通过生物信息学分析后, 他们发现了 638 类包含小 RNA

的调控模体. 在这些调控模体中, 转录因子调控着小 RNA 和靶基因的表达, 而小 RNA 也同时调控与转录因子共同靶基因的表达. 这 638 个调控模体涉及了 2625 个靶基因、101 个转录因子和 133 个小 RNA, 其中小 RNA 和转录因子的共同靶基因数目从 1~38 个, 并且 74% 的模体包含超过 10 个的蛋白质编码基因. Caselle 等所分析的前馈模体实际上是 Oudenaarden 等所分析的两种前馈模体类型的扩展. 值得说明的是, 在转录和转录后调控过程中, 确实存在包含小 RNA 的调控模体. 但是, 目前这种类型的调控模体所具有的生物功能还不是很清楚, 有待于进一步的研究.

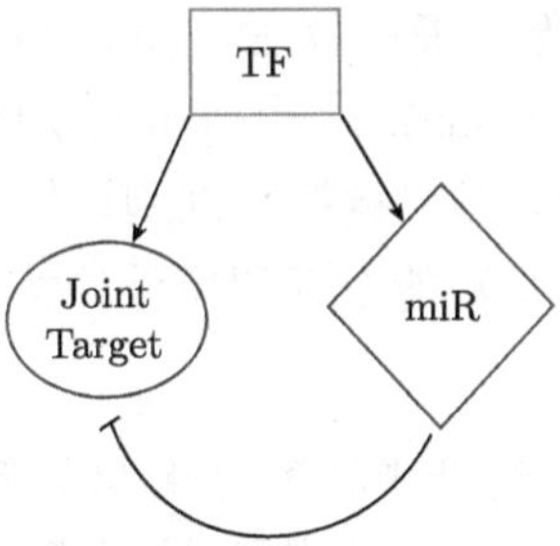

图 6.6 包含小 RNA 的前馈调控模体[10]

(其中, TF 是转录因子, 调控着小 RNA 和靶基因的表达; miR 是小 RNA, 调控着其靶基因的表达; Joint Target 是小 RNA 和转录因子共同的蛋白质编码靶基因; → 表示转录抑制或者激活, 而 ⊣ 表示转录抑制)

6.1.3 蛋白质相互作用网络中的模体和模块

上面对网络模体的分析都是针对转录或者转录后调控网络进行的. 生物中的一个有趣现象是直系同源(orthologous) 蛋白质可以在物种的进化过程中保留生物功能. 因此, 这些直系同源蛋白质所组成的模体可以很好地揭示这些蛋白质在特定生物功能中的作用和重要性[3]. 为了揭示蛋白质的进化率和它所在的模体之间的关系, Barabási 等对酿酒酵母的蛋白质相互作用网络进行了分析, 分别识别了其中的两节点、三节点和四节点所组成的模体. Barabási 等认为如果由于进化压力来维持特定模体的话, 模体中的组成蛋白应该是进化保守的并且在其他物种中具有直系同源性. 为此, 他们研究了678 个蛋白质, 这 678 个蛋白质在五个其他物种中都分别具有一个直系同源蛋白. 这五个物种是拟南芥 (*Arabidopsis thaliana*)、线虫 (*Caenorhabditis elegans*)、果蝇 (*Drosophila melanogaster*)、小鼠 (*Mus musculus*) 和人 (*Homo sapiens*). 分析结果发现, 不同的模体中的蛋白质具有不同的保守率. 只有不到 5% 的三节点组成的线性模体其组成蛋白质在五个物种中是完全保守的, 而 47% 的五节点组成的完全连通的模体在五个物种中是完全保守的 (表 6.3). 这些结果说明直系同源蛋白在酵母蛋白质相互作用网路中不是随机分布的, 而是保守模体的基本组成使得这些模体是进化保守的. 研究还发现, 大的模体更倾向于进化保守, 这些模体中的蛋白质在其他物种中都具有直系同源蛋白. 也就是说, 对于一个模体, 其包含的节点和连接越多, 其组成蛋白质就越保守.

另外, 为研究模体中组成蛋白的功能对其进化保守的影响, Barabási 等将模体和生物功能通过模体的组成蛋白连接起来. 分析发现, 大的模体具有很明显的功能一致性. 例如, 95% 的全连通的五节点模体, 其所有的组成蛋白至少共享一个生物功能. 相反, 只有 10% 的两节点模体是功能一致的. 对应酵母的不同生物功能, Barabási 等在人的基因组中找到了完全进化保守的模体的类型和数目 (表 6.4). 对于一些特殊的生物功能, 像亚细胞位置 (subcellular localization)、蛋白质命运 (protein fate) 和转录 (transcription), 11 个所研究模体中的每一个都是非常保守的. 相反, 其他一些生物功能, 像转运、调控和细胞运输, 只有一个或者两个保守的模体. 这些结果说明, 不同的生物功能不仅和模体的特定拓扑特征有关, 而且还和这些模体的不同进化率有关.

表 6.3　模体组成蛋白的进化保守(表中的第三列给出了模体在酵母蛋白质相互作用中的个数; 第四列给出了在五个物种完全保守的模体所占原先第三列给出模体个数的比例; 第五列给出了随机分布的直系同源蛋白质中所找到的模体占第三列给出模体个数的比例; 最后一列给出的是第四列和第五列之比, 如果该值越高说明该模体越是高度保守的)[11]

序号	模体	酵母模体数目	自然保守率/%	随机保守率/%	保守率
1		9266	13.67	4.36	2.94
2		167304	4.99	0.81	6.15
3		3846	20.51	1.01	20.28
4	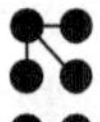	3649591	0.73	0.12	5.87
5		1763891	2.64	0.18	14.67
6		9646	6.71	0.17	40.44
7	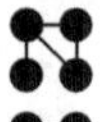	164075	7.67	0.17	45.56
8	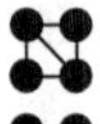	12423	18.68	0.12	157.89
9	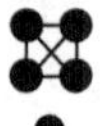	2339	32.53	0.08	422.78
10		25749	14.77	0.05	279.71
11		1433	47.24	0.02	2256.67

网络中的模体还有助于识别生物网络中的重要功能模块, 像蛋白质复合物 (protein complex). 分析发现, 全连接的模体很有可能是属于某个蛋白质复合物的. 在

小的蛋白质复合物中, 蛋白质相互之间是有相互作用的, 因此在蛋白质相互作用网络中就是相互连通的模体. 但是, 在大的蛋白质复合物中, 并不是所有蛋白质之间都是有直接物理相互作用的. 在这种情况下, 网络模体就有可能只体现了整个蛋白质复合物中的局部相互作用. 在生物中, 某种功能可能不是只赋予一个分子 (包括蛋白质、基因和代谢物) 的, 而有可能是由于不同的单个分子的相互作用所形成的模块导致的. 因此, 蛋白质相互作用网络中所识别的保守模体, 其作用就像蛋白质序列中的结构域或者保守氨基酸影响着生物功能.

表 6.4 酵母各种功能类蛋白中的人的直系同源 (orthologous) 模体[11]

功能类别	超额代表模体					
运输促进	(10)					
亚细胞位置	(21)	(21)	(26)	(15)	(27)	(23)
	(29)	(20)	(63)	(45)		
调控	(10)					
蛋白质命运	(14)	(16)	(13)	(33)	(27)	(20)
	(26)	(24)	(16)	(60)	(41)	
细胞周期	(11)	(14)	(13)	(11)	(14)	
细胞运输	(11)	(12)				
转录	(12)	(16)	(17)	(13)	(16)	(19)
	(17)	(15)	(14)	(21)	(23)	
蛋白质合成	(12)	(11)	(17)	(11)	(24)	

6.2 生物网络中的分层结构

已有的研究发现, 生物网络与社会网络具有很多相似之处. 例如, 很多生物网络和社会网络都具有无标度 (scale-free) 网络的性质, 大多数节点都具有很少的连接, 而很少的节点是与其他节点密集连接的. 在现实的社会网络中, 很多都具有分层的结构 (hierarchical structure), 像政府网络和公司网络. 在网络的分级结构中, 上层具有一些核心的控制节点. 整个分级网络的形状一般类似于金字塔结构.

为了考察生物网络是否也具有分级结构的特性, Gerstein 等对酵母和大肠杆菌的基因调控网络进行了分析. 在分级结构的网络中, 一般是不具有环形结构的. 但是, 在现实的社会网络和生物网络中, 环形结构确实是存在的. 因此, Gerstein 等只是将网络按照金字塔的形状来组织, 并允许环形结构的出现. 为此, 分级网络最底层的转录因子首先被找到. 那些不调控任何其他转录因子的转录因子被置放在网络的最底层. 同时, 只调控自身的转录因子 (自调控) 也被置放在最底层. 由最底层的转录因子开始, 利用广度优先搜索算法进行查找, 就可以建立一个分级的网络. 在构造分级网络的过程中, 非底层转录因子所处的层数实际上是其到最底层转录因子的最短路径的距离. 在构造分级网络的过程中, 只有相互调控的转录因子被考虑. 也就是说, 分级调控网络中只包含了转录因子, 虽然这些转录因子也会直接调控其他基因, 但是这些都不会影响分级调控网络的结构.

图 6.7 显示的是酵母和大肠杆菌所生成的分级基因调控网络. 可以看到, 两个截然不同的物种都具有相似的四层金字塔形状的分级调控网络, 并且顶层的转录因子数目总是少于其底层的转录因子数目. 这种分级结构与政府的分级结构是非常相似的. 对酵母和大肠杆菌的分级网络进行分析后发现, 第二层的转录因子调控大多数的基因, 而顶层和底层的转录因子只调控少数的基因. 为了验证该结论的统计显著性, 调控网络中 20% 的调控作用被添加、删除或者重组, 结果显示仍然能得到该结论, 这说明基因调控网络确实存在分级结构的形式. 另外, 分层结构显示, 调控信息是由顶层传递到底层的, 其中的任何一条调控通路都代表上游转录因子对下游转录因子的调控作用. 因此, 中间层任何一个转录因子的功能丧失都会使得调控过程发生错误. 在复杂网络中, 介数 (betweenness) 是一个非常重要的指标, 用来衡量网络中某个节点的重要性. 在一般的复杂网络中, 节点的介数指的是经过该节点的最短路径的个数. 在分级调控网络中, 利用类似的概念, 经过每个节点的调控通路的个数可以反映该节点控制了多少个调控过程, 从而反映该节点在生物系统中的重要性. 因此, 分级网络中具有最高介数的节点类似于社会交通系统中的交通枢纽. 显而易见, 分级调控网络中处于中间层的转录因子具有最高的介数, 因为它们连接着顶层转录因子与底层转录因子之间调控信息的传输. 此外, 为了研究分级网络

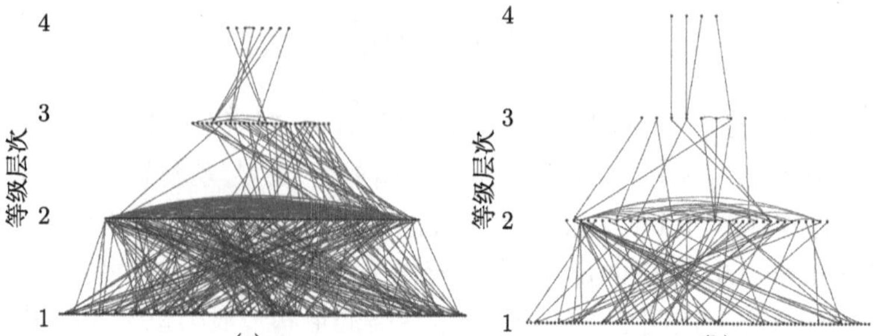

(a) (b)

图 6.7 分级基因调控网络[12]

(a) 酵母的分级基因调控网络; (b) 大肠杆菌的分级基因调控网络

结构是不是偶然得到的一种结构, 原先的基因调控网络被打乱生成新的随机网络, 结果发现随机网络中并不存在这种分级结构, 这说明了分级基因调控网络的统计显著性.

在对酵母和大肠杆菌的分级基因调控网络分别研究后发现, 分级网络中存在两种不同类型的调控过程. 第一种类型是条件反射过程类型. 该类型在酵母和大肠杆菌中分别出现了 52 次和 30 次, 这种类型的转录因子不调控任何其他转录因子也不被任何其他转录因子所调控. 因此, 这种类型的转录因子只在收到特定的刺激信号后, 才会启动其靶基因的转录过程. 一个很好的例子是大肠杆菌中的 trp 操纵子的调控, trp 操纵子编码合成色氨酸 (Tryptophan) 的基因. TrpR 是一个抑制子, 不被任何其他转录因子调控, 当色氨酸绑定后会被激活, 抑制 trp 操纵子的表达. 第二种类型是思考 (cogitation) 型过程. 在两个物种的调控网络中, 大多数转录因子都会调控其他转录因子同时又受其他转录因子的调控. 因此, 顶层的转录因子是所有下游转录因子的调控者. 在调控信号由上至下的传输过程中, 决策信号会被放大和执行. 思考过程具有两个优点：①它可以作为信号放大器来快速增加反应的幅度, 像糖代谢中的 cAMP 级联过程；②它可以作为噪声过滤器, 将连续输入信号转换为开关型的输出.

对分级调控网络进行分析后, 另一个结论是细胞内基因表达的调控是一个从顶层的转录因子开始一直进行到底层的多步响应过程. 因此, 处于顶层的转录因子很有可能用来接收信号, 从而调控下游的转录. 由于信号的转导一般是通过蛋白质相互作用来进行的, 因此顶层的转录因子应该具有更多的蛋白质相互作用, 以接收信号. 对分级网络中不同层中的转录因子进行分析后发现, 顶层的转录因子明显具有比其他层转录因子更多的蛋白质相互作用.

复杂网络中的另一个重要拓扑指标紧密度 (closeness) 指的是网络中一个节点与其他节点连接的紧密程度, 定义为该节点到所有其他节点的距离之和的倒数. 对分级调控网络不同层的转录因子在蛋白质相互作用网络中的分布进行分析后发现, 顶层的转录因子在蛋白质相互作用网络中具有更大的紧密度. 该结论说明, 顶层的转录因子确实利用蛋白质相互作用来接受信号. 同时, 对于不同层中的转录因子相互作用的蛋白质的功能进行分析后发现, 顶层的转录因子的相互作用蛋白其功能更富集于三种功能：细胞组成、代谢、细胞防御和修复.

对分级基因调控网络不同层中的转录因子进行敲除后发现, 顶层的转录因子会影响更多的基因. 将分级网络中的转录因子同源到人的基因后发现, 处于高层的转录因子其在人中的同源基因更倾向于与疾病相关. 但是, 一个有趣的现象是, 尽管顶层的转录因子具有更大的影响力, 但是底层的转录因子却更倾向于是基本 (essential) 基因. 一种可能的解释是顶层的转录因子通过不同的通路来影响和调控基因的表达. 但是, 顶层转录因子的缺失虽然会在通路调控的精确性上有所影响, 但是并不会影响这些通路的功能. 相反, 底层的转录因子控制着特定调控通路, 因此这些转录因子的缺失会导致调控通路不能工作, 从而引起细胞死亡.

在 2010 年, Gerstein 等对各种类型的调控网络 (包括转录调控网络、蛋白质修饰和蛋白质磷酸化网络) 作了进一步分析, 发现这些调控网络大体上可以分为两种类型：中央集权制和民主制. 在中央集权制类型中存在着明显的分级结构以及命令的分层传递现象, 极少数顶层的调控因子影响着其靶基因的表达 [图 6.8(a)]. 在民主制类型中则不存在这种明显的分级结构, 并且在调控因子之间存在更多的共调控关系, 很多基因会共同调控其他基因的表达 [图 6.8(b)]. 尽管中央集权制结构将调控网络组织为一个层次分明的分级结构网络, 但是这种结构缺乏共同调控. 相反, 民主制结构没有明显的分级结构, 但是具有更好的共同管理的特性. 中央集权制和民主制都是极端的现象, 细胞中所存在的真实网络有可能是两者的折中, 是一种既有分级结构又高度共调控的网络 [图 6.8(c)]. 在中央集权制类型的网络中, 所有顶层调控因子的调控信息要到达底层必须经过特定中间层节点. 因此, 中间层的调控因子具有很多直接的调控或被调控关系, 是整个网络中信息流动的枢纽. 相反, 在相对民主的网络中, 从顶层节点到底层节点有很多可能的路径, 这样信息流动的压力会被这些路径共同承担, 从而避免了信息枢纽的压力. 例如, 在图 6.8(a) 中,

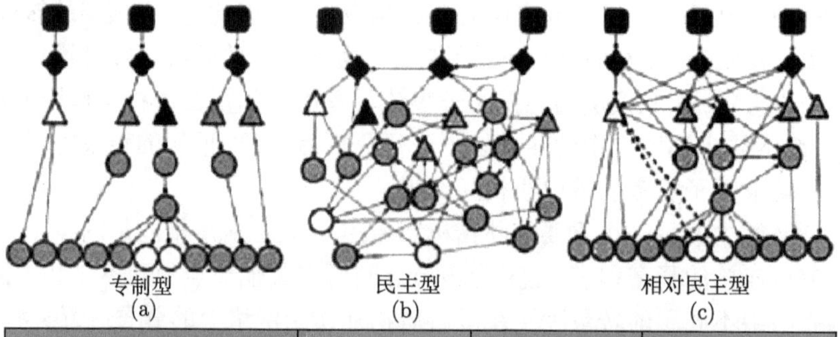

	专制型	民主型	相对民主型
Betweenness(△)	1.03	3.6	3.3
Betweenness(▲)	4.1	1.08	3.4
Var.Betw.(triangles)	2.1	0.58	1.74
Var.Betw.(all)	2.9	1.4	1.9
$D_{\text{Nel-collab}}$	0	0.91	0.71

(d)

图 6.8　多种类型的调控网络分级结构[13]

(a) 专制型结构; (b) 民主型结构; (c) 相对民方型结构; (d) 三种类型比较

增加图 6.8(c) 中两条虚线表示的调控关系 (由白三角到白色的圆圈) 后, 中间层黑三角的介数由 4.1 减小为 3.4, 而空白三角的介数由 1.03 增加为 3.3. 由此看到, 网络中间层节点的介数分布呈均匀分布, 而不像图 6.8(a) 中那样介数分布存在很大差异.

此外, Gerstein 等对进化上差异较大的六个物种的基因调控网络分别构建了共调控网络. 这六个物种分别是：结核分枝杆菌 (*M.tuberculosis*)、大肠杆菌、酿酒酵母、大鼠 (rat)、小鼠 (mouse) 和人. 共调控网络构建如下：如果两个调控因子 (对应基因调控网络或磷酸化网络, 调控因子分别指的是转录因子或者激酶) 共享至少一个靶基因, 则在两个调控因子之间放置一条边. 另外, 如果一条边并不比随机出现的显著, 则去掉这条边. 在得到共调控网络后, 该网络被重新组织为分级结构的网络. 分级结构网络顶层的节点对应的是只有出度没有入度的调控因子, 也就是说, 该类基因只会调控其他基因而不会被其他基因调控, 这些节点被称为高层管理者；中间层的节点是那些既调控其他基因又会被其他基因调控的基因, 所以所有的环都出现在中间层中, 这些节点被称为中间管理者；底层的节点是由那些只被其他基因调控而不调控任何其他基因的基因组成, 这些节点被称为底层管理者. 这样所得到的分级结构往往不是金字塔形状.

对上面得到的分级网络中每层基因的功能进行分析后发现, 每层基因的功能是不一样的. 高层管理者中的基因一般具有对外界刺激或者压力响应的功能, 这与 2006 年所得到的分级网络中顶层管理者的功能是一致的, 也就是说, 顶层管理者一般会接收外界刺激, 从而启动下游的调控过程. 而中间管理层中的大多数基因涉及信号转导或者细胞代谢, 而这些过程一般又会涉及交互对话 (cross talk) 和相互调控, 这与中间层调控基因之间的相互调控是一致的. 底层管理者中的大多数基因的功能是氨基酸和碳水化合物的分解代谢, 这些功能一般是独立进行的. 另外, 对不同层中的转录因子的进化率分析后发现, 顶层调控因子一般具有最慢的进化率, 而处于最底层中的转录因子一般具有最快的进化率.

利用共调控网络, 根据合作的共同调控因子数目, 所有的调控因子可以被分为两类：合作型和自治型. 自治型调控因子指的是其调控的靶基因中只有极少数目的基因同时被其他调控因子调控. 因此, 自治型调控因子一般独自调控它大多数的靶基因, 代表一种自治的结构. 相反, 合作型调控因子指的是其大多数靶基因同时被其他调控因子调控, 代表着一种民主的结构. 要区分合作型调控因子和自治型调控因子, 我们只需统计该调控因子的靶基因中有多少至少被一个其他调控因子调控即可. 在对这两种不同的调控因子的功能进行分析后发现, 合作型调控因子的功能一般富集在感觉传导和各种信号通路中, 而这些功能需要该调控因子在系统中与其他调控因子相互作用；自治型调控因子的功能富集在单独的生物过程中, 像降解和磷酸化. 对不同物种的共调控网络分析后, 发现高等生物中调控因子之间更倾向于相互合作.

分析表明, 社会网络和生物调控网络在共调控网络上有一些不同之处：首先, 在公司网络中, 具有更少的合作型共同管理的情况, 这是由于公司的管理中不同部门或者地区具有高度的自治权, 其相互之间没有干涉；其次, 在社会网络中, 具有较少的上层对下层的间接调控, 这种间接调控一般会跨越两层甚至更多层, 而这种调控在生物网络中较为常见；在细胞调控网络中, 调控因子只会激活或者抑制其靶基因, 而在社会网络中, 管理者可能会具有双重角色.

6.3 基于生物网络的知识挖掘

上面所描述的各种生物网络的结构, 可以为我们了解生物系统的作用机制提供宝贵的信息. 生命科学研究的最终目的是要揭示生命的奥秘, 帮助人类攻克疾病, 提高生活质量. 经过多年的努力, 人们已经掌握了一些与疾病有关的基因, 但是人们对很多复杂疾病 (像糖尿病、癌症等) 还是束手无策. 同时, 制药公司的研发投入都在逐年增加, 但是上市的新药品的数目每年却增加不大. 这说明人们对复杂疾病的产生机理还不清楚. 特别是, 在疾病的作用中, 不同基因之间具有千丝万缕的联系, 而且不同疾病之间又具有相关性. 所有这些都为疾病基因的识别和新药的开发造成了一定困难. 近几年兴起的网络生物学为研究疾病之间的关系和药物靶蛋白之间的相互作用提供了新的研究方式, 并被证明是一种有效的研究方法. 下面将就几种利用网络来研究疾病和药物的方法进行介绍.

6.3.1 人类疾病网络

Barabasi 等于 2007 年在美国科学院院报上面发表了一篇文章, 描述了利用人类疾病网络来了解疾病以及疾病相关基因之间的关系. 与以往工作不同, 人类疾病网络考察了人类遗传疾病和其相应基因在细胞或者物种层面上是否有相互关联. 因为, 很多疾病的产生不是由于单个基因的突变所引起的, 而是由于多个基因的突变造成的. 例如, 脑肝肾综合征 (zellweger syndrome) 的产生是由于至少 11 个基因中的任何一个突变造成的. 另外, 有些基因上的不同突变会导致不同的疾病, 像 TP53 基因与 11 种不同的癌症相关疾病有关. 从上面的生物网络分析可以看到, 生物网络中不同基因之间具有各种各样的相互作用. 因此, 综合考虑细胞中基因之间的功能关系来研究疾病的作用机理, 相比起单个基因 — 单种疾病的研究更符合生物实际, 具有更好的效果.

Barabasi 等首先构建了一个由两组不同节点组成的二分图 (图 6.9), 图中一组节点对应所有要研究的遗传疾病, 而另一组对应人类基因组中所有已知与疾病相关的基因. 如果某个基因已经被证实是与某种疾病相关的话, 这两者之间就会被放置一条边, 以表示该基因是与要研究的疾病相关的. 这里用到的已知疾病和基因之间的关联来自一个称作 OMIM(online mende- lian inheritance in man) 的公共数据库, 该数据库是目前整理最为完整的疾病和基因关系数据库. 这里所用到的 OMIM 版本包含有 1284 种疾病和 1 777 个疾病相关基因. 这些疾病根据所影响的生理系统可以归类到 22 类中.

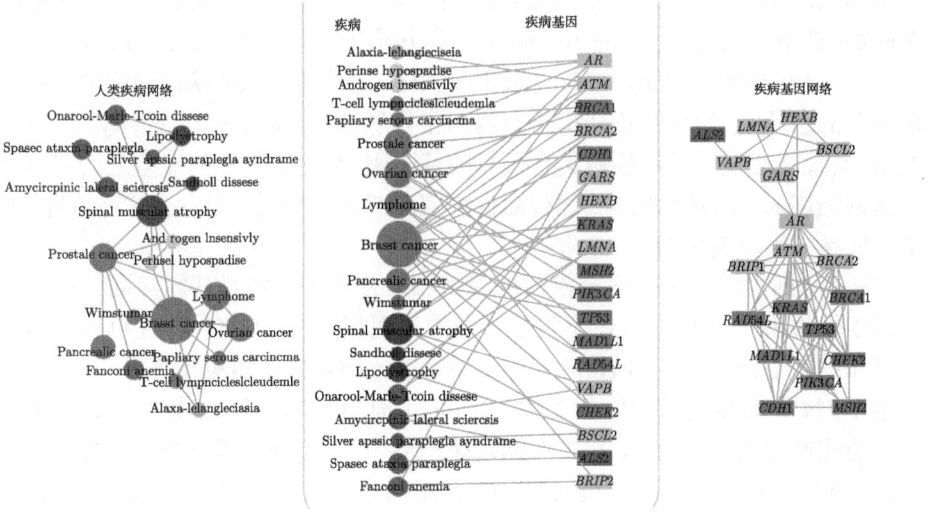

图 6.9 人类疾病网络[14]

由疾病二分图开始, 可以生成两个相关的网络: 人类疾病网络和疾病基因网络. 在人类疾病网络中, 每个节点代表一种疾病, 如果两种疾病共享至少一个基因的话, 这两种疾病之间就会放置一条边, 表示这两种疾病之间是有关联的. 因此, 人类疾病网络关注的是疾病之间的关联. 在疾病基因网络中, 每个节点表示的是一个基因, 如果两个基因都与同一种疾病相关的话, 就会在这两个基因之间放置一条边, 表示这两个基因是有功能关系的, 都会引起同一种表型的变化.

在人类疾病网络中, 1284 种疾病中的 867 种疾病中, 每种疾病至少与一种其他类型的疾病是有连接的. 也就是说, 人类疾病中的很多疾病相互之间是有关联的. 另外, 516 种疾病形成了一个大的连通的网络 [图 6.10(a)], 说明大多数疾病与其他疾病在遗传上是有共同之处的. 如果同时考虑与疾病相关的基因的话, 我们会发现大多数疾病只与很少的基因是有关联的, 而有些疾病却与很多基因是有关联的. 例如, 白血病 (leukemia) 与 37 个基因相关, 而直肠癌 (colon cancer) 与 34 个基因相关. 分析疾病网络中每个节点的度分布后发现, 大多数疾病只与一小部分其他疾病是相关的, 而少数的疾病是与大量其他疾病有关联的, 像直肠癌与 50 种其他疾病相关, 而乳腺癌与 30 种其他疾病相关, 这些疾病在疾病网络中是 hub 节点. 在疾病网络中, 癌症与很多其他疾病相关, 可能是由于癌症中的很多亚型之间都是与肿瘤抑制基因 (像 TP53 或 PTEN) 相关的, 因此具有紧密的关系.

一个非常有趣的现象是, 上面的人类疾病网络没有利用任何已知的疾病之间的关系信息, 但是得到的网络中, 相关类型的疾病却自然而然地归类到相同的疾病类型中. 例如, 各种各样的癌症亚型产生是与相同的疾病基因 (像 TP53、KRAS、ERBB2 和 NF1 等) 相关的, 因此在网络中是紧密联系在一块的. 一些癌症的前期病症, 像范可尼贫血 (Fanconi anemia) 和共济失调毛细血管扩张 (ataxia telangiectasia), 在疾病网络中也与癌症是紧密相关的. 这也说明人类疾病网络的构建是非常合理的. 另外, 如果对各种疾病的基因座异质性 (locus heterogeneity) 进行分析的话, 会发现癌症和神经疾病具有很高的基因座异质性, 因此其亚型之间在网络中是紧密相连的. 而其他疾病 (如代谢性疾病和骨骼疾病等) 则没有这种特性, 其亚型之间是有很少连接的.

在疾病基因网络中, 两个疾病基因被相连是由于这两个基因与同一种疾病相关. 因此, 疾病基因网络描述了基因之间的表型相关性, 而这种特性可以和蛋白质相互作用网络、转录调控网络和代谢网络等来预测新的遗传相互作用. 在疾病基因网络中, 1777 个疾病基因中的 1377 个是与其他基因相连的, 903 个基因会形成一个大的连通网络 [图 6.10(b)]. 在疾病基因网络中, 大多数基因只与少数的疾病是有关的, 而几个疾病基因 (像 TP53 和 PAX6) 却与多达 10 种疾病有关, 因此在疾病基因网络中是 hub 节点.

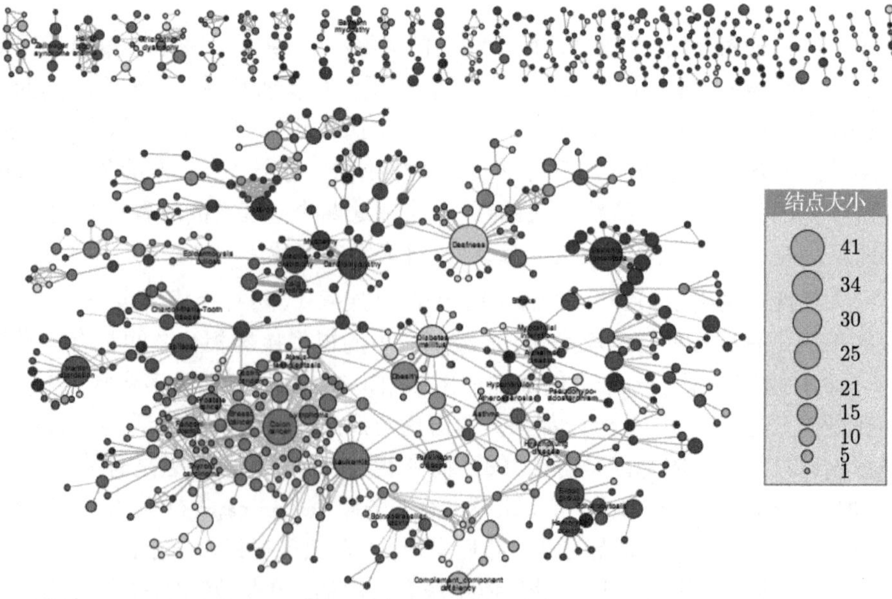

(a)

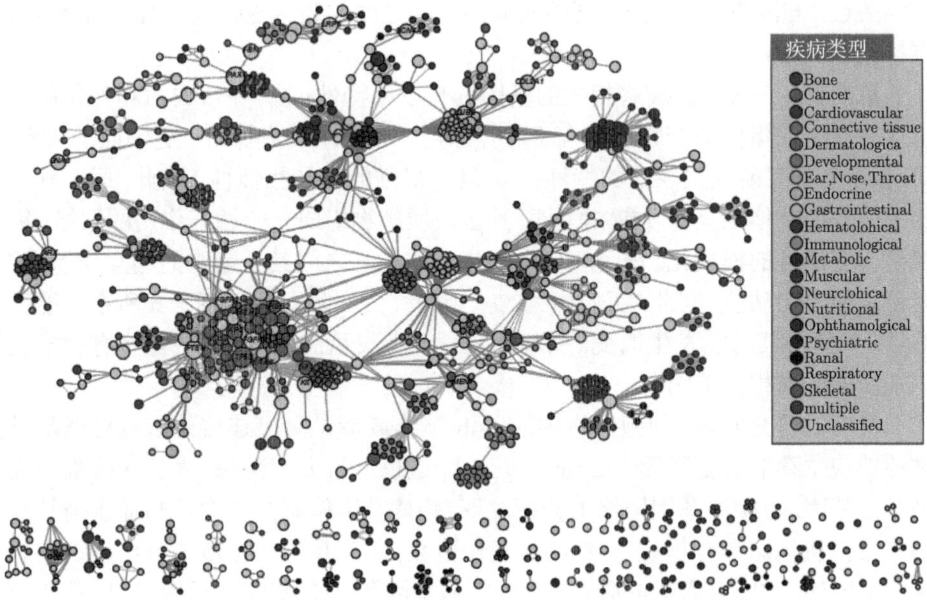

(b)

图 6.10 人类疾病网络和疾病基因网络[14]

(a) 人类疾病网络; (b) 疾病基因网络

目前, 已有的研究发现, 引起同种疾病的一些不同基因是有功能关系的, 这些基因的蛋白质产物是有可能参与同一个细胞途径、分子复合物或者功能模块的. 例如, 范可尼贫血是由一组基因的突变引起的, 而这一组基因对应的蛋白质是与 DNA 修复相关的, 这些蛋白质中的许多会形成一个杂聚肽 (Heteromeric) 复合物. 但是, 是不是所有的疾病都具有这种特性现在还不清楚. 因此, 有必要考察通过疾病关联起来的疾病.

基因网络中的基因是不是其对应的蛋白质在疾病网络中的同一个疾病模块中具有相互作用, 通过对人类的蛋白质相互作用网络和疾病基因网络进行综合考虑, 发现两者之间有 290 个相互作用是相同的, 这远远大于随机期望值 ($P < 10^{-6}$).

在基因功能注释 GO(gene ontology) 数据库中, 基因的功能被分为三种不同的形式: 生物过程、分子功能和细胞器. 为考察与同一种疾病相关的基因是否具有相似功能特征, 对每一种疾病的相关基因在三种基因功能分类上进行了分析. 结果发现, 与随机相比, 与同一种疾病相关的基因在三种功能分类上都具有很强的相似性. 另外, 同一个功能模块中的疾病基因应该在同一个组织中是共表达的. 通过分析属于同一种疾病的基因其在某个组织中的共表达比例发现, 68% 的疾病其相关基因都具有组织特异性. 另外, 参与同一个功能模块的疾病基因在基因表达谱上应该具有相关性. 与随机网络相比, 同种疾病的基因之间的表达更倾向于高相关系数 (卡方检验 $P < 10^{-6}$).

总的来说, 同一种疾病相关的基因具有以下特性: ① 在蛋白质相互作用网络上这些基因的蛋白质产物更倾向于相互作用; ② 在特定组织中, 更倾向于共表达; ③ 总体上具有高度共表达的特性; ④ 具有很强的功能相似性. 因此, 同一种疾病相关的基因整体上具有功能相关性, 其蛋白质产物组成一个相互作用的网络. 细胞网络具有高度的模块化, 每个模块中的蛋白质相互之间具有紧密的相互作用, 并具有特定的生物功能. 因此, 疾病相关的基因的突变实际上是破坏了其所在功能模块的结构, 使得其功能发生改变, 引起了发育或者表型的变异. 这些都将有助于我们识别新的疾病相关基因.

早期的研究发现, 细胞网络中的 hub 节点或者是高度连接的节点可能是对应维持细胞生存的必要基因 (essential gene). 这也使得人们猜想, 人类疾病基因应该是必要基因. 对疾病基因网络的分析发现, 疾病基因编码的蛋白质与非疾病基因编码的蛋白质相比具有超过 32% 的相互作用数目, 度高的蛋白质更有可能是疾病相关的基因的产物. 对人类的必要基因、疾病基因和 hub 基因分析后发现, 只有 22% 的人类疾病基因是必要基因. 另外, 与其他疾病基因相比, 必要基因被发现是与 hub 蛋白具有很强相关性的. 相反, 由于疾病基因中的大多数不是必要基因, 这些基因不会编码 hub 蛋白, 而既是疾病基因又是必要基因的基因与 hub 蛋白具有很强的相关性. 对疾病基因和其他基因的表达相关系数分析后发现, 既是必要基因又是致病基因的基因与细胞中的其他基因具有很强的表达相关性, 而非必要基因的致病基因却表现出相反的趋势, 与细胞中的其他基因在表达上是逆相关的或者是没有相关性.

除了必要基因外, 细胞中还有一类基因称作看家 (housekeeping) 基因, 是在所有组织中都表达的一种基因. 分析发现, 一个基因在越多的组织中表达, 就越可能是必要基因. 对于非必要疾病基因来说是相反的, 这些基因只在少数组织中表达. 另外, 只有 9.9% 的看家基因是对应疾病基因的, 而 59.8% 的看家基因是必要基因. 这些结果说明, 非必要疾病基因是与 hub 蛋白没有关联的, 在表达上与其他基因之间具有很小的相关性, 并且只在少数组织上这些非必要疾病基因是表达的. 这与人们的期望是相反的, 大多数非必要致病基因在细胞网络上处于边缘或者普通位置, 而必要基因一般是处于细胞网络中的 hub 位置, 与细胞中的其他基因是高度共表达的, 在大多数组织中都是表达的, 并与看家基因具有显著的重合. 因此, 必要基因在细胞网络中在拓扑和功能上都是很重要的. 从进化角度来说, 这种现象是可以理解的. 如果是处于细胞网络中心位置的基因 (hub) 发生突变的话, 会导致整个细胞在发育或者生理上产生严重的缺陷, 并有可能导致细胞凋亡, 其后果是可能导致整个物种的灭绝. 相反, 只有那些可以使得细胞生存的突变才得以在整个种群中保留.

6.3.2 药物–靶蛋白网络

在历史上, 制药公司一直是依赖于可以作为靶蛋白的特定蛋白家族, 并据此开发出能得到期望疗效的化合物药物. 大多数药物会绑定到特定的蛋白质, 以改变其物理化学或者是生物物理活性, 从而达到想要的药物疗效. 但是, 很多美国食品和药物管理局 (FDA) 批准的药物虽然有一定的疗效, 但是很多药物的分子作用机制不明确. 在细胞内或者细胞外, 蛋白质要行使功能, 必须要与其他蛋白质相互作用, 组成一个紧密联系的细胞相互作用网络. 上面针对疾病基因网络进行了研究, 为了研究药物靶蛋白的分子作用机制, Vidal 等利用疾病和细胞网络来研究药物靶蛋白.

多伦多大学在 2006 年构建了一个药物－靶蛋白相互关系的公共数据库, 称作 DrugBank. 截止到 2006 年 3 月 29 日, 该数据库包含有 4252 个药物, 其中 1178 个药物 (1065 个小分子和 113 个蛋白质或多肽) 是通过 FDA 认证的, 3074 个药物正在调研中, 也就是实验药物. 1178 个 FDA 认证的药物总共对应着 394 个蛋白质, 大多数药物只对应少数蛋白质而少数药物却对应着很多蛋白质, 平均每个药物对应 1.8 个蛋白质. 相似地, 许多蛋白质会被多于一种药物作为靶蛋白, 对应这些靶蛋白的药物却具有不同的化学结构.

类似于上面研究的疾病网络, Vidal 等利用 FDA 认证的药物和它们对应的靶蛋白构建了一个药物–蛋白质二分图. 在图中, 一组节点代表药物而另一组节点代表蛋白质, 如果某个蛋白质是一种药物的靶标的话, 就会在这两者之间放置一条边, 这个网络就是 “药物–靶标网络”(图 6.11). 利用该二分图, 可以生成两个网络: 药物网络和靶蛋白网络. 在药物网络中, 每个节点对应一种药物, 如果两种药物共享至少一个靶蛋白的话, 就在这两种药物之间放置一条边. 因此, 药物网络描述的是药物之间的相互关系. 在靶蛋白网络中, 每个节点是一个蛋白质, 如果两个蛋白质被至少一种相同的药物作为靶蛋白, 则在这两个蛋白质之间放置一条边.

在药物网络中, 大多数药物 (890 种 FDA 认证的药物中有 788 种药物) 都至少与一种其他的药物相连接, 这说明大多数药物具有至少两个靶蛋白. 另外, 476 种药物组成了一个大的连通的网络.

解剖治疗学及化学分类系统 (anatomical therapeutic chemical, ATC), 是世界卫生组织对药品的官方分类系统. 如果依据 ATC 分类系统对药物网络中的节点进行染色的话, 一个有趣的现象是, 具有系统 ATC 类的药物会自然而然地聚类到一块儿. 最明显的例子是一个大的相互紧密连接的神经药物聚类. 相反, 抗肿瘤药物和代谢疾病药物不会形成单独的聚类, 这些药物具有很少的连接.

在靶蛋白网络中, 394 个靶蛋白中的 305 个蛋白质是与其他靶蛋白有连接的, 也就是说, 这些靶蛋白被至少两种药物用作靶标. 另外, 具有多个靶蛋白的药物使得蛋白质之间具有联系. 尽管这种具有多靶标的药物在以前被认为是不理想的药物, 但是最近的抗癌药物和情绪不稳定治疗药物都是具有多个靶蛋白的药物, 并且具有很好的疗效, 这表明制药行业正在从单靶标药物向多靶标药物转移.

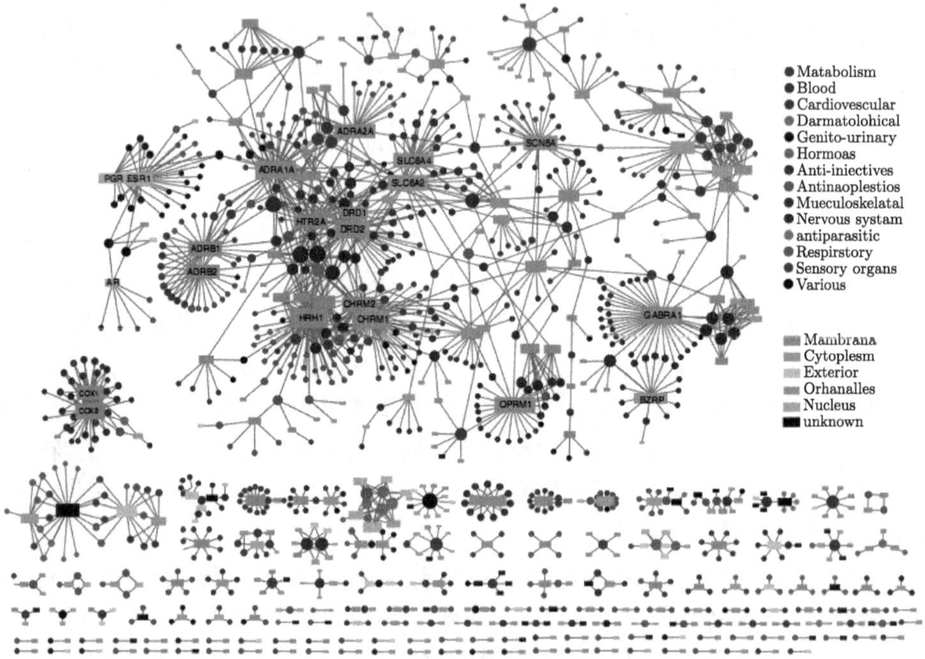

图 6.11 药物–靶蛋白网络[15]

在历史上, 制药行业总是倾向于将一小部分蛋白质用作药物的靶蛋白来使用, 这种偏好性可以在药物网络和靶蛋白网络的拓扑特征上得到很好的体现 (像度分布和聚类系数等). 一个网络中的最大连通的子网络与其他不具有相似拓扑特征的网络相比, 可以反映网络中的局部功能特性. 如果将药物和蛋白之间的连接随机化, 并保持每个药物和蛋白质的连接数目不变, 结果发现, 这种随机化产生的 104 个药物网络中的最大子网络的平均大小 [(788 ± 9) 个蛋白] 远远大于药物网络中的最大子网络 (476 个蛋白, $P < 10^{-4}$). 相似地, 靶蛋白网络中的最大子网络的大小 (122 个蛋白) 远远小于随机化靶蛋白网络中的最大子网络的平均大小 [(302±8), $P < 10^{-4}$]. 在药物网络中和靶蛋白网络中, 度高的点更倾向于与度高的点相连, 也就是 “富者越富” 的准则. 因此, 这些网络中的最大子网络通常是比较小的. 在功能分散的网络中, 会发现该网络是由不连通的各个子网络构成的. 换句话说, 真实的药物–靶蛋白网络是介于随机网络和功能离散网络两者之间的. 同时, 由药物–靶蛋白网络可以看到制药行业倾向于使用已经被证实的药物靶蛋白.

在 1998~2004 年, 每年面市的新药物平均会作用于 27.7 个蛋白质, 而其中平均只有 6.3 个是新靶蛋白. 如果一种全新药物, 其靶蛋白以前从未被用作靶蛋白的话,这个药物在药物–靶蛋白网络中就会孤立而不会连向其他药物. 这种药物可以称作"黑马"药物. 相反, 如果一种新药物其靶蛋白中的一个或者多个在以前已经被用作靶蛋白的话, 该新药物就会与药物–靶蛋白网络中的其他元素相连接. 在 1998~2004 年, 每年平均有 19.6 种药物面市, 其中只有 17% 是"黑马"药物, 而这些"黑马"药物的靶蛋白占该期间所有新发现药物靶蛋白的 67%. 这些数据说明, 新药物倾向于绑定到旧的靶蛋白上.

除了 FDA 批准的药物外, DrugBank 中还包含 3 000 多种目前正在实验阶段的药物, 其中 808 种实验药物是有靶蛋白的. 如果将实验药物和 FDA 批准的药物综合考虑的话, 会将靶蛋白的数量增加到 1 011 个. 靶蛋白网络中最大子网络会包含 725 个蛋白, 远远小于随机网络中的平均最大子网络的大小 (782±11). 实验药物的加入使得总体靶蛋白的构成也发生了变化, 在 FDA 批准的药物中 60% 的靶蛋白是膜蛋白, 而实验药物加入后, 靶蛋白中膜蛋白的数目减少到了 40%. 在 1996~2006 年, FDA 批准的药物其靶蛋白大部分是膜蛋白, 可能是由于膜蛋白比较容易绑定. 与 FDA 批准的药物不同, 新的实验中的药物开始倾向于绑定其他细胞器位置的蛋白质.

如果将药物–靶蛋白网络和人类的蛋白质相互作用网络结合起来考虑的话, 有 262 个靶蛋白会在蛋白质相互作用网络中出现. 与蛋白质相互作用网络中的其他蛋白质相比, 药物靶蛋白有超过 42% 的相互作用 ($P < 10^{-6}$). 在蛋白质相互作用网络中, 节点的度是与对应蛋白的必要性相关的. 将药物的靶蛋白和人类的必要基因相比会发现, 必要基因在蛋白质相互作用网络中的度远远大于一般蛋白的度. 尽管药物–靶蛋白具有比一般蛋白质多的相互作用, 但却不是必要基因. 必要基因是用来协调各种生物过程的, 因此更倾向于与其他基因共表达. 但是, 药物–靶蛋白却没有体现出与其他基因共表达的趋势, 也就是说, 药物靶蛋白是在生物过程或模块中起作用而不是在生物过程之间起作用, 并且药物–靶蛋白具有很强的组织特异性.

6.3.1 小节提到目前已经有很多疾病相关的基因被发现, 人们很容易就会问药物–靶蛋白和疾病基因之间有什么关系. 有 166 个基因可以与药物的靶蛋白相对应, 其中 71 个基因是与两种或者更多疾病相关的. 实验药物的靶蛋白对应 210 个疾病基因, 而只有 54 个基因是与多种疾病相关的. 因此, 实验药物更倾向于作用到某种疾病的特定基因, 从而减少药物的副作用. 另外, 药物与疾病的对应是有所偏好的, 其靶蛋白往往集中于人类疾病网络中的特定区域, 药物–靶蛋白更倾向于聚类到一起.

现有的遗传信息表明, 药物在作用过程中是与遗传突变和疾病过程有关的. 药物一般有两种作用机制: 彻底治疗 (etiology) 的作用机制和缓解 (palliative) 的作用机制. 彻底治疗的药物会作用于引起疾病的基因, 而缓解药物不会作用于引起疾病的蛋白, 但是它所作用的蛋白的变化会影响到引起疾病的蛋白的活性, 从而减轻疾病的痛苦. 将这两种不同作用机制的药物综合考虑, 并考察其靶蛋白与疾病基因之间在蛋白质相互作用网络上的关系, 可以帮助揭示药物的作用机理. 网络中的最短距离描述的是两个节点之间最少经过几个其他节点可以相互影响, 如果将这两个节点分别认为是药物–靶蛋白和疾病基因的话, 这两者之间的最短距离可以认为是药物是如何影响疾病基因的. 在人类蛋白质相互作用网络中, 有 922 个药物–疾病关系, 其中每个药物一疾病关系表示的是至少存在一个药物–靶蛋白与疾病基因的关系 (相互可以到达). 与随机网络相比, 药物–靶蛋白与疾病基因之间具有更小的最短距离. 另外, 早期的药物很少是针对引起疾病的基因的, 这是因为早期的药物是利用传统的化学筛选方法得到的. 随着人们对疾病起因认识的加深, 越来越多的药物开始考虑疾病的遗传元素, 也就是说, 这些药物越来越多地开始向作用于疾病基因的方向转移. 这种现象通过比较 2006 年前和 2006 年后药物–靶蛋白与疾病基因的最短距离可以很好地体现出来, 2006 年后的药物其靶蛋白与疾病基因之间具有更小的最短距离.

6.3.3 小结

由上面的人类疾病基因网络和药物一靶蛋白网络的分析可以看到, 利用网络来研究生物系统可以很好地揭示生物过程的作用机制, 如疾病的产生、疾病之间的关系及药物的作用机理等. 对生物网络的挖掘可以为将来新药物的开发和复杂疾病的治疗等提供有用的知识. 但是, 目前的数据还是很不完整的, 随着将来越来越多各种数据的获得, 生物网络会越来越完整, 可以提供越来越多的知识, 帮助我们理解生物系统的作用机制.

参考文献

[1] Ma'ayan A, Jenkins S L, Neves S, et al. Benjamin dubin formation of regulatory patterns during signal propagation in a mammalian cellular network. Science, 2005, 309(5737): 1078–1083

[2] Milo R, Shen-Orr S, Itzkovitz S, et al. Network motifs: simple building blocks of complex networks. Science, 2002, 298(5594):824–827

[3] Ciriello G, Guerra C.A review on models and algorithms for motif discovery in protein-protein interaction networks.Brief Funct Genomic Proteomic, 2008, 7(2):147–156

[4] Lipshtat A, Purushothaman S P, Iyengar R, et al. Functions of bifans in context of multiple regulatory motifs in signaling networks. Biophys J, 2008, 94(7):2566–2579

[5] Mangan S, Alon U. Structure and function of the feed-forward loop network motif. Proc Natl Acad Sci U S A, 2003, 100(21): 11980–11985

[6] Thaler, Eungdamrong, N J, Weng G, et al. Noise propagation and signaling sensitivity in biological networks: A role for positive feedback. PLoS Comput Biol, 2008, 4(1): e8

[7] Ma W, Trusina A, El-Samad H, et al. Defining network topologies that can achieve biochemical adaptation. Cell, 2009, 138(4):760–773.

[8] Martinez N J, OW M C Barrasa M I, et al. A *C.elegans* genome-scale microRNA network contains composite feedback motifs with high flux capacity. Genes Dev, 2008, 22 (18): 2535

[9] Tsang J, Zhu J, van Oudenaarden A.MicroRNA-mediated feedback and feedforward loops are recurrent network motifs in mammals. Mol Cell, 2007, 26(5):753–767

[10] Re A, Corá D, Taverna D, et al. Genome-wide survey of microRNA-transcription factor feed-forward regulatory circuits in human. Mol Biosyst, 2009, 5(8):854–867

[11] Wuchty S, Oltvai Z N, Barabási A L. Evolutionary conservation of motif constituents in the yeast protein interaction network. Nat Genet, 2003, 35(2): 176–179

[12] Yu H, Gerstein M.Genomic analysis of the hierarchical structure of regulatory networks. PNAS, 2006, 103(40):14724–14731

[13] Bhardwaj N, Yan K K, Gerstein M B.Analysis of diverse regulatory networks in a hierarchical context shows consistent tendencies for collaboration in the middle levels. PNAS, 2010, 107(15): 6841–6846.

[14] Goh K I, Cusick M E, Valle D, et al. The human disease network. PNAS, 2007, 104(21):8685–8690

[15] Yildirim M A, Goh K I, Cusick M E, et al. Drug-target network. Nat Biotechnol, 2007, 25(10): 1119–1126

第 7 章　细胞信号转导通路：建模和识别

7.1　细胞信号转导

细胞信号转导 (signal transduction) 是指细胞通过胞膜或胞内受体感受外界刺激或信号, 并将细胞外信号进行转换, 然后通过一系列的生化反应将信号传递到细胞核内, 诱导特定基因的表达, 从而引起细胞生理 (如分化和凋亡等) 上的变化[1]. 实现信号转导的一系列特定反应系统被称为信号转导通路 (signal transduction pathway)。信号转导通路是多细胞生物细胞间进行通信的关键过程, 细胞内的各种生物过程 (像蛋白质–蛋白质/DNA 相互作用、蛋白质翻译后修饰和基因表达调控等) 都与各种各样的信号通路有关. 由于信号转导通路在生命中的重要性, 在过去近半个世纪, 科学家们一直致力于信号通路的研究. 与信号转导通路相关的学术论文在过去 20 年中也在每年呈指数级增长. 与此同时, 多位科学家由于在信号通路研究方面的突出贡献获得了诺贝尔奖. 例如, Nelzer 和 Sokmann 由于离子通道信号通路的研究于 1991 年荣获诺贝尔奖, Gilman 和 Rodbell 由于 G 蛋白信号通路的研究于 1994 年荣获诺贝尔奖.

尽管不同的信号是由不同的信号机制产生的, 细胞内的信号转导过程 (图 7.1) 主要由以下几个步骤组成：① 细胞外的信号或者刺激；② 信号由细胞的特定受体接收；③ 受体对信号进行转换；④ 信号由一系列的生化效应进行传递；⑤ 信号传递到细胞核内, 使得细胞对外界刺激作出反应. 同时, 信号转导通路是由各种各样的分子组成的, 不同的信号通路其分子组成是不一样的. 但是, 信号转导通路的基本组成要素是一样的, 都必须具有识别信号、对信号作出响应并发挥相应功能的作用. 这些基本要素包括受体、第二信使蛋白激酶和 G 蛋白等. 不同形式的胞外信号首先被细胞表面的特异性受体所识别, 特异性是分子识别反应的主要特征, 主要是由信号分子与受体上的特定位点相结合来实现的. 受体接收信号后会启动整个信号转导过程. 受体是一种能够识别和选择性结合某种配体 (信号分子) 的大分子, 多为糖蛋白. 根据细胞上受体的存在位置, 可将受体区分为细胞内受体和细胞表面受体. 细胞内受体主要位于细胞质基质或核基质中, 主要识别和结合小的脂溶性信号分子; 细胞表面受体主要识别和结合亲水性信号分子, 包括分泌型信号分子或膜结合型信号分子. 根据信号转导机制和受体蛋白类型的不同, 细胞表面受体可以分为三大家族：① 离子通道耦联受体; ② G 蛋白耦联受体; ③ 酶耦联受体, 不管哪种类型的受体, 一般至少有两个功能域, 即结合配体的功能域及产生效应的功能域, 分别具有结合特异性和效应特异性. 配体与受体结合后, 需要通过具有信号转换功能的调节蛋白的介导才能够进一步激活信号转导过程. 在细胞内, 起转换器功能的蛋白质是与 GTP 结合的蛋白质(也就是 G 蛋白). 细胞表面受体接受细胞外信号后转换而来的细胞内的信号称为第二信使, 而细胞外的信号被称为第一信使. 第二信使一般具有两个基本特性: ① 第一信使同其膜受体结合后最早在细胞内出现并只在细胞内起作用的信号分子; ② 能启动或调节细胞内随后出现的信号应答. 第二信使是指在胞内产生的小分子, 其浓度变化应大于胞外信号与细胞表面受体的结合, 并在细胞信号转导中行使功能. 第二信使都是小的分子或离子, 包括 cAMP、cGMP、Ca^{2+} 和二酰甘油 (DAG) 等. 信号传递至细胞内后, 会引发细胞内信号放大的级联反应, 如果这种级联反应主要是通过酶的逐级激活来实现的话, 其结果将会改变细胞的代谢活性, 或通过调控因子影响细胞内的基因表达, 或通过细胞骨架的修饰改变细胞的形状.

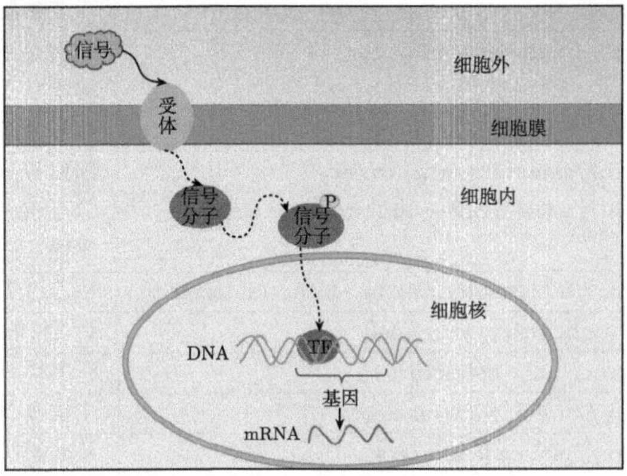

图 7.1 信号转导的基本过程

此外, 现有研究表明, 许多疾病的发生是由信号通路紊乱所导致的. 例如, 胰岛素信号通路的失调容易引起糖尿病和肥胖症[2]、刺猬蛋白 (hedgehog) 信号通路与癌症和骨骼缺陷等相关[3]、Wnt/Notch 信号通路与胰腺癌有关[4]. 因此, 很多科学家一直致力于寻找与疾病相关的信号通路, 并将其作为可能的生物标记 (biomarker). 例如, Ideker 等[5] 和 Tan 等[6]利用信号通路信息和基因表达数据, 找到了与疾病相关的信号通路; 李霞等[7] 和 Levin 等[8] 通过综合考虑信号通路和基因组关联 (GWAS) 数据, 找到了与疾病相关信号通路. 因此, 信号转导通路可以帮助人们理解疾病的产生过程, 并可以帮助开发有效的治疗药物.

然而, 信号转导过程十分复杂, 一个信号往往不是单一传导, 而是存在许多其他蛋白或信号去增强它、抑制它, 构成了一个复杂的信号转导网络. 这样导致人们很难对它进行类比、组织和分析. 目前, 虽然公共数据库像 KEGG[9] 和 BioCarta[10] 等保存有一些已知的信号通路, 但是, 这些信号通路还只是实际信号通路的一小部分, 而且即便是这一小部分通路中的很多信号分子也是未知的. 因此, 在有关信号通路的研究中, 发现信号通路中的新组分和确定信号通路的网络结构是非常重要也是必要的一步. 目前, 生物学家们利用各种各样的实验手段, 像 RNAi[11]、基因敲除或抑制[12]、高通量单分子成像技术[13] 等, 可以确定信号通路中的组分. 但是, 用实验手段来确定信号通路是一个费时费力而又代价高昂的过程. 表 7.1 列举了一些常用信号转导通路的数据库.

表 7.1　常用的信号转导数据库

数据库	网　址	描　述
SPAD	http://www.grt.kyushu-u.ac.jp/spad	遗传信息和信号通路的数据库
KEGG	http://www.genome.jp/kegg	各种细胞过程中分子相互作用的图表
DOQCS	http://doqcs.ncbs.res.in/doqcs	细胞信号通路的量化数据, 提供反应参数及注释信息
BBID	http://bbid.grc.nia.nih.gov	生物通路、大分子结构等图形的检索数据库
BioCarta	http://www.biocarta.com	信号通路图片及注释数据库
MiST	http://genomics.ornl.gov/mist	细菌和古细菌的信号通路数据库
TRANSPATH	http://www.biobase-international.com	信号通路、代谢网、基因调控和生物标记数据库
STCDB	http://bibiserv.techfak.uni-bielefeld.de/stcdb	信号通路分类数据库
BioModels	www.ebi.ac.uk/biomodels	带有注释的发表模型
CellML	www.cellml.org/models	程序模型列表
Reactome	http://www. reactome. org	生物核心通路及反应的挖掘知识库
PID	http://pid. nci. nih. gov	从其他数据库导入的及文献挖掘的人信号通路数据库
STKE	http://stke. sciencemag. org	参与信号通路的分子及其相互作用关系的信息
AfCS	http://www. signaling-gateway. org	参与信号通路的蛋白质相互作用和信号通路图
AZE	http://www. amaze. ulb. ac. be	对细胞过程的相关信息进行表示、管理、注释和分析
AMBIND	http://www. bind. ca	提供参与通路的分子的序列和相互作用信息
SigPath	http://sigpath. org	提供细胞信号通路的量化信息

近 10 年来, 快速发展的生物信息学越来越引起人们的重视. 与生物实验相比, 利用生物信息学方法识别信号通路大大降低了实验的成本和周期, 并且可以为实验提供指导. 在信号转导过程中, 信号的传递基本上是由一系列的蛋白质相互作用来实现的. 因此, 蛋白质相互作用数据能有助于理解和揭示信号通路的形成或作用机理. 近年来, 随着高通量生物实验技术 (像酵母双杂交和质谱等) 的进步, 越来越

多模式生物的蛋白质相互作用数据开始涌现. 目前, 互联网上已有各种公共数据库(像 DIP、BIOGRID 等) 免费提供蛋白质相互作用数据, 这使得生物信息学家利用蛋白质相互作用网络开发精确的计算模型来识别信号通路及其所涉及的组件成为可能[14,15]. 在下面的章节中, 我们将主要介绍利用高通量数据对信号通路进行建模和识别的方法, 以及信号途径在疾病中的应用.

7.2　信号转导网络建模

信号转导网络的建模是系统生物学中的一个非常重要的研究内容, 它吸引着越来越多研究者的关注[16~22]. 系统生物学方法期待通过建立细胞信号转导过程的模型, 模拟信号转导网络的工作机制, 以便更好地理解生命过程以及疾病的发生. 通常, 一系列的微分方程被用来描述信号转导通路的动态变化过程[23], 这些微分方程模型包括常微分方程、偏微分方程和随机微分方程[29] 等, 其中最常用的是常微分方程方法. 如图 7.2 所示, 可以通过以下几个步骤来建立信号转导通路模型：在现有化学反应及分子相互作用基础上提出模型；根据已有的定量数据估计模型的动力学参数；对模型进行验证, 并利用新的实验数据对模型进行修改；将模型用于预测各种条件下的细胞响应. 但是, 目前关于动力学参数的数据还不完整, 而要估计大量的未知参数具有较大的难度, 因此定量建模和仿真方法在应用上还存在很大的局限性. 为此, 利用定性或半定量模型对信号转导网络进行建模与仿真是必要的. 这些模型包括布尔网络[24]、逻辑模型[25]、概率模型[26] 和 Petri 网络[27,28]. 下面将介绍几种常用的信号通路半定量和定型模型, 包括微分方程模型、Petri 网络模型和布尔网络.

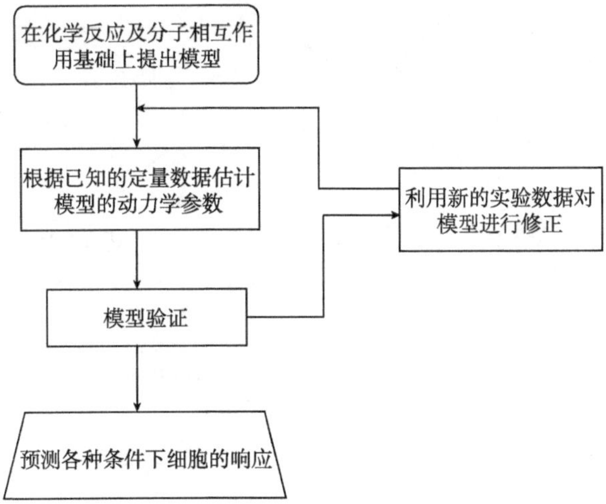

图 7.2　信号转导网络建模流程

7.2.1　微分方程模型

在现实中, 许多动态系统可以用微分方程来描述. 在生物系统中, 一个变量 (如酶的浓度) 通常受两个因素的影响：生成速率与降解速率. 举一个简单的例子, 一个包含了 m 个生物分子 (信号分子) 和 r 个反应 (相互作用) 的信号通路可以用以下一组常微分方程来表示：

$$\frac{\mathrm{d}X_i(t)}{\mathrm{d}t} = P_i(t) - C_i(t) \tag{7.1}$$

式中, $i = 1, \cdots, m; P_i$ 是第 i 个信号分子的生成速率; C_i 是第 i 个信号分子的降解速率; X_i 是第 i 个信号分子的浓度. 方程 (7.1) 反映的是一个信号分子的改变速率等于生成和消耗它的速率之差. 因此, 根据动力学定律, 如质量守恒原理和米氏 (Michaelis-Menten) 动力学模型, 反应速率可以用信号分子的浓度变化来表示.

下面利用 NF-κB(nuclear transcription factor-kappa B) 信号转导网络为例来说明利用常微分方程建立模型. NF-κB 是广泛存在于各种类型细胞中的一种转录因子, 调节着细胞的应急反应 (如免疫应答、炎症反应和细胞抗凋亡作用) 相关基因的转录[24,25]. NF-κB 通常以同源或异源二聚体非活性形式存在于细胞质, 其家族的 5 位成员分别是：NF-κB1(p50), NF-κB(p52, p49 , p50B), Rel A(p6), c2Rel , Rel B[26]. NF-κB 功能的失调与许多疾病 (如类风湿性关节炎、癌症等) 直接相关. 自从 1986 年被发现以来, NF-κB 信号转导过程一直是细胞生物学及免疫学领域的研究热点. 图 7.3 是 NF-κB 通路的基本过程.

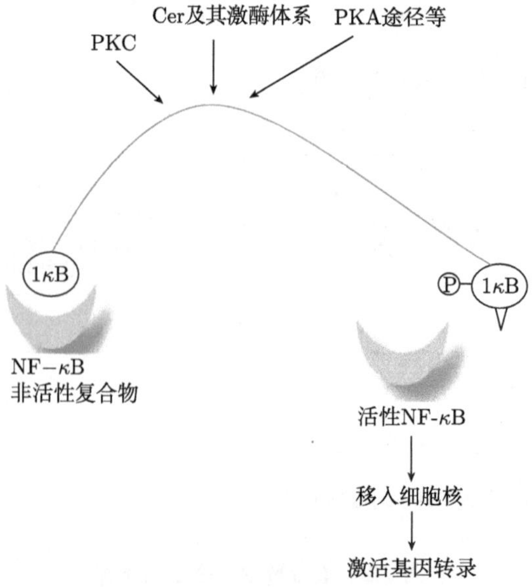

图 7.3　NF-κB 的激活过程示意图

NF-κB 信号通路对于免疫响应调节是非常关键的, 精确的数学模型可以从空间和时间两方面来解释该信号通路的工作机制. Hoffmann 等通过机理分析和大量的实验数据, 建立了 NF-κB 信号通路的动态数学模型, 较好地描述了 NF-κB 蛋白质的分解与合成对 NF-κB 活性的控制作用. 这个数学模型包括 26 个反应物和 64 个生化反应[23], 其中 24 个反应物是随时间动态变化的, 它们的浓度被定义为状态向量 $\boldsymbol{X}$, 而 NF-κB 信号通路中的 64 个动力学常数或反应速率参数被定义为 $p_j(j=1,2,\cdots,64)$. 因此, 第 j 个生化反应的函数 v_j 可以表示为

$$v_j = p_j \prod_{i=1}^{n} x_i \tag{7.2}$$

为了确定第 i 个反应物的浓度变化, 根据质量守恒定律和生化系统理论, 反应物浓度 x_i 随时间的变化可以表示为

$$\frac{\mathrm{d}x_i}{\mathrm{d}t} = \sum_j n_{i,j} v_j - \sum_k n_{i,k} v_k \tag{7.3}$$

式中, t 是时间; x_i 是信号通路的第 i 种反应物的浓度; v_j 是生成第 i 种反应物 x_i 的第 j 个反应的量; v_k 是消耗第 i 种反应物 x_i 的第 k 个反应的量; n_{ij} 和 n_{ik} 均为系数.

除了应用于 NF-κB 信号转导通路, 常微分方程数学模型也被广泛应用于其他信号通路中. 例如, Bhalla 和 Iyengar 研究了血小板衍生生长因子和磷酸化 C_γ 通路, 发现它们相互作用形成正反馈环并起着双稳态开关的作用[28]. 而且, 他们的模拟结果已经被生物实验所证明. Orton 等以 MAPK 信号转导通路为例子, 描述了系统生物学中利用常微分方程建模的方法[29]. 他们介绍了信号通路的特征和功能, 并比较了现有的模型, 同时介绍了由分析通路所揭示的新观点. Asthagiri 和 Auffenburger 利用数学模型研究了 MAPK 信号转导通路的负反馈机制, 并且确定了过度脱敏的条件[27].

虽然常微分方程是最基本和最普遍应用的系统建模方法, 但是常微分方程只是真实系统的一个确定性近似[30]. 在现实中, 随机因素始终存在于生物系统中, 从系统的发生到终止. 因此, 除了常微分方程以外, 非确定性方程也被广泛应用到信号通路建模中[21]. 常微分方程适合描述那些空间狭小, 反应速率较高, 规模较小的系统. 随机微分方程更适于描述复杂的细胞过程以及系统内在的随机性. 随机微分方程方法主要包括 Gillespie[31] 提出的基于蒙特卡洛随机模拟方法的数值方法和 Stochsim 算法. 然而, 许多信号通路位于不同亚细胞位置, 并涉及不同的特定信号. 为了理解这些由于时间和空间的变化而产生的信号通路动态行为, 化合物的空间分布可以用偏微分方程来描述. 信号通路中的信号分子的时空动态变化可以用反应

扩散方程来描述

$$\frac{\partial x_i(t,s)}{\partial t} = D\frac{\partial^2 x_i(t,s)}{\partial s^2} - v\frac{\partial x_i(t,s)}{\partial s} + R \tag{7.4}$$

式中, $x_i(t,s)$ 是第 i 个信号分子在时刻 t 和空间位置 s 的浓度; D 是扩散系数; R 是生产或消耗的速率. 一般来说, D、v、R 分别是 x、s 和 t 的函数. 这个方程是典型的偏微分方程, 因为成分的浓度依赖于多个相互独立的变量 (这里是时间和空间). 该理论认为, 任何特殊位置的信号分子浓度的改变速率依赖于扩散、迁移和生化反应[32]. 另外, 为了说明信号转导的随机效果, 反应时间可以用随机微分方程来模拟[33].

7.2.2 Petri 网络模型

尽管常微分方程 (ODE) 和偏微分方程 (PDE) 被广泛地用来模拟信号转导网络, 但是在建模的过程中面临着根本性的困难. 这些定量的方法中涉及了许多未知的生化反应的动力学参数, 而这些参数需要用精确的学习算法来估计. 然而, 这些参数估计的难度随着网络的大小和复杂性的增加而增大. 同时, 我们可以从文献中得到一个化学过程的部分相关知识, 而这些知识可以为我们研究信号转导网络提供定性分析的材料. 因此, 许多定性的处理方法已经被用来模拟信号转导网络. Petri 网络[34~45] 是被广泛应用的一种方法. 定性的方法适合用来推导可用数据很少的复杂动态系统. 总之, 定性方法是定量方法的一个重要补充.

Petri 网络是一种表示具有相互独立和因果关系的并行系统的网络. 在这个网络中若干个过程可以同时发生. 目前, Petri 网络被广泛用来分析生化网络. 一个 Petri 网络的结构元素包括：库所 (place)、变迁 (translation) 和有向弧 (arc). 其中, 库所使用圆来标识, 用于描述可能的系统局部状态. 变迁使用矩形标识, 用于描述修改系统状态的事件. 有向弧可以从库所节点指向变迁节点, 或者从变迁节点指向库所节点. 因此, Petri 网络可以用一个图来描述 (图 7.4). 由于不同的建模和模拟目的, 许多 Petri 网络的扩展形式已经出现, 如分层 Petri 网络、基于时间的 Petri 网络、随机 Petri 网络和有色 Petri 网络等. 它们除了广泛应用于自动化系统和分散系统以外, 各种 Petri 网络已经被广泛地应用于生物系统中.

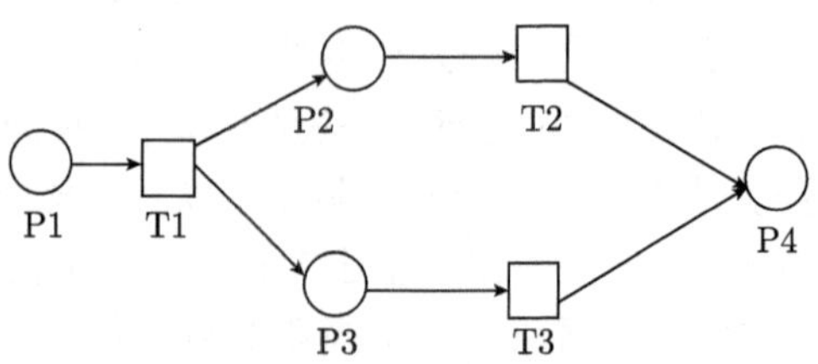

图 7.4　Petri 网络

在利用 Petri 网络模拟生化反应通路时, 库所节点通常用来表示生化物质 (如基因、信使核糖核酸、蛋白质、蛋白质复合物、酶、复合物、离子等), 而变迁节点表示它们之间的生化反应. Reddy 等第一次试图利用 Petri 网络来模拟生物通路. 他提出了一个用 Petri 网络来表示代谢通路的方法[38]. 从此, Petri 网络主要应用于代谢通路或者代谢网络[41].

最近, Lee 等利用 Petri 网络来模拟细胞信号的分子机制, 并描述了 Petri 网络在病理学上的应用[42]. 他们为利用 Petri 网络来重建和分析信号转导网络建立了一个框架, 并把他们的方法用于模拟 IL-1β 和 TNFα 诱导的信号系统. Matsuno 等定义了一个 Petri 网络的新概念, 称作混合功能 Petri 网络[43]. 另外, 为了模拟基因调控网络和信号转导通路还开发了一个名为 Genomic Object Net 的软件. 另外, Gilbert 和 Heiner 把 Petri 网络和 ODE 相结合来模拟和分析生化网络[34], 并把他们的方法应用到模拟 Raf 激酶抑制蛋白 (RKIP) 对胞外信号调节激酶 (EPK) 信号通路的影响. Li 等利用基于时间的 Petri 网络, 表示分子相互作用以及信号通路的作用机制. 该方法采用基于时间的 Petri 网络决定转换的延迟时间, 并以细胞凋亡通路为例进行了模拟实验[44].

在系统生物学中, 定量和定性的方法各有优缺点. 其中, 定性的方法只需要分子和构成反应的定性信息, 不依赖于动力学参数测量的可靠性. 然而, 它需要克服由大网络产生的爆炸性计算问题[45]. Gilbert 等对分析和模拟信号转导通路的建模技术给出了一个全面的描述[34].

7.2.3 布尔网络

布尔网络是由 Kauffman 提出的一个基于理想化、自然机制的模型[46], 可以抽象出复杂系统的基本原理和功能特性. 在针对生物系统的布尔网络中, 每个基因所处的状态是 "开" 或者 "关". 状态 "开" 表示一个基因会转录表达, 形成基因产物, 而状态 "关" 则代表一个基因不能转录. 布尔网络 $G(X,F)$ 由节点状态集合 $X = \{X_1, X_2, \cdots, X_n\}$ 和布尔函数集合 $F = \{f_1, f_2, \cdots, f_n\}$ 组成. 基因 i 在 $t+1$ 时刻的状态 $X_i \in \{0, 1\}$ 是由其他一些与它相连通的基因 $j_1(i), j_2(i), \cdots, j_k(i)$ 在 t 时刻的状态决定的, 即

$$X_i(t+1) = f_i(X_{j_1(i)}(t)X_{j_2(i)}(t)\cdots X_{j_n(i)}(t)) \tag{7.5}$$

网络在 t 时刻的状态由所有基因的状态向量 $\bar{\boldsymbol{X}}(t) = [X_1(t), X_2(t), \cdots, X_n(t)]$ 来描述. 显然, 对于有 n 个基因的网络, 其状态空间是由 $(00\cdots0)$ 到 $(11\cdots1)$ 的 2^n 个状态组成的.

例如,"$A$and not$B$"$\to C$ 表示 "如果 A 基因表达, 并且 B 基因不表达, 则 C 基因表达". 图 7.5 为一个与其相对应的简单布尔网络. 为了简化, 布尔规则以 "真值

表” 的形式表示. 表中列出了当节点 A、B 处于不同状态时 C 的状态变化.

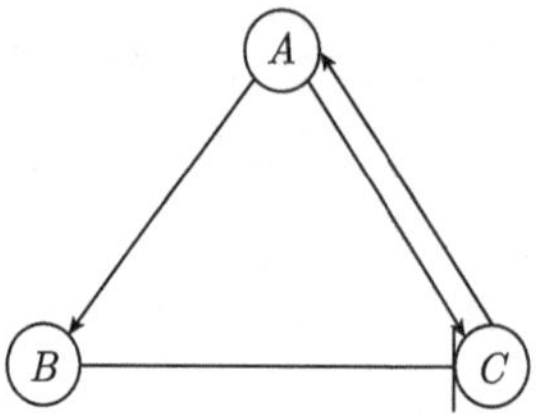

布尔网络模型

A	B	C
0	0	0
0	1	0
1	0	1
1	1	0

节点C的真值表

图 7.5　布尔网络

用布尔网络来描述基因相互关系不需要知道其具体的生化细节, 因此它提供了一种定性描述基因网络中最根本关系和从属关系的工具. 然而由于它是一种离散的数学模型, 不能很好地反映细胞中基因表达的实际情况. 例如, 布尔网络不能反映各个基因表达的数值差异, 以及不考虑各种基因作用大小的区别等. 这就需要对布尔基因网络的研究方法作进一步的改进. 近来, Shumlwvich 等对传统的布尔网络作了新的拓展, 提出一种新的布尔型网络模型 —— 概率布尔网络 (PBN, probabilistic Boolean networks)[47]. 传统的布尔网络本质上是确定性的, PBN 保留了布尔网络的特点, 它可以处理来自数据和模型选择方面的不确定性. 此外, PBN 还为量化相互作用过程中基因的相互影响和灵敏度提供了一种简单方法.

7.3　基于蛋白质相互作用网络的信号通路识别

尽管建模的方法可以模拟信号通路的变化, 但是上面所讲的模型由于高昂的计算代价只适用于小规模的信号网络. 最近, 随着大量高通量数据的出现, 越来越多的研究者开始考虑利用这些高通量数据识别信号通路. 由于信号转导主要是由蛋白质相互作用实现的, 以此利用蛋白质相互作用网络识别信号通路正逐渐成为系统生物学中的研究热点. 下面我们将介绍几种比较流行的信号通路识别方法.

7.3.1　统计方法

在这类方法中, 一般是对蛋白质相互作用网络中的每条边赋予一个权值, 然后对所有固定长度的线性通路进行排序, 并将其与随机选取的通路进行比较, 排序在前面的那些通路就被认为是可能的信号通路.

例如, Liu 和 Zhao[48] 提出了一种新的打分函数, 利用蛋白相互作用网络和基因表达数据来识别可能的信号通路 (图 7.6). 他们假定编码同一个信号通路中的蛋白质的基因, 特别是同一个通路中的相邻蛋白质的基因具有相似的基因表达谱. 这种方法假定信号转导网络的组分是知道的, 试图确定通路组分的正确排列. 因此,这种方法只能找到线性的信号转导通路, 不能得到复杂的信号网络.

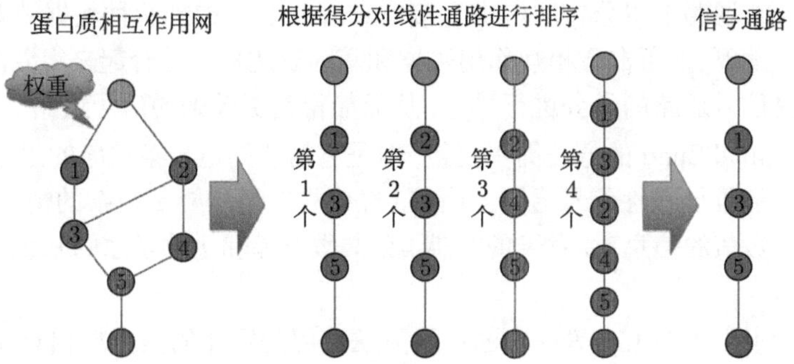

图 7.6 排序法识别信号通路

为了推导信号通路成分的正确顺序, 需要考虑所有的可能排序. 首先, 为了评估每一条可能的通路 p(如 $p_1 \to p_2 \to \cdots \to p_L$), 根据蛋白质相互作用得到的得分函数的计算公式如下:

$$S_{\mathrm{EXP}(p)} = \sum_{i}^{L-1} \log[(1-\mathrm{fn})^{X_{i,i+1}} \mathrm{fn}^{1-X_{i,i+1}}] \tag{7.6}$$

式中, L 是通路中的蛋白质的总数目, 如果观察到第 i 个蛋白质和第 $i+1$ 个蛋白质有相互作用, 则 $X_{i,i+1}=1$, 否则 $X_{i,i+1}=0$. fn 表示相互作用数据中假阳性的比例. 为了提高预测的准确性, 对于每一条通路 p, 另一个基于基因表达谱的得分函数的计算公式如下:

$$S_{\mathrm{EXP}(p)} = \sum_{i}^{L-1} r_{i,i+1} \tag{7.7}$$

式中, $r_{i,i+1}$ 是通路中第 i 个蛋白质和第 $i+1$ 个蛋白质的基因表达值的相关系数. 尽管蛋白质间相互作用和基因表达谱的作用可能不同, 但我们假定这两个数据集是同等重要的[48]. 因此, 我们可以用以下公式把所有可能通路的得分调节到 [0, 1]:

$$S_{i,\mathrm{rescale}} = \frac{S_i - S_{\min}}{S_{\max} - S_{\min}} \tag{7.8}$$

式中, $S_{\min}$ 和 $S_{\max}$ 分别是所有可能通路的最小和最大的得分. 同时定义联合得分的表达式为

$$S(p) = S_{\mathrm{PPI}}(p) + S_{\mathrm{EXP}}(p) \tag{7.9}$$

Liu 和 Zhao 设计了实验来测试 S_{PPI}、S_{EXP} 和 S. 一方面, 蛋白质相互作用数据可以为揭示一个信号通路中的组分间的相互关系提供关键信息, 但是由于假阳性和假阴性的存在, 这样得到的结果并不是很可靠并且它们不能反映通路的动态特

性; 另一方面, 基因表达谱数据可以提供整个细胞在不同条件下反映的信息, 但是它不能为一个通路的组分排序提供直接信息. 因此, 考虑把两种数据结合起来. Liu 等通过比较发现, 把蛋白质相互作用数据和基因表达数据结合起来得到的联合得分能更好地对信号通路的组分进行排序, 从而能得到更准确的信号通路.

尽管 Liu 和 Zhao 的方法简单直接, 但是它需要知道一条通路的组分. 此外, 他们的方法只能推导线性信号通路, 不能处理信号网络这样更复杂的情况. 此外, 各种各样的非数值的信息, 如发表的文献、公共数据库和生物学家的知识很难被整合到这个模型.

Arga 等[49] 还将 Liu 等提出的这种方法应用到重建的蛋白质相互作用网络中, 并取得了较好的效果; 另外, White 和 Ma'yan[50] 通过寻找蛋白质相互作用网络中的最短路径来识别信号通路; Rzhetsky 等[51] 提出一种马尔可夫链–蒙特卡罗方法预测蛋白质相互作用并识别信号通路. 统计方法比较简单, 但是所得到的信号通路一般是线性通路, 因此会漏掉很多重要的信号分子.

7.3.2　概率图模型

概率图模型 (probabilistic graphical model, PGM) 作为一类用图表达基于概率相关关系的模型总称, 是基于概率论中贝叶斯规则而建立起来的一种图形结构, 也是计算机人工智能领域中最流行的一种图模型结构[52,53], 该模型最早是由 Whittaker 基于统计学的一些理论提出的[54]. 这种结合了概率论和图论的概率图模型为解决人工智能领域的不确定性问题提供了重要途径. 它能够将实际问题的时间和空间等信息有机地结合到一起, 并依赖大量的变量独立关系, 构建一种基于联合概率分布的结构模型, 从而对信息数据进行有效的表示. 因为概率图模型可表示多种相互作用的分子间的复杂随机非线性关系, 并且它的概率特性能够很好地处理生物学数据中固有的噪声, 所以它有助于从生物数据组中推导信号转导网络. 概率图模型主要包括贝叶斯网络、马尔可夫网络和隐马尔可夫模型等. 在实际应用中, 有时将这 3 种模型混合使用, 形成更精确的关系网, 使其更贴近对实际问题的描述, 从而形成混合模型. 常见的嵌套模型有两维隐马尔可夫模型 (EHMM)、对应时间和空间关系的马尔可夫链和马尔可夫网、贝叶斯网和隐马尔可夫网的结合等. 近年来, 还产生了一种结合概率图模型与逻辑理论的新的模型, 称作马尔可夫逻辑网 (MLN)[55,56]. 下面分别对两种基本概率图模型进行介绍.

1. 贝叶斯网络模型

贝叶斯网络 (Bayesian networks) 是一种图论方法, 它是概率论与图论的有机结合, 用图形化网络结构直观地表达变量的联合概率分布及其条件独立性. 通过描述多种相互作用的组分之间的概率依赖关系, 提供了一种有希望建立复杂系统模

型 (如细胞信号级联) 的框架. 一个贝叶斯网络是一个有向无环图 (directed acyclic graph, DAG), 包含代表变量的节点及连接这些节点的有向边. 具体来说, 贝叶斯网络可以表示成在随机变量集合 $X = \{X_1, \cdots, X_r\}$ 上的一个二元组 $B = (G, \zeta)$, 其中:

(1) G 是一个具有 N 个节点的有向无环图, 图中的每个节点代表一个随机变量, 节点间的有向弧表示变量之间的相互关联关系. 节点变量可以是任何问题的抽象, 用以代表属性、状态、客体、命题或其他实体, 如信号转导通路中的蛋白质等. 作用弧表达了下游变量对上游变量 (亲代变量) 的统计依赖性. 在某些情况下, 这些统计依赖性可以表示为亲代变量对下游变量 (分子) 的因果性影响. 因果影响不是绝对的, 影响的强度或者说不确定性通过条件概率来表示, 定量描述其所有父节点对该节点的作用效果.

(2) $\zeta = \{P(X_i | \pi_{X_i})\}$ 是一个与每个节点相关的条件概率表 (conditional probability table, CPT). 其中 π_{X_i} 是变量 X_i 的父节点集合.

图 7.7 是用贝叶斯网络模型表示的简单信号转导网络. 其中, 顶点 A、B、C、D 表示基因或者蛋白质等. 为了简化, 可以使用随机变量 X_i 表示. 如果 i 是一个基因, 则 X_i 表示 i 的表达水平; 如果 i 是一个蛋白质, 则 X_i 表示蛋白质激活状态.

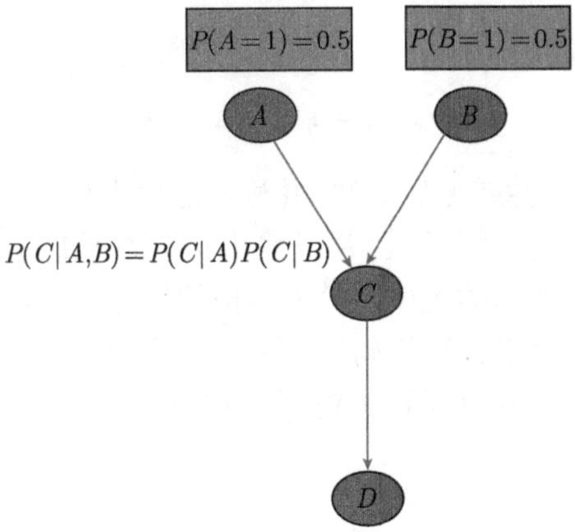

A	B	$P(C)=1$
0	0	0
0	1	0.3
1	0	0.2
1	1	0.9

C	$P(D=1)$
0	0.8
1	0.2

图 7.7 贝叶斯网络模型

因为有了节点及其相互关系、条件概率表, 所以贝叶斯网络可以表示网络中所有节点 (变量) 的联合概率分布. 贝叶斯网络模型的关键是确定节点的联合概率分布. 如果采用马尔可夫独立假设, 即对于变量 X_i 给定其父节点集合的情况下, 每个变量 X_i 对其非派生 (变量) 都是独立的, 因此 X 上的联合概率分布可以分解为以下形式:

$$P(X_1, \cdots, X_n) = \prod_i P(X_i | \pi_{X_i}) \tag{7.10}$$

贝叶斯网络推论的目的, 是在可能的图中搜索并选出最能描述经验数据中所观察到的依赖性关系的图. 它的概率性适于处理具有扰动、延时等随机因素的数据; 能够处理噪声、丢失数据并加入隐变量信息; 不仅能够描述基因的调控关系, 而且能够给出调控的程度和概率. 贝叶斯模型的坚实的理论基础和开放的决策体系使得它被广泛地应用于信号转导网络的识别中. 例如, Tresch 等[57] 和 Chinnaiyan 等[58] 利用贝叶斯网络来确定信号转导网络的结构. 但是需要注意的是, 用贝叶斯网络模型得到的网络是无环的, 也就是没有反馈回路. 而真正的生物网络是非常复杂的, 含有复杂的反馈回路, 用来调节生物体的平衡. 因此, 贝叶斯网络模型有待进一步改进. 其中, 动态贝叶斯网络就是它的一种改进, 可以识别有环的网络结构.

2. 马尔可夫模型

马尔可夫过程是一类随机过程, 其原始模型马尔可夫链是由俄国数学家马尔可夫于 1907 年提出的. 该过程在已知目前状态的条件下, 其未来的演变不依赖于以往的演变, 即无后效性, 此外它还具有平稳分布性、遍历性和状态相通性等. 设随机过程 $\{X(t), t \in T\}$ 的状态空间为 I, 如果对时间 t 的任意 n 个数值 $t_1 < t_2 < \cdots < t_n (n \geqslant 3, t_i \in T)$, 在条件 $X(t_i) = x_i (x_i \in I, i = 1, 2, \cdots, n-1)$ 下,$X(t_n)$ 的条件分布函数恰等于在条件 $X(t_{n-1}) = x_{n-1}$ 下 $X(t_n)$ 的条件分布函数, 即

$$\begin{aligned} &P\{X(t_n) \leqslant x_n | X(t_1) = x_1, \cdots, X(t_{n-1}) = x_{n-1}\} \\ =& P\{X(t_n) \leqslant x_n | X(t_n - 1) = x_n - 1\}, \quad x_n \in \mathbb{R} \end{aligned} \tag{7.11}$$

则称过程 $\{X(t), t \in T\}$ 具有马尔可夫性或无后效性, 并称此过程为马尔可夫过程.

马尔可夫模型是马尔可夫过程的模型化描述, 用一系列状态的不断转移表示一个总的随机过程. 马尔可夫模型刻画数据的规律及模拟结构的能力强、表述问题清晰、直观, 因而在物理、化学、生物、医学、多媒体应用等诸多领域得到广泛的应用[59~66]. 例如, Rzhetsky 等[51] 提出了一种马尔可夫链–蒙特卡罗方法预测信号转导网络.

7.3.3 优化方法

蛋白质相互作用网络可以表示成一个无向图 $G(V, E)$, 其中 V 为网络的顶点 (蛋白质或者基因), E 为网络的边 (如蛋白相互作用). 从优化角度来看, 从网络 G 中识别一个信号通路可以看作是从 G 中寻找一个子网络, 该子网络能满足某种评价指标或目标函数.

1. 染色法

Scott 等把寻找信号通路的问题表示为从一个有权重的蛋白质相互作用网络中寻找一个具有特定长度的最小权重的简单路[67](图 7.8). 为了完成这个任务, 他们

以生物为出发点对图论中的染色技术进行拓展，使得他们的算法能在可接受的时间内完成计算.

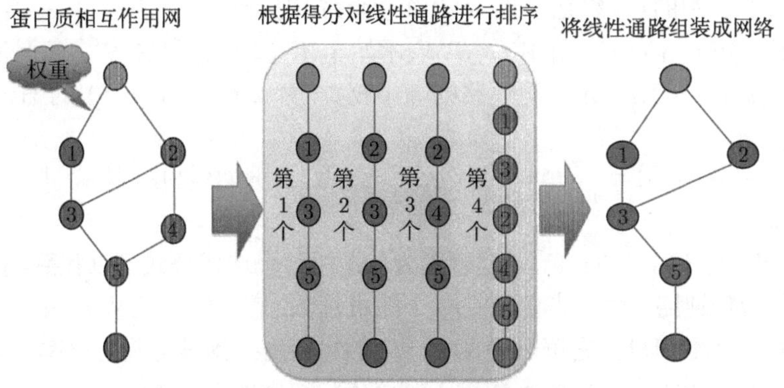

图 7.8 染色法识别信号通路

在一个有权重的蛋白质相互作用网 $G=(V,E)$ 中，V 中包含 n 个蛋白质，E 中包含 m 条边，边 (u,v) 表示的是蛋白质 u 和 v 之间有相互作用. 用一个数值 P 来表示蛋白质 u 和 v 之间有相互作用的概率. 网络中的每一条简单路都被赋予了一个得分. 在所有给定长度的路中，认为那些具有最高得分的路可能被确定为线性信号转导通路. 假定每条边 (u,v) 的权重 $w(u,v)=-\log p(u,v)$，并且定义一条路的权重是它所有边的权重之和，那么，识别信号通路实际上就是寻找一个具有特定长度，且始于和终止于给定点的最小权重的简单路. 这是一个 NP 难的问题[67]. 设给定集合 I 表示可能的起始点 (受体蛋白). 对于每一个 $v\in V$，可以用一个标准的动态规划算法来找到一个始于 I 中的点、终止于点 v 的长度为 k 的有最小权重的简单路.

对于每一个基数不超过 k 的非空集合 $S\subseteq V$ 和每一个点 $v\subseteq S$ 来说，用 $W(v,S)$ 表示长度为 $|S|$、始于 I 中的点，包含 S 中的所有点，终止于点 v 的简单路的最小权重. 那么下面的递归式子可以用来计算 $W(v,S)$ 的值：

$$W(v,S)=\min_{u\subset S-[v]} W(u,S-\{v\})+w(u,v),\quad |S|>1 \tag{7.12}$$

式中，当 $v\in I$ 时，$W(v,v)=0$，否则为 ∞. 用这个迭代公式可以找到满足上述条件的最佳通路.

尽管用动态规划算法在理论上可以解决这个问题，但是它的搜索空间很大，从而导致动态规划算法计算很复杂. 图论中的染色思想通过随机抽样可以减少搜索空间. 对每一个点随机赋予一个从 1～k 的颜色，然后，用搜索不同颜色的通路来代替搜索不同点的通路，因此，搜索空间大大减少了. 但是，染色法可能会遗漏那些包

含了两个点同色的通路, 因此, 这个算法需要重复多次染色. 在每一次实验中, 每一个点 $v \in V$ 随机赋予一个颜色 $c(v) \in \{1, 2, \cdots, k\}$. 同样也可以用动态规划算法找到一个始于 I 中的点, 终止于点 v 的彩色通路. 对于每一个 $S \in \{1, 2, \cdots, k\}$ 和每一个满足 $c(v) \in S$ 的点, 用 $W(v, S)$ 表示始于 I 中的点, 包含 S 中每种颜色的点, 终止于点 v 的长度为 $|S|$ 的简单路的最小权重. 那么计算 $W(v, S)$ 的递归公式是

$$W(u, S) = \min_{u \in S - \{c(v)\}} W(u, S - \{c(v)\}) + w(u, v), \quad |S| > 1 \tag{7.13}$$

同样地, 当 $v \in I$ 时, $W(v, v) = 0$, 否则为 ∞. 用这个迭代公式可以找到满足上述条件的彩色最佳通路. 由于染色法是一个随机算法, 它不能保证从 G 中找到一个最小权重的简单路, 但是, 它可以确保在一定的实验里找到具有确定概率的最佳通路.

上面介绍的这种原始的染色算法只能检测到线性信号通路. Scott 等通过添加一些生物上的限制对它进行了改进[67]. 例如, 一些信号成分已经知道参与了信号级联. 在这种情况下, 染色法可以添加一些限制来包含这些已知的成分. 另外, 很多信号通路始于膜蛋白, 止于转录因子. 为了整合这个知识, 染色法应该有一个关于通路中蛋白质出现先后的限制. Scott 等通过改进染色算法找到更一般的通路结构, 如子树. 尽管子树比线性通路更一般, 但是实际上, 它仍是代表信号转导过程的简单的信号网络. 为了得到信号转导网络, 可以把所有最优的通路组装成信号网络.

2. *网络搜索方法*

网络搜索方法是充分利用蛋白质相互作用网络和基因表达谱数据来识别信号转导通路的计算方法[60](图 7.9). 该计算方法的作用原理是：位于同一个信号转导通路的蛋白质分子对应基因的表达谱应该具有相关性. 该算法就是从蛋白质相互作用网络中提取一个组分间对应基因的表达谱具有最大相关性的子网络. 因为信号通路通常始于膜蛋白且止于转录因子, 所以网络搜索方法的第一个步骤就是找到所有的始于膜蛋白终止于转录因子的长度为 8(经验值) 的通路, 然后再利用基因表达谱的数据来评价这些通路的生物合理性.

为了给上面找到的所有的通路打分, 首先我们根据基因表达谱, 利用 K-means 聚类算法将所有的酵母基因进行分类. 然后, 再根据同一个通路中的组分被分到同一类的概率来对通路进行打分. 例如, 具有 6 个成分在同一类中的一条通路的得分比仅含有 5 个成分在这个类的通路要高. 容易看出类别的大小将影响得分, 如具有 3 个成分在含有 30 个组分的一类中的一条通路的得分比具有 3 个成分在含有 100 个组分的一类的通路要高. 同时, 具有 4 个成分在一类里且具有 3 个成分在第二类的通路的得分比具有 4 个成分在一类且不超过 2 个组分在第二类的通路要高.

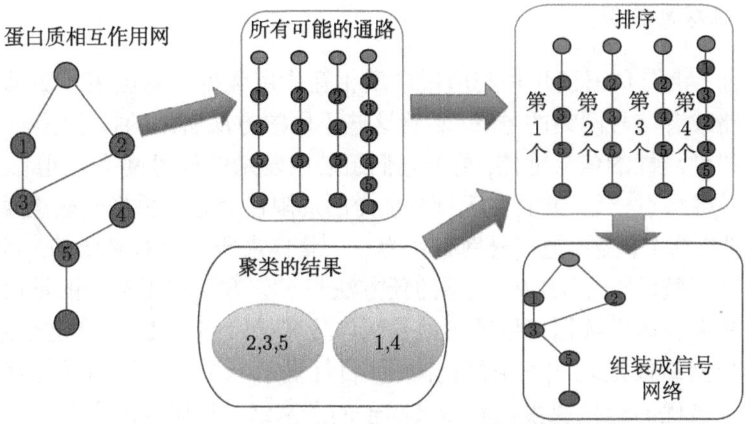

图 7.9 网络搜索方法识别信号通路

假定网络中共有 N 个蛋白质, 根据它们的基因表达谱, 这些蛋白质被分成了 $C_1, C_2, \cdots, C_k k$ 类. 这 k 类各自包含了 $N_1, N_2, \cdots, N_k$ 元素. 设 p 是一个具有 L 个蛋白质的通路 (如 $p_1 \to p_2 \to \cdots \to p_L$), $c_p(i)$ 表示的是通路 p 中的蛋白质被分到 C_i 的数目. 网络搜索方法对于一条通路相对于 C_i 进行打分, 通路中越多的组分被划分到 C_i 中, 则具有越高的得分. 其公式如下:

$$\mathrm{Prob}_p(i) = -\lg_{10}\left[\sum_{h=c_p(i)}^{L} \frac{\begin{pmatrix} N_i \\ h \end{pmatrix}\begin{pmatrix} N-N_i \\ L-h \end{pmatrix}}{\begin{pmatrix} N \\ L \end{pmatrix}}\right] \tag{7.14}$$

$\mathrm{Prob}_p(i)$ 求的是通路 p 中有等于或者大于 $c_p(i)$ 个组分在 C_i 中的概率. $\mathrm{Prob}_p(i)$ 用来评价在单个的 C_i 通路的共聚类. 进一步, 对于 $C_i \geqslant 2$, 所有组的 $\mathrm{Prob}_p(i)$ 的和利用下面的公式来计算:

$$\mathrm{sumprob}(p) = \sum_{\substack{i=1 \\ cp(i \geqslant 2)}}^{k} \mathrm{Prob}_p(i) \tag{7.15}$$

在网络搜索方法的实际应用中, 高得分的线性通路将被组装成信号网络, 其中每一个组分被赋予一个权重, 这个权重与包含该组分的所在通路的得分之和成比例. 为了使推论更合理, 且减少计算的复杂性, 网络搜索方法通过去掉高度关联的蛋白质数据来对蛋白质相互作用数据进行预处理. 此方法的优点是不需要知道信号成分的先验知识. 然而, 信号通路的预测依赖于所使用的聚类方法和聚类数目. Church 等利用网络搜索方法已经准确重建了啤酒酵母中的 MAPK 信号网络, 证明了它的有效性.

3. 线性规划模型

在前面, 我们介绍了几种利用蛋白质相互作用数据和基因表达数据来识别信号转导通路或者信号网络的方法. 尽管这些不同的方法所用的技术不同, 但是它们大多是先得到线性的信号通路, 再把它们组装成复杂的信号网络. 因此, 可能导致得到的信号网络不一致, 并且由于预测能力的局限性会导致丢失一些重要的信号成分. 为了解决这个问题, 把信号网络作为一个整体来研究是有必要的. 赵兴明等提出了一个基于整数规划 (ILP) 模型的新方法[61]. 该方法利用整合的蛋白质作用网络数据和基因表达谱数据可以准确地发现信号转导网络 (STN). 在这个方法中, 寻找信号转导网络被描述成一个优化问题, 目标是从一个大的蛋白质相互作用网络中找到一个最优的连接膜蛋白和转录因子的子网络. 与现有的大多数方法不同的是, ILP 模型把网络当成一个整体来处理, 而不是用探索排序的方法来组装单个的线性通路. 更重要的是, 该方法可以很容易地增加限制条件, 并且该方法不用预先限制网络的结构. 因此, 它可以充分利用来自实验结果和文献的信息, 并且可以直接探测具有一般网络结构的信号通路. 同时, 这个优化问题采用了一个松弛的线性规划算法来求解, 所以用它来解决大规模的问题将不会带来任何数值计算的困难. 通过寻找酵母的 MAPK 信号通路, 论证了该 ILP 模型的有效性和优越性, 如更多的 MAPK 信号通路主链中的成分被准确预测. 特别地, 预测结果和目前的生物知识以及文献中的知识是吻合的. 鉴于它的优越性, 我们将在本小节中详细地介绍这种方法.

我们知道大多数的信号通路始于受体膜蛋白, 止于转录因子 (TF). 因此 ILP 模型的目标是找到一个最优的始于膜蛋白、止于转录因子 (TF) 的 STN[61]. 一个蛋白质相互作用网用一个有权重的无方向的图 $G(V,E,W)$ 来表示. 其中, 顶点 $v_i \in V$ 是一个蛋白质, 边 $E(i,j) \in E$ 表示的是实验观察到的蛋白质 i 和 j 的相互作用. 边 $E(i,j)$ 的权重 $W(i,j)$ 是蛋白质 i 和 j 相互作用的可靠性得分或者是基因表达数据的相关系数. 在此方法中, 不区别基因和它的蛋白质产物. 和其他方法一样, 该方法的基本假设是同一个信号通路中的蛋白质的相互作用具有很高的相关系数. 在一个有权重的网络中, 一个长度为 m 的线性通路的得分等于该通路的所有边的权重之和. 其中, 通路的长度等于通路中蛋白质的个数. 类似地, 一个子网络的得分等于子网络中所有边的权重之和, 而子网络大小等于子网中的蛋白质的个数. 给定一个有权重的无方向的图 $G(V,E,W)$ 和信号通路可能的起点与终点, 探索信号通路就是一个优化问题, 即在网络 G 中找一个满足条件且具有最大权重的子网.

用 x_i 代表一个二进制的变量, 表示第 i 个蛋白质是否被选定为 STN 的成分; y_{ij} 也是一个二进制的变量, 表示由 $E(i,j)$ 代表的生化反应是否是 STN 的一部分. 于是, ILP 模型的公式形式如下:

目标函数

$$\min_{\{x_i,y_{ij}\}} S=-\sum_{i=1}^{|V|}\sum_{i=1}^{|V|}W_{ij}y_{ij}+\lambda\sum_{i=1}^{|V|}\sum_{i=1}^{|V|}y_{ij} \tag{7.16}$$

满足

$$y_{ij}\leqslant x_i; \tag{7.17}$$

$$y_{ij}\leqslant x_j; \tag{7.18}$$

$$\sum_{j=1}^{|V|}y_{ij}\geqslant 1\quad(\text{如果}i\text{是起始点或者终止点}) \tag{7.19}$$

$$\sum_{j=1}^{|V|}y_{ij}\geqslant 2x_i\quad(\text{如果}i\text{不是起始点且不是终止点}) \tag{7.20}$$

$$x_i=1\quad(\text{如果已知}i\text{属于STN}) \tag{7.21}$$

$$x_i\in\{0,1\},\quad i=1,2,\cdots,|V| \tag{7.22}$$

$$x_i\in\{0,1\},\quad i=1,2,\cdots,|V| \tag{7.23}$$

式中, $|V|$ 表示图 G 中蛋白质的总个数. 限制条件 (7.19) 意味着每一个起始蛋白质至少和另外一个蛋白质相连, 而限制条件 (7.20) 确保了一旦一个蛋白质成为 STN 的成分, 那么它至少和其他两个蛋白质相连. 这两个条件可以确保寻找的子网络中尽可能地连通. 另外, 限制条件 (7.17) 和限制条件 (7.18) 反映的是成分变量 x_i 和反应变量 y_{ij} 的关系, 意味着当且仅当蛋白质 i 和蛋白质 j 同时成为 STN 的成分, 它们之间的相互作用 $E(i,j)$ 才能被考虑. 限制条件 (7.21) 是用来整合来自实验结果或文献的先验知识的.

目标函数 S 的第一个部分暗示了提取一个具有最大权重的 STN, 而第二个部分则是用来控制 STN 的大小, 即 STN 中的生化反应的个数. 那是因为我们想要找一个用包含尽可能少的生化反应且具有最大权重的网络作为信号转导网络. 这个假设与在生物其他领域广泛应用的节约原则是一致的[66]. λ 被用来平衡第一个和第二个部分. 当 λ 很小的时候, 许多可能的相互作用都被选中了, 这样产生的子网大且稠密; 反之, 会产生小的稀疏的网络. 因为 ILP 是 NP 计算困难的问题, 为了使模型适合大规模的相互作用网络, 我们把整数限制 $x_i\in(0,1)$, $y_{ij}\in[0,1]$ 松弛为实数 $x_i\in[0,1]$, $y_{ij}\in[0,1]$. 这样这个模型就变成了一个线性规划 (LP) 模型, 可以很容易地在多项式时间里求解. 尽管没有理论上证明, 结果显示 LP 的解对于所实验的数据来说总是整数解.

参数 λ 具有很清楚的几何含义, 可以用来控制所得到的信号转导网络的大小, 并且能够相对容易地进行调节. 进一步, 参数 λ 保证生物学家可以看到分层和嵌套形式的 STN. 因此, 生物学家可以通过灵活的调整参数 λ 得到不同大小的感兴趣的 STN. 由于信号网络的复杂性, 参数 λ 没有绝对最优的值.

Zhao 等通过定义所提取的信号网络的密度来确定参数 λ 的值[61]. 将所提取的信号网络的密度定义为

$$D = \frac{\sum_{i,j}^{n} W_{ij}}{n} \tag{7.24}$$

式中, $W(i,j)$ 是边 $E(i,j)$ 的权重; n 是信号网络中的点的总数; 与最大 D 值相应的 λ 值被定义为最优的参数值, 并且相应的信号网络被认为是我们所要寻找的网络.

为了评价由 ILP 找到的 STN 显著性, Zhao 等利用两个指标: p 值和功能富集[61]. 利用 ILP 模型我们找到了一个始于膜蛋白M、终止于转录因子 T 的信号网络. 为了检测这个从蛋白质相互作用网络中得到的 STN显著性 (即为了证明它不是随意得到的网络), 需要产生许多点与原网络具有相同的度分布的随机网络. 在 Zhao 等的工作中, 总共产生了 1000 个随机网络. 对于每一个随机网络, 都用 ILP 模型从中找到一个始于膜蛋白M、终止于转录因子 T 的信号网络. 其中, 参数 λ 的值由上面描述的方法来确定. 那么由原网络产生的 STN 的 p 值定义为从随机网络中找到的子网的目标函数值等于或低于 S 的百分比.

另外, 为了计算得到的信号网络中蛋白质的功能富集, 将 STN 中的蛋白质利用 Gene Ontology(GO)[62] 进行生物过程的功能注释. 通过超几何分布可以计算信号网络中的蛋白质具有相同功能的概率. 进一步地, 我们利用 Bonferroni 来校正由多重检验所得到的 p 值.

Zhao 等把 KEGG 里 4 个酵母 MAPK 的信号网络(图 7.10) 作为用检测由 ILP 得到的信号网络有效性的黄金标准[61]. 他们利用了 3 个蛋白质相互作用网, 包括 DIP、DIP Core 和 SPA[63]. 其中, DIP 数据和 DIP Core(2007-01-07 版本) 数据可以从 DIP 数据库里找到. 他们利用 Sharan 等[64] 描述的方法来计算 DIP 数据的可信度的得分. DIP Core 数据中所包含的相互作用需要至少被一个小规模的实验或两次相互独立的实验所证实. SPA 数据包含的蛋白质很有可能参与了细胞通信和信号转导, 并且已经被成功地应用于重建信号网络[63].

如果只有蛋白质相互作用数据被用来提取信号通路, ILP 模型中的目标函数式 (7.16) 中的权重被定义为蛋白质相互作用的可靠性得分. ILP 模型被用来寻找酵母中的信息素反应的信号通路和丝状生长的信号通路. 在大规模的蛋白质作用网中, 许多远离起点或终点的成分不可能属于信号网络. 因此, 先利用深度优先算法对相互作用数据进行预处理, 这样可以减少计算的复杂性[61]. 换句话说, 用深度优先算法产生了一个小的蛋白质相互作用网, 它包含了尽可能始于膜蛋白、止于 TF 的长度为 6~9 的通路. 这样, 利用深度优先算法分别对两个 MAPK 信号通路进行处理, 产生了两个更小的相互作用网. 再对这两个简化了的网络应用 ILP 模型. 值得一提的是, 这种预处理已经被广泛地应用于信号通路识别中[48,60,63,67]. 查准率 (precision) 和查全率 (recall) 被用来评价该方法的性能, 同时将 KEGG 中的通路作为标准的信号通路. 查准率被定义为同时出现在 STN 和 KEGG 通路中的成分在 STN 所占的百分比, 查全率被定义为同时出现在 STN 和 KEGG 通路中的成分在 KEGG 通路中所占的百分比[61].

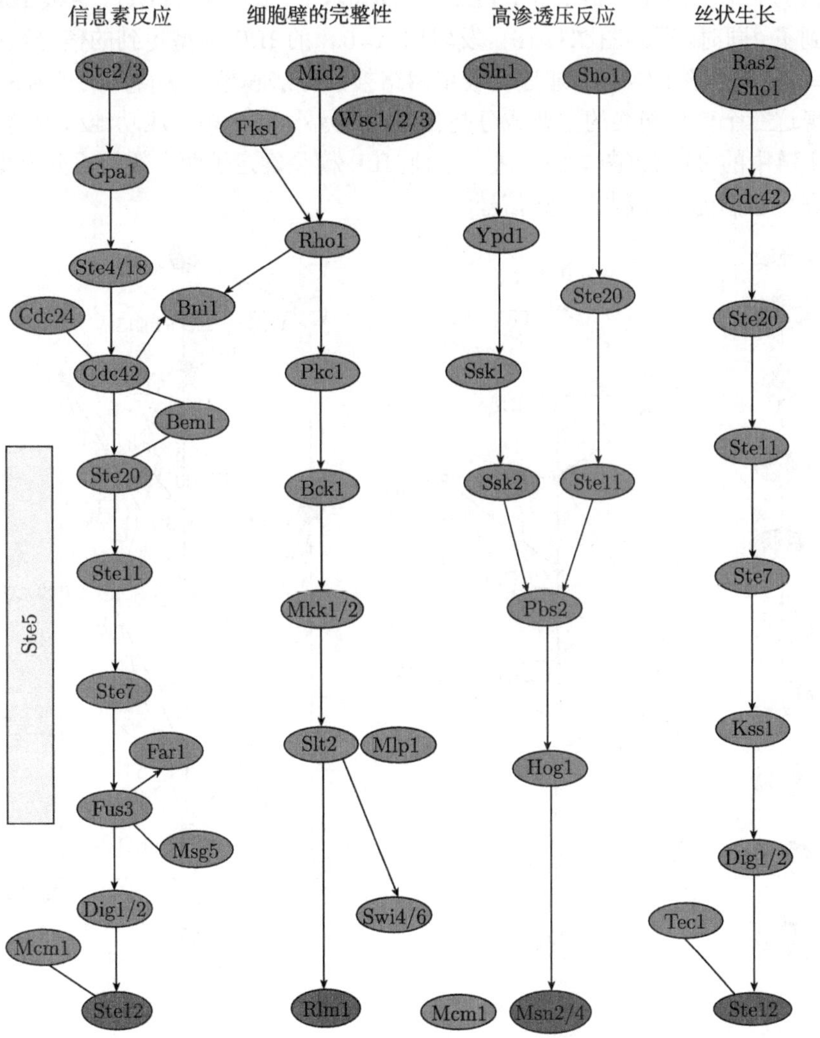

图 7.10 酵母的 MAPK 信号通路[61]

在 ILP 模型中可把 λ 的值从 1 变到 0, 从而可以得到不同大小的信号网络(从复杂的网络变成一个线性通路). 数值结果显示得到的大网络总是包含更小的网络[61]. 因此, 一个小的网络更有可能包含在 STN 中, 因为它包含在所有更大的网络中, 但是大的网络包含着更多的预测. 对于信息素反应通路来说, ILP 模型被用来寻找一个始于膜蛋白 STE3 且止于转录因子 STE12 的信号网络 (图 7.11). 通过比较用染色法和 ILP 模型 (λ=0.85) 得到的信息素反应通路 [图 7.11.(a)], 我们可以看出由 ILP 模型得到的信号网络包含由染色法得到的网络. 进一步地, 其他蛋白质 (如 STE18、AKR1、FAR1、STE20、CDC42、STE50 和 STE11) 也被 ILP 模型检测到了. 同时, 观察图 7.11.(b), 发现用 λ=0.8 的 ILP 模型得到的信号网络包含了 λ=0.85 时得到的网络. 通过比较用网络搜索方法和染色法得到的信号网络, 我们发现这三个信号网络的主要成分是相同的. 另外, ILP 模型成功地检测到了信号通路主链中的 STE20(图 7.10). 进一步地, ILP 模型确定了两个新的成分 (CLN2 和 CDC28), 它们能够抑制信息素信号.

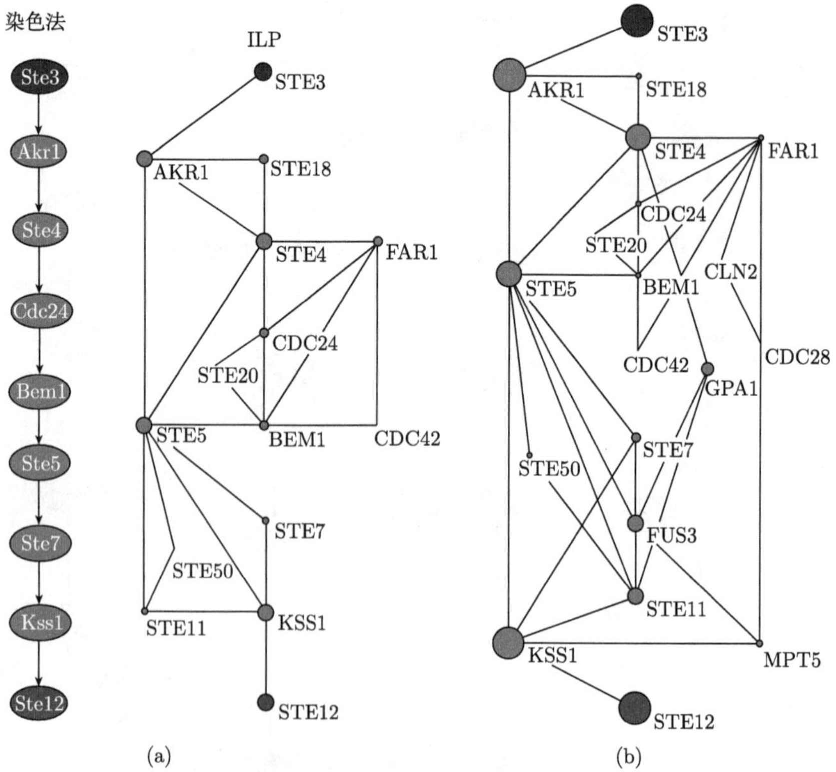

图 7.11　染色法与 ILP 模型的比较[61]

(a) 由染色法和 ILP 模型 (λ=0.85) 得到的信号通路；(b) 由 ILP 模型 (λ=0.8) 得到的信息素反应的信号通路

通过比较 ILP 模型和其他方法 (包括网络搜索、染色法和寻找路径法) 的查准率和查全率 (表 7.2), 我们发现寻找路径法 (pathfinder) 的结果最好, 染色法次之. 尽管 ILP 模型很简单, 但它也可以与其他方法相媲美. 由 ILP 模型找到的信号网络的五个 GO 术语 (信息素的反应、依赖于信息素的信号转导、细胞融合的调节、有性生殖和信号转导) 的功能富集的 P 值显示信号通路中大多数成分具有类似的功能, 并且检测得到的 STN 的 P 值小于 10^{-15}. 从这些结果中, 我们认为 ILP 模型是对现有方法的很好补充.

表 7.2 根据蛋白质相互作用数据预测信息素反应的不同方法的比较

方 法	查准率/%	查全率/%
ILP 模型 ($\lambda = 0.85$)	80	60
ILP 模型 ($\lambda = 0.8$)	70	70
染色法 (线性通路)	78	35
染色法 (信号网络)	83	75
寻找路径法	88	75
网络搜索法	74	70

对于丝状生长侵入的通路, ILP 模型被用来寻找一个始于膜蛋白 RAS2 且止于转录因子STE12 的信号网络[61]. 比较用染色法和 ILP 模型 (λ=0.90)得到的信号通路 [图 7.12(a)], 很容易看出, ILP 模型重建的信号通路与已知的信号通路在很大程度上是吻合的. 其中, 没有出现在 KEGG 通路的 CDC25 和 HSP82 被检测到了, 这主要是因为相互作用网中缺乏 RAS2 和 CDC42 的连接. 利用相同的数据集, ILP 模型能够找到和染色法得到的大小一样的信号网络. 另外, 和染色法相比, ILP 模型找到了几个不同的连接. 这些不同的连接可能暗示了其他可以选择的信号通路(也就是信号通路的冗余), 因为这个冗余的机制可以补偿单个蛋白质的消耗. 通过调节 λ 的值可以得到一个更大的由 ILP 模型得到的丝状信号转导网络 [图 7.12(b)]. 这个信号网络包含了 18 个蛋白质, 其中我们认为蛋白质 CDC25、SPA2、CYR1、FUS3、HSP82 和 BEM1 参与了信号通路. 我们容易看出得到的信号网络和网络搜索方法在很大程度上是一致的. 由这个网络搜索方法得到的 HFC82 没有包含在我们的网络中, 因为 STE11 和 HSP82 有直接的相互作用. 特别地, ILP 模型发现的 STE20 在丝状生长通路的主链里, 而网络搜索方法没有发现它.

如表 7.3 所示, 比较 5 种不同的方法的查准率和查全率：寻找路径法检测了 KEGG 里最大数量成分, 但是它具有最小的精确度. 这个例子说明了没有一种方法总是执行得最好, 不同的方法之间可以相互补充. 对于信号网络的成分的 5 个 GO 术语 (包括复制、生长、丝状生长、信号转导和细胞通信) 的功能富集分析得到的 P 值表明, 信号网络的大多数成分具有相似的功能. 另外, 计算得到的随机网络的

P 值小于 10^{-15}, 这暗示了由 ILP 模型得到的信号网络是在统计上有意义的.

表 7.3　根据蛋白质相互作用数据预测成丝生长通路的不同方法的比较

方　法	查准率/%	查全率/%
ILP 模型 ($\lambda = 0.90$ 没有先验知识)	62.5	45
ILP 模型 ($\lambda = 0.95$ 有先验知识)	33	55
染色法 (线性通路)	62.5	45
寻找路径法	28	82
网络搜索法	33	64

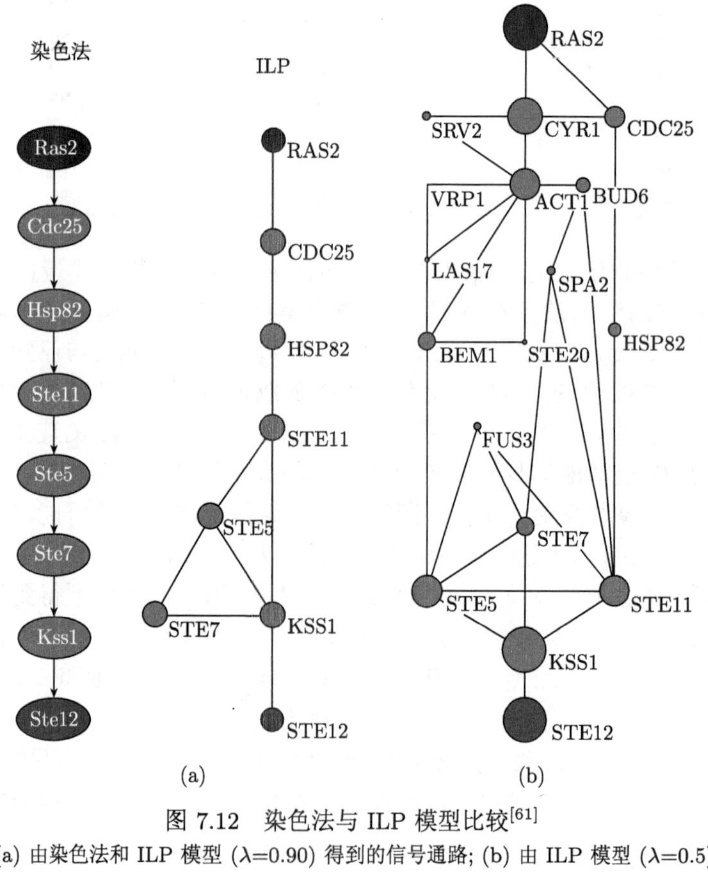

图 7.12　染色法与 ILP 模型比较[61]

(a) 由染色法和 ILP 模型 (λ=0.90) 得到的信号通路; (b) 由 ILP 模型 (λ=0.5) 得到的信息素反应的信号通路

ILP 模型仅使用了蛋白质相互作用数据就得到了很好的结果, 在一定程度上是因为酵母蛋白的相互作用数据的可信度得分具有很高的准确性. 然而, 从许多数据库得到的蛋白质相互作用没有可信度得分或者可信度得分不准确. 另外, 大量基因表达数据的出现为信号网络的研究提供了新的信息. 像先前的工作一样, 整合基因表达数据和蛋白质相互作用数据可以提高信号网络推断的准确性. 除了上面描述的信号通路外, ILP 模型也被用来检测细胞壁的完整性通路和高渗环境的胁迫反应 (HOG) 途径. 对于信息素反应、丝状形成和细胞壁的完整性来说, 文章中使用了 DIP Core 数据库. 对于高渗环境的胁迫反应途径来说, 由于 DIP Core 数据库丢失了许多相互作用, 故 Zhao 等使用了由 Arga 等建立的 SPA 相互作用数据[63]. 由于不同的信号通路是在不同的条件下被激活的, 所以将不同的基因表达数据结合起来探测信号转导网络. 在整合的数据里, ILP 模型中的目标函数的权重 W_{ij} 是表达值相关系数的绝对值.

观察由 ILP 模型方法 (λ=0.50) 得到的信息素反应通路 [图 7.13(a)], 容易看出主链中的绝大多数成分都被成功地发现了, 特别是没有被网络搜索方法发现的 CDC42 和 STE20 也被 ILP 模型成功地检测到了. 另外, STE20 也没有被染色法检测到. 与由网络搜索法和染色法得到的信号网络相比, 除了不在主链且与网络中的其他成分的相关系数很低的 CDC4 和 STE2 外, ILP 模型可以检测到由这两种方法得到的绝大多数的成分. 然而, ILP 模型成功预测了 STE20 和 BNI1, 其中 STE20

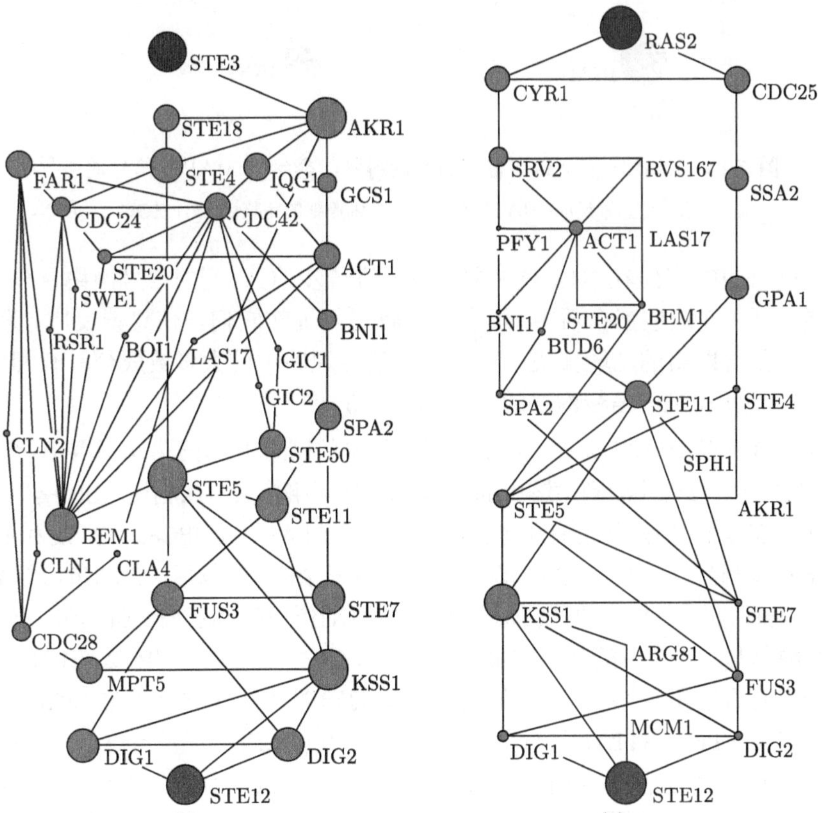

(a) (b)

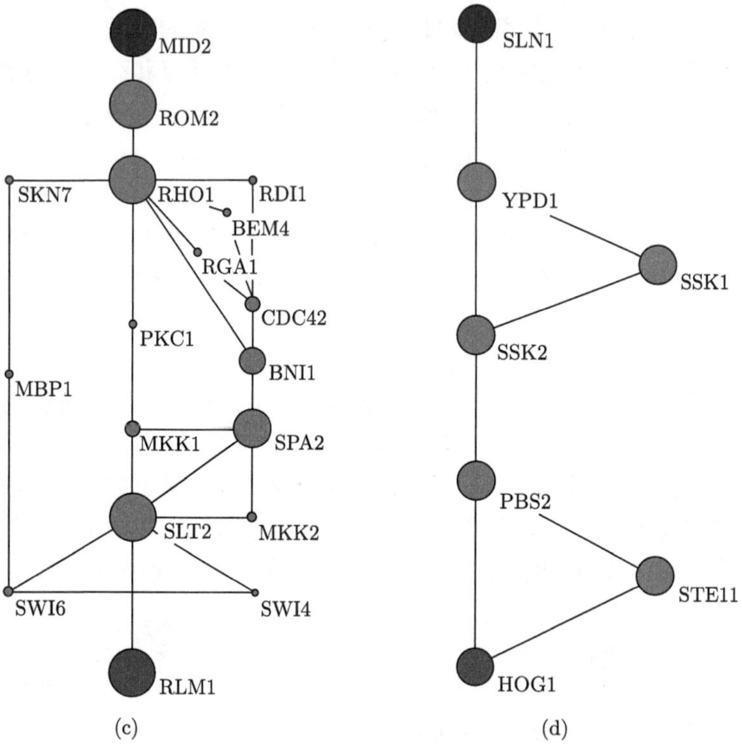

图 7.13　由 ILP 模型利用整合的数据得到的酵母的 MAPK 信号通路[61]

(a) 信息素反应; (b) 丝状生长; (c) 细胞壁的完整性; (d) HOG

属于主链, BNI1 已经在 KEGG 中被证实. 进一步地, 得到的信号网络包含几个另外的蛋白质. 在这些蛋白质中, 现有的文献已经证实它们与信息素反应是相关的. 从信息素信号网络的功能富集中可以看出信号通路中的大多数成分具有相似的功能. 另外, 检测得到的信号网络的 P 值小于 10^{-15}.

在由 ILP 模型方法 (λ=0.50) 得到丝状信号的网络中, 由于相互作用数据的不完整性, ILP 模型没有检测到主链中的 CDC42. 与网络搜索方法相比, ILP 模型成功地检测到了 STE20, 但是却没有预测到不在主链中的 ABP1、HSC82、FUS1 和 HSP82. 尽管没有检测到 ABP1, ILP 模型确定了其他三个成分, 包括: 肌动蛋白组装因子 LAS17, 与肌动蛋白相关的蛋白质 RVS167, 肌动蛋白抑制蛋白、肌动蛋白和 4- 磷脂酰肌醇, 以及 5- 二磷酸盐绑定蛋白 PFY1. 这三个蛋白质和 SRV2、BUD6、ABP1 在同一个复合物里, 这暗示了它们具有相似的功能. SPH1 被包含在预测的网络中是因为它与 STE7、STE11 具有很强的相关性, 其中 SPH1 激活 STE7. 其余的蛋白质被检测到是因为它们是不同信号通路的共有成分且具有很强的相关性. 丝状信号网络的 5 个 GO 术语 (丝状的生长、信号转导、复制、细胞表面受体和生长) 的功能富集分析表明, 信号网络的大多数成分具有类似的功能. 另外, 检测得到的信号网络的 P 值小于 10^{-15}, 这也证明了 ILP 模型的有效性和预测得到的网络是有意义的.

在由 ILP 模型方法 (λ=0.15) 得到细胞壁完整性信号的网络中, 除了 BCK1 外, 主链中的所有成分都被成功地预测了. 与网络搜索方法得到的网络相比, 由于相互作用数据的不完整性, ILP 模型没有预测到 FKS1、GIC2、ACT1、BUD6、BCK1、SPH1 和 SMD3, 但是 ILP 模型成功地预测了两个转录因子: SWI4 和 SWI6. 另外, ILP 模型预测了几个其他成分, 包括 MBP1 和 BEM4p. 其中, MBP1 和 SWI6p、RHO1 影响因子 SKN7 形成了同一个复合物, BEM4p 参与了 RHO1 调节的信号通路. 细胞壁完整性信号网络的 5 个 GO 术语 (信号转导, 细胞通信, 细胞内的信号级联, 小 GTP 酶调节的信号转导和细胞结构的形态形成) 的功能富集分析表明, 信号网络的大多数成分具有类似的功能. 另外, 检测得到的信号网络的 P 值是 0.002, 这证明了 ILP 模型的有效性和预测得到的网络是有意义的.

在由 ILP 模型方法 (λ=0.90) 得到高渗环境的胁迫反应途径中, 主链被成功地重建了. 进一步地, 参与信号网络的 STE11 也被成功地预测了. 除了这些, 成分之间几个新的连接也被预测了, 这可能对应于可供选择的信号通络. 其他利用蛋白质间的成对相关性的方法没有成功地预测高渗环境的胁迫反应通路, 可能是因为高渗环境的胁迫反应途径不是线性的且通路主链的成分间有更多的连接. 而 ILP 模型把高渗环境的胁迫反应途径作为一个整体来处理, 因此得到的结果更好.

如表 7.4 显示的是由 ILP 模型利用蛋白质相互作用数据和基因表达数据预测 MAPK 的信号网络的性能, 网络搜索方法预测细胞壁信号通路和由 Arga 等[63] 描述的高渗环境的胁迫反应途径的结果. 从中我们可以看出: 在重建信号网络时, ILP 模型的性能可以通过利用整合的数据得到提高. 尽管由于没有真正的信号转导网络的知识可能导致不同方法的比较有所偏颇, 但是实验结果证明了 ILP 模型可以更好地重建信号转导网络.

表 7.4 ILP 模型预测 MAPK 信号通路的性能

信号网络	查准率/%	查全率/%
信息素 (ILP 模型, $\lambda = 0.50$)	47	80
成丝生长 (ILP 模型, $\lambda = 0.90$)	29	73
细胞壁 (ILP 模型, $\lambda = 0.15$)	56	63
细胞壁 (网络搜索法)	50	56
HOG(ILP 模型, $\lambda = 0.89$)	100	58
HOG(基于 SPA 的成对关联法)	47	75

4. 流模型

正如先前提到的那样, ILP 模型可以不用排名和组装单个的通路, 而是把信号转导网络作为一个整体来处理. 但是, 在理论上, ILP 模型不能确保信号网络的连通性. 尽管参数 λ 可以被微调用以确保得到的信号转导网络的连通性, 但是这只是一种试探性的方法. 换句话说, 并没有从理论上来确保信号转导网络的连通性. 为了克服这个缺点, Zhao 等修改了 ILP 模型, 引入了流的概念. 采用流模型, 可以确保得到的网络是连通的[68].

为了识别信号转导网络, 我们的目的是从一个带有权重的蛋白质相互作用网 $G(V,E,W)$ 中, 找到一个起于膜蛋白 S、终止于转录因子 T 的具有 R 个顶点的边权重最大的路. 设 x_i 是一个二进制变量, 表示蛋白质 $i \in V$ 是否被选为信号转导网络的成分. y_{ij} 也是一个二进制变量, 表示的是由 $E(i,j) \in E$ 表示的生化反应是否被选为信号转导网络的一部分. 这个最值问题可以用线性规划模型表示如下：

目标函数

$$\max_{\{x_i,y_{ij},z_{ij}\}} \sum_{i\in V}\sum_{j\in V} W_{ij}y_{ij} - \lambda \sum_{i\in V}\sum_{j\in V} y_{ij} \tag{7.25}$$

满足

$$y_{ij} \leqslant x_i \tag{7.26}$$

$$y_{ij} \leqslant x_j \tag{7.27}$$

$$\sum_{j=1}^{|V|} y_{ij} \geqslant 1 \quad (\text{如果}i\text{是}S\text{或者 TF}) \tag{7.28}$$

$$\sum_{j=1}^{|V|} y_{ij} \geqslant 2x_i \quad (\text{如果}i\text{不是}S\text{且不是TF}) \tag{7.29}$$

$$\sum_{i\in V'} z_{si} = R-1 \tag{7.30}$$

$$\sum_{i\in V} z_{ij} - \sum_{k\in V'} z_{jk} = x_j, \quad j \in V' \tag{7.31}$$

$$\sum_{i\in V} z_{ij} \leqslant (R-1)x_j, \quad j \in V' \tag{7.32}$$

$$x_i \in \{0,1\}, \quad i \in V \tag{7.33}$$

$$y_{ij} \in \{0,1\}, \quad i,j \in V \tag{7.34}$$

$$x_i = 1 \quad (\text{如果已知}i\text{属于信号通路}) \tag{7.35}$$

$$z_{ij} \in \{0,1,\cdots,R-1\}, \quad i \in V, j \in V' \tag{7.36}$$

式中, $V' = V - \{S\}$, W_{ij} 是图 G 中的边 $E(i,j)$ 的权值. 限制条件 (7.28) 确保每一个膜蛋白 (或者 TF) 至少与其他蛋白质有一个连接. 限制条件 (7.29) 确保若 x_i 被选作线性信号通路的中间部分, 那与它相连的有两条边. z_{ij} 表示从 i 到 j 的流. 限制条件 (7.30) 表示的是从源点 S 进入网络的流共有 $R-1$ 个单位. 换句话说, 流模型将选 R 个成分来组成一个边权重最大的路. 限制条件 (7.32) 表示若一个点 (成分) 被选中 (即 $x_j = 1$), 那么进入这个点的最大流不超过 $R-1$ 个单位, 因为网络中的总流量是 i 个单位. 限制条件 (7.31) 表示如果一个顶点 i 被选中, 那么可能的成分数目将减少一个, 且流也减少 1 个单位. 方程 (7.30)~ 方程 (7.32) 是对流的限制, 用来确保从 S 到 T 的路是连通的. 这个模型的缺点在于, z_{ij} 是一个整数变量, 而不是一个二进制变量, 因此增加了计算的复杂性.

在本质上, 无论是基因信息遗传过程还是信号转导过程都是信息运输过程, 因此从源点到汇点存在信息流. 在此基础上, Riba 等[69] 提出了最大流的模型来识别信号通路. 他们把网络识别处理为寻找从源点到汇点传输了最大信息的通路. 他们利用图论中的最大流来模拟这个问题. 最大流是指在一个每条边都有容量 (capacity) 的有向图分配流, 使一条边的流量不会超过它的容量. 一道流必须符合一个节点的进出的流量相同的限制, 除非这是一个源点 (source), 它有较多向外的流, 或是一个汇点 (sink), 它有较多向内的流. 在生物网络中, 每一个相互作用就是一个特殊的信息通道. 信息流根据每个信息通道的耗散指数进行衰减. 每个信息通道具有一个容量值, 要求信息流的量不能超过这个容量, 否则就会出现信息溢出.

假设 f_{ij} 表示从节点 i 到节点 j 的流量, 则

目标函数

$$\min\left(\left(\sum_{i\in V',j\in V'} -\log(W_{ij})f_{ij}\right)-\left(\gamma\sum_{i\in Gen} j_{si}\right)\right),\quad \gamma\geqslant 0 \tag{7.37}$$

满足

$$\sum_{j\in V'} f_{ij}-\sum_{j\in V'} f_{ji}=0,\forall i\in V'-\{S,T\} \tag{7.38}$$

$$\sum_{i\in Gen} f_{si}-\sum_{i\in Ten} f_{iT}=0 \tag{7.39}$$

$$0\leqslant f_{ij}\leqslant c_{ij},\forall(i,j)\in E' \tag{7.40}$$

目标函数式 (7.37) 中的 $\sum\limits_{i\in V',j\in V'} -\log(W_{ij})f_{ij}$ 可以找到概率高的相互作用网, 而同时 $\gamma\sum\limits_{i\in Gen} f_{si}$ 是为了保证流入网络中的流量最大. 限制条件 (7.38) 表示的是对于每一个中间点来说 (除了源点和汇点外的点), 流入它的流量等于从它流出的流量. 限制条件 (7.39) 表示的是从源点 S 流入的流等于流入汇点 T 的流. 限制条件 (7.40) 表示的是经过每条边的流量是非负的, 并且不超过它的容量.

把最大流和网络流方法相比较, 发现它们在原理上是有相似之处的. 假设整数变量 x_{ij} 表示节点 i 和节点 j 之间的相互作用是否被选中 (当 $x_{ij}=1$ 时, 表示节点 i 和节点 j 之间的相互作用被选中; 当 $x_{ij}=0$ 时, 则表示没有被选中). 注意到最小化 $\sum\limits_{i,j}-\log(W_{ij})x_{ij}$ 等价于最大化 $\prod\limits_{ij}W_{ij}x_{ij}$, 而后者表示的是所有的 $x_{ij}=1$ 的相互作用的总概率. 用连续变量 f_{ij} 代替整数变量 x_{ij} 就可以得到目标函数式 (7.37) 中的第一项 $\sum\limits_{i\in V'j\in V'}-\log(W_{ij})f_{ij}$. 而这里的最小化 $\sum\limits_{i,j}-\log(W_{ij})x_{ij}$ 与最大流中最大化的 $\sum\limits_{i\in V}\sum\limits_{j\in V}W_{ij}y_{ij}$ 表示的是同一个意思, 它们都是为了找到权重较大的 (概率高的) 相互作用网.

7.4 信号途径的应用

细胞对外界环境进行感知并作出相应的反应, 这种能力对于细胞的适应性、生存能力和免疫力都是至关重要的. 现有研究表明, 许多疾病的发生是由信号通路紊乱所导致的. 归纳起来, 由信号转导紊乱引起的疾病分为两种形式. 一种是由于信号通路的异常造成的疾病发生. 例如, Rho/Rock 信号通路介导多种平滑肌与非平滑肌功能异常的疾病, 它通过调节细胞内微丝骨架的聚合状态, 参与多种细胞的生物学行为. 在支气管哮喘、血管痉挛、器官纤维化和肿瘤的侵润中均发现 Rho/Rock 信号通路的异常活化. 又如, 刺猬蛋白 (hedgehog) 信号通路与癌症和骨骼缺陷等相关[3], Wnt/Notch 信号通路和 TGF-b 信号通路等与胰腺癌有关[4] 等. 另一种是由于信号转导通路中的信号分子异常造成的疾病. 信号分子在信号转导通路中占据着非常重要的地位, 因此它们的异常也容易造成疾病的产生. 例如, 由于受体异常而产生疾病, 像因胰岛素受体异常造成的糖尿病和肥胖症[2], 因 ALK 异常造成的 Ki-1 淋巴瘤, 因 FGF 受体异常造成的胃癌等. 因此, 理解信号转导通路可以帮助人们理解疾病的产生过程, 并可以帮助开发有效的治疗药物[70~74].

我们以肿瘤为例, 根据肿瘤的生长特性及其对机体的危害程度, 一般分为良性肿瘤和恶性肿瘤两大类. 恶性肿瘤也称作癌症, 癌症是由于细胞的遗传物质发生改变, 多种基因变化的累积使得控制细胞正常生长增殖的机制失去作用, 也有观点认为肿瘤细胞是分化不完全或分化受到阻滞的细胞, 总之, 不断生长的癌细胞最终会形成肿瘤. 癌症通常是根据发病器官或组织来命名的, 如乳腺癌、肺癌、肝癌、胃癌、肠癌、白血病和淋巴瘤等, 都是一些常见的癌症类型, 身体的各个器官组织都存在发生癌变的可能, 因此针对癌症的诊断、分类和治疗一直是全世界科研工作者研究的重大课题.

随着科研的发展和技术的进步, 科学家已经开始在基因层次上对癌症进行研究, 并发现人体自身就存在癌基因和抑癌基因, 癌基因 (oncogene) 是指一类会引起细胞癌变的基因. 其实, 癌基因是有其正常的生物学功能的, 它的蛋白质产物参与细胞正常的生长、分化和增殖. 只有当细胞的癌基因被不适当地激活后才会在没有接收到生长信号的情况下仍然不断地促使细胞生长或使细胞免于凋亡, 最后导致细胞癌变. 迄今为止, 人们已经发现了近百种癌基因. 与之相对应的是抑癌基因 (anti-oncogene), 又称肿瘤抑制基因 (tumor suppressor gene), 是指在正常情况下能够抑制细胞癌基因活性、调节细胞增殖的一类基因, 其功能是抑制细胞周期, 阻止细胞数目增多以及促进细胞凋亡. 目前已经发现十多种抑癌基因, 位于染色体 13p14 的 Rb 基因是第一个被发现和鉴定的抑癌基因, 它是在研究少见的儿童视网膜母细胞瘤中发现的. 抑癌基因的突变是导致人类肿瘤发生的最常见的因素, 如第二个被鉴定的抑癌基因 p53 在大多数的人类癌症如白血病、淋巴瘤、乳腺癌、胃肠道癌及肺癌等癌症中常呈失活状态. p53 的突变可见于高达 50% 以上的人类癌症中, 它是人类恶性肿瘤中最常见的基因突变.

信号通路是细胞对外界刺激产生反应时, 分子信号从细胞外到细胞内, 并最终引发一系列细胞应答, 产生生物学效应的传递过程. 随着对癌症研究的深入, 越来越多与癌症发生、生长和转移过程中紧密联系的关键信号通路相继被发现, 从而使针对特定信号通路的癌症药物研制、筛选成为可能. 表 7.5[75~81] 列出了目前已经证实的与癌症相关的信号通路.

表 7.5 常见信号通路引起的疾病

癌症	信号通路
脑肿瘤	CIN, GLI ,p53
乳腺癌	AKT, CDK4/6, CIN, Hh, PI3K, p53
肠癌	AKT,APC, BVCL2,PI3K, WNT,p53
肾脏癌	PI3K, RB, RTK
白血病	CIN, NFkB, RAS, RB
肝癌	APC,Hh, RAS, p53
卵巢癌	AKT, AIP, PI3K, CIN
前列腺癌	RTK, Hh, p53, WNT
皮肤癌	GLI, CIN, NER, NFkB
胃癌	AET, APC, BCL2, PI3K, WNT

表 7.5 中 p53、NFkB 等都是重要的抑癌基因通路, 它们在细胞生长周期中可诱导凋亡. PI3K、Akt 信号通路作为细胞内重要的信号转导通路之一, 在细胞内发挥着抑制凋亡、促进增殖的关键作用. 调节 Hh、WNT 信号通路能起到削弱增殖能力、抑制增殖的作用.

鉴于信号通路对细胞的增殖、分化、死亡和转化起到非常重要的调节作用, 研究和设计以信号转导通路为靶点的药物和疾病治疗方法就成为临床医学和药物产业的新领域. 一方面, 目前已经设计和制造了一些专门针对信号转导通路中激酶的药物和针对配体或者受体的药物. 其中, 针对激酶的药物包括 PKC 活性调节剂、PKA 抑制剂、PTK 抑制剂和受体介导的钙通道调节剂等抗肿瘤药物, 它们之中有的已经进入临床实验; 针对配基和受体的药物包括一些调节细胞因子活性的拮抗剂. 例如, 一些非肽类分子是理想的细胞因子拮抗剂, 可溶性受体是天然的、有高度选择性的细胞因子抑制剂. 另一方面, 既然细胞的增殖、分化和死亡是受跨膜信号转导途径控制的, 那么干扰信号途径, 控制信号转导过程, 或者干扰信号诱导的基因表达, 都能使细胞不正常增殖被控制或者使它们及时死去. 例如, 调节 Ras 信号途径: Ras 基因与许多肿瘤, 特别是血液系统肿瘤的发生有关. 而 Ras 蛋白又是促使这些肿瘤增殖的信号分子. 干扰 Ras 信号途径可以使这些肿瘤细胞自杀性死亡, 从而达到治疗的目的.

总之, 对信号通路研究越深入, 就越有助于人们清楚地认识生命现象, 理解生命运行的内部机制, 从而为有效地诊断和治疗许多复杂疾病提供新的思路和契机, 能够更好地保障人类的健康.

7.5 总 结

在本章中, 重点介绍了信号转导通路的建模和识别方法. 对于利用高通量数据来推导信号转导网络的方法, 尽管已经证明这些方法可以有效地检测信号通路, 但是这些方法依赖于数据的质量, 而就目前的技术水平来讲, 高通量、大规模的基因组及蛋白质组数据质量离系统生物学所要求达到的理想水平还相差很远. 另外, 对于从实验观察来推导信号转导网络的方法, 只有当实验观察是非常充分的时候, 才能得到一个可靠的通路. 尽管对信号转导通路研究已经取得了很大的进步, 但是要想得到精确的生物信号转导网络, 仍然面临着很大的挑战, 需要我们进行反复的理论研究和实验论证.

参考文献

[1] 孙大业, 郭艳林, 马力耕. 细胞信号转导. 第 2 版. 北京: 科学出版社, 1999

[2] White M F. Insulin signaling in health and disease. Science, 2003, 302(5651): 1710–1711

[3] Mullor J L, Sánchez P, Ruizi A A. Pathways and consequences: Hedgehog signaling in human disease. Trends in Cell Biology, 2002, 12(12): 562–569

[4] Sian J,zhang X S, Parsons D W, et al. Core signaling pathways in human pancreatic cancers revealed by global genomic analyses. Science, 2008, 321(5897): 1801–1806

[5] Lee E, Chuang H Y, Kim J W, et al. Inferring pathway activity toward precise disease classification. PLoS Compu Biol, 2008, 4(11): e1000217

[6] Ooi C H, Ivanova T, Wu J, et al. Oncogenic pathway combinations predict clinical prognosis in gastric cancer. PLoS Genet, 2009, 5(10): e1000676

[7] Chen L, Zhang L, Zhao Y, et al. Prioritizing risk pathways: a novel association approach to searching for disease pathways fusing SNPs and pathways.Bioinformatics, 2009, 25(2):237–242

[8] Eleftherohorinou H, Wright V, Hoggart C, et al. Pathway analysis of GWAS provides new insights into genetic susceptibility to 3 inflammatory diseases. PLoS ONE, 2009, 4(11): e8068

[9] Minoru K, Susumu G KEGG. http://www. genome. ad. jp/kegg. 2010-10-1

[10] Darrgi N Biocerta http://www.biocarta.com/. 2010-10-1

[11] Tang W, Dodge M, Gundapaneni D, et al. A genome-wide RNAi screen for Wnt/β-catenin pathway components identifies unexpected roles for TCF transcription factors in cancer. Proceedings of the National Academy of Sciences, 2008, 105(28): 9697–9702

[12] Roberts C J, Nelson B, Marton M J, et al. Signaling and circuitry of multiple MAPK pathways revealed by a matrix of global gene expression profiles. Science, 2000, 287: 873–880

[13] Taylor R J, Falconnet D, Niemisto A, et al. Dynamic analysis of MAPK signaling using a high-throughput microfluidic single-cell imaging platform. Proceedings of the National Academy of Sciences USA, 2009, 106:3758–3763

[14] Suresh B C, Joo S E, Yoo Y S. Modeling and simulation in signal transduction pathways: a systems biology approach. Biochimie, 2006, 88(3-4): 277–283

[15] Campagne F, Neves S, Chang C W, et al.Quantitative information management for the biochemical computation of cellular networks. Sci STKE, 2004, 248: 11–31

[16] Saez-Rodriguez J, Simeoni L, Lindquist J A, et al. A logical model provides insights into T cell receptor signaling. PloS Comp Biol, 2007, 3(8): e163

[17] Klamt S, Saez-Rodriguez J, Lindquist J A, et al. A methodology for the structural and functional analysis of signaling and regulatory networks. BMC Bioinformatics, 2006, 7(1): 56

[18] Heath J, Kwiatkowska M, Norman G, et al. Probabilistic model checking of complex biological pathways. *In*: Priami C. Proceed-ings of the 4th International Conference on Computational Methods in Systems Biology (CMSB). Trento: LNCS, 2006, 6: 32–48

[19] Li C, Ge Q W, Nakata M, et al. Modeling and simulation of signal transductions in an apoptosis pathway by using timed petri nets.J Biosci, 2007, 32(1): 113–127

[20] Sackmann A, Heiner M, Koch I. Application of Petri net based analysis techniques to signal transduction pathways. BMC Bioinfor-matics, 2006, 7: 482

[21] Meng T C, Somani S, Dhar P. Modeling and simulation of biological systems with stochasticity. In Silico Biology, 2004, 4:293–309

[22] Clark E A, Brugge J S. Integrins and signal transduction pathways:the road taken. Science, 1995, 268: 233～239

[23] Hoffmann A, Levchenko A, Scott M L, et al. The IκB2NF2κB signaling module: temporal control and selective gene activation. Science, 2002, 298:1241–1250

[24] Baeuerle P A, Henkel T. Function and activation of NF2kappa B in the immune system. Annual Review of Immunology, 2004, 12 :141～179

[25] Karin M, Ben-Neriah Y.Phosphorylation meets ubiquitination: the control of NF kappa B activity. Annu Rev Immunol, 2000, 18 :621～663

[26] Bhalla U S, Iyengar R. Emergent properties of networks of biological signaling pathways. Science, 1999 , 283 :381～387

[27] Asthagiri A R, Lauffenbruger D A. A computational study of feesback effects on signal dynamics in a mitogen-activated protein kinase (MAPK) pathway model. Biotechnol Prog, 2001, 17:227–239

[28] Bhalla U S, Iyengar R. Emergent properties of networks of biological signaling pathways, Science, 1999, 283: 381–387

[29] Orton R J, Sturm O E, Vyshemirsky V, et al. Computational modeling of the receptor-tyrosine-kinase-activated MAPK pathway. Biochem J, 2005, 392:249–261

[30] Sedaghat, A R, Sherman A, Quon M J. A mathematical model of metabolic insulin siganling pathways, Am. J. Physiol.Endocrional.Metab, 2002, 283(5): E1084–E1101

[31] Gillespie D T. A general method for numerically simulating the stochastic time evolution of coupled chemical reactions. J Comput Phys, 1976, 22: 403

[32] Eungdamrong N J, Iyengar R. Modeling cell signaling networks. Biol Cell, 2004, 96:355–362

[33] Li S, Assmann S, Albert R. Predicting essential components of signal transduction networks: Dynamic model of guard cell abscisic acid signaling. PLos Biol, 2006, 4 (10):e312

[34] Gilbert D, Heiner M. From Petri nets to differential equations—an integrative approach for biochemical network analysis. Lecture Notes in Computer Science, 2006, 4024:181–200

[35] Gilbert D, Fuss H, Gu X, et al. Computational methodologies for modeling, analysis and simulation of signalling networks. Brief Bioinform, 2006, 7(4):339–353

[36] Price N D, Reed J L, Papin J A, et al. Analysis of metabolic capabilities using singual value decomposition of extreme pathway matrices. Biophys J, 2003a, 84:794–804

[37] Price N D, Reed J L, Papin J A, et al. Network-based analysis of regulation in the human red blood cell. J Theor Biol, 2003b, 225(2):185–194

[38] Reddy V N, Mavrovouniotis, M L, Liebman M N. Petri net representation in metabolic pathways. Proc Int Cons Intell Syst Mol Biol, 1993, 93:328–336

[39] Hofesta dt R. A Petri net application to model metabolic processes. J Syst Anal Model Simul, 1994, 16:113–122

[40] Voss K, Heiner M, Kochm I. Steady state analysis of metabolic pathways using Petri nets. In Silico Biol, 2003, 3(3):367–387

[41] Koch I, Junker B H, Heiner M. Application of Petri net theory for modelling and validation of the sucrose breakdown pathway in the potato tuber. Bioinformatics, 2005, 23(7):1219–1226

[42] Lee D Y, Zimmer R, Lee S Y, et al. Knowledge representation model for systems-level analysis of signal transduction networks. Genome Inform, 2004, 15(2):234–243

[43] Matsuno H, Tanaka Y, Aoshima H, et al. Biopathways representation and simulation on hybrid functional Petri net. In silico Biol, 2003, 3(3):389–404

[44] Li C, Ge Q W, Nakata M, et al. Modelling and simulation of signal transductions in an apoptosis pathway by using timed Petri nets. J Biosci, 2007, 32(1):113–127

[45] Pinney J W, Westhead D R, McConkey G A. Petri net representations in systems biology. Biochem Soc Trans, 2003, 31:1513–1515

[46] Kauffman S A. The Origins of Order, Self-organization and Selection in Evolution. New York: Oxford University Press, 1993

[47] Shmulevich I, Dougherty E R, Zhang W. From Boolean to probabilistic Boolean networks as models of genetic regulatory networks. Proceedings of the IEEE, 2002, 90(11):1778–1791

[48] Liu Y, Zhao H. A computational approach for ordering signal transduction pathway components from genomics and proteomics data.BMC Bioinformatics, 2004, 5: 158

[49] Arga K Y, Onsan Z, Kiidar B, et al. Understanding signaling in yeast: Insights from network analysis. Biotechnology and Bioengineering, 2007, 97: 1246–1258

[50] White A, Ma'yan A. Connecting seed lists of mammalian proteins using steiner trees. Nature Precedings, 2008, 287: 873–880

[51] Gomez S M, Lo S H, Rzhetsky A. 2001, Probabilistic prediction of unknown metabolic and signal-transduction networks. Genetics, 159 (3): 1291–1298

[52] ang Y, Vassileva J. Bayesian network-based trust model. *In*: Proceedings of IEEE International Conference on Web Intelligence. Halifax, Canada, 2003: 372–378

[53] Chen J C, Wang Y C, Maa C S, et al. Network-side mobile position location using factor graphs.IEEE Transactions on Wireless Com munications, 2006, 5(10):2696–2704

[54] Whittaker J. Graphical Models in Applied Multivariate Statistics. New York: JohnWiley and Sons lnc, 1990

[55] Richardson M, Domingos P. Markov logic networks. Machine Learning. 2006, 62 (1): 107–136

[56] Domingos P. Learning, logic and p probability: A unified view. *In*: Proceedings of the 9th Pacific Rim International Conference on Artificial Intelligence: Trends in Artificial Intelligence. Guilin, China, 2006, 1: 53

[57] Zeller C, Frhlich H, Tresch A. A bayesian network view on nested effects models. EURASIP Journal on Bioinformatics and Systems Biology, 2009, 2009(卷): 195272,

[58] Rhodes D R, Tomlins S A, Varambally S, et al. Probabilistic model of the human protein-protein interaction network. Nat Biotechnol, 2005, 23(8):951–959

[59] Qian X, Yoon B J. Effective identification of conserved pathways in biological networks using hidden markov models. PLoS ONE, 2009, 4(12): e8070

[60] Steffen M, Petti A, Asch J, et al. Automated modelling of signal transduction networks, BMC Bioinform, 2002, 3:34

[61] Zhao X M, Wang R S, Chen L, et al. Uncovering signal transduction networks from high-throughput data b integer linear programming. Nucleic Acids Res, 2008, 369(9):e48

[62] Gene Ontology Consortium The Gene Ontology project in 2008. Nucleic Acids Res, 2008, 36(database issue):D440–D444

[63] Arga K Y, Onsan Z, Kiidar B, et al. Understanding signing in yeast: Insight from network analysis. Biotechnol Bioeng, 2007, 97:1246–1258

[64] Sharan R, Suthram S, Kelley R M, et al. Conserved patterns of protein interaction in multiple species. Pro Natl Acad Acad Sci USA, 2005, 102:1974–1979

[65] Ogawa N Derisi J, Brown P O. New components of a system for phosphate accumulation and polyphosphate metabolism in Saccharomyces cerevisiae revealed by genomic expression analysis. Mol Biol Cell, 2000, 11:4309–4321

[66] Zhang X S, Wang R S, Wu L Y, et al. Inferring protein-protein interactions by combinatorial models. IFMBE Proc, 2006, 14:181–184

[67] Scott J, Ideker T, Karp R M, et al. Efficient algorithms for deteciong signaling pathways in protein interaction networks. J Comput Biol, 2006, 13 (2):133–144

[68] Zhao X M, Wang R S, Chen L, et al. Automatic modeling of signaling pathways based on network flow model. J Bioinform Comput Biol, 2009, 7 (2):309–322

[69] Riva L, Yeger-Lotem E, Su L J et al. Bridging the gap between high-throughput genetic and transcriptional data reveals cellular pathways responding to alpha-synuclein toxicity. Nat Genet, 2009, 41 (3) L 316–323

[70] Yaffe M B, Leparc G G, Lai J, et al. A motif-based profile scanning approach for genome-wide prediction of signaling pathways. Nat Biotechnol, 2001, 19(4):348–353

[71] Frohlich H, Fellmann M, Sültmann H, et al. Predicting pathway membership via domain signatures. Bioinformatics, 2008, 24(19):2137–2142

[72] Bostan B, Greiner R, Szafron D, et al. Predicting homologous signaling pathways using machine learning. Bioinformatics, 2009, 25(22):2913–2920

[73] Bebek G, Yang J. PathFinder: mining signal transduction pathway segments from protein-protein interaction networks. BMC Bioinformatics, 2007, 13:8–335

[74] Liu W, Li D, Wang J, et al. Proteome-wide prediction of signal flow direction in protein interaction networks based on interacting domains. Molecular and Cellular Proteomics, 2009, 8:2063–2070

[75] An H X, Beckmann M W, Reifenberger G, et al. Gene amplification and overexpression of CDK4 in Sporadic breast carcimomas is associated with high tumor cell proliferation. Am J Pathol, 1999, 154:113–118

[76] Fodde R, Smits R, Clevers H. APC, signal tromsduction and genetic instability in colorectal cancer. Nat Rev Cancer, 2001, 1:55–67

[77] Hoeijmakers J H J. Genome maintenance mechanisms for preventing cancer. Nature, 2001, 411:366–374

[78] Lasson M, Harlow E. The retinoblastoma tumonr suppressor in development and cancer. Nat Rev Cancer, 2002, 2:910–917

[79] Vivanco I, Sawyers C L. The phosphatidylinositol 3-kinase-AKT Pathway in human cancer. Nat Rev Cancer, 2002, 2:489–501

[80] Kubo M, Nakamura M, Tasaki A, et al. Hedgehoy signaling pathway is a new therapeutic target for patients with breast cancer. Cancer Research, 2004, 64: 6071–6074

[81] Vogelstein B, Kinzler K W. Cancer genes and the pathways they control. Nat Medicine, 2004, 10:789–799

第 8 章 具有典型动力学性质的生物分子网络介绍

8.1 具有平凡动力学特征的网络

前几章我们讨论了生物分子网络的构建及其相关问题. 有了生物分子网络, 可以用化学动力学方程或网络建立相应的方程, 使其成为一个动力系统. 从本章开始, 我们将从动力学角度来对生物分子网络展开分析研究. 先从具有典型动力学性质的网络开始. 在这里我们强调生物分子网络的基本行为, 它的具体分析过程建议读者参考有关文献.

具有最简单动力学性质的生物分子网络表现出单稳性质. 在研究具有单稳的生物分子网络时, 其动力学经常用微分方程来描述, 也就是

$$\dot{x} = f(x), \quad x \in \mathbb{R}^{+n} \tag{8.1}$$

式中, $f = (f_1, \cdots, f_n) : \mathbb{R}^{+n} \to \mathbb{R}^{+n}$ 为连续可微的函数.

该系统的平衡点 $\bar{x}$ 满足 $f(\bar{x}) = 0$. 其局部稳定性可以利用其平衡点处的特征值来讨论, 也就是用特征方程

$$|\lambda \boldsymbol{I} - \boldsymbol{A}| = 0 \tag{8.2}$$

的特征根来分析其局部稳定性, 其中

$$\boldsymbol{A} = \left.\frac{\partial f(x)}{\partial x}\right|_{x=\bar{x}} \tag{8.3}$$

如果 $\boldsymbol{A}$ 的所有特征值具有负实部, 则其为局部稳定的; 反之, 如果存在一个特征值具有正实部, 则其为不稳定的.

平衡点的全局稳定性可以利用构建 Lyapunov 函数的方法进行讨论, 具体如下.

(1) 通过变换 $\hat{x} = x - \bar{x}$ 把平衡点转移到原点处.

(2) 构建 Lyapunov 函数 $V(\hat{x})$ 满足如下特性: $V(\hat{x})$ 正定, 也就是, 当 $\hat{x} = 0$ 时, $V(\hat{x}) = 0$; 当 $\hat{x} \neq 0$ 时, $V(\hat{x}) > 0$.

(3) 计算 $V(\hat{x})$ 的微分. 如果在给定的区间里, 当 $\hat{x} = 0$ 时, $\dfrac{\mathrm{d}V(\hat{x})}{\mathrm{d}t} = 0$; 当 $\hat{x} \neq 0$ 时, $V(\hat{x}) \leqslant 0$, 则 $\hat{x} = 0$ 为稳定的. 如果更进一步地, 当 $\hat{x} \neq 0$ 时, $V(\hat{x}) < 0$, 则 $\hat{x} = 0$ 为渐进稳定的. 如果所给定的区间为整个状态区间, 则 $\hat{x} = 0$ 为全局渐进稳定的.

考虑典型的基因调控系统

$$\begin{cases} \dot{m}_i(t) = -a_i m_i(t) + b_i(p_1(t), \cdots, p_n(t)) \\ \dot{p}_i(t) = -c_i p_i(t) + d_i m_i(t), \quad i = 1, \cdots, n \end{cases} \tag{8.4}$$

式中, m_i、p_i 是第 i 个 mRNA 与蛋白的浓度, $b_i(p_1(t), \cdots, p_n(t))$ 通常是 Hill 函数, 也就是如果 p_j 促进基因 i 的转录, 则有

$$b_{ij}(p_j(t)) = \alpha_{ij} \frac{(p_j(t)/\beta)^H}{1 + (p_j(t)/\beta)^H}$$

如果 p_j 抑制基因 i 的转录, 则有

$$b_{ij}(p_j(t)) = \alpha_{ij} \frac{1}{1 + (p_j(t)/\beta)^H}$$

利用

$$\frac{1}{1 + (p_j(t)/\beta)^H} = 1 - \frac{(p_j(t)/\beta)^H}{1 + (p_j(t)/\beta)^H}$$

系统式 (8.4) 可以重新写为向量的形式

$$\begin{cases} \dot{\boldsymbol{m}}(t) = \boldsymbol{A}\boldsymbol{m}(t) + \boldsymbol{G}(\boldsymbol{p}(t)) + \boldsymbol{l} \\ \dot{\boldsymbol{p}}(t) = \boldsymbol{C}\boldsymbol{p}(t) + \boldsymbol{D}\boldsymbol{m}(t) \end{cases} \tag{8.5}$$

式中, $\boldsymbol{m}(t) = [m_1(t), \cdots, m_n(t)]^{\mathrm{T}}$, $\boldsymbol{p}(t) = [p_1(t), \cdots, p_n(t)]^{\mathrm{T}}$, $\boldsymbol{A} = \mathrm{diag}(-a_1, \cdots, -a_n)$, $\boldsymbol{C} = \mathrm{diag}(-c_1, \cdots, -c_n)$, $\boldsymbol{D} = \mathrm{diag}(d_1, \cdots, d_n)$, $\boldsymbol{l} = \mathrm{diag}(l_1, \cdots, l_n)$, $\boldsymbol{G}(\boldsymbol{p}(t)) = [g_1(p_1(t)), \cdots, g_n(p_n(t))]^{\mathrm{T}}$, 且 g_i 具有形式

$$g(x) = \frac{(x/\beta)^H}{1 + (x/\beta)^H}$$

其中, H 就是 Hill 系数; $l_1, \cdots, l_n$ 是按抑制或促进两种不同作用取 1 或 0.

系统式 (8.5) 的平衡点为 (m^*, p^*), 应满足

$$\boldsymbol{A}\boldsymbol{m}^* + \boldsymbol{G}(\boldsymbol{p}^*) + \boldsymbol{l} = 0$$

$$\boldsymbol{C}\boldsymbol{p}^* + \boldsymbol{D}\boldsymbol{m}^* = 0$$

作变换 $\boldsymbol{x}(t) = \boldsymbol{m}(t) - \boldsymbol{m}^*, \boldsymbol{y}(t) = \boldsymbol{p}(t) - \boldsymbol{p}^*$, 式 (8.5) 变为

$$\begin{cases} \dot{\boldsymbol{x}}(t) = \boldsymbol{A}\boldsymbol{x}(t) + \boldsymbol{G}\boldsymbol{f}(\boldsymbol{y}(t)) \\ \dot{\boldsymbol{y}}(t) = \boldsymbol{C}\boldsymbol{y}(t) + \boldsymbol{D}\boldsymbol{x}(t) \end{cases} \tag{8.6}$$

式中, $\boldsymbol{f}(\boldsymbol{y}(t)) = \boldsymbol{g}(\boldsymbol{y}(t) + \boldsymbol{p}^*) - \boldsymbol{g}(\boldsymbol{p}^*)$. 利用函数 $\boldsymbol{g}$ 的饱和性, 很容易得到

$$\boldsymbol{f}(a)(\boldsymbol{f}(a) - ka) \leqslant 0$$

也就是通常所谓的 sector condition, 故系统式 (8.6) 具有 Lue'r 形式. 利用对 Lue'r 系统处理的方法, 可以通过构造全局的 Lyapunov 函数的方法来证明系统具有唯一的平衡点, 且该平衡点是全局稳定的, 详细过程可参考文献 [1].

8.2 具有开关效应的网络

生物开关是非常重要的生物功能之一, 在基因调控、信号转导以及新陈代谢等方面都起着非常重要的作用. 生物开关与细胞分化、细胞命运抉择、细胞周期, 以及对环境的适应性等多个方面息息相关. 从动力学的观点来看, 生物开关即生物功能的切换, 意味着多个稳定态以及在某种刺激 (包括外部因素和内部因素) 下在这些稳态之间的切换. 生物网络中的多稳态问题近年来已经得到广泛的研究, 这种研究包括理论与实验等多个方面. 生物开关中最典型的是基因开关. 基因开关具体来说是指在一个细胞或组织中, 一个事件的发生开启某些基因或基因集的表达, 同时关闭另外一些基因或基因集的表达, 其中最著名的就是乳糖操纵子开关. 本节将介绍一些典型的基因开关系统, 并从动力学的角度阐明基因开关的基本生物机制.

双稳系统, 也就是具有两个稳定平衡点的系统, 是最普通且最典型的一类生物开关系统. 双稳意味着系统可以在两个稳定平衡态之间切换而不会停留在中间态. 双稳系统具有滞后效果. 实验结果表明, 双稳在诸如细胞周期、细胞分化、记忆的产生、新陈代谢以及信号转导中都起着非常重要的作用. 两种比较简单的能够产生开关效应的网络如图 8.1 所示. 产生多稳态的必要条件除了反馈外, 还需要包含一些非线性的因素, 如协作性等.

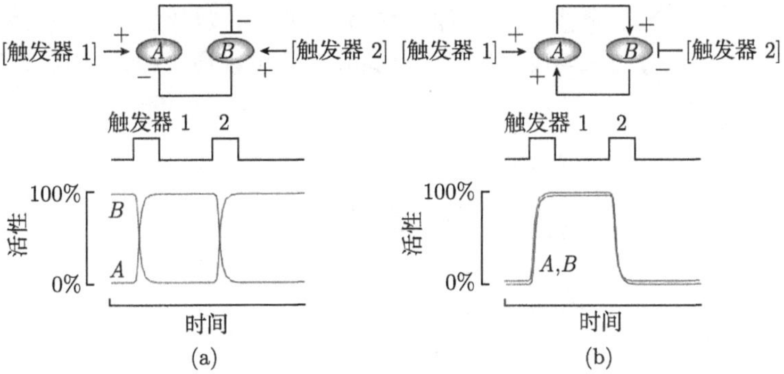

图 8.1 两种能够产生开关效应的简单网络[2]

(a) 两个基因相互抑制, 两个负反馈构成一个正反馈环, 该系统可以有两个稳态 (on, off) 及 (off, on), 也就是两个基因只有一个处于表达状态; (b) 两个基因互相促进, 该系统的两个稳态为 (on, on) 及 (off, off), 也就是两个基因同时表达或关闭一般来讲, 基因开关可以分为可逆与不可逆两种. 所谓可逆是指当信号从初始状态变为最终状态时, 系统的状态不随信号的变化方向而有所改变. 可逆开关的信号 — 反应曲线一般为连续的; 不可逆开关的信号 — 反应曲线一般为不连续的, 也可以分为两种情形, 如图 8.2 所示. 不可逆开关在一些不可逆过程中经常会遇到, 如细胞的定向分化以及细胞凋亡等不可逆的生命现象. 下面我们给出一些简单的多稳态开关模型.

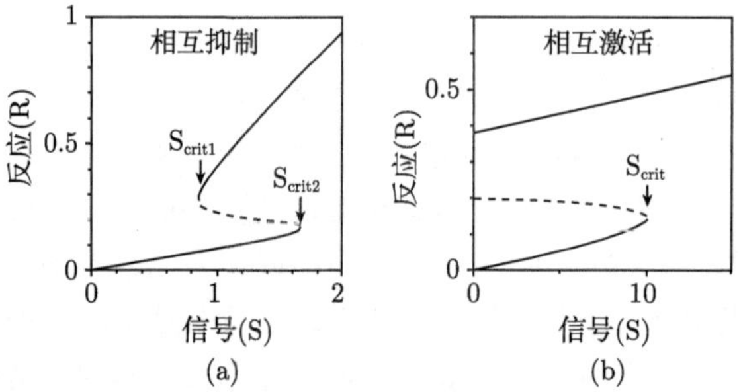

图 8.2　两种不可逆开关[3]

8.2.1　单基因双稳系统

一个单基因自调控的正环能够产生双稳态, 如图 8.3 所示. 该系统的数学模型可以用下面的微分方程描述:

$$\frac{dx}{dt} = \beta - x + \alpha \times \left(\frac{x^n}{1+x^n}\right) \qquad (8.7)$$

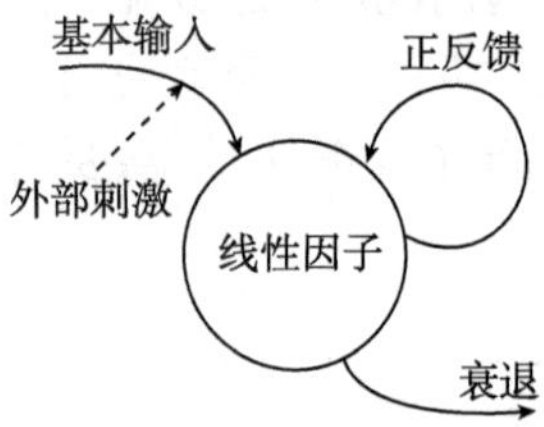

图 8.3　一个简单的双稳开关[4]

式中, n、α 和 β 是无标度参数. 模型式 (8.7) 的定型性质可以由动力学分析获得, 对于适当的系统参数, 系统可能只有一个稳定平衡点, 也可能有两个稳定平衡点, 即产生双稳态, 模型式 (8.7) 产生双稳的条件可以通过稳定性与分支分析进行说明, 如图 8.4 和图 8.5 所示.

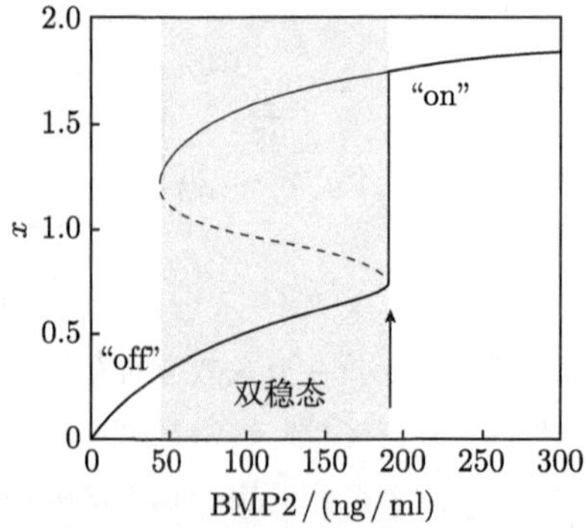

图 8.4　方程式 (8.7) 的变量 x 关于参数 β 的分支图[4]

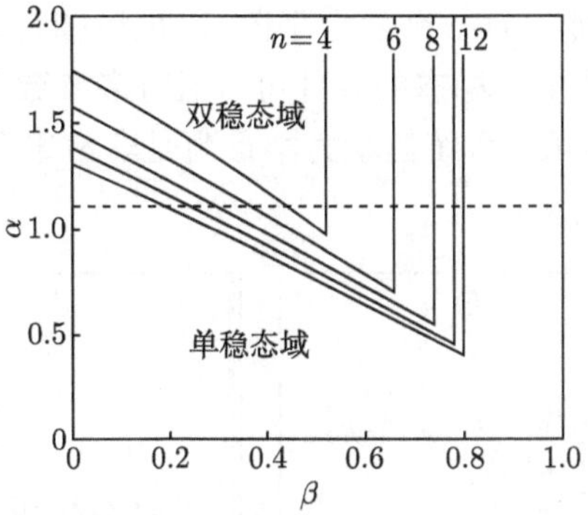

图 8.5 式 (8.7) 关于参数 α 与 β 的双参数分支图[4]

类似地, 单基因通过自调控产生双稳态的例子在 λ 噬菌体中也可以发现. 详细的生化反应、微分方程系统, 以及数值分析可以参考文献 [5].

8.2.2 双基因双稳系统

我们给出三种典型的双基因双稳系统, 分别对它们作出介绍.

1. 协作结合的基因开关: toggle switch

2000 年, 美国波士顿大学的 Gardner 等在大肠杆菌 (*E.coli*) 中成功合成了一个基因开关, 即著名的 toggle switch 系统. 该基因开关由两个抑制蛋白和两个启动子组成, 如图 8.6 所示, 其中基因 1 由启动子 2(它被抑制蛋白 2 抑制) 所控制, 而基因 2 由启动子 1(它被抑制蛋白 1 抑制) 所控制.

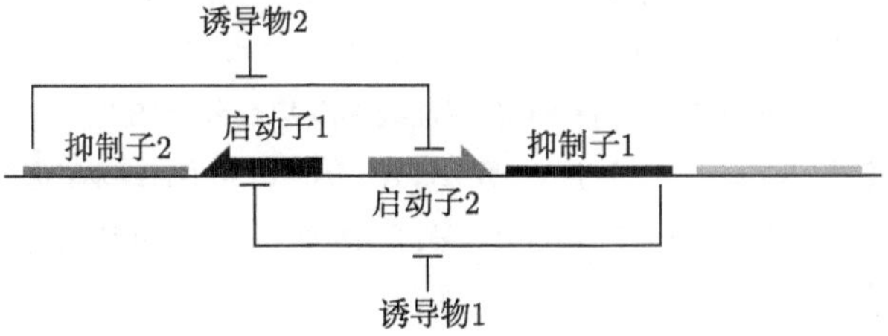

图 8.6 toggle switch 示意图[6]

其中基因 1 的转录被抑制子 2 所抑制, 同时被诱导物 1 所诱导; 基因 2 被抑制子 1 所抑制, 同时被诱导物 2 所诱导

记两个抑制蛋白的浓度分别为 u=[repressor1], v=[repressor2], 则 toggle switch 的动力学行为和产生的双稳性条件可以通过下列方程来描述:

$$\frac{\mathrm{d}u}{\mathrm{d}t}=\frac{\alpha_1}{1+v^{\beta}}-u,\quad \frac{\mathrm{d}v}{\mathrm{d}t}=\frac{\alpha_2}{1+u^{\gamma}}-v \tag{8.8}$$

式中, 参数 α_1 和 α_2 分别是两个抑制蛋白的有效合成率; 参数 β 和 γ 刻画两个抑制蛋白相抑制的协作性. 模型式 (8.8) 的定性性质可以由动力学分析获得. 对于适

当的系统参数, 系统可能只有一个稳定平衡点, 也可能有两个稳定平衡点, 即产生双稳态. 模型式 (8.8) 产生双稳态的条件可以通过多参数分支得到, 如图 8.7 所示. 这些分析对于理解基因开关系统的动力学行为是非常重要的. 这个模型的详细分析可参考文献 [6].

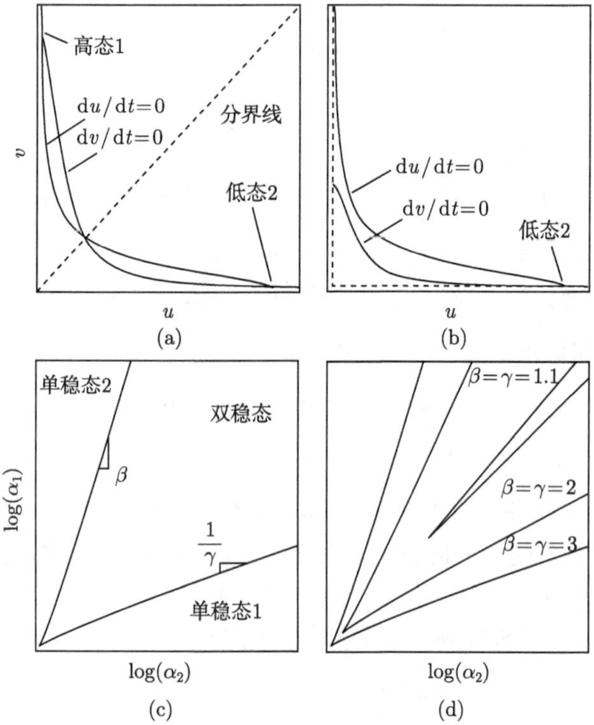

图 8.7　式 (8.8) 的零位线和双参数分支图[6]

(a) 双稳态; (b) 单稳态; (c) 式 (8.8) 关于双参数 α_1、α_2 分岔图, 图中直线为单稳和双稳区域的分界线; (d) 对不同的 β、γ 取值, 式 (8.8) 关于双参数 α_1、α_2 不同的分支情形

这个模型是比较典型的两个变量的基因双稳开关, 也是一种协作结合的基因开关, 生物中也有一些非协同结合的基因开关. 对于两个变量的系统, 三个稳定平衡态和四个稳定平衡态也是有可能存在的. 对这类系统的分析主要有模型的建立、参数的选取、平衡点分析和分岔分析等, 对分子噪声的随机性分析近来也得到了一些学者的认可.

2. 结合抑制蛋白降解开关

现在考虑另一种基因开关：不仅仅自由蛋白降解, 结合抑制蛋白也降解, 如图 8.8 所示. 结合蛋白降解阻止了抑制蛋白 A 和 B 同时结合到启动子的机会. 数值

仿真表明, 结合蛋白的降解在主方程和速率方程水平上都表现出双稳性. 相应的数学模型为

$$\begin{cases}\dfrac{\mathrm{d}[A]}{\mathrm{d}t}=g(1-[r_B])-d[A]-a_0[A](1-[r_A])+a_1[r_A]\\\dfrac{\mathrm{d}[B]}{\mathrm{d}t}=g(1-[r_A])-d[B]-a_0[B](1-[r_B])+a_1[r_B]\\\dfrac{\mathrm{d}[r_A]}{\mathrm{d}t}=a_0[A](1-[r_A])-a_1[r_A]-d_\mathrm{r}[r_A]\\\dfrac{\mathrm{d}[r_B]}{\mathrm{d}t}=a_0[B](1-[r_B])-a_1[r_B]-d_\mathrm{r}[r_B]\end{cases}\tag{8.9}$$

式中, d_r 是结合蛋白的降解率. 考虑到结合过程很快, 得到下面的 MM 方程:

$$\begin{cases}\dfrac{\mathrm{d}[A]}{\mathrm{d}t}=\dfrac{g}{1+k[B]}-\left(d+\dfrac{d_\mathrm{r}k}{1+k[A]}\right)[A]\\\dfrac{\mathrm{d}[B]}{\mathrm{d}t}=\dfrac{g}{1+k[A]}-\left(d+\dfrac{d_\mathrm{r}k}{1+k[B]}\right)[B]\end{cases}\tag{8.10}$$

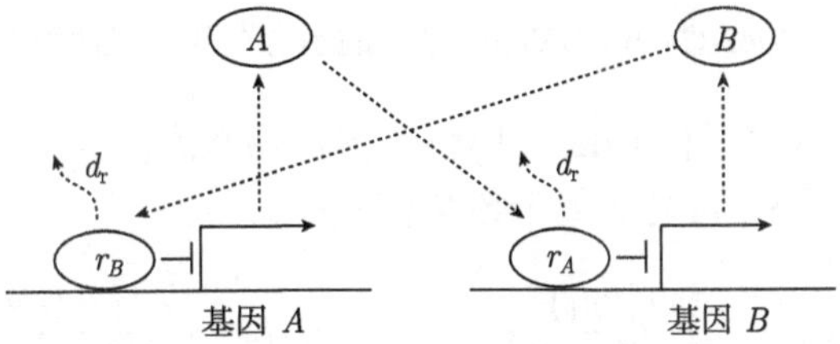

图 8.8　结合抑制蛋白降解开关示意图

在一定参数的条件下, 式 (8.10) 有一对平衡态解

$$[A]=[B]=\frac{\sqrt{(d+d_\mathrm{r}k)^2+4dkg}-d-d_\mathrm{r}k}{2dk}\tag{8.11}$$

当参数发生变化时, 在一定条件下方程还可能存在两个非对称平衡态解, 它们由下面的二次方程给出:

$$dd_\mathrm{r}k^2[A]^2+(gdk+dd_\mathrm{r}k+d_\mathrm{r}^2k^2-gd_\mathrm{r}k^2)[A]+gd=0\tag{8.12}$$

可以证明存在两个不同解 ($A_1\neq A_2$) 的条件是

$$(d-d_\mathrm{r})[g(kd_\mathrm{r}-d)^2-d_\mathrm{r}(kd_\mathrm{r}+d)^2]>0\tag{8.13}$$

同时为了保证这些解为正解, 必须满足 $g>d_\mathrm{r}$. 所以, 从平衡解到双稳解的分支点发生在

$$k_\mathrm{c}=\frac{d(\sqrt{g}+\sqrt{d_\mathrm{r}})}{d_\mathrm{r}(\sqrt{g}-\sqrt{d_\mathrm{r}})}\tag{8.14}$$

当 $k > k_c$ 时存在两个稳定的非对称解, 当 $k \leqslant k_c$ 时存在一稳定对称解. 在速率方程水平上结合蛋白的降解确实诱导了双稳. 双稳的出现可以归结于这样的事实: 在式 (8.10) 中, 这对占少数的自由蛋白的有效降解比占多数的自由蛋白的有效降解率高, 这增强了两者的差别, 并且当 $k > k_c$ 时使对称解失去稳定性. 更多细节可以参考文献 [7].

3. Cdc2-CyclinB/Wee1 系统

下面我们讨论 Cdc2-CyclinB/Wee1 系统, 如图 8.9 所示.

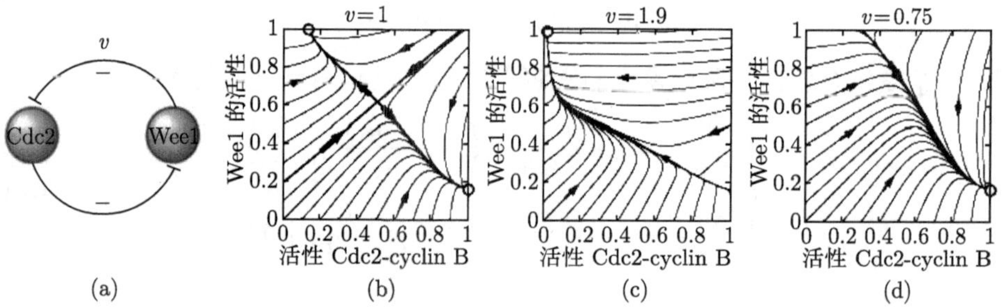

图 8.9　Cdc2-CyclinB/Wee1 系统的示意图和相平面稳态分析[8]

用 x_1、y_1 分别代表蛋白 Cdc2 和 Wee1 的激活状态, x_2、y_2 分别表示蛋白 Cdc2 和 Wee1 的非激活状态, 可得到如下数学模型:

$$\begin{cases} \dot{x}_1 = \alpha_1 x_2 - \dfrac{\beta_1 x_1 (\nu y_1)^{\gamma_1}}{K_1 + (\nu y_1)^{\gamma_1}}, \quad \dot{x}_2 = -\alpha_1 x_2 + \dfrac{\beta_1 x_1 (\nu y_1)^{\gamma_1}}{K_1 + (\nu y_1)^{\gamma_1}} \\ \dot{y}_1 = \alpha_2 y_2 - \dfrac{\beta_2 y_1 x_1^{\gamma_2}}{K_2 + x_1^{\gamma_2}}, \quad \dot{y}_2 = -\alpha_2 y_2 + \dfrac{\beta_2 y_1 x_1^{\gamma_2}}{K_2 + x_1^{\gamma_2}} \end{cases} \tag{8.15}$$

式中, α_s、$\beta_s (s = 1, 2)$, 是速率常数; k_s 是 Michaelis 饱和常数; γ_s 是 Hill 系数; ν 是 Wee1 对 Cdc2-cyclinB 的影响. 根据守恒原理, 令 $x_2 = 1 - x_1$ 和 $y_2 = 1 - y_1$, 式 (8.15) 可简化为

$$\dot{x}_1 = \alpha_1 (1 - x_1) - \frac{\beta_1 x_1 (\nu y_1)^{\gamma_1}}{K_1 + (\nu y_1)^{\gamma_1}}, \quad \dot{y}_1 = \alpha_2 (1 - y_1) - \frac{\beta_2 y_1 x_1^{\gamma_2}}{K_2 + x_1^{\gamma_2}} \tag{8.16}$$

对不同的参数值, 系统 (8.16) 可能有一个稳定的平衡点, 如图 8.9(c)、(d) 所示; 也可能有两个稳定的平衡点, 如图 8.9(b) 所示. 详细分析可以参考文献 [8].

8.2.3　高维生物系统中的多稳态

事实上, 大多数基因开关或者多稳态系统都是由许多分子相互调控得以实现的. 上面仅仅给出了几个较为简单的模型, 大多数更加复杂的系统基本上也都是通过生物分子之间的相互调控形成的正反馈以及分子之间的协作得以实现的，如在胚胎干细胞分化中的多稳态的产生[8,9]. 现在以一个多变量的双稳态模型 —— 五个变量的模型即 Mos/MEK/p42MAPK 模块为例来说明高维系统的多稳态. 这个模型的示意图如图 8.10 所示.

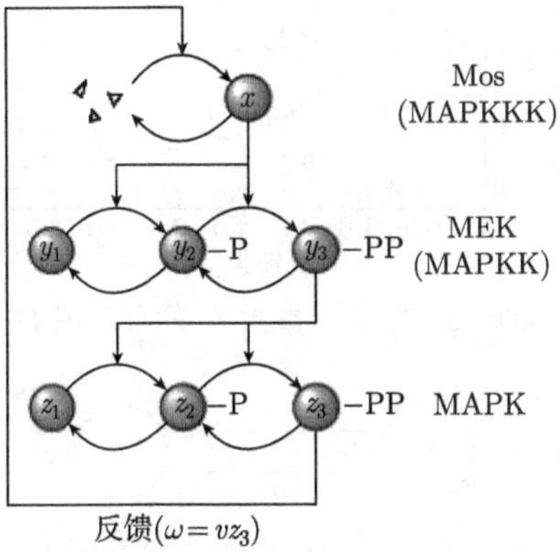

图 8.10 Mos/MEK/p42MAPK 模块示意图[8]

用 x 代表激活的 Mos, y_1、z_1 代表非磷酸化的 MEK、p42MAPK, y_2、z_2 代表单磷酸化的 MEK、p42MAPK, y_3、z_3 代表单磷酸化的 MEK、p42MAPK. 根据守恒原理, $y_1+y_2+y_3=k$, $z_1+z_2+z_3=k$(k 为常数), 可简化得到如下数学模型:

$$\begin{cases} \dot{x}=-\dfrac{V_2x}{K_2+x}+V_0\omega x+V_1 \\ \dot{y}_1=\dfrac{V_6(k-y_1-y_3)}{K_6+(k-y_1-y_3)}-\dfrac{V_3xy_1}{K_3+y_1} \\ \dot{y}_3=\dfrac{V_4x(k-y_1-y_3)}{K_4+(k-y_1-y_3)}-\dfrac{V_5y_3}{K_5+y_3} \\ \dot{z}_1=\dfrac{V_{10}(k-z_1-z_3)}{K_{10}+(k-z_1-z_3)}-\dfrac{V_7y_3z_1}{K_7+z_1} \\ \dot{z}_3=\dfrac{V_8y_3(k-z_1-z_3)}{K_8+(k-z_1-z_3)}-\dfrac{V_9z_3}{K_9+z_3} \end{cases} \tag{8.17}$$

模型所描述的详细生物学过程以及有关的生物意义参考文献 [8]. 在一定的条件下(取 $k=1200$), 通过分析可以得到图 8.11 所示的分岔图, 即系统 (8.17) 存在两个稳定的平衡态.

8.2.4 更多平衡点的多稳态系统

除了大多数的双稳态系统以外, 还有一些系统具有更多的平衡点, 此类系统在细胞分化中较为常见, 一个简单的例子如图 8.12 所示, 其中 X、Y 表示两个基因或蛋白.

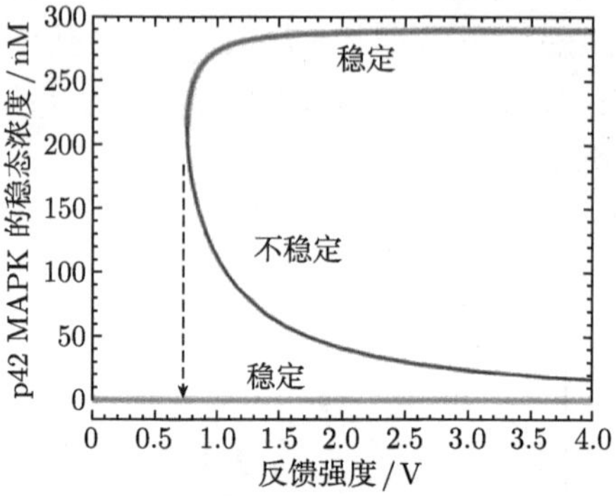

图 8.11　系统 (8.17) 关于参数 V 的分岔图 ($k=1200$[8])

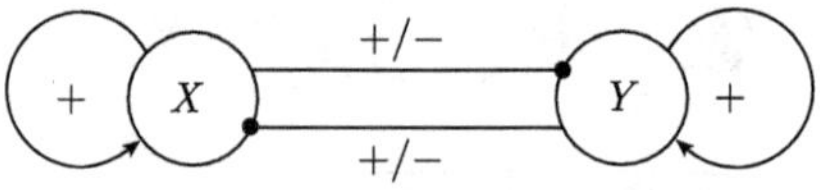

图 8.12　一个简单的正反馈环示意图

两个基因或蛋白元相互促进或抑制, 并且都具有自促进功能

通过令生化反应的快反应达到拟稳态, 该系统可以通过如下数学模型进行描述:

$$\begin{cases} \dfrac{\mathrm{d}x}{\mathrm{d}t}=\alpha_x\dfrac{1+\rho_x x^2+\nu_x\sigma_x y^2+\mu_x\sigma_{xy}x^2y^2}{1+x^2+\sigma_x y^2+\sigma_{xy}x^2y^2}-\delta_x x \\ \dfrac{\mathrm{d}y}{\mathrm{d}t}=\alpha_y\dfrac{1+\rho_y y^2+\nu_y\sigma_y x^2+\mu_y\sigma_{yx}x^2y^2}{1+y^2+\sigma_y x^2+\sigma_{yx}x^2y^2}-\delta_y y \end{cases} \tag{8.18}$$

式中, x、y 表示图 8.12 中 X、Y 的浓度. 对于给定的参数, 取不同的初始值, 该系统最终会到达不同的稳态, 这个系统可能存在一个稳定的平衡态, 也可能存在两个、三个或者四个稳定的平衡态. 式 (8.18) 的多稳态性质我们可以通过参数和分岔分析得出如图 8.13 所示的结果. 关于该系统详细的生化反应, 如何从生化反应得到式

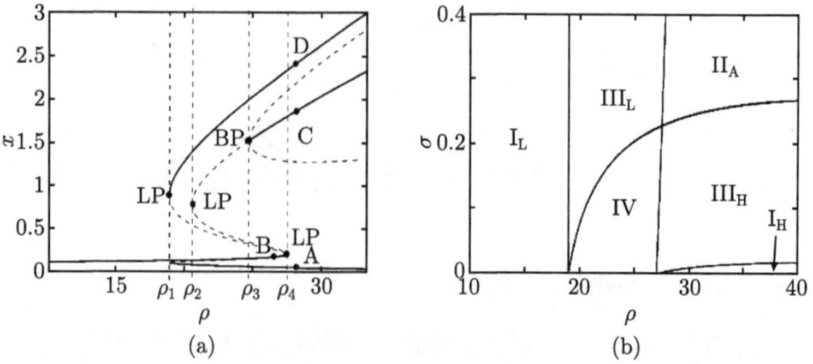

图 8.13　系统 (8.18) 的单参数分岔图和双参数分岔图 (其中 $\rho=\rho x=\rho y$)

(8.18) 以及详细的分析可以参考文献 [10].

事实上, 由于生物开关及多稳态在生物系统的重要性, 关于多稳态的生物模型很多, 包括从单基因、双基因到更多分子构成的非常复杂的网络都可以产生多稳态. 在各种外部与内部因素或者随机因素的作用下, 系统可以在多稳态之间切换, 从而产生开关. 关于如何对多稳态的稳定性进行判定, 对于正反馈环网络, 已经有一套方法, 有兴趣的读者可以参考文献 [8]、[11].

8.3 具有振荡效应的网络

具有振荡效应的节律性在生物中普遍存在, 它是生物体生命活动的内在节律性, 它是由生物体内的各种元素相互调控所决定的. 例如, 生物体随时间节律有时、日、周、月、年等不同的周期性节律. 研究具有振荡效应的节律性, 在医学上有着重要的意义, 并对生物学的基础理论研究起着促进作用. 目前研究最多的是一种叫"生物钟" 的生理机制, 也就是从白天到夜晚的一个 24h 循环节律, 如一个光–暗的周期, 与地球自转一次吻合. 生物钟是受大脑的下丘脑视交叉上核 (简称 SCN) 控制的, 和所有的哺乳动物一样, 人类大脑中 SCN 所在的那片区域也正处在口腔上腭上方, 人类有昼夜节律的睡眠、清醒和饮食行为都归因于生物钟作用.

根据单调系统理论, 如果一个网络中所有的反馈环为正的, 则这个系统为单调系统, 从而具有较为简单的动力学行为, 也就是说, 不可能有振荡行为产生, 从而产生振荡行为的必要条件为存在负反馈环. 事实上现在研究的所有能够产生振荡行为的网络确实存在负反馈. 生物系统的常见振荡行为有如下三种: 张弛振荡、光滑振荡以及随机振荡.

张弛振荡产生的机制是由于系统中存在多时间尺度, 如转录与翻译大约需要几分钟或几小时, 而聚合反应则需要很短时间. 下面以一个例子来说明张弛振荡的产生. 两个抑制蛋白 CI(X) 与 RcsA(Y) 受同一个启动子 $\mathrm{P_{RM}}$ 控制, 如图 8.14(a) 所示. 定义 $x=[X], y=[Y]$. 则该系统可以用以下系统来描述:

$$\dot{x}=m_x f(x)-\gamma_x x-\gamma_{xy}xy \tag{8.19}$$

$$\dot{y}=m_y f(x)-\gamma_y y \tag{8.20}$$

式中

$$f(x)=\frac{1+x^2+\alpha\sigma_1 x^4}{1+x^2+\alpha\sigma_1 x^4+\sigma_1\sigma_2 x^6} \tag{8.21}$$

关于这个系统的具体处理, 如具体的调控、生化反应以及如何从生化反应得到式 (8.19)~ 式 (8.21), 可以参考文献 [12]. 结果表明, 这个系统可产生张弛振动, 图 8.14(b) 给出了张弛振动的波形图. 除此之外, 还有很多其他张弛振动网络模型, 感兴趣的读者可以参考文献 [12]~[17].

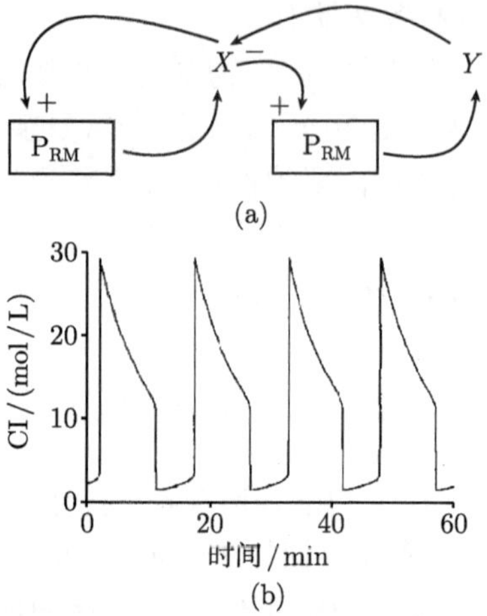

图 8.14 张弛振子[12]

(a) 松散振子网络示意图; (b) CI 随时间的振动 (参数为: $m_x = 10, m_y = 1, \gamma_x = 0.1, \gamma_y = 0.01, \sigma_1 = 2, \sigma_2 = 0.08, \alpha = 11$)

除张弛振动外, 光滑振荡也是常见的一种生物振荡形式, 其中较早的模型包括 Goodwin 1965 年提出的基因调控中的负反馈环路模型[18] (图 8.15) 以及 Goldbeter 1995 年提出的生物钟模型[19]. 这两个简单的模型均由正、负反馈构成, 只不过后者稍微复杂一些, 还包括了一些蛋白质的翻译后修饰过程. 这两个简单的模型都没有考虑昼夜光照变化的影响, 只是从机制上对生物钟的产生进行了初步的描述. 详细的有关生物钟的描述及模型见 10.4 节及 10.5 节.

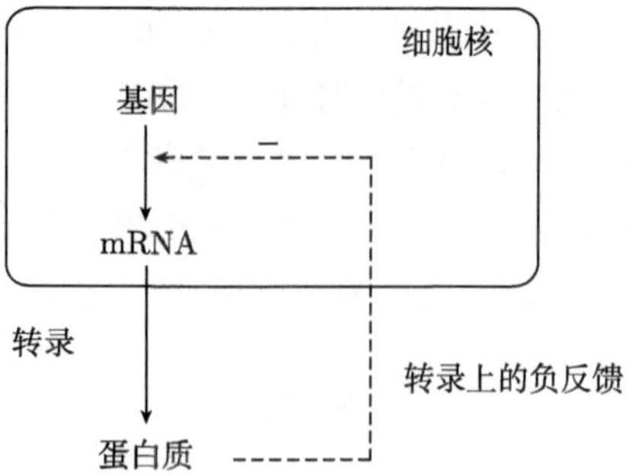

图 8.15 Goodwin 1965 年提出的生物钟模型

该模型结构比较简单, 只是在基因转录的时候加了个负反馈环路. 正是这个负反馈环路, 才使得基因表达呈现周期振动. 这个模型几乎是最早也是最简单的有关生物钟的模型

上述两种振荡性质都是确定性的, 也就是在不考虑随机因素的情况下得到的. 事实上, 在生物系统中噪声是无处不在的, 而且在许多情况下噪声可以发挥关键性

的作用, 如不考虑噪声时系统表现为平衡态, 考虑随机因素后出现振荡现象. 现在通过一个例子来说明生物系统中随机振荡的产生, 生物网络示意图如图 8.16 所示, 其生物意义可参考文献 [20]. 该系统可以通过如下方程来描述:

$$\frac{\mathrm{d}D_A}{\mathrm{d}t} = \theta_A D'_A - \gamma_A D_A A$$

$$\frac{\mathrm{d}D_R}{\mathrm{d}t} = \theta_R D'_R - \gamma_R D_R A$$

$$\frac{\mathrm{d}D'_A}{\mathrm{d}t} = \gamma_A D_A A - \theta_A D'_A$$

$$\frac{\mathrm{d}D'_R}{\mathrm{d}t} = \gamma_R D_R A - \theta_R D'_R$$

$$\frac{\mathrm{d}M_A}{\mathrm{d}t} = \alpha'_A D'_A - \alpha_A D_A - \delta_{M_A} M_A$$

$$\frac{\mathrm{d}A}{\mathrm{d}t} = \beta_A M_A + \theta_A D'_A - \theta_R D'_R - A(\gamma_A D_A + \gamma_R D_R + \gamma_C R + \delta_A)$$

$$\frac{\mathrm{d}M_R}{\mathrm{d}t} = \alpha'_R D'_R + \alpha_R D_R - \delta_{M_R} M_R$$

$$\frac{\mathrm{d}R}{\mathrm{d}t} = \beta_R M_R - \gamma_C AR + \delta_A C - \delta_R R$$

$$\frac{\mathrm{d}C}{\mathrm{d}t} = \gamma_C AR - \delta_A C$$

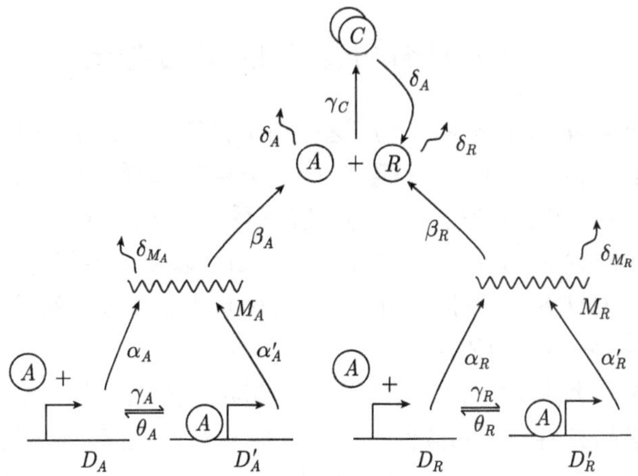

图 8.16 随机振动网络模型[20]

通过数值模拟可以得到, 上述确定系统在特定的参数下 (图 8.17 中表明的参数), 系统收敛到平衡点, 如图 8.17(a) 所示, 但 Gillespie 模拟却得到该系统收敛到周期振荡, 因而该振动为噪声诱导的随机振动. 还有其他很多随噪声诱导产生的振动现象, 可以参考文献 [15] 以及本书中提到的其他文献.

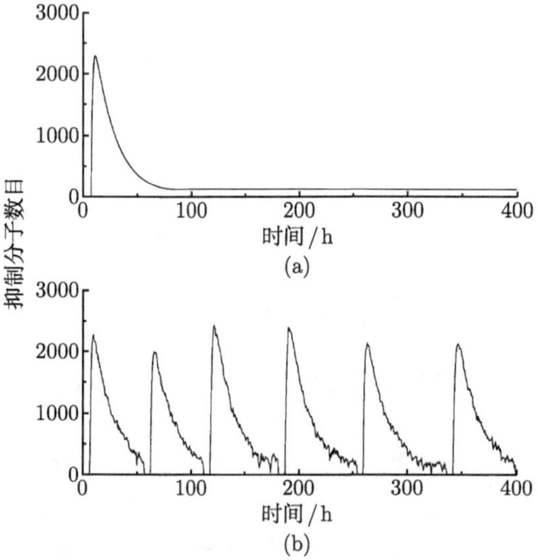

图 8.17 两种系统不同结果确定系统收敛到平衡点 (a), 随机系统收敛到周期振荡 (b)[20]

参数为：$\alpha_A = 50\text{h}^{-1}$, $\alpha'_A = 500\text{h}^{-1}$, $\alpha_R = 0.01\text{h}^{-1}$, $\alpha'_R = 50\text{h}^{-1}$, $\beta_A = 50\text{h}^{-1}$, $\beta_R = 50\text{h}^{-1}$, $\delta_{M_A} = 10\text{h}^{-1}$, $\delta_{M_R} = 0.5\text{h}^{-1}$, $\delta_A = 1\text{h}^{-1}$, $\delta_R = 0.05\text{h}^{-1}$, $\gamma_A = 1\text{mol}^{-1}\text{h}^{-1}$, $\gamma_R = 1\text{mol}^{-1}\text{h}^{-1}$, $\gamma_C = 2\text{mol}^{-1}\text{h}^{-1}$, $\theta_A = 50\text{h}^{-1}$, $\theta_R = 100\text{h}^{-1}$

8.4 具有可激发性质的网络

可激发系统 (excitable system) 广泛存在于自然界里, 是一种典型的动力系统. 可激发系统一般包含三个状态：静息态 (reststate)、激励态 (excited state) 和恢复态 (recovery state). 在没有外部扰动的情况下系统处于静息态, 微小的扰动只能导致系统小振幅线性响应, 但是一个充分强的扰动可以使得系统离开静息态, 随后经历一个激发态和恢复态, 再次回到静息态, 这种响应是高度非线性的且伴随着系统变量在相空间中的一个大幅偏移.

可激发性是一个典型的系统远离平衡态的动力学现象. 这种非平衡现象的维持在生物系统中必须具备一定的条件, 如基因调控系统中的随机波动等. 除了外部刺激使得系统远离平衡态, 系统要具有可激发性还必须具有一个有效的反馈机制, 如枯草芽孢杆菌 (*Bacillus subtilis*) 中的 ComK 反馈机制等. 生物可激发系统在外力如噪声的驱动下比双稳系统和振动系统有着更丰富的动力学行为.

在这里, 我们以枯草芽孢杆菌中的 ComK 反馈机制为例, 介绍具有可激发性质的网络. 从拓扑结构上看, 该系统是由耦合正负反馈回路组成, 有着丰富的动力学性质. 其调控机制如图 8.18 所示, 其中 ComK 激活它自己的表达, 同时 ComK 的浓度受到 MecA 的调控, MecA 在聚合酶 CIpC/CIpP 的帮助下促进 ComK 的降解. 由于 CIpC/CIpP 的降解而使得 ComK 保持一个低的浓度; 但在随机噪声的驱动下, 当 ComK 的浓度跨越一个阈值时, 由 ComK 正反馈回路形成的自激活效果出现, ComK 出现高的表达水平, 细胞进入竞争态. 另外, MecA 和 CIpC/CIpP 的浓度在竞争态变化不大, 于是高浓度的 ComS 可以起到保护 ComK 的作用以至于 ComK 可以自激活达到阈值. 实验证实 ComS 的高水平导致 ComK 的过量表达以及 ComK 抑制 ComS 的表达, 于是 ComK 又通过 ComS 形成了一个负反馈回路, 即 ComK-ComS 系统是由耦合的正负反馈回路组成的.

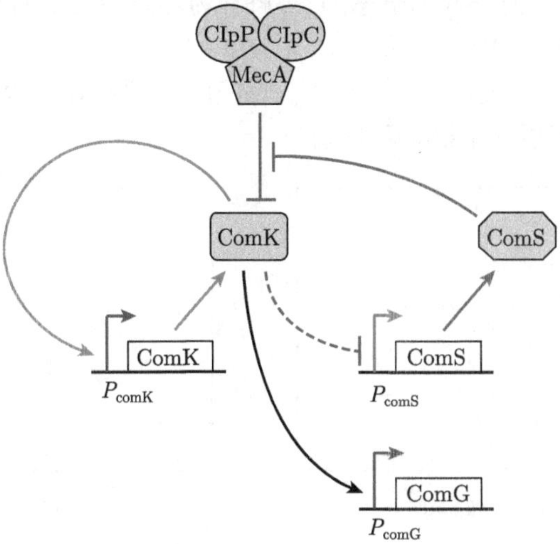

图 8.18 枯草芽孢杆菌 ComK-ComS 调控示意图[21]

记 ComK 和 ComS 的蛋白质浓度分别为 K 和 S, 则该系统可以用以下动力系统来描述:

$$\frac{\mathrm{d}K}{\mathrm{d}t} = a_{\mathrm{k}} + \frac{b_{\mathrm{k}}K^n}{k_0^n + K^n} - \frac{K}{1+K+S} \tag{8.22}$$

$$\frac{\mathrm{d}S}{\mathrm{d}t} = \frac{b_{\mathrm{s}}}{1+(K/k_1)p} - \frac{S}{1+K+S} + \xi \tag{8.23}$$

式中, a_{k} 是 ComK 的基本表达速率; b_{k} 是正反馈条件下 ComK 的饱和表达速率; b_{s} 是未抑制时 ComS 的表达速率; k_0 是 ComK 最大激活速率一半时 ComK 的浓度; k_1 是 ComS 最大激活速率一半时 ComK 的浓度; p 是 ComK 正反馈的 Hill 系数; n 是 ComS 被 ComS 抑制的 Hill 系数. 这里 ComS 的表达率可能随着营养的限制而增加, 因为 ComS 的表达是通过上游 ComA 的饥饿和细胞拥挤所激活; ξ 是噪声项.

为了研究式 (8.22)、式 (8.23) 的动力学行为, 取参数 $a_{\rm k} = 0.004$, $k_0 = 0.2$, $k_1 = 0.222$, $n = 2$, $p = 5$, 改变 $b_{\rm k}$ 和 $b_{\rm s}$, 可以发现存在四种不同的动力学行为 (图 8.19).

(i) 单稳性：系统仅有一个稳定的不动点, 参见图 8.19 (a) 和 (b).

(ii) 双稳性：三个不动点存在, 且其中两个稳定, 此时有营养态和竞争态的区域共存, 其典型的相图显示在图 8.19(c) 中, 这里实心圆表示两个稳定的不动点, 空心圆表示不稳定的鞍点.

(iii) 可激励性：三个不动点存在, 但仅有一个稳定. 竞争态不动点是不稳定焦点性的, 轨线向外螺旋, 而中间的 ComK 不动点保持鞍点型. 足够大的扰动将激励这个系统退出营养态而进入竞争态, 它被解释为环绕不稳定的螺旋不动点. 典型的相图显示在图 8.19(d) 中.

(iv) 极限环振动：仅有一个不动点, 但不稳定. 系统在中等的 ComK 水平和高的 ComK 水平之间展现出极限环振动.

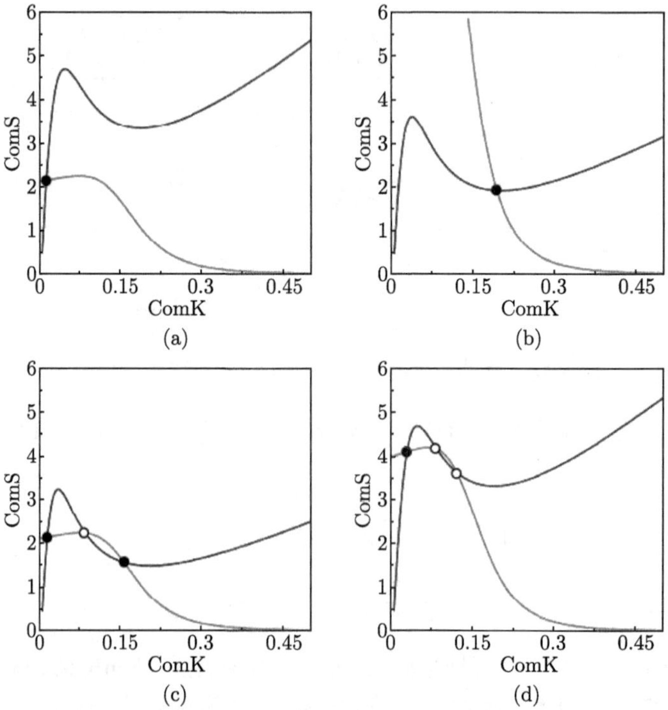

图 8.19 系统式 (8.22)、式 (8.23) 的动力学行为[21]

(a) 营养态单稳, $b_{\rm k} = 0.08$, $b_{\rm s} = 0.68$; (b) 竞争态单稳, $b_{\rm k} = 0.12$, $b_{\rm s} = 0.92$; (c) 双稳, $b_{\rm k} = 0.14$, $b_{\rm s} = 0.68$; (d) 可激励, $b_{\rm k} = 0.08$, $b_{\rm s} = 0.8$

对应这四种动力学行为的分岔图如图 8.20 所示, 其中分岔参数为 b_k 与 b_s. 上述四种动力学行为对应图中标为 (i)、(ii)、(iii) 以及 (iv) 的四个区域.

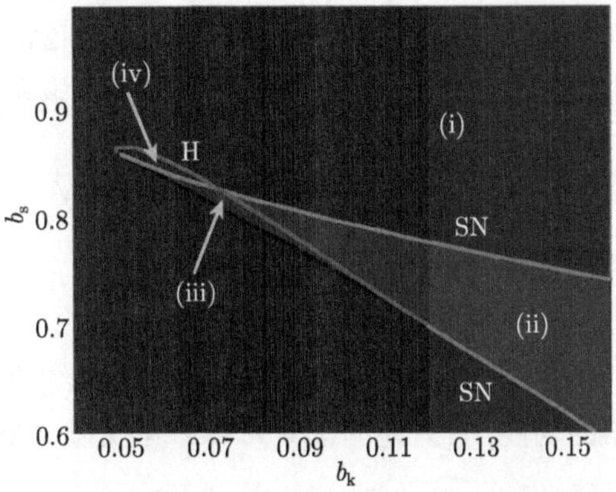

图 8.20 系统式 (8.22)、式 (8.23) 的分岔图[21]

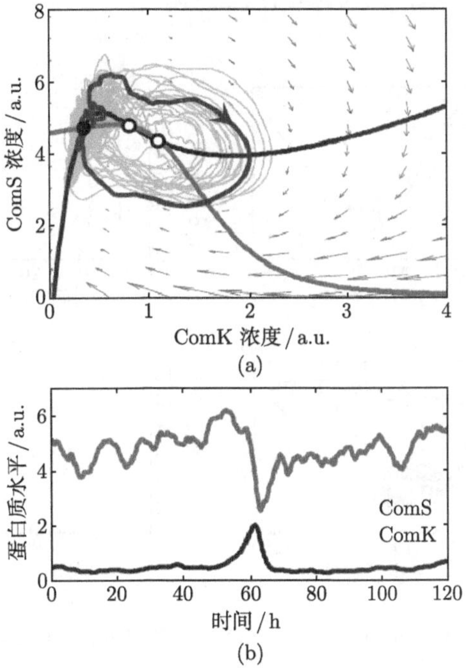

图 8.21 系统式 (8.22)、式 (8.23) 的分析[21]

(a) 相图; (b) 两个蛋白随时间的变化

上面的讨论没有考虑噪声的影响, 现在讨论噪声的影响. 其中的噪声 ξ 均值为零, 且满足 $\langle\xi(t)\xi(t')\rangle = \dfrac{D}{\tau_t}\exp\left(-\dfrac{|t-t'|}{\tau_t}\right)$, 也就是所谓的 Ornstein-Uhlenbeck 噪

声, 其中 $D = 0.01, \tau_t = 3$. 当考虑噪声时, 较大的噪声可以激励这个系统退出营养态而进入竞争态, 如图 8.20 所示. 关于更多细节, 有兴趣的读者可以参考文献 [21]~[24].

还有很多其他可激励性的基因调控的例子, 如文献 [25] 中利用可激励性基因网络实现计时器的功能, 其中的网络如图 8.22(a) 所示. 该系统可以用如下方程来描述:

$$\frac{\mathrm{d}A}{\mathrm{d}t} = \alpha_{\mathrm{a}} + \frac{\beta_{\mathrm{a}} A^n}{k_{\mathrm{a}}^n + A^n} - \sigma AR - \lambda_{\mathrm{a}} A \tag{8.24}$$

$$\frac{\mathrm{d}R}{\mathrm{d}t} = \alpha_{\mathrm{r}} + \frac{\beta_{\mathrm{r}} A^{\mathrm{p}}}{k_{\mathrm{r}}^p + A^{\mathrm{p}}} - \lambda_r R \tag{8.25}$$

其确定性与随机动力学如图 8.22(b)~(c) 所示. 关于该系统的详细参数、生化反应, 以及如何实现计时器的功能, 有兴趣的读者可以参考文献 [25].

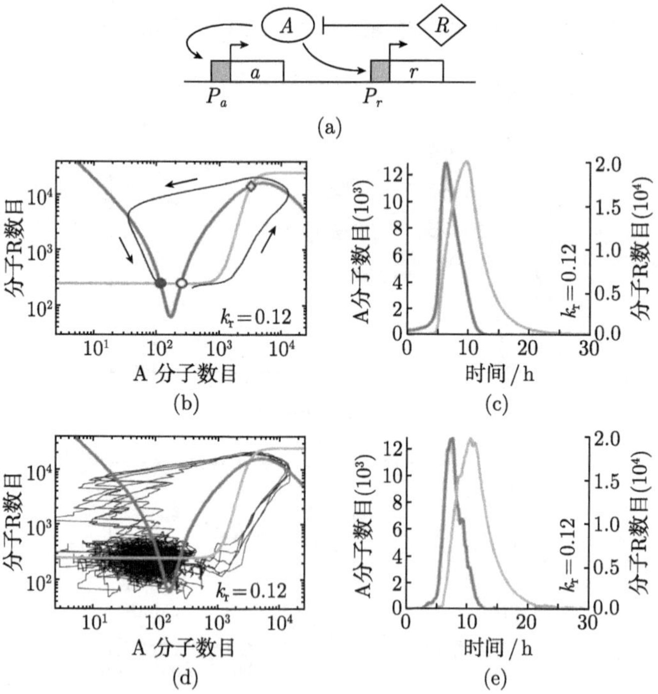

图 8.22 系统式 (8.24)、式 (8.25) 的模型示意图以及动力学[25]

(a) 网络示意图; (b)~(c) 确定的动力学; (d)~(e) 随机动力学

参 考 文 献

[1] Li C, Chen L, Aihara K. Stability of genetic networks with SUM regulatory logic: Lur'e system and LMI approach. IEEE Trans Circuits Syst, I, 2006, 53: 2451–2458

[2] Ferrell J E Jr. Self-perpetuating states in signal transduction: positive feedback, double-negative feedback and bistability. Curr Opin Chem Biol, 2002, 6: 140–148

[3] Tyson J J, Chen K C, Novak B. Sniffers, buzzers, togglees and blinkers: dynamics of regulatory and signaling pathways in the cell. Curr Opin Cell Biol, 2003, 15: 221–231

[4] Wang L, Walker B L, Lannaccone S, et al. Bistable switches control memory and plasticity in cellular differentiation. Proc Natl Acad Sci USA, 106: 2009, 6638–6643

[5] Hasty J, Isaacs F, Dolnik M, et al. Designer gene networks: Towards fundamental cellular control. Chaos, 2001, 11: 207–220

[6] Gardner T S, Cantor C R, Collins J J. Construction of a genetic toggle switch in Escherichia coli. Nature, 2000, 403: 339–342

[7] Lipshtat A, Loinger A, Balaban N Q, et al. Genetic toggle switch without cooperative binding. Phys Rev Lett, 2006, 96: 188101

[8] Angeli D, Ferrell J E Jr, Sontag E D. Detection of multistability, bifurcations, and hysteresis in a large class of biological positive-feedback systems. Proc Natl Acad Sci USA, 2004, 101: 1822–1827

[9] Chickarmane V, Troein C, Nuber U A, et al. Transcriptional dynamics of the embryonic stem cell switch. PLoS Comput Biol, 2006, 2(9): e123

[10] Guantes R, Poyatos J F. Multistable decision switches for flexible control of epigenetic differentiation. PLoS Comput Biol, 2008, 4(11): e1000235

[11] Cherry J L, Adler F R. How to make a biological switch. J Theor Biol, 2000, 203: 117–133

[12] Hasty J, Isaacs F, Dolnik M, et al. Designer gene networks: Towards fundamental cellular control. Chaos, 2001, 11: 207–220

[13] Tyson J J, Chen K C, Novak B. Sniffers, buzzers, toggles and blinkers: dynamics of regulatory and signaling pathways in the cell. Curr Opin Cell Biol, 2003, 15: 221–231

[14] Chen L, Aihara K. A model of periodic oscillation for genetic regulatory systems. IEEE Trans Circuits Syst I., 2002, 49: 1429–1436

[15] Guantes R, Poyatos J F. Dynamical principles of two-component genetic oscillators. PLoSComput Biol, 2006, 2(3): e30

[16] Kurosawa G, Aihara K, YohIwasa Y. A model for the circadian rhythm of cyanobacteria that maintains oscillation without gene expression. Biophys J, 2006, 91: 2015–2023

[17] Zhou T, Zhang J, Yuan Z, et al. Synchronization of genetic oscillators. Chaos, 2008, 18: 037126

[18] Goodwin B C. Oscillatory behavior in enzymatic control processes. Adv Enzyme Regul, 1965, 3: 425–438

[19] Goldbeter A. A model for circadian oscillations in the Drosophila period (PER) protein. Proc Roy SocLond B, 1995, 26: 319–324

[20] Vilar J M G, Kueh H Y, Barkai N, et al. Mechanisms of noise- resistance in genetic oscillators. Proc Natl Acad Sci, 2002, 99: 5988–5992

[21] Suel G M, Garcia-Ojalvo J, Liberman L M, et al. An excitable gene regulatory circuit induces transient cellular differentiation. Nature, 2006, 440: 545–550

[22] Suel G M, Kulkarni R P, Dworkin J, et al. Tunability and noise dependencein differentiation dynamics. Science, 2007, 315: 1716–1719

[23] Maamar H, Raj A, Dubnau D. Noise in gene expression determines cell fate in Bacillus subtilis. Science, 2007, 317: 526–529

[24] Schultz D, Ben Jacob E, Onuchic J N, et al. Molecular level stochastic model for competence cycles in Bacillus subtilis. Proc Natl Acad Sci USA, 2007, 104: 17582–17587

[25] Turcotte M, Garcia-Ojalvo J, Suel G M. A genetic timer through noise-induced stabilization of an unstable state. Proc Nat Acad Sci, 2008, 105: 15732–15737

第 9 章　生物分子网络中的调控现象

生物分子网络中存在着许多调控现象. 本章主要讨论一些发生在细胞内的典型调控过程. 在所有的细胞中, 调节细胞功能的必要信息记载在脱氧核糖核酸 (deoxyribose nucleic acid) 或称 DNA 链上. 核酸是大型聚合物, 它的小亚基称为核苷酸分子 (nucleotides), 核酸本身是由三个基本成分组成：一是氮基, 这是一个有机的含氮环; 二是五碳 (戊) 糖, 核糖或脱氧核糖; 三是无机磷酸基团. 核苷酸在头两个组分中有差别, 因此有两种特定类型的核酸, 即脱氧核糖核酸 (DNA) 和核糖核酸 (RNA).

在核苷酸中有五种不同的碱基：腺嘌呤 (A)、胞嘧啶 (C)、鸟嘌呤 (G)、胸腺嘧啶 (T) 和尿嘧啶 (U). 它们由字母 A、G、C、T 和 U 表示.

DNA 分子由两个碱基长链构成, 两条链互相盘绕, 呈螺旋、梯子状. DNA 的分子骨架：糖和磷酸分子交替形成螺旋 (嘌呤碱和嘧啶碱位于螺旋内侧, 磷酸和脱氧核糖位于螺旋外侧), 糖、脱氧核糖的氧原子比核酸少. “梯子的梯级” 是由含氮碱基互补配对形成 (氢键) 的, 即 G 总是与 C 配对, T 总是和 A 配对. 两个碱基之间的键是微弱的氢键, 它在 DNA 复制过程中容易断裂和恢复. 在真核生物细胞中, 细胞核装载着 DNA.

基因是一段 DNA 分子, 编码一种多肽链或 RNA. 基因通过转录和翻译产生具有一定功能的蛋白质的过程. 大多数基因的表达产物是蛋白质, 部分基因如 rRNA 和 tRNA 基因的表达产物是 RNA.

基因表达具有以下特点：① 时间特异性或发育阶段特异性; ② 空间特异性或组织细胞特异性; ③ 有两种表达方式, 管家基因几乎在所有的细胞和所有的发育阶段持续表达, 基本不受环境因素的影响, 只受启动子调节. 另外一些基因的表达受环境因素的诱导或阻遏; ④ 基因表达可在多层次上受到调节, 如在基因转录、转录后加工翻译和翻译后加工等水平上进行调节, 但最主要的是转录水平的调节.

9.1　基因表达调控

RNA 分子是一条单链核苷酸. 它的骨干糖是核糖, 并且碱基 U 取代碱基 T, 这是 RNA 与 DNA 的主要区别. 细胞中 RNA 的含量通常是 DNA 的 2~8 倍. 细胞中有三种 RNA：信使 RNA(mRNA) 是最重要的, 因为它携带着用于编码特定蛋白质的信息; 转移 RNA(tRNA) 扮演转运载体角色, 把 20 种氨基酸合并到蛋白质分子中; 核糖体 RNA(rRNA) 约占核糖体的 60%, 它在细胞质中, 是蛋白质的合成场所.

发生在细胞核内的主要功能是 DNA 的复制和 RNA 的产生. 其过程如下所述: RNA 聚合酶 (polymerase)(是一个多聚复合体酶, 它需要许多其他蛋白质共同构成) 能够与 DNA 的起始位点相结合, 打破在起始区域碱基之间的氢键, 然后以 DNA 为模板, 通过碱基互补配对合成 RNA 的一条核苷酸序列. 随着 RNA 聚合酶沿着 DNA 链向前移动, RNA 分子形成, 并且 DNA 复制又也发生改变. 当 RNA 聚合酶达到转录终止区域时, 这个过程停止. 进而 RNA 聚合酶与 DNA 脱离接触.

蛋白质的合成有三种类型 RNA 参与. 在细胞核内, mRNA 链携带某些蛋白质的编码, 在蛋白合成起始前它被释放到细胞质中. 在细胞质中, 它遇到核糖体 (就像录音机读磁带一样阅读 mRNA 上的代码) 并与之结合, 从而翻译开始. 当到了特定的密码子时, mRNA 暂时就与特定的 tRNA(它携带相应的氨基酸) 通过碱基互补结合. 氨基酸从 tRNA 上释放并形成氨基酸序列链 (即肽链), 这就是 DNA 编码蛋白质的氨基酸序列 (DNA→RNA→ 蛋白质).

细胞的生化物质的合成通常需要一系列生化反应, 并且每一个反应都需要特殊的酶催化. 在原核生物中, 参与生化反应必需的酶通常由坐落在 DNA 序列上的基因组控制. 这个地区内的 DNA 链称为操纵子 (operon), 而含操纵子的单个基因称为结构性基因 (structural genes). 操纵子指包含结构基因、操纵基因以及启动基因的一些相邻基因组成的 DNA 片段, 其中结构基因的表达受到操纵基因的调控. 它是专门针对原核生物的, 真核生物中不存在. 操纵子的起始段称为启动子 (promoter). 启动子是一种与特定的 RNA 聚合酶有特别亲和力的核苷酸序列. 聚合酶必须与启动子结合才能沿着 DNA 链合成 RNA.

此外, 在启动子区域有一个区域称为阻遏操纵子 (repressor operator), 这个阻遏区域能够阻遏蛋白结合, 阻止 RNA 聚合酶附着, 从而阻断对操纵子基因的转录. 阻遏蛋白通常有两种变构形式: 一种是可以与阻遏区域结合, 从而抑制转录; 另一种不与阻遏区域结合. 一种能够改变阻遏物活性, 以便断裂与操纵子结合的键的物质称为激活剂或诱导剂 (activator, or inducer).

操纵子的原始概念主要由 Jacob 等[1] 在 1960 年提出, 紧接着由 Goodwin[2]、Griffith[3,4] 等做出数学模型.

下面重点讨论一下色氨酸阻遏 trp Repressor 过程.

色氨酸 (tryptophan) 是人类需要的一种氨基酸, 但人体无法合成, 必须从食物中摄取. 色氨酸可以被细菌合成, 如大肠杆菌 (*E.coli*). 色氨酸操纵子 (tryptophane operon) 负责色氨酸的生物合成, 当培养基中有足够的色氨酸时, 这个操纵子自动关闭, 缺乏色氨酸时操纵子被打开, 色氨酸基因表达, 色氨酸或与其代谢有关的某种物质在阻遏过程 (而不是诱导过程) 中起作用. 我们以调控色氨酸的产生为转录调控 (transcriptional regulation) 的第一个例子.

有很多关于色氨酸 (trp) 阻遏子的模型已经被构造出来, 有的复杂, 有的简单 (Bliss 等[5]、Sinha[6]、Santillán 和 Mackey[7,8]、Mackey 等[9]). 这里我们只讨论一个高度简化的模型来展示一些基本原则. 色氨酸的合成分 5 步完成. 每个环节需要一种酶, 编码这 5 种酶的基因紧密连锁在一起, 分别以 trpE、trpD、trpC、trpB、trpA 代表, 编码了邻氨基苯甲酸合成酶、邻氨基苯甲酸焦磷酸转移酶、邻氨基苯甲酸异构酶、色氨酸合成酶和吲哚甘油 -3- 磷酶合成酶.

trp 操纵子包含一个调控区域和一个编码区域, 编码区域包含 5 个结构基因 (图 9.1).

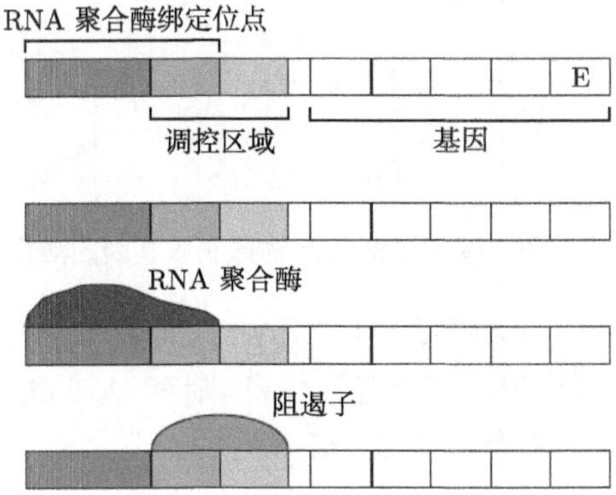

图 9.1 调控区域和编码区域

trp 操纵子的表达是被 trp 阻遏子蛋白控制的, 而 trp 阻遏子蛋白则是由 trpR 基因编码的. 与 Lac 操纵子 (下一节介绍) 不同, trpR 操纵子是与 trp 操纵子相关的 (不独立的). trpR 蛋白只有当处于活化状态 (被两个色氨酸分子结合) 时才能与 trp 操纵子结合. 因此, 我们就有了负反馈：当色氨酸浓度低的时候, 色氨酸的产量就高; 而当色氨酸积累起来后, Trp 蛋白被激活, 从而抑制 trp 操纵子的转录 (图 9.2).

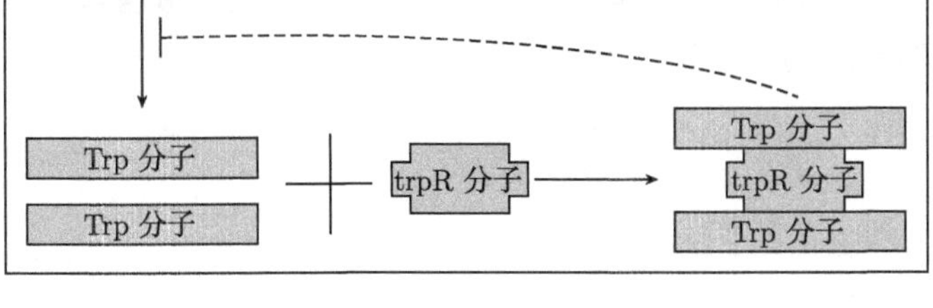

图 9.2 trpR 操纵子是与 trp 操纵子构成的负反馈

负反馈的一个特点就是可以调控物质的产量来响应其需求. 这里负反馈是基因激活的产物抑制该基因的活化. 因此, 色氨酸操纵子称为一个阻遏子. 具体的模型框架如图 9.3 所示.

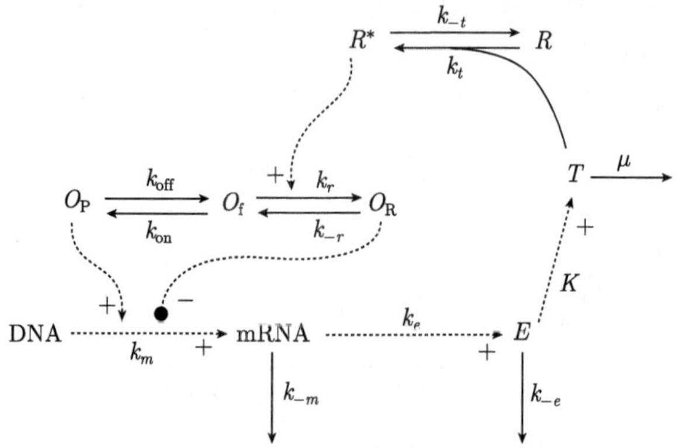

图 9.3 基因激活的产物抑制该基因的活化

我们假定操纵子有三个状态：自由态 O_{f}, 与抑制子结合态 O_{R}, 与聚合酶结合态 O_{P}. 同时它们的概率也用这三个符号代表, 则有 $O_{\text{f}}+O_{\text{R}}+O_{\text{P}}=1$.

只有聚合酶结合态的操纵子产生 mRNA

$$\frac{\mathrm{d}M}{\mathrm{d}t}=k_m O_{\text{P}}-k_{-m}M \tag{9.1}$$

注意图 9.3 中的虚线代表促进激活或抑制以及转录或翻译, 但自身并不消耗. 例如, 酶 E 的产生并不消耗 mRNA, 因此关于 mRNA 的公式中并不需要 $-k_E M$ 这么一项. 操纵子状态概率由以下公式决定：

$$\frac{\mathrm{d}O_{\text{P}}}{\mathrm{d}t}=k_{\text{on}}O_{\text{f}}-k_{\text{off}}O_{\text{P}},\quad \frac{\mathrm{d}O_{\text{R}}}{\mathrm{d}t}=k_r R^* O_{\text{f}}-k_{-r}O_{\text{R}} \tag{9.2}$$

并且 $O_{\text{f}}+O_{\text{R}}+O_{\text{P}}=1$, 而 R^* 代表活性的抑制子. 抑制子的激活需要结合两个色氨酸分子

$$\frac{\mathrm{d}R^*}{\mathrm{d}t}=k_{\text{t}}T^2(1-R^*)-k_{-\text{t}}R^* \quad 且 \quad R+R^*=1 \tag{9.3}$$

这里最重要的催化酶是邻氨基苯甲酸合成酶 (anthranilate synthase), 在图 9.3 中记为 E. 关于 E 的方程为

$$\frac{\mathrm{d}E}{\mathrm{d}t}=k_e M-k_{-e}E \tag{9.4}$$

并且色氨酸的产生正比于酶的量

$$\frac{\mathrm{d}T}{\mathrm{d}t}=KE-\mu T-2\frac{\mathrm{d}R^*}{\mathrm{d}t} \tag{9.5}$$

式中, μ 是消耗和降解率; 而 $\mathrm{d}R^*/\mathrm{d}t$ 前的系数 2 是指抑制子的激活需要结合两个色氨酸分子.

这里我们不进一步讨论动力学性质, 只考虑定态解. 定态解可由下式解出:

$$F(T) \equiv \frac{k_e}{k_{-e}}\frac{k_m}{k_{-m}}\frac{k_{\text{on}}}{k_{\text{off}}}\frac{1}{1+\dfrac{k_{\text{on}}}{k_{\text{off}}}+\dfrac{k_r R^*(T)}{k_{-r}}} = \frac{\mu}{K}T \tag{9.6}$$

式中, $R^*(T) = \dfrac{T^2}{\dfrac{k_{-t}}{k_t}+T^2}$. 公式 (9.6) 的左边关于 T 单调递减, 代表色氨酸产生率的定态, 右边单调递增, 因此有唯一交点. 由此可见, 色氨酸产生率的定态是关于其目前浓度递减的, 这个就是负反馈调控的结果.

9.2 小 RNA 调控

生物学家经过大量的研究, 1998 年发现这样一个事实: 如果在果蝇和其他真核生物中导入外源双链 RNA 分子, 能够使得内源基因相应序列基因的 mRNA 产生降解作用, 从而导致同源基因转录后的基因最终沉默, 他们把这种基因表达的抑制作用称为 RNA 干扰. 在 RNA 干扰途径的中间产生的小干涉 RNA(small interfering RNA, sRNA), 最终可导致靶 mRNA 降解产生 RNA 干扰作用[10].

Micro RNAs (miRNAs) 是继 sRNA 之后发现的一种能够调节 mRNA 稳定性的一类长约 20 核苷酸的非编码的单链 RNA 分子, 它们广泛存在于线虫、植物以及人类的细胞中. 多数 miRNA 具有高度保守性、时序性和组织特异性. 线虫的 lin-4[11] 和 let-7[12] 是最早被发现的 miRNA, 它们参与调控线虫的发育, 后来将类似的 RNA 统称为 miRNA. miRNA 具有重要的调控功能, 与生物的阶段性发育密切相关. 随着研究的深入, 已发现 miRNA 在生命起源和早期进化、基因复杂性及疾病机理等方面的研究中具有更为深远的意义. 近年来, 德国、英国和美国的 3 个实验室利用生物信息学、cDNA 文库及分子克隆技术, 在不同生物体细胞中克隆到包括 lin-4 和 let-7 在内的约 150 个 21~25 个核苷酸非编码 miRNA[13~15]. 这些 miRNA 具有极强的调控作用, 与生物体的阶段性发育密切相关, 并意识到这是一个极为广阔的小分子 RNA 世界. 所有的表观遗传现象都有可能受反式作用 RNA 介导, 这已是不争的事实, 因为 RNA 的信号转导似乎参与了 DNA 甲基化作用、印迹、转位、位置效应花斑、染色质重建、域的活化与抑制以及组蛋白的甲基化作用和乙酰化作用. 另外, 反式作用 RNA 在自身转录起始中起重要作用, 即序列特异性的 RNA 信号参与从基因组适当位置寻靶并募集转录因子和转录复合物的过程, 而且该过程的广泛有效性已被同样受 RNA 信号控制的具有更长时效的表观遗传机制所证实. 最近证明了 ncRNA7SK 参与了基因 c-myc 的转录激活. RNA 信号为分化和发育过程提供了一种内源性的程序性转录响应机制, 从而发挥与核内转录因子交叉的细胞受体和信号转导级联的内源性程序整合及细胞在机体内的定位、形态发生梯度以及生理状态相关的外源性信号的作用. 反式作用 RNA(如 lin-4 和 let-7) 可影响 mRNA 的稳定性和翻译效率. 要深刻洞悉 miRNA 在细胞中的调控作用, 探索其功能和加工机制是非常必要的. 根据目前对 lin24 和 let27 的研究表明, miRNA 的主要功能很可能是进行转录后调控. 成熟的 miRNA 存在着与靶 mRNA 的 3′ 端非翻译区 (UTR) 互补配对的位点, 两者识别结合, 使翻译无法进行, 从而抑制基因表达[16~23]. 但也有研究表明, 有些 miRNA 能与 mRNA 中的开放阅读框 (ORF) 结合. 这种下调机制往往引起发育过程中某种特定蛋白质的数量急剧减少从而成为进入下一个发育阶段的标志. 目前已知的 miRNA 的功能多与发育的时序调控有关, 但也可能参与了空间发育、应激性、细胞周期和基因重组等过程. 虽然目前在一些真核模式生物中发现了 miRNA, 在原核生物中仍没有 miRNA 的相关报道, 但还是不能肯定 miRNA 的这种调控机制是真核生物所特有的. 相信随着研究的深入, 在这方面会有新的进展. 当前的研究认为, miRNA 的形成需要 Dicer 酶的参与, Dicer 酶是一种多结构域的 RNase Ⅲ蛋白, 它具有两个纵列的 RNase Ⅲ 结构域、一个 ATP 结合基序 (Dead 盒 RNA 解螺旋酶域, Dead2boxRNA helicase domain), 以及一个 dsRNA (double2st randed RNA) 结合域, 其加工过程可能是, 首先在 Dicer 酶的参与下, 将一个约 70nt 具有茎环结构的稳定的前体加工成为一个不稳定的双链 RNA 分子, 然后迅速降解成约 22nt 的单链 RNA 分子, 之后再被 PPD(PAZ & Piwidomain) 蛋白质家族的成员识别结合, 形成一个 RNA2 蛋白质复合体, 即 miRNA 核蛋白体 (miRNP), 进而形成成熟的 miRNA, 以互补配对的形式与靶基因 3′ 端 UTR 结合, 形成 RNA 诱导产生的沉默复合物 (RNA-induced silencing complex, RISC), 从而对靶基因 mRNA 进行切割或翻译抑制, 如图 9.4 所示.

近年来, 非编码性小 RNA 分子 (non-coding small RNA) 的发现和功能研究, 大大改变了人们对 RNA 分子的认知, 也极大地深化了人们对基因表达调控的理解. 非编码性小 RNA 分子主要指长度为 20~30 个核苷酸的内源或外源 RNA 分子, 有的研究者将长度大于 70 个核苷酸的非编码 RNA 分子也列入其中 (本书中均称为小 RNA 分子). 过去认为小 RNA 分子主要存在于多细胞真核生物中, 对多细胞个体形成与发育具有重要意义[16]. 但 2007 年, 在单细胞衣藻中也发现了小 RNA 分子[17,18]. 这表明小 RNA 分子可能存在于动物、植物、藻类等更广泛的生物种类之中. 它们以不同于 “经典 RNA”(指 mRNA、rRNA、tRNA) 的作用方式, 参与基因表达与调控、RNA 的加工与剪切、蛋白质翻译、遗传 “入侵” 抑制、配子发生等生物学过程, 强烈影响生物的生长发育[19].

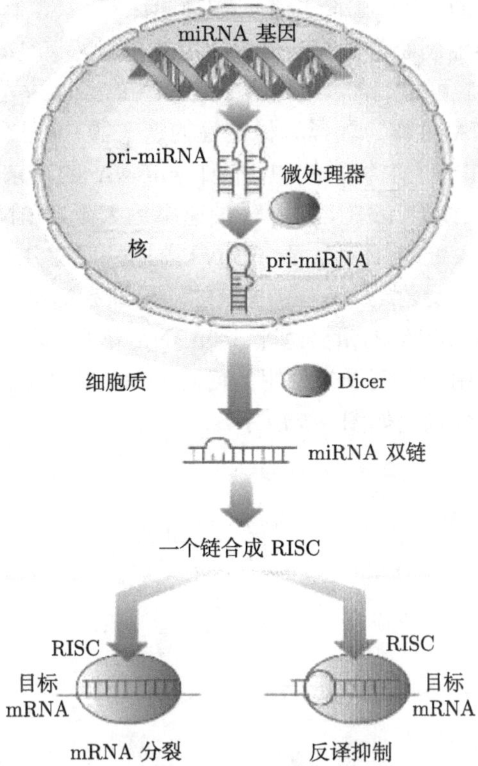

图 9.4 miRNA 基因的发生和作用机制[24]

根据小 RNA 分子的特征, 目前主要可归纳为 4 类: 小 RNA(microRNA, miRNA)、piRNA(piwi-associated RNA)、小干扰 RNA(small interfering RNA, siRNA) 和较长的非编码 RNA, 其中 miRNA、piRNA 和 sRNA 的研究较多, 进展非常快. 2008 年 9 月 Sanger microRNA 序列数据库 (miRBase) 显示, 仅 miRNA 就已在 73 个物种中被发现并被研究, 总数约 8273 个 (www.sanger.ac.uk, miRBase), 比过去的 2 年增加了 4000 多个. 随着对小 RNA 分子研究的不断深入, 研究人员开始认识到, 小 RNA 分子的世界一点都不小, 在 "埋没" 数亿年之后, 小 RNA 分子的发现和功能研究蕴含着一个新层次上的基因表达调控方式的发现.

因此, 归纳起来可以总结如下几点：第一, 诸多以前标注的基因区确实包含非编码基因; 第二, 许多 RNA 是由于涉及双链 RNA 酶、解旋酶、外切核酸酶的通路加工而成的. miRNA 可能在组织特化和细胞类型决定中起作用. 在植物中大多数 RNA 以编码蛋白质 (通常是转录因子) 的序列为靶标, 因此一般认为, 其他小 dsRNA 在介导 DNA 甲基化过程中起明显作用, 而 miRNA 的主要功能则是以

mRNA 为靶标进行破坏, 从而也许构成细胞分化过程的一部分. 在动物中, 许多 miRNA 是组织特异的, 而且在许多不同物种间保守, 甚至在有些情况下跨越很大的进化距离 (如在秀丽新小杆线虫、昆虫、鱼类和哺乳类之间). 其中, 秀丽新小杆线虫中 let–4 和 let–7 可通过与靶 mRNA 的 3′ 端结合发挥发育调控功能. 据此可以相信动物中 miRNA 可作为翻译和稳定性的调节器, 并已得到部分验证.

我们可以设想在一个生物系统中, 假如 miRNA 的转录速率为 α_s 而 mRNA 的转录速率为 α_m. 如果 miRNA 的转录速率远大于 mRNA 的转录速率, 即当 $\alpha_s \gg \alpha_m$ 时, miRNA 的量必远大于 mRNA 的量, 此时几乎所有的 mRNA 都和 miRNA 绑定在一起. 反之, 如果 miRNA 的转录速率远小于 mRNA 的转录速率, 即当 $\alpha_s \ll \alpha_m$ 时, miRNA 的量必远小于 mRNA 的量, 此时靶基因才会最终翻译成蛋白. 下面我们就用一个例子来说明如何对 miRNA 参与的系统进行建模和分析它的调控行为, 所研究系统如图 9.5 所示.

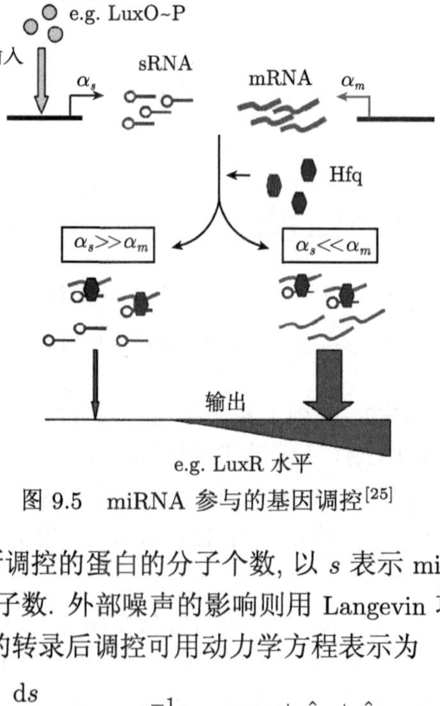

图 9.5　miRNA 参与的基因调控[25]

以 p 表示网络中所调控的蛋白的分子个数, 以 s 表示 miRNA 的分子个数, 而 m 则表示 mRNA 的分子数. 外部噪声的影响则用 Langevin 项 $\hat{\eta}_j$ 表示. 运用质量作用定理, 则 miRNA 的转录后调控可用动力学方程表示为

$$\begin{cases} \dfrac{\mathrm{d}s}{\mathrm{d}t} = \alpha_s - \tau_s^{-1}s - \mu ms + \hat{\eta}_s + \hat{\eta}_\mu \\ \dfrac{\mathrm{d}m}{\mathrm{d}t} = \alpha_m - \tau_m^{-1}m - \mu ms + \hat{\eta}_m + \hat{\eta}_\mu \\ \dfrac{\mathrm{d}p}{\mathrm{d}t} = \alpha_p m - \tau_p^{-1}p + \hat{\eta}_\mu \end{cases} \tag{9.7}$$

式中, α_s 和 α_m 分别是 miRNA 和 mRNA 的转录反应速率; τ_s^{-1} 和 τ_m^{-1} 分别是它

们的降解率; miRNA 和 mRNA 相互作用的强度为 μ, 根据这个强度, miRNA 和 mRNA 通过互补配对, 从而使得 miRNA 和 mRNA 降解; $\hat{\eta}_j$ 则表示方程式 (9.7) 中的内部噪声, 它们都是彼此独立的泊松过程. 具体来说, $\hat{\eta}_s$、$\hat{\eta}_m$ 和 $\hat{\eta}_p$ 分别表示 miRNA、mRNA 和蛋白质在生灭过程中的噪声项. 根据有关数学理论, 它们均满足关系

$$\langle\hat{\eta}_j(t)\hat{\eta}_j(t')\rangle = \sigma_j^2\delta(t-t') \tag{9.8}$$

式中, $\sigma_s^2 = \alpha_s + \tau_s^{-1}\bar{s}$, $\sigma_m^2 = \alpha_m + \tau_m^{-1}\bar{m}$, $\sigma_p^2 = 2\tau_p^{-1}\bar{p}$, 而 $\bar{s}$、$\bar{m}$ 和 $\bar{p}$ 分别表示 miRNA、mRNA 和蛋白质 $\bar{j}$ 的平均数. 由于基因可能会处于非活跃的关闭 (off) 转录状态, 也有可能处于活跃的打开 (on) 转录状态, 所以 RNA 的平均转录率 $\alpha_j(j = m, s)$ 在方程式 (9.7) 中和处于 on 状态的概率 g_j^{on} 有关, 于是有下面的关系:

$$\alpha_j = g_j^{\text{on}}\alpha_j^{\text{on}} \tag{9.9}$$

当基因处于 on 状态时, α_j^{on} 则表示相关 RNA 的转录率, 因而抑制子控制的基因可用方程表示为

$$\frac{\mathrm{d}g^{\text{on}}}{\mathrm{d}t} = k_{-1}(1-g^{\text{on}}) - k_{+1}g^{\text{on}} + \hat{\eta}_g \tag{9.10}$$

式中, k_{-1} 和 k_{+1} 分别是抑制子未绑定和绑定的反应速率; $\hat{\eta}_g$ 是 Langevin 噪声项, 当系统处于平衡态时服从涨落耗散定理, 即 $\langle\hat{\eta}_g(t)\hat{\eta}_g(t')\rangle = \sigma_g^2\delta(t-t')$, 也即 $\sigma_g^2 = 2k_+g^{\text{on}}$. 因此, 全模型还应该包括式 (9.9) 和式 (9.10). 关于转录调节的动力学方程可用 Langevin 方程描述为

$$\begin{cases} \dfrac{\mathrm{d}m}{\mathrm{d}t} = \alpha_m - \tau_m^{-1}m + \hat{\eta}_m \\ \dfrac{\mathrm{d}p}{\mathrm{d}t} = \alpha_p m - \tau_p^{-1}p + \hat{\eta}_p \end{cases} \tag{9.11}$$

式中, m 是 mRNA 的分子数; p 是蛋白质的个数; α_m 是转录反应速率的平均值; α_p 是翻译速率的平均值; τ_m^{-1} 和 τ_p^{-1} 分别是 mRNA 和蛋白质的一阶降解率. Langevin 项 $\hat{\eta}_m$ 和 $\hat{\eta}_p$ 分别表示 mRNA 和蛋白质在合成和降解中所产生的噪声

$$\langle\hat{\eta}_j(t)\hat{\eta}_j(t')\rangle = 2\tau_j^{-1}\bar{j}\delta(t-t') \tag{9.12}$$

式中, $j = m, p$.

在系统 (9.7) 中, 由于内部和外部各种因素的作用会产生各种噪声, 以上各式表示了这些噪声对系统的影响, 但这里我们不打算考虑噪声比较大的情形 (关于噪声的详细讨论可参考文献 [25]), 因为我们主要的目的是以此说明如何建立关于 miRNA 参与的基因调控的数学模型. 当噪声比较小时, 如果考虑 miRNA 调节下蛋白质的平均数, 可以在系统中忽略各个噪声项, 而令系统 (9.7) 的右边为零即可. 当然这种平均是在平均场意义下的近似, 在平衡态下用这种平均就可以描述了.

蛋白质的平均数作为 mRNA 的转录率 α_m 的函数, 在临界点 α_s 附近表现出临界线性行为, 如图 9.6 所示. 在转录因子的调节中, 蛋白质平均数是 α_m 的线性函数 (破折号线), 而在 miRNA 的调节中, 当系统处于不稳态时, 蛋白质的平均数则和 α_m-α_s 有关, 表现出三种不同的机制, 即抑制性机制 $\alpha_m \ll \alpha_s$, 过渡性机制 $\alpha_m \approx \alpha_s$, 表达性机制 $\alpha_m \gg \alpha_s$. 随着 miRNA 和 mRNA 相互作用的力度 μ 不断增加, 其将达到过渡性机制. 图 9.6 中虚线所表示的是当 $\mu \to \infty$ 时处于临界状态的线性行为. 如果在平均意义下考虑 miRNA 和 mRNA 二者的转录关系, 有如下结果: 当系统处于抑制性机制时, 即当 $\alpha_m \ll \alpha_s$ 时, miRNA 的转录远多于 mRNA 的转录, 这时几乎所有的 mRNA 很快和 miRNA 绑定在一起, 导致蛋白质的低表达; 反之, 当 $\alpha_m \gg \alpha_s$ 时, mRNA 的平均数则远多于 miRNA 的平均数, 只有相当少的一部分 mRNA 被降解, 而多数的 mRNA 最终翻译成蛋白质, 此时处于蛋白的高表达状态. 因此, 整个网络的调控关系取决于 miRNA 和 mRNA 二者的转录率大小.

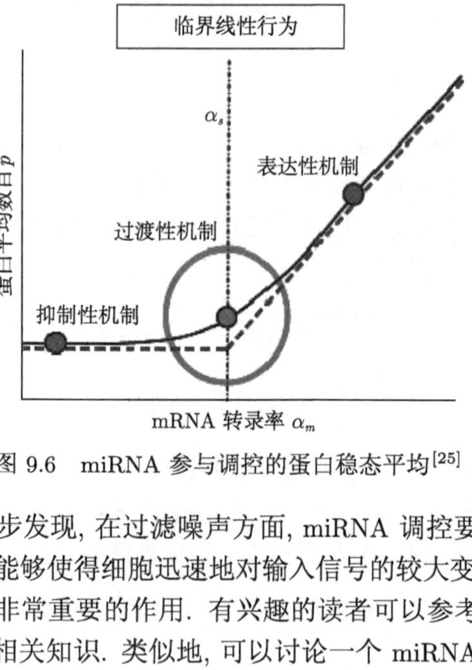

图 9.6　miRNA 参与调控的蛋白稳态平均[25]

通过分析还进一步发现, 在过滤噪声方面, miRNA 调控要比转录因子调控好; 另外, miRNA 调控还能够使得细胞迅速地对输入信号的较大变化作出迅速反应. 因而 miRNA 调控起着非常重要的作用. 有兴趣的读者可以参考文献 [25] 了解更多关于 miRNA 调控的相关知识. 类似地, 可以讨论一个 miRNA 调控多个基因的情况, 如对于两个基因调控的情况, 确定性方程可以如下描述:

$$\begin{cases} \dfrac{\mathrm{d}s}{\mathrm{d}t} = \alpha_s - \tau_s^{-1} s - \displaystyle\sum_{i=1}^{n} \mu_i s m_i \\ \dfrac{\mathrm{d}m_i}{\mathrm{d}t} = \alpha_{mi} - \tau_{mi}^{-1} m_i - \mu_i m_i s \\ \dfrac{\mathrm{d}p_i}{\mathrm{d}t} = \alpha_{pi} m_i - \tau_{pi}^{-1} p_i \end{cases} \tag{9.13}$$

式中, $i=1,2,\cdots,n$. 关于该系统更详细的讨论可以参考文献 [26,27].

已经知道 miRNA 和 mRNA 以碱基配对方式结合, 对 mRNA 起到降解作用, 进而调控整个网络行为. 但转录和翻译并非是一个同时发生的生物过程, 而是存在一些时间延迟, 它对维持体内平衡或振动有时起着非常重要的作用. 文献 [28] 提出了一个关于在负反馈环中带有时滞的模型, 并讨论了延迟对稳定性和振动的影响. 其网络调控关系如图 9.7 所示. 蛋白质作为它自身的转录因子抑制自身的转录, 而由于 miRNA 和 mRNA 的结合, 其对网络间接起正调控作用. 此外, 我们也考虑了蛋白的转录翻译中存在时滞的情形. 根据调控关系可得方程组如下:

$$\begin{cases} \dot{m}(t)=-cm(t)-ds(t)m(t)+g(p(t-\tau_1)) \\ \dot{s}(t)=e-ds(t)m(t)-fs(t) \\ \dot{p}(t)=-bp(t)+am(t-\tau_2) \end{cases} \tag{9.14}$$

式中, $m(t)$、$s(t)$ 和 $p(t)$ 分别是 mRNA、miRNA 和蛋白质的浓度; $g(p(t-\tau_1))$ 是 mRNA 的生产的函数, 它是单调减函数, 具有形式

$$g(p(t-\tau_1))=\frac{1}{1+\left(\dfrac{p(t-\tau_1)}{p_0}\right)^n} \tag{9.15}$$

假设上述系统具有平衡点 (m^*,s^*,p^*), 在变换 $x(t)=m(t)-m^*,y(t)=s(t)-s^*,z(t)=p(t)-p^*$ 下, 上述系统化为如下系统:

$$\begin{cases} \dot{x}(t)=-(c+ds^*)x(t)-dm^*y(t)+g'(p^*)z(t-\tau_1) \\ \dot{y}(t)=-ds^*x(t)-(dm^*+f)y(t) \\ \dot{z}(t)=ax(t-\tau_2)-bz(t) \end{cases} \tag{9.16}$$

方程式 (9.16) 的特征方程为

$$\lambda^3+\alpha\lambda^2+\beta\lambda+\gamma-\mu\lambda\mathrm{e}^{-\lambda\tau}-v\mathrm{e}^{-\lambda\tau}=0 \tag{9.17}$$

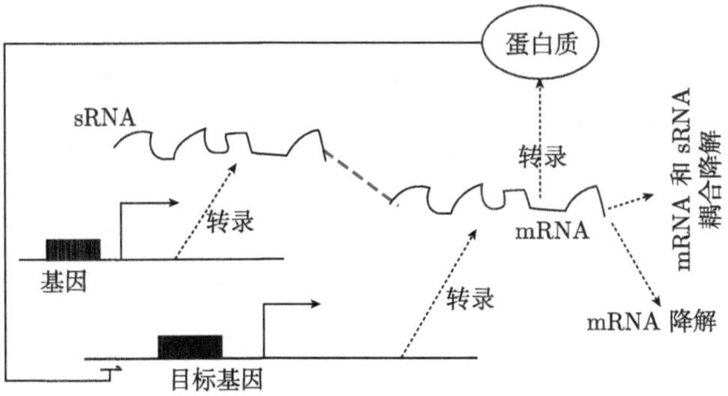

图 9.7 miRNA 调节蛋白质生成的负反馈环[28]

其中, 式 (9.17) 中的参数为: $\alpha = c+f+b+ds^*+dm^*$, $\beta = cf+bc+bf+cdm^*+fds^*+bdm^*+bds^*$, $\gamma = b(cf+cdm^*+fds^*)$, $\mu = ag'(p^*)$, $v = ag'(p^*)(dm^*+f)$, $\tau = \tau_1+\tau_2$.

如果令 $z = \omega^2$, 并记 $p = \alpha^2 - 2\beta, q = \beta^2 - 2\alpha\gamma - \mu^2, r = \gamma^2 - v^2, \varDelta = p^2 - v^2$, 则有

$$h(z) = z^3 + pz^2 + qz + r = 0 \tag{9.18}$$

设三次方程式 (9.18) 的三个根分别是 z_1、z_2、z_3, 则有 $\omega_i = \sqrt{z_i}(i = 1,2,3)$ 因此

$$\tau_k^j = \frac{1}{\omega_k}\arcsin\left[\frac{\mu\omega_k(\gamma - \alpha\omega_k^3) - v\omega_k(\beta - \omega_k^2)}{v^2 + \mu^2\omega_k^2}\right] \quad (k = 1,2,3;\ \ j = 0,1,2,\cdots) \tag{9.19}$$

如果 $\tau_0 = \tau_{k_0}^{j_0} = \min\limits_{\substack{1\leqslant k\leqslant 3\\ j\geqslant 1}}\{\tau_k^j\}$, $\omega_0 = \omega_{k_0}$, 则 $\lambda(\tau) = \eta(\tau) + \omega(\tau)i$ 是方程的根且满足 $\eta(\tau_0) = 0, \omega(\tau_0) = \omega_0$. 如果条件 $\gamma - v > 0, \beta - \mu > 0, \alpha > \dfrac{\gamma - v}{\beta - \mu}$ 时有如下结论:

(1) 当 $r \geqslant 0$ 且 $\varDelta < 0$ 时, 系统的平衡点 (m^*, s^*, p^*) 绝对稳定.

(2) 当 $r < 0$ 或 $r \geqslant 0, z_1' = \dfrac{1}{3}(-p+\sqrt{\varDelta}) > 0$ 且 $h(z_1') < 0$ 时, 平衡点 (m^*, s^*, p^*) 渐近稳定.

(3) 当满足 $\tau = \tau_0$ 且 $h'(z_0) \neq 0, z_0 = \omega_0^2$, 则系统在平衡点 (m^*, s^*, p^*) 处存在 Hopf 分岔.

通过蛋白质和时滞之间的关系 (图 9.8), 可以知道何时系统是单稳的, 何时会发生 Hopf 分岔, 进而产生振动现象, 而且可以判断蛋白质对时滞的鲁棒性. 当时滞较小时, 系统是单稳的, 只有一个平衡点; 当时滞增大时, 会发生 Hopf 分岔, 产生振动. 此时, 如果时滞较小, 振动的幅度变化很大, 即蛋白质对时滞的变化比较敏感, 而当时滞继续增大到一定的程度时, 振动幅度就不再变化, 对时滞的变化比较鲁棒. 通过建立这样的系统, 可以很好地研究 miRNA 在基因调控网络中对网络的振动性和鲁棒性所起的作用.

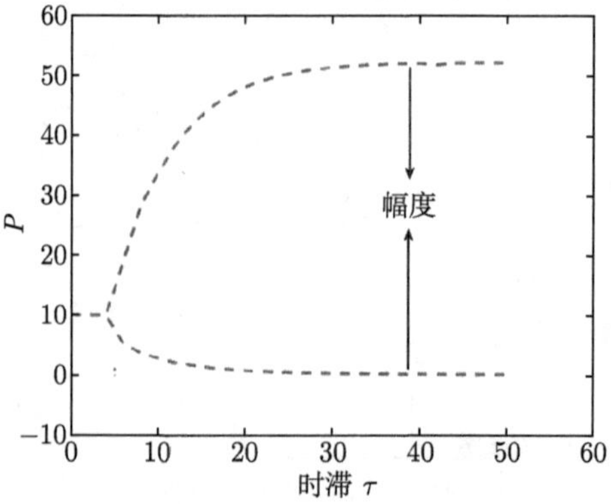

图 9.8　蛋白质 p 对总时滞 τ 的分岔[28]

事实上, 关于 miRNA 在基因调控网络方面的研究非常多, 除了以上所提到的几个简单模型外, 在实验和理论方面的研究都非常多, 如实验方面有 miRNA 对以 24h 为周期的生物韵律的研究[29]、群体感应行为[30]、miRNA 开关[31] 和细胞命运抉择[32] 等. 而在理论方面有对生物节律的研究[33]、对噪声影响[34]、空间表达模式的影响[35] 以及对蛋白质翻译过程的影响[36] 等.

9.3 积分控制

在生物分子网络中, 存在着各种控制手段, 不仅控制论常用的控制策略几乎都有应用, 还存在一些新的极有特色的控制手段, 由于篇幅限制本章仅介绍两种控制手段：积分控制和单调控制.

所谓积分控制, 就是在出现稳态误差时自动地改变输出量, 达到消除稳态误差的目的. 当系统存在误差时, 进行积分控制, 根据积分时间的大小, 调节器的输出会以一定的速度变化, 只要误差还存在, 就会不断地进行输出. 这里的积分是指对系统误差的时间积分, 而不是误差本身. 积分控制器在工程中有着广泛的应用, 如恒温器. 事实上, 积分控制在生物系统中也有着广泛的应用, 尤其是适应性与体内平衡方面, 如细菌趋化性中的完全适应性[37,38]、合成具有完全适应性的基因调控网络[39] 和钙平衡[40] 等.

细菌趋化性表现出了完全适应性, 也就是随着诱导物剂量的持续作用, 输出首先会有短暂的升高, 接着会出现适应期, 最后返回到刺激之前的活性水平. 关于细胞的趋化性网络与模型, 已有很多相关文献加以介绍, 这里不再详细介绍, 有兴趣的读者可以参考文献 [41] 和 [42]. 这里以细菌趋化性中的完全适应性为例, 介绍积分反馈控制, 如图 9.9 所示. 带增益 k 的方块表示的网络获得输入并产生输出 y_1, y_1

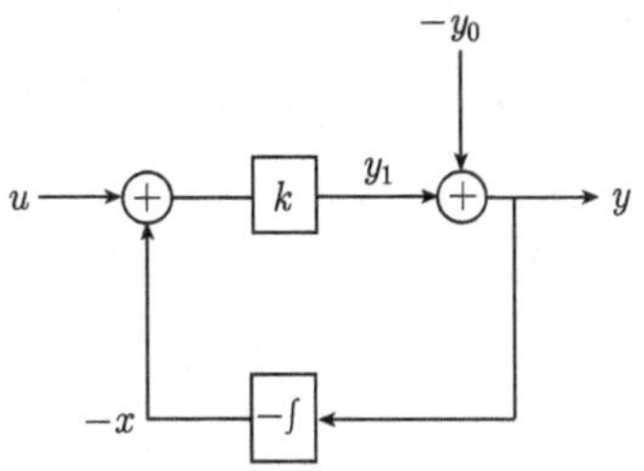

$\dot{x}=y$	$y(t)\to 0$ as $t\to\infty$
$y=y_1-y_0$	iff
$\ \ =k(u-x)-y_0$	$k>0$

图 9.9 积分反馈控制和细菌趋化性示意图

u 为配基浓度, 增益为 k 的方块表示产生输出 A (受体活性) 的受体动力学, 误差 y 的积分是表示受体的甲基化水平的反馈项[37]

和期望的稳态输出 y_0 的差值为误差 y. 对 y 积分并将它的负数反馈到系统中. 反馈项 $x = \int y$, 因此 $\dot{x} = y$. 稳态状态下 $\dot{x} = 0$, 所以当 t 充分大时, y 趋于 0, 且与输入 u 和增益 k 无关. 所以, 只要系统是稳定时, 不论其与输入 u 和增益 k 如何变化, 误差都会趋于 0. 积分控制是最适合解释鲁棒性的完全适应性的反馈机制.

除了细菌的趋化性表现出的适应性, 适应性还体现在很多其他方面. 文献 [38] 中考虑了所有三个节点的网络, 得出只有两类网络拓扑能够具有适应性：① 具有一个缓冲节点的负反馈环; ② 具有调节子的不连贯前馈环. 在讨论这两类网络时, 也利用了积分控制, 参见本书中关于适应性的介绍, 这里不再重述.

9.4 单调控制系统

尽管单调系统具有良好的结构以及较为简单的动力学结构, 但对于一个较大的系统来讲, 单调性却很难保证. 同时, 较大系统却包含着多个单调模块. 因而, 一个直观的问题是, 是否可以通过系统分解的方法把非单调系统分解为多个单调的模块, 然后通过对简单模块分析进而得到原来非单调系统的性质? 现在介绍单调控制系统以及如何对非单调系统进行分解.

考虑单输入单输出 (SISO) 系统

$$\Sigma_1 : \dot{x} = f_x(x, \omega), \quad y = h_x(x) \tag{9.20}$$

$$\Sigma_2 : \dot{z} = f_z(z, y), \quad \omega = h_z(z) \tag{9.21}$$

满足：$U_x = Y_z, U_z = Y_x$, 其中 U 与 Y 分别为输入与输出集. 假设以下条件成立.

(1) Σ_1 关于输入 ω 以及输出 y 按照正的实半轴定义的序为单调的;

(2) Σ_2 关于输入 ω 按照正的实半轴定义的序以及输出 y 按照负的实半轴定义的序为单调的;

(3) I/S 静态特征 K_x 以及 K_z 存在, I/O 静态特征 K_y 以及 K_ω 存在, 且分别为单调递增与单调递减的;

(4) 对应开环系统式 (9.20)、式 (9.21) 的闭系统, 也就是

$$\dot{x} = f_x(x, h_z(z)) \tag{9.22}$$

$$\dot{z} = f_x(z, h_x(x)) \tag{9.23}$$

的解有界, 如果离散动力系统

$$\omega_{k+1} = K_\omega \circ K_y(\omega_k) \tag{9.24}$$

有全局唯一的稳定平衡点, 同时式 (9.22)、式 (9.23) 也有全局唯一的稳定平衡点.

上述结论的证明可以参考文献 [43], 开环系统式 (9.20)、式 (9.21) 与闭环系统

式 (9.22)、式 (9.23) 的关系如图 9.10 所示. 该结论如图 9.11 所示.

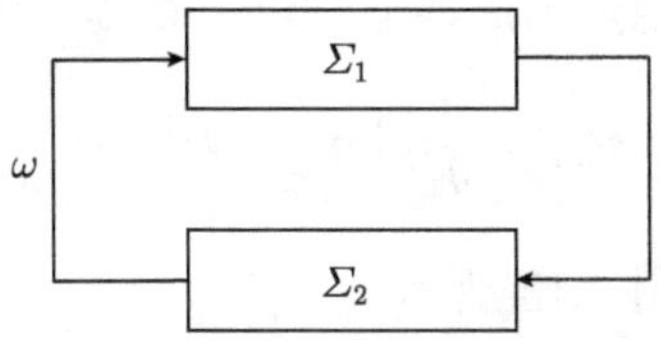

图 9.10 单输入单输出系统 Σ_1 与 Σ_2 以及它们的反馈闭 (也就是式 (9.22)、式 (9.23))

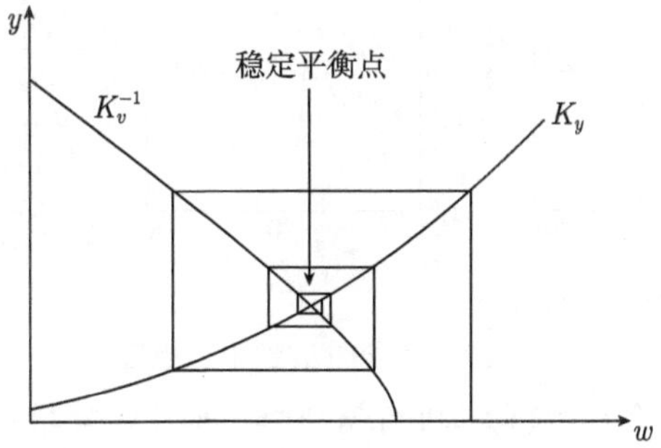

图 9.11 离散系统 (9.24) 的迭代相图[43]

事实上, 当离散系统 (9.24) 为全局稳定时, 闭环系统式 (9.22)、式 (9.23) 也为全局稳定, 也就是说, 离散映射反映了闭环系统式 (9.22)、式 (9.23) 的本质. 然而该结论为充分条件, 也就是说, 当离散系统 (9.24) 的唯一平衡点不稳定时, 闭环系统式 (9.22)、式 (9.23) 的唯一的平衡点仍然有可能是稳定的. 此时如果在输入单输出变量引入时间延迟, 两个系统仍然存在某种等价性, 有兴趣的读者可以参考文献 [44] 和 [45].

考虑系统

$$\dot{x}_i = g_i(x_{i+1}) - d_i x_i, \quad i = 1, \cdots, n-1 \tag{9.25}$$

$$\dot{x}_n = g_n(x_i(t-\tau)) - d_n x_n \tag{9.26}$$

式中

$$\delta_i g_i'(x) \geqslant 0, \quad \delta_i \in \{-1, 1\}, \delta_1 \cdot \delta_2 \cdots \delta_n = -1$$

且 $g_i(x)$ 具有如下形式:

$$g_i(x) = \frac{ax^m}{b + x^m} \quad \text{或者} \quad g_i(x) = \frac{a}{b + x^m}$$

则下述结论之一成立:

(1) $|g'(\bar{u})| \leqslant 1$, 则离散影射 (9.27) 全局收敛到唯一的平衡点, 且对于任意的 τ, 式 (9.25)、式 (9.26) 也收敛到唯一的平衡点;

(2) $|g'(\bar{u})| > 1$, 则离散影射 (9.27) 收敛到稳定的周期解, 且对于某些 τ, 式 (9.25)、式 (9.26) 也收敛到稳定的周期解. 式中, $\bar{u}$ 为一维离散影射.

$$u_{k+1} = g(u_k) = \frac{1}{d_1} g_1 \circ \frac{1}{d_2} g_2 \circ \cdots \circ \frac{1}{d_n} g_n(u_k) \tag{9.27}$$

两个例子如图 9.12 和图 9.13 所示.

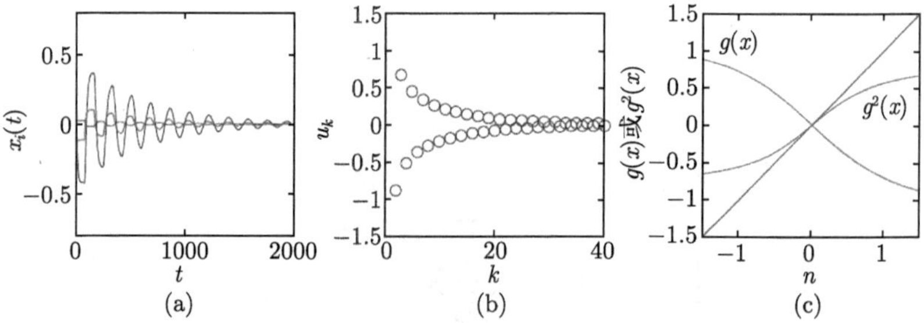

图 9.12 系统收敛到平衡点图示

(a) 式 (9.25)、式 (9.26) 收敛到全局唯一的平衡点; (b) 式 (9.27) 收敛到全局唯一的平衡点; (c) $g(x)$ 与 $g^2(x)$. $\left(g(x) = \arctan(x), d_1 = 0.11, d_3 = 4, d_2 = 2.5, n = 3, \tau = 80, |g'(\bar{u})| = \dfrac{1}{1.11} < 1\right)$[46]

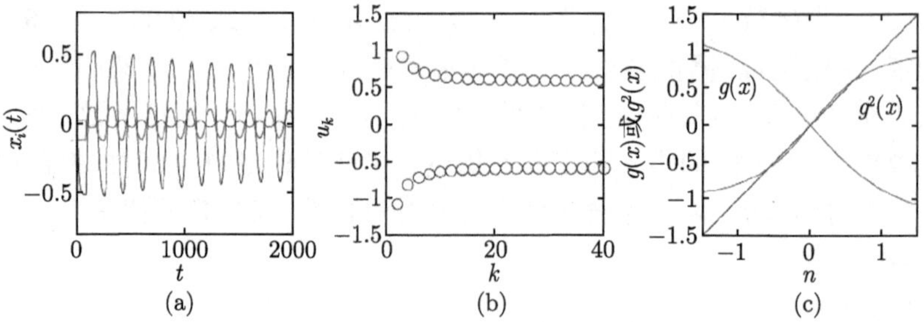

图 9.13 系统周期振动图示

(a) 式 (9.25)、式 (9.26) 收敛到稳定的周期振动; (b) 式 (9.27) 收敛到周期振动; (c) $g(x)$ 与 $g^2(x)$ $\left(d_1 = 0.09, |g'(\bar{u})| = \dfrac{1}{0.9} > 1\right)$[46]

还有更多的关于单调系统以及非单调系统如何分解为多个单调子系统的相关文献, 如合成基因振子 repressillator 以及 Goldbetter 的双环生物钟模型都可以利用类似的方法进行讨论, 有兴趣的读者可以参考文献 [44], [45] 和 [47]~[51], 这里不再详细介绍.

参 考 文 献

[1] Jacob F, Perrin D, Sanchez C, et al. Operon: a group of genes with the expression coordinated by an operator. C R Hebd Seances Acad Sci, 1960, 250: 1727–1729

[2] Goodwin B C. Oscillatory behavior in enzymatic control processes. Adv Enzyme Regul, 1965, 3: 425–438, 1965.

[3] Griffith J S. Mathematics of cellular control processes. II. Positive feedback to one gene. J Theor Biol, 1968, 20: 209–216

[4] Griffith J S. Mathematics of cellular control processes. I. Negative feedback to one gene. J Theor Biol, 1968, 20: 202–208

[5] Bliss R D, Painter P R, Marr A G. Role of feedback inhibition in stabilizing the classical operon. J Theor Biol, 1982, 97: 177–193

[6] Sinha S. Theoretical study of tryptophan operon: Application in microbial technology. Biotechnol Bioeng, 1988, 31: 117–124

[7] Santillán M, Mackey M C, Dynamic behavior in mathematical models of the tryptophan operon. Chaos, 2001, 11: 261–268

[8] Santillán M, Mackey M C. Dynamic regulation of the tryptophan operon: a modeling study and comparison with experimental data. Proc Natl Acad Sci U S A, 2001, 98: 1364–1369

[9] Mackey M C, Santillan M, Yildirim N. Modeling operon dynamics: the tryptophan and lactose operons as paradigms. C R Biol, 2004, 327: 211–224

[10] Liqardi C, Wei Q, Paterson B M. RNAi as random degradative PCR: siRNA primers convert mRNA into dsRNA that are degraded to generate new siRNAs. Cell, 2001, 107: 297–300

[11] Lee R C, Feinbaum R L, Ambros V. The C. elegansheterochronic gene lin-4. Cell, 1993, 75: 843–854

[12] Reinhart B J, Slack F J, Basson M, et al. The 21-nucleotide let-7 RNA regulates developmental timing in Caenohabditiselegans. Nature, 2000, 403: 901–906

[13] Lagos-Quintana M, Rauhutr R, Lendeckel W, et al. Identification of novel genes coding for small expressed RNAs. Science, 2001, 294: 853–858

[14] Lau N C, Lim L P, Weinstein E G. An abundant class of tiny RNAs with probable regulatory roles in Caenorhabditiselegans. Science, 2001, 294: 858–862

[15] Lee R C, Ambros V. An extensive class of small RNAs in Caenorhabditiselegans. Science, 2001, 294: 862–864

[16] Bartel D P. MicroRNAs: Genomics, biogenesis, mechanism and function. Cell, 2004, 116: 281–297

[17] Molnár A, Schwach F, Studholme D J, et al. miRNAs control gene expression in the single-cell alga Chlamydomonasreinhardtii. Nature, 2007, 447: 1126–1129

[18] Zhao T, Li G, Mi S, et al. A complex system of small RNAs in the unicellular green alga Chlamydomonasreinhardtii. Genes Dev, 2007, 21: 1190–1203

[19] Grosshans H, Filipowicz W. The expanding world of small RNAs. Nature, 2008, 451: 414–416

[20] Ruvkun G. Molecular biology: glimpses of a tiny RNA world. Science, 2001, 294: 797–799

[21] Lagos-Quintana M, Rauhut R, Lendeckel W, et al. Identification of novel genes coding for small expressed RNAs. Science, 2001, 294: 853–858

[22] Lau N C, Lim L P, Weinstein E G, et al. An abundant class of tiny RNAs with probable regulatory roles in Caenorhabditiselegans. Science, 2001, 294: 858–862

[23] Lee R C, Ambro V. An extensive class of small RNAs in Caenorhabditiselegans. Science, 2001, 294: 862–864

[24] Meltzer P S. Cancer genomics: small RNAs with big impacts. Nature, 2005, 435: 745–746

[25] Mehta P, Goyal S, Wingreen N S. A quantitative comparison of sRNA-based and protein-based gene regulation. Mol Syst Biol, 2008, 4: 271

[26] Mitarai N, Andersson A M C, Krishna S, et al. Efficient degradation and expression prioritization with small RNAs. Phys Biol, 2007, 4: 164–171

[27] Zhdanov V P. Conditions of appreciable influence of microRNA on a large number of target mRNAs. Molec BioSyst, 2009, 5: 638–643

[28] Shen J, Liu Z, Zheng W, et al. Oscillatory dynamics in a simple gene regulatory network mediated by small RNAs. Physica A: Statistical Mechanics and its Applications, 2009, 388: 2995–3000

[29] Cheng H Y, Papp J W, Varlamova O, et al. microRNA Modulation of circadian-clock period and entrainment. Neuron, 2007, 54: 813–829

[30] Tu K C, Waters C M, Svenningsen S L, et al. A small-RNA-mediated negative feedback loop controls quorum-sensing dynamics in Vibrio harveyi. Mol Microbiol, 2008, 70: 896–907

[31] Bumgarner S L, Dowell R D, Grisafi P, et al. Toggle involving cis-interfering noncoding RNAs controls variegated gene expression in yeast. ProcNatlAcadSci, 2009, 106: 18321–18326

[32] Johnston Jr, R J, Chang S, Etchberger J F, et al. MicroRNAs acting in a double-negative feedback loop to control a neuronal cell fate decision. Proc Natl Acad Sci USA, 2005, 102: 12449–12454

[33] Nandi A, Vaz C, Bhattacharya A, et al. miRNA-regulated dynamics in circadian oscillator models.BMC Syst Biol, 2009, 3: 45

[34] Jia Y, Liu W, Li A, et al. Intrinsic noise in post-transcriptional gene regulation by small non-coding RNA. Biophysical Chemistry, 2009, 143: 60–69

[35] Levine E, McHale P, Levine H. Small regulatory RNAs may sharpen spatial expression patterns. PLoSComputBiol, 2007, 3(11): e233

[36] Zinovyev A, Morozova N, Nonne N, et al. Dynamical modeling of microRNA action on the protein translation process. BMC Syst Biol, 2010, 4: 13

[37] Yi T M, Huang Y, Simon M I, et al. Robust perfect adaptation in bacterial chemotaxis through integral feedback control. Proc Natl Acad Sci USA, 2000, 97: 4649–4653

[38] Ma W, Trusina A, El-Samad H, et al. Defining network topologies that can achieve biochemical adaptation. Cell, 2009, 138: 760–773

[39] Ang J, Bagh S, Ingalls B P, et al. Considerations for using integral feedback control to construct a perfectly adapting synthetic gene network. J Theor Biol, 2010, 266: 723–738

[40] El-Samad H, Goff J P, Khammash M. Calcium homeostasis and parturient hypocalcaemia: an integral feedback perspective. J Theor Biol, 2002, 214: 17–29

[41] Mello B A, Tu Y. Perfect and near-perfect adaptation in a model of bacterial chemotaxis. Biophys J, 2003, 84: 2943–2956

[42] Spiro P A, Parkinson J S, Othmer H G. A model of excitation and adaptation in bacterial chemotaxis. Proc Natl Acad Sci USA, 1997, 94: 7263–7268

[43] Angeli D, Sontag E D. Monotone control systems. IEEE Trans Automat Control, 2003, 48: 1684–1698

[44] Wang R, Chen L, Aihara K. Construction of genetic oscillatorswith interlocked feedback networks. J Theor Biol, 2006, 242: 454–463

[45] Wang R, Chen R, Aihara K. Detection of cellular rhythms andglobal stability within interlocked feedback systems. Math Biosci, 2007, 209: 171–189

[46] Enciso G A. A dichotomy for a class of cyclic delay systems. Math Biosci, 2007, 208: 63–75

[47] Enciso G A, Sontag E D. Monotone bifurcation graphs. Journal of Biological Dynamics, 2008, 2: 121–139

[48] Enciso G A, Smith H L, Sontag E D. Non-monotone systems decomposable into monotone systems with negative feedback. J of Differential Equations, 2006, 224: 205–227

[49] Enciso G A, Sontag E D. Monotone systems under positive feedback: multistability and a reduction theorem. Systems Control Lett, 2005, 54(2): 159–168

[50] Enciso G A, Sontag E D. Global attractivity, I/O monotone small-gain theorems, and biological delay systems. Discrete Contin Dyn Syst, 2006, 14(3): 549–578

[51] DeLeenheer P, Angeli D, Sontag E D. Monotone chemical reaction networks. J Math Chemistry, 2007, 41: 295–314

第10章　一些生命现象的网络分析例子

10.1　细 胞 周 期

细胞分裂周期是一个过程, 在这个过程中细胞复制其内容, 然后分裂为两个细胞. 成人每秒必须制造数百万个新细胞, 目的是为了维持现状, 如果细胞分裂停止, 个体在几天内即将死亡. 另外, 异常细胞快速增殖 (即癌症) 也是致命的.

细胞周期分为四个不同时期 (图 10.1): G1 期、S 期、G2 期和 M 期. 在这四个时期中, G1、S 和 G2 期称为间期, 指上一个 M 期结束到下一 M 期开始. M 期即有丝分裂期最具特征性. 有丝分裂的特点为: 先是间期复制的物质分裂, 再是核分裂, 最终是细胞分裂. 大多数细胞的 M 期只占总周期时间的一小部分, 间期所用的时间长. G1 期是间期的第一阶段, 在此期间预分裂细胞开始成长. 当细胞长到足够大时, 细胞核中的 DNA 开始复制并在 S 期继续进行. 紧接 S 期的是 G2 期, 细胞能否顺利地进入 M 期, 要受到 G2 期检验点的控制. G2 期的主要目的是确保在进入 M 期之前 DNA 完成复制.

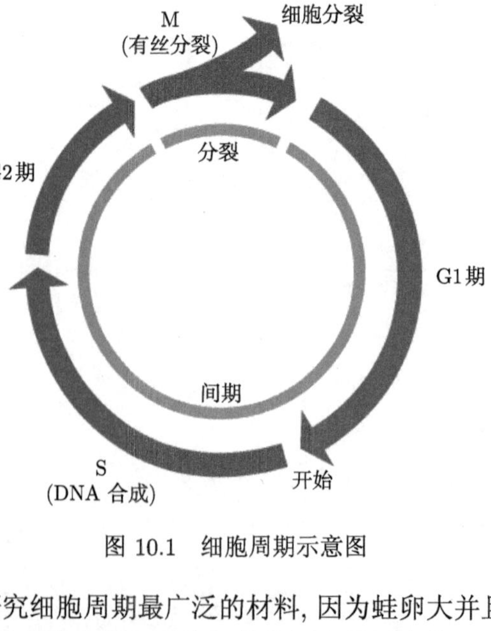

图 10.1　细胞周期示意图

青蛙和酵母是研究细胞周期最广泛的材料, 因为蛙卵大并且易于控制; 酵母细胞要小得多, 但适合于克隆和鉴定所涉及的基因和基因产物. 由于这两种生物利用类似的机制从根本上调节细胞周期, 可有效地用来建立一个细胞循环控制. 比起青蛙或酵母, 哺乳动物中的细胞周期变得相当复杂.

虽然有大量关于细胞周期的实验, 但专攻细胞结构的模型小组和细胞周期的模型不太多. 最活跃的研究小组之一是由贝拉诺瓦克和约翰 · 泰森为首的团体, 在过去 15 年里, 他们已出版了一系列经典论文. 开始, 他们研究相对简单的模型, 现在他们进展到研究高度复杂的模型. 尽管这项工作很优雅, 但有很多很艰巨的困难. 一个简单的模型已经有 7 个或 8 个关键的蛋白质, 并且这些蛋白质在不同的生物体中有不同的名称, 模型不统一是显而易见的. 另外, 近年来 Ferrell 实验室的多篇文章对于细胞周期中的一些本质特性进行了清晰的刻画.

我们首先提出一个真核细胞周期的通用模型并讨论其基本机制, 然后我们用通用模型来研究裂殖酵母的具体情况. 注意, 细胞周期模型中的调控方式基本是转录后调控, 包括磷酸化和去磷酸化等.

10.1.1 一类简单的通用模型

细胞周期是由它们编码的基因和蛋白质所调控的, 有两种蛋白质形成了细胞周期控制系统的核心. 首先是周期素依赖性激酶 (CDK), 它可以通过磷酸化各种选定的蛋白来触发多种下游事件; 其次是细胞周期 cyclin, 如此命名是因为在每个细胞分裂周期阶段要确定的第一批成员是周期性的合成与分解. 细胞周期蛋白结合 CDK 的分子, 并控制其磷酸化靶蛋白的能力, 如果没有细胞周期蛋白, CDK 将处于非活性状态. 在芽殖酵母细胞中, 只有一个主要的 CDK2 及 9 个细胞周期, 从而导致 9 个激活的可能性. 在哺乳动物中, 情况更复杂, 因为有 6 个 CDK 和十多个 cyclin.

Leland Hartwell 和 Paul Nurse 获得 2001 年诺贝尔生理学或医学奖. 他们在 20 世纪 70 年代的工作表明, 周期蛋白依赖性激酶 (CDK)、Cdc2(在裂殖酵母)、Cdc28(在芽殖酵母) 和 Cdk1(哺乳动物细胞) 是如何控制细胞周期的. 细胞周期蛋白于 1982 年被 Tim Hunt 发现, 他与 Hartwell 和 Nurse 分享了诺贝尔生理学或医学奖.

1. 双稳态

细胞周期的进行, 在某种程度上可以看成 G1/S 以及 G2/S 的切换. 这种观点首次由 Nasmyth 于 1995 年提出[1,2], Novak 和 Tyson 有很多关于此现象的研究, 而 Ferrell 又作了一系列深入探讨. 这些探讨的核心就是所谓的双稳态, 现在双稳态几乎成为所有定量模型的基础.

我们在这里使用 G2-M 阶段的模型来说明. 图 10.2 所示的模型是 Ferrell 实验室多篇文章中使用的模型[3~5].

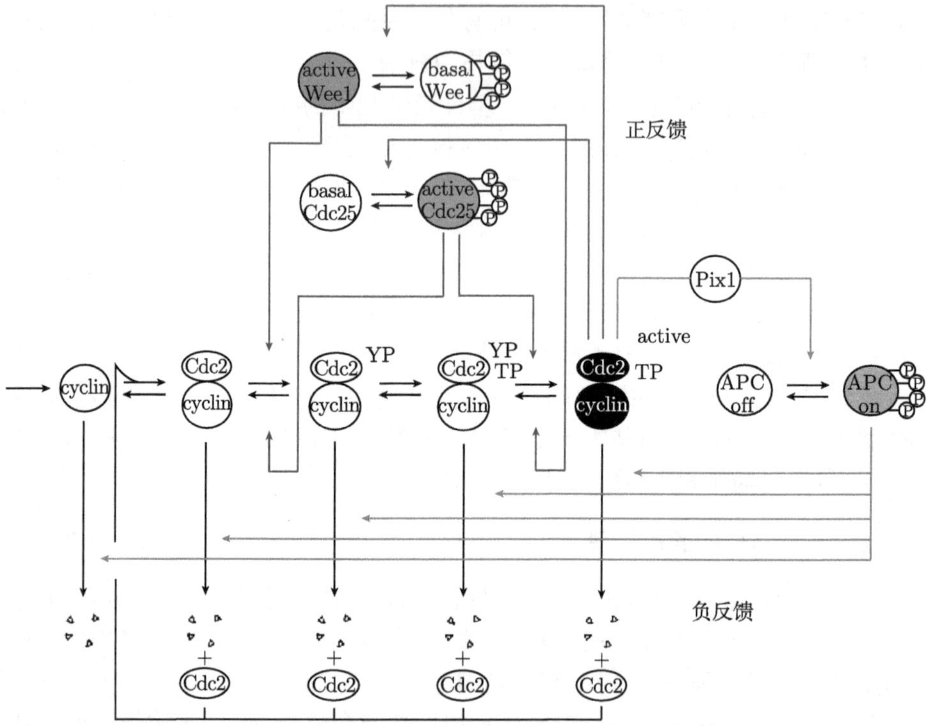

图 10.2　G2-M 阶段的双稳态模型[3]

先全面介绍一下此模型, 模型的核心是用黑色表示的 Cyclin-Cdc2TP 分子, Cdc2 是周期蛋白依赖性激酶 (CDK). 这个模型中主要包括正反馈与负反馈两个部分. 其中, 正反馈又包含两个圈, 即 Cyclin-Cdc2 与 Cdc25 以及 Cyclin-Cdc2 与 Wee1. 活化的 Cyclin-Cdc2(即黑色表示的 Cyclin-Cdc2TP 分子) 会帮助 Cdc25 从非活化态向活化态 (带多个磷酸) 转化, 而活化的 Cdc25 返回来又帮助非活化的 Cyclin-Cdc2 向活化态转化. 因此, 这个反馈圈中, 增加活化 Cyclin-Cdc2 导致活化的 Cdc25 增加, 进一步又促进活化 Cyclin-Cdc2 增加, 从而是一个正反馈. 对于 Wee1, 则是通过负负得正的方法来正反馈, 即活化的 Cyclin-Cdc 帮助 Wee1 从活化态向非活化态 (带多个磷酸) 转化, 而活化的 Wee1 返回来又帮助活化的 Cyclin-Cdc2 向非活化态转化. 因此, 活化 Cyclin-Cdc2 导致活化的 Wee1 减少, 进一步又促进活化的 Cyclin-Cdc2 增加. 负反馈是 Cyclin-Cdc 与 APC 分子家族的作用：活化的 Cyclin-Cdc 会帮助 APC 从非活化态向活化态 (带多个磷酸) 转化, 而活化的 APC 则降解所有形式的 Cyclin 蛋白.

上述模型可以按一般的 M-M 法则以及 Hill 公式的形式写出来：

```
cyclin'[t] =
ksynth-kdest*apcstar[t]*cyclin[t]-ka*cdc2[t]*cyclin[t]+kd*cdc2cyclin[t],
cdc2cyclin'[t] =
ka*cdc2[t]*cyclin[t]-kd*cdc2cyclin[t]-kdest*apcstar[t]*cdc2cyclin[t]-kwe
e1*wee1act[t]*cdc2cyclin[t]-kwee1basal*(wee1tot-wee1act[t])cdc2cyclin[t]
+kcdc25*cdc25act[t]*cdc2cyclinyp[t]+kcdc25basal*(cdc25tot-cdc25act[t])*c
dc2cyclinyp[t],
cdc2cyclinyp'[t] =
kwee1*wee1act[t]*cdc2cyclin[t]+kwee1basal*(wee1tot-wee1act[t])*cdc2cycli
n[t]-kcdc25*cdc25act[t]*cdc2cyclinyp[t]-kcdc25basal*(cdc25tot-cdc25act[t
])*cdc2cyclinyp[t]-kcak*cdc2cyclinyp[t]+kpp2c*cdc2cyclinyptp[t]-kdest*ap
cstar[t]*cdc2cyclinyp[t],
cdc2cyclinyptp'[t] =
kcak*cdc2cyclinyp[t]-kpp2c*cdc2cyclinyptp[t]-kcdc25*cdc25act[t]*cdc2cycl
inyptp[t]-kcdc25basal*(cdc25tot-cdc25act[t])*cdc2cyclinyptp[t]+kwee1*wee
1act[t]*cdc2cyclintp[t]+kwee1basal*(wee1tot-wee1act[t])*cdc2cyclintp[t]-
kdest*apcstar[t]*cdc2cyclinyptp[t],
cdc2cyclintp'[t] =
kcdc25*cdc25act[t]*cdc2cyclinyptp[t]+kcdc25basal*(cdc25tot-cdc25act[t])*
cdc2cyclinyptp[t]-kwee1*wee1act[t]*cdc2cyclintp[t]-kwee1basal*(wee1tot-w
ee1act[t])*cdc2cyclintp[t]-kdest*apcstar[t]*cdc2cyclintp[t],
cdc2'[t] =
kdest*apcstar[t]*(cdc2cyclin[t]+cdc2cyclinyp[t]+cdc2cyclinyptp[t]+cdc2cy
clintp[t])+kd*cdc2cyclin[t]-ka*cdc2[t]*cyclin[t],
cdc25act'[t] =
kcdc25on*(cdc2cyclintp[t]^ncdc25/(ec50cdc25^ncdc25+cdc2cyclintp[t]^ncdc2
5))*(cdc25tot-cdc25act[t])- kcdc25off*cdc25act[t],
wee1act'[t] =
-kwee1off*(cdc2cyclintp[t]^nwee1/(ec50wee1^nwee1+cdc2cyclintp[t]^nwee1))
*(wee1act[t])+kwee1on*(wee1tot-wee1act[t]),
apcstar'[t] =
kapcon*(cdc2cyclintp[t]^napc/(ec50apc^napc+cdc2cyclintp[t]^napc))*(apcto
t-apcstar[t])-kapcoff*apcstar[t],
apc0'[t] =
-kapcon*(cdc2cyclintp[t]^napc/(ec50apc^napc+cdc2cyclintp[t]^napc))*(apct
ot-apcstar[t])+ kapcoff*apcstar[t],
apcstar[t] = apctot-apc0[t],
```

如果我们先只考虑正反馈的作用, 而把负反馈留到后面来考虑, 则会出现双稳情况. 在上述方程组关于 cyclin、cdc2cyclin、cdc2cyclinyp、cdc2cyclinyptp、cdc2cyclintp 以及 cdc2 的方程里, 我们令 kdest = 0, 并且删除关于 apc0 和 apcstar 的方程, 就得到一个只有 Cyclin-Cdc 与 Cdc25 以及 Cyclin-Cdc 与 Wee1 之间正反馈的系统, 这个系统的定态解是双稳态的. 考虑以某个参数 (如 Cyclin B 的合成率 ksynth) 为横坐标, 活化的 Cyclin-Cdc2(cdc2cyclintp) 的定态解为纵坐标的分叉图: 在某个参数范围内活化的 Cyclin-Cdc2 有三个定态解, 其中位于中间的一个是不稳定的, 而上面的与下面的两个解是稳定的, 称为双稳态. 为了生物学上更直观地理解这种双稳态, 通常把横坐标从某参数 (ksynth) 改为全部 cyclin 总浓度的定态, 仍然得到两重稳定态. 图 10.3(a) 是简化的正反馈示意图, 图 10.3(b) 则是对应的双稳态. 当细胞从上一次分裂结束后, 随着蛋白的合成, cyclin 总浓度逐渐增加, 由于初值依赖性, Cdc2 活性 (即 cdc2cyclintp 的浓度) 也沿着双稳态的下枝逐渐增加. 但当 cyclin 总浓度超过一个阈值时, 双稳态消失, 只剩下单态 (高态), 这时 Cdc2 活性被迫急速跃升上去 (图 10.3 中上升箭头). 因此, 双稳态的存在可以解释这种急速跃升的开关效应.

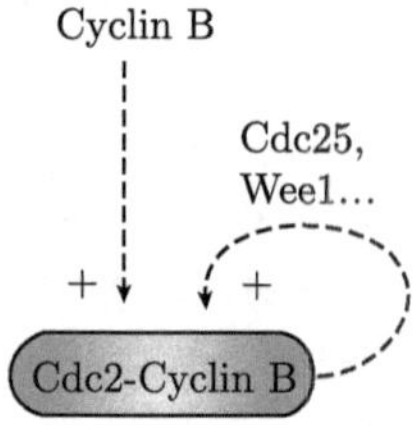

(a)

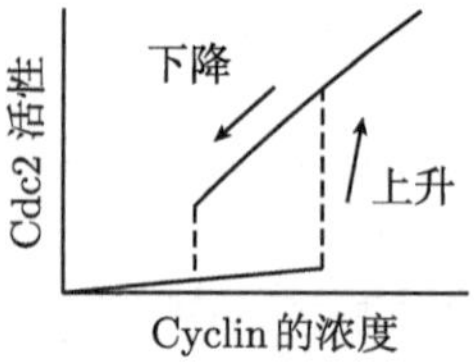

(b)

图 10.3 正反馈示意图及对应的双稳态

2. 基于双稳态的振荡机制

在 M 期的 metaphase, 一族后期促进复合物 (anaphase-promoting complex, APC) 被 Cyclin-Cdc2 激活. APC 要摧毁 cyclin 分子, 从而降低了 Cdk–cyclin 浓度. 随着 cyclin 总浓度的降低, Cdc2 活性沿着双稳态的上枝逐渐下降. 这里有一个关键点: Cdc2 活性并不沿其上升路径原路返回, 而是要等到双稳态的上枝结束后才被迫急速跌落. 这种现象称为迟滞性 (Hysteresis), 即其落回来的点对应的 cyclin 总浓度要比其上升处的 cyclin 总浓度低 (晚). 这个迟滞性是细胞周期发生的根本驱动.

尽管双稳结构和迟滞性的假说 Nasmyth 在 1995 年就提出了, 但其实验验证则是在 2002 年才实现的. 2002 年 Ferrell 实验室 [Xiong(2003)*Nature*] 在研究卵母细胞成熟的不可逆转性时证实了正反馈可以产生这种双稳结构. 而细胞周期中 CDK 活性的双稳结构和迟滞性则在 2003 年才被实验证实. Tyson 实验室 2003 年[6] 利用不可降解的 cyclin 蛋白阻断了 APC 对 cyclin 的负反馈, 从而在其系统中只有正反馈而无负反馈. 在此情况下, 逐渐增加 cyclin B 的浓度, 可以发现在 60 左右 CDK 活性突然跃升 [图 10.4(a)]. 但当 cyclin B 被逐渐洗去, 在其浓度下降过程中, CDK 活性的下降不是发生在 60, 而是比其小得多 [图 10.4(b)]. 这就证实了正反馈可以产生这种迟滞性. 同年, Ferrell 实验室[3] 也做了类似的实验, 同样验证了双稳性的存在性, 并与模型结果相吻合 (图 10.5).

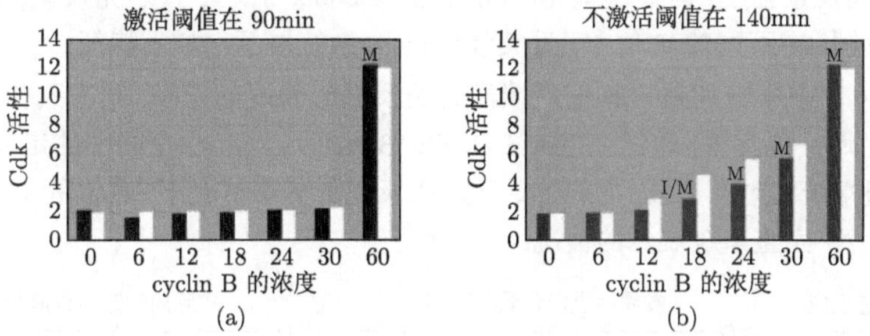

图 10.4 Tyson 实验证实了正反馈可以产生迟滞性

在正反馈导致的双稳结构基础上, 加上 APC 导致的负反馈可以导致振荡. 图 10.6 显示了这个机制：当细胞从上一次分裂结束后, 随着蛋白的合成, cyclin B 的总浓度逐渐增加, CDK 活性 (即 cdc2cyclintp 的浓度) 也沿着双稳态的下枝逐渐增加 (箭头 1). 但当 cyclin 总浓度超过一个阈值时, 双稳态消失, 只剩下单态 (高态), 这时 CDK 活性被迫急速跃升上去 (箭头 2). 这时高活性的 CDK 激活 APC, 导致负反馈的生效. 活化的 APC 降解 cyclin B 的各种形式, 导致 cyclin B 的总浓度下降, 而 CDK 活性沿着双稳态的上枝逐渐下降 (箭头 3). 等到双稳态的上枝结束后, CDK 活性被迫急速跌落 (箭头 4). 之后细胞完成分裂, 进入新的一个周期, cyclin B

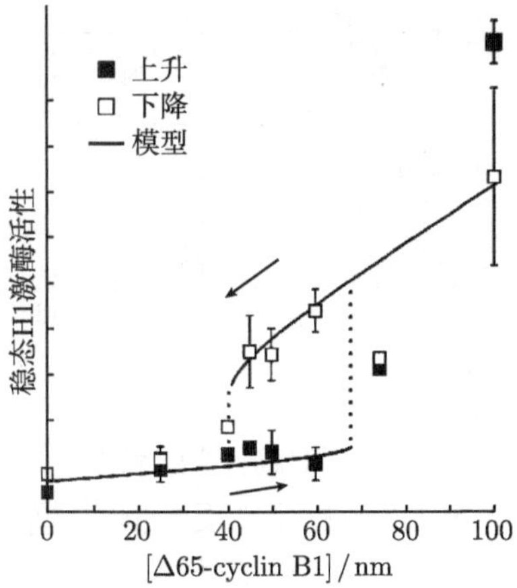

图 10.5 Ferrell 实验中的双稳性的存在性

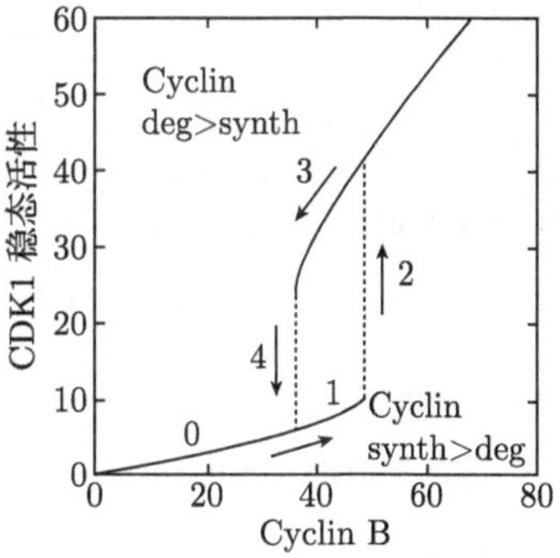

图 10.6 细胞周期模型的振荡机制

的总浓度又逐渐增加, 进行新一轮的振荡. 这就是细胞周期模型的振荡机制.

3. 正反馈 + 负反馈导致的振荡的特点

1) 正反馈导致的双稳 Hysteresis 现象对振荡的 robustness 意义重大

在 Pomerening 2003 模型中, 引入一个新参数 f. 此参数刻画 Cdk 与 Cdc25 及 Wee1 之间反馈强度, 详细模型见 Pomerening 2005. $f = 1$ 代表无反馈, 而 $f = 15$ 代表强反馈. 在不同的 f 值 (正反馈强度) 下, 系统展示出如下特征.

图 10.7 中第一列是只有正反馈没有负反馈时系统的定态, 第二列代表完整系统 (正反馈 + 负反馈) 轨线在 Total Cyclin B-Active Cdk 相空间中的走向, 第三列代表完整系统的时间曲线, 而第四、五列代表在更真实情况下 (较慢的 Cyclin B 合成、降解率) 完整系统展示的情况.

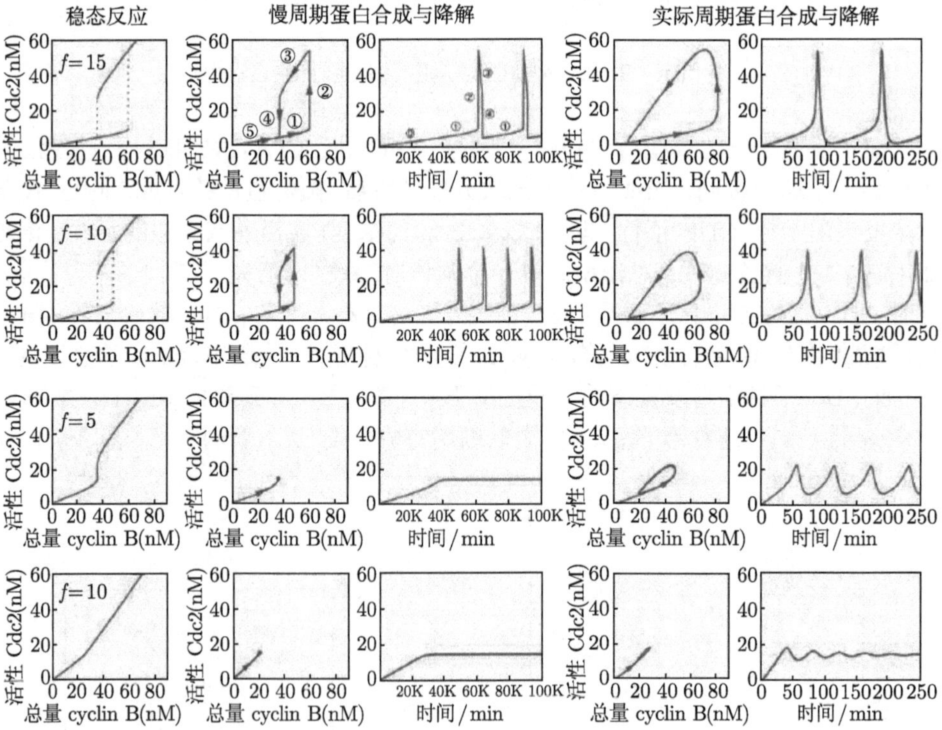

图 10.7　Pomerening 2003 模型的结果展示

第一行是强正反馈情况 ($f = 15$), 它具有一个较宽的双稳区间, 系统在相空间中有一个饱满的环, 而时间曲线展示连续振荡. 第二、三行是正反馈依次减弱的情况 ($f = 10, 5$). 第四行是正反馈非常弱的情况 ($f = 2$), 它没有双稳结构, 系统在相空间中几乎没有一个环, 而时间曲线展示逐步衰减的振荡. 由此可见, 正反馈的强度, 即双稳结构的存在性对振荡的 robustness 意义重大.

进一步地, 他们做实验验证了 Pomerening 2003 模型的预测[3](图 10.8). 他们使用一种无法被 Cdc25 及 Wee1 激活的 Cdk, 称为 Cdc2AF(Thr14 和 Tyr15 磷酸位被改变, 无法磷酸化), 与正常的 Cdc2 一起来调控反馈强度. Cdc2AF 越多, 反馈越弱. 在此方法下, 他们得到如下结果: 第一行是强正反馈情况, 有饱满的相空间圈以及连续振荡的时间曲线; 第一行是弱正反馈情况, 有干瘪的相空间圈以及逐步减弱的振荡时间曲线.

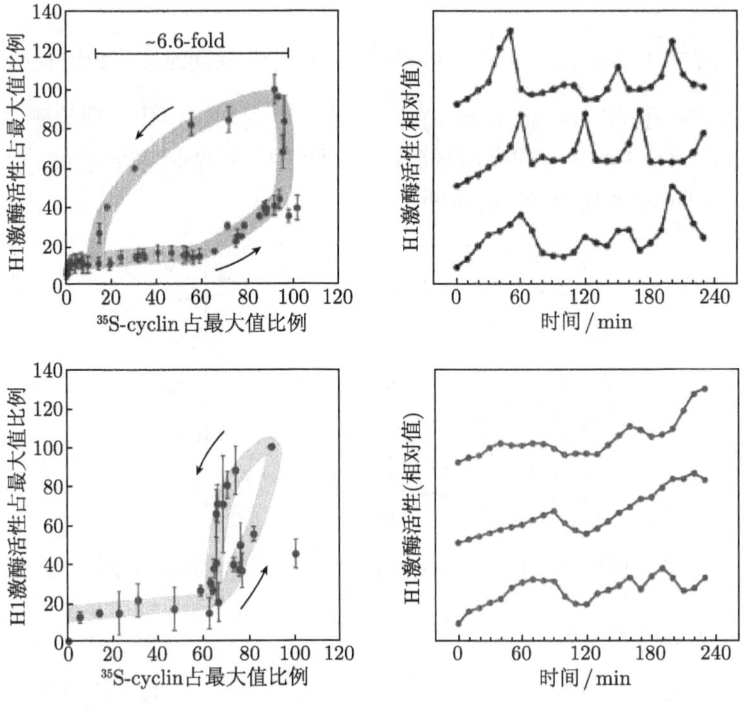

图 10.8 实验验证 Pomerening 2003 模型的预测

2) 正反馈导致的双稳现象使细胞周期的长短差别很大

在同一物种的同种细胞中, 分裂周期的长短也是相差很大的. 例如, 蛙卵其周期可以在 30~600min 的范围内变化. 因此, 可调节的分裂周期长短是细胞周期的一个重要特征.

在 2008 年, Ferrell 实验室进一步研究发现[5], 双稳现象是使细胞周期的长短变化范围很大的主要机制. 其原因如下: 由于细胞周期振荡的本质是正反馈 + 负反馈, 完成一个周期是依靠图 10.9 中箭头 1、2、3 和 4 依次进行的, 所以周期长短也就依赖于其中各个箭头走完的时间. 而其中关键调控时间长短的是箭头 1. 如果

Cyclin 的合成率很大, 则箭头 1 很快完成; 如果 Cyclin 的合成率很小, 则箭头 1 需要很长时间完成.

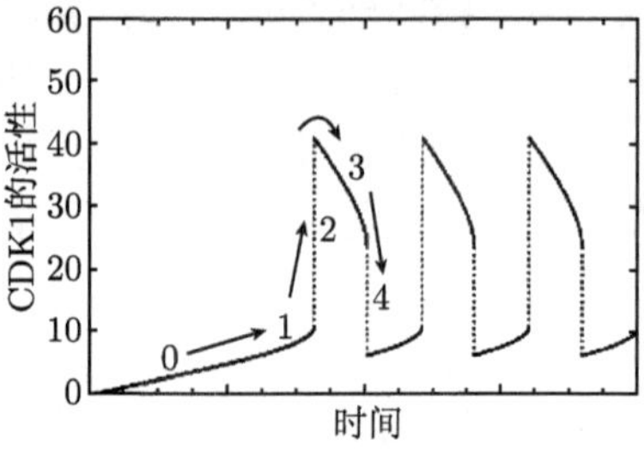

图 10.9　Ferrell 实验室发现双稳现象是使细胞周期的长短变化机制

利用前述模型 (Pomerening2003), Tsai 等[5] 对周期长短作了理论研究. 图 10.10 显示了不同的 Cyclin 的合成率所导致的周期长短. 其结果完全证实了 "双稳现象使细胞周期的长短容易调节" 的论断.

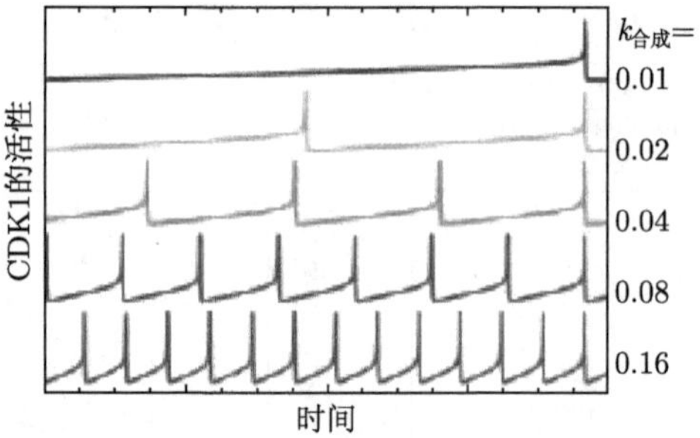

图 10.10　不同的 Cyclin 的合成率所导致的周期长短

10.1.2　一些常见的模型

对于不同的物种, 细胞周期中蛋白的名称有所不同, 并且其细胞周期的过程也有细微差异, 但其本质都是由动力学过程中正反馈导致双稳, 加上负反馈后就导致振荡. 下面罗列一些物种的细胞周期模型供有兴趣的读者自己进一步研究.

裂殖酵母 (Fission Yeast)：[6]

芽殖酵母 (Budding Yeast)：[7.8]

哺乳动物 (Mammalian Cells)：[9, 10]

10.2　酵母细胞周期网络的离散和连续模型

芽殖酵母 (budding yeast saccharomyces cerevisiae) 在生物学研究中往往被作为真核单细胞模式生物. 早在 1996 年, 它作为第一个真核单细胞模式生物, 文献

[11] 公布了对其基因组的测序. 接着, 人们关注它的蛋白质的相互作用, 积累了大量数据后[12~14] 为建立和研究蛋白质作用网络提供了条件. Barabasi 等[15] 和 Maslov 等[16] 对芽殖酵母的蛋白质网络的拓扑性质进行了研究, Ihmds 等对芽殖酵母基因调控网络中的基本调控单元进行了研究. 如何利用这些数据和有关网络用系统生物学观点来进行生物过程研究就成为必须进一步要考虑到的问题. 考虑到芽殖酵母在细胞周期 (cell cycle) 研究中的重要地位, 近年来, 在原有芽殖酵母细胞周期研究的基础上[17~21], 北京大学理论生物中心李方廷、欧阳颀、汤超等通过系统生物学方法对芽殖酵母的细胞周期现象进行了研究[22].

芽殖酵母具有生命周期, 能够以单倍体和双倍体的形式存在. 在富营养的条件下, 单倍体和双倍体的芽殖酵母都能够以正常细胞分裂周期进行繁殖. 实验表明, CDK 蛋白激酶 (cyclin-dependent kinase) 的基因表达和活性最终调控了细胞周期过程. 在缺少营养的条件下, 触发孢子形成信号 (sporulation signal), 双倍体细胞可通过减数分裂产生孢子, 形成单倍体细胞来适应此种环境, 减数分裂主要由 Ime1 蛋白的表达和活化来调控[23]. 受到信息素 (phenomone) 刺激, 两个单倍体细胞将融合成为一个新的双倍体细胞[24].

在研究过程中, 他们通过大量的文献调研和数据库 (http://mips.gsf.de/) 对原有的描述细胞周期的网络[25] 进行简化得到简化网络 (图 10.11). 该网络中包含了三大类的有关生物分子. 第一类为 Cyclin/Cdc28 复合物：Cln3/Cdc28 复合物 (Cln3), Cln1/Cdc28, Cln2/Cdc28 复合物 (Cln1.2), Clb5/Cdc28 与 Clb6/Cdc28 复合物 (Clb5.6), Clb1/Cdc28 和 Clb2/Cdc28 复合物 (Clb1.2) 都属于这一类. 第二类是各种转录因子, 有 MBF、SBF、Mcml/SFF 和 Swi5. 第三类为 Cyclin/cdc28 复合物的抑制蛋白和降解蛋白, 包括 Sicl、Cdhl、Cdc20/APC. 这些生物分子的作用

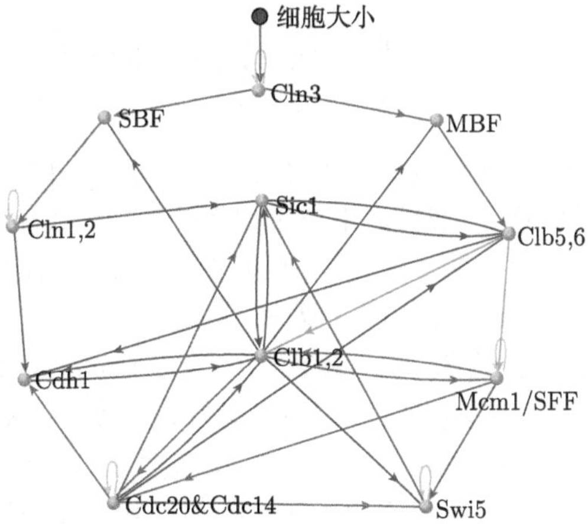

图 10.11　简化细胞周期网络

包含有激发 (活化) 和抑制 (去活化) 两种. 此外, 还存在着自降解的作用. 对这些作用可分别用正作用、负作用和自作用加以表示, 从而形成一张简化细胞周期网络. 图 10.11 中节点 “细胞大小 (cell size)” 表示环境的刺激.

利用上述网络可以给出细胞周期过程的说明. 在营养丰富的条件下, 两种芽殖酵母的细胞长得足够大时, Cln3 复合物被活化, 使细胞进入细胞分裂的 “激发” 的 G_1 态, 此时 Sic1 浓度较高, Cdh1 处于活化状态. 活化的 Cln3 复合物进一步将活化转录因子 MBF 和 SBF, 已经被活化的 MBF 和 SBF 作用到相应的基因上, 再转录成 mRNA, 通过翻译形成 Cln1、Cln2、Clb5 和 Clb6, 这些蛋白复合物抑制 Sicl 和 Cdhl 的作用, 达到调控 G_1 后期基因的表达. 在细胞周期 S 期 (S phase), 细胞复制本身的 DNA. 通过 G_2 期、Clb1 和 Clb2 被激发, 细胞周期过程便到达有丝分裂期 (M phase). 在 M 期, 细胞把复制 DNA 等量地分配到细胞两级, 然后分裂成两个细胞, 在这个过程中 Cdc20/Apc 和 Swi5 被活化, 导致 Sicl 浓度升高, 并伴有 Cdh1 被激发, 从而对 Cln 的各种复合物产生抑制作用. 最后, 细胞又回到静态 (rested) 的 G_1 态. 在这个 G_1“基态”, 细胞又在等待下一次来自环境的分裂信号, 使得 Cln3 得到激发, 重复上述过程.

为了用系统生物学方法研究上述过程, 北京大学的学者通过在网络上建立离散动力学模型进行动态分析. 为此, 他们简单认为网络中每一个节点只有 0 和 1 两种状态, 分别代表它们处于活化和抑制状态. 每一个节点动态的演化过程用如下方式决定：

$$s_i(t+1) = \begin{cases} 1, & \sum\limits_j a_{ij}s_j(t) > 0 \\ 0, & \sum\limits_j a_{ij}s_j(t) < 0 \\ s_i(t), & \sum\limits_j a_{ij}s_j(t) = 0 \end{cases} \tag{10.1}$$

式中, a_{ij} 是 j 生物分子对 i 生物分子作用, 正作用时取 $+1$, 负作用时取 -1. 由于自降解作用有时间延迟效应, 在模型中作了如下处理：一个具有自降解的生物分子在 t 时刻被激发, 而在 $t+1$ 到 $t=t+t_{\mathrm{d}}$ 期间都没有来自其他生物分子的作用, 那么它将在 $t+t_{\mathrm{d}}$ 时被自降解. 在实际计算中, 取 $t_{\mathrm{d}}=1$.

根据前面的描述, 在 “激发”G_1 态, 网络中节点 Cln3、Sic1 和 Cdh1 的状态为 1, 其余节点状态为 0; 在 “基态”G_1 时, 网络状态为节点 Sic 和 lCdh1 的状态为 1, 其余节点的状态为 0. 如以 “激发”G_1 态为初始态, 发现通过模型 (10.1) 的 13 个演化步长可以到达 “基态”G_1, 这就说明了这个模型反映了芽殖酵母的细胞周期的最基本要素 (详细过程可以见表 10.1).

表 10.1 细胞周期网络中蛋白质时间演化

时间	Cln3	MBF	SBF	Cln1,2	Cdh1	Swi5	Cdc20 和 Cdc14	Clb5,6	Sic1	Clb1,2	Mcm1/SFF	间期
1	1	0	0	0	1	0	0	0	1	0	0	开始
2	0	1	1	0	1	0	0	0	1	0	0	G_1
3	0	1	1	1	1	0	0	0	1	0	0	G_1
4	0	1	1	1	0	0	0	0	0	0	0	G_1
5	0	1	1	1	0	0	0	1	0	0	0	S
6	0	1	1	1	0	0	0	1	0	1	1	G_2
7	0	0	0	1	0	0	1	1	0	1	1	M
8	0	0	0	0	0	1	1	0	0	1	1	M
9	0	0	0	0	0	1	1	0	1	1	1	M
10	0	0	0	0	0	1	1	0	1	0	1	M
11	0	0	0	0	1	1	1	0	1	0	0	M
12	0	0	0	0	1	1	0	0	1	0	0	G_1
13	0	0	0	0	1	0	0	0	1	0	0	静息态 G_1

接下来我们研究模型 (10.1) 的动力学过程. 不包括环境节点外, 网络共有 11 个节点, 因而系统可以有状态 $2^{11} = 2048$ 个. 以这 2048 个状态作为初始态, 然后通过模型进行迭代, 发现最后可以有 7 个稳定的吸引子. 7 个吸引子可以见表 10.2, 在表 10.2 中最左边一列代表该吸引子所吸引的 2048 个初始态的数目. 从表中可以看出 2048 个初态中有 1764 个初态出发都被吸引到吸引子, 即 "基态"G_1. 注意到初态占总初态数目的约 86%, 这样他们就得出如下重要结论: 细胞周期的生物学上的稳定态 "基态"G_1 是离散动力学模型 (10.1) 中最有意义的吸引子, 在某种意义下可以认为这个吸引子为全局吸引子.

表 10.2 细胞周期网络的不动点

吸引盆大小	Cln3	MBF	SBF	Cln1,2	Cdh1	Swi5	Cdc20	Clb5,6	Sic1	Clb1,2	Mcm1
1 764	0	0	0	0	1	0	0	0	1	0	0
151	0	0	1	1	0	0	0	0	0	0	0
109	0	1	0	0	1	0	0	0	1	0	0
9	0	0	0	0	0	0	0	0	1	0	0
7	0	1	0	0	0	0	0	0	1	0	0
7	0	0	0	0	0	0	0	0	0	0	0
1	0	0	0	0	1	0	0	0	0	0	0

为了进一步研究细胞周期路径, 以 1764 个蛋白状态最终演化到 "基态"G_1 的演化过程绘图, 得到图 10.12 所示的结果, 图中最粗路径代表细胞周期的生物学路径, 即上面分析中提到的 $G_1 \rightarrow S \rightarrow G_2 \rightarrow M \rightarrow G_1$. 在图中每个节点大小和每个线的宽度都正比于 $\ln(2+m)$, 其中 m 为通过该节点或该条线的初始态的数目. 从图中可看出细胞周期路径是最可几路径, 即大部分的初始状态都首先被吸引到细胞周期

路径上来, 然后再沿着细胞周期路径到达吸引子 ——“基态”G_1. 这就意味着不仅“基态”G_1 是式 (10.1) 的全局吸引子, 而且从 “激发”G_1 态 →“基态”G_1 的路径, 同样也是系统 (10.1) 的有重要意义的路径. 在生物学上这样的路径产生只能理解为是生物分子的长期进化所形成的反映细胞周期的生物路径 (biological pathway).

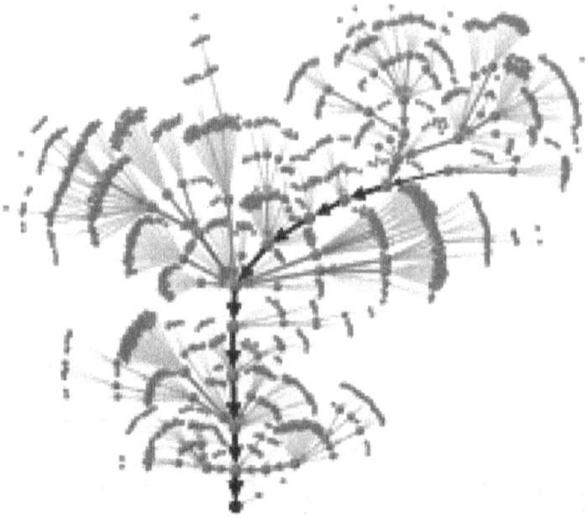

图 10.12　以 1764 个蛋白状态最终演化到 “基态”G_1 的演化过程绘图

上面描述了用离散动力学模型对芽殖酵母的细胞周期过程进行分析的过程. 其研究思路是, 按系统生物学要求设计, 结果表明有生物意义的生物路径以及生物学稳定态都对应了动力学模型中的有重要吸引性的路径以及重要意义的吸引子. 我们认为这种结果只能来自于生物进化论. 北京大学的学者得出的这个结果说明了系统生物学是有生命力的新的生物学研究方式.

上述模型是离散型的模型. 如果要用连续系统模型研究这个问题就要建立网络上的微分方程模型. 据作者了解, 北京大学理论生物中心已经在这方面完成了相应的工作. 他们在文献 [26] 中已经简短介绍了此工作的主要结果. 他们最终把图 10.11 所示的网络扩展到含有基因调控和蛋白质的网络, 共有 20 个节点, 所建立的微分方程有 83 个控制参数. 作了大量的数值模拟后, 他们发现 “基态”G_1 是这个系统的唯一稳定态, 其对应的吸引域为整个相空间; 同时也发现了类似于离散情况中发现的全局性的有重要意义的动力学路径, 这条路径是细胞周期的生物路径的反映. 详细内容请读者参考他们发表的文章.

10.3　酵母细胞周期网络的随机模型

第 10.2 节中, 我们介绍了北京大学理论生物中心关于芽殖酵母的细胞周期所建网络, 并在此网络上建立了离散动力系统. 通过对这个动力系统的吸引子和轨道的研究, 建立了全局吸引子与细胞周期功能中静息 G_1 态的关系, 也分析了稳定轨

道与生物路径 (biological pathway) 之间的关系. 在本节中, 我们将继续介绍北京大学理论生物中心利用这个网络建立相关的随机模型, 并讨论所得结果的生物功能的含义[27].

考虑到细胞中存在的随机因素[28], 把 10.2 节中介绍的网络看成随机的布尔网络[29,30] 进行建模. 对于 10.2 节所建网络上的每个节点, 我们假定节点可能状态仍有 $S_i = 1$ 与 $S_i = 0$ 两种, 它们分别表示该生物分子处于激发态或抑制状态. 这样, 网络共可建立 $2^{11} = 2048$ 种状态, 这些状态构成系统的状态空间, 分别记为 $\{n = 0, 1, \cdots, 2047\}$.

为了简化起见, 假定网络上所发生的过程是随机过程中最简单的马尔可夫过程[31], 即网络在 $t+1$ 时刻的状态可由 t 时刻状态决定. 此时, 马尔可夫过程的转换矩阵可以表示为

$$p_r(S_1(t+1)\cdots S_{11}(t+1)\,|S_1(t)\cdots S_{11}(t)\,) = \prod_{i=1}^{11} p_r(S_i(t+1)|S_1(t)\cdots S_{11}(t)) \quad (10.2)$$

式中, $p_r(S_1(t+1)\cdots S_{11}(t+1)|S_1(t)\cdots S_{11}(t))$ 是网络在 t 时刻处于状态 $(S_1(t)\cdots S_{11}(t))$ 条件下, 在 $t+1$ 时刻处于 $(S_1(t+1)\cdots S_{11}(t+1))$ 的概率. 在工作中, 北京大学理论生物中心的研究者取如下概率的形式:

$$\begin{cases} p_r(S_i(t+1) = \lambda_i\,|S_1(t)\cdots S_{11}(t)) = \dfrac{\exp(\beta(2\lambda_i - 1)\varGamma)}{\exp(\beta\varGamma) + \exp(-\beta\varGamma)} \\ \qquad\qquad \left(\text{如果 } \varGamma = \displaystyle\sum_{j=1}^{11} a_{ij}S_j(t) \neq 0 \quad \lambda_i = \{0,1\}\right) \\ p_r(S_i(t+1) = S_i(t)|S_1(t)\cdots S_{11}(t)) = \dfrac{1}{1+\mathrm{e}^{-\alpha}} \\ \qquad\qquad \left(\text{如果 } \varGamma = \displaystyle\sum_{j=1}^{11} a_{ij}S_j(t) = 0\right) \end{cases} \quad (10.3)$$

如果网络中 j 节点有激发作用, 取 $a_{ij} = 1$; 如果 j 节点对 i 节点有抑制作用, 取 $a_{ij} = -1$. 如果节点 i 存在自降解作用, 就取 $a_{ij} = -0.1$. 与热力学理论比较可以发现, 参数 β 是特征系统随机特征的类温度参数[31]; 参数 α 表示节点不存在输入时, 生物分子维持其原先状态的一个测度. 这里取这种形式的原因是, 当 $\beta, \alpha \to \infty$ 时, 上述概率模型就回到 10.1 节讨论的模型.

从数学理论可以得知上述定义的马尔可夫链应当存在概率分布 $\pi = (\pi_0\pi_1\cdots\pi_{2047})$, 使得网络所有态 $m, n \in \{0, 1, \cdots, 2047\}$ 满足

$$\lim_{r\to\infty} p_{mn}(r) = \pi_n \quad (10.4)$$

式中, $p_{mn}(r)$ 是网络由初始态 m 经过 r 时间步后到达目标态 n 的转移概率. 也就是说, 当 r 足够大时, 网络达到目标态 n 的概率不依赖于其出发态 m. 一般称 $\boldsymbol{\pi}=(\pi_0\pi_1\cdots\pi_{2047})$ 为此马尔可夫链的稳态分布. 这个稳态分布, 从理论上可以通过如下方程求解得到:

$$\boldsymbol{\pi}\cdot\boldsymbol{P}=\boldsymbol{\pi} \tag{10.5}$$

式中, $\boldsymbol{P}$ 是可尔可夫链的转换矩阵.

从第 10.1 节我们可知, 从系统生物学观点应该关心生物功能与所建随机模型的稳定分布的有关结论之间的联系, 也就是主要研究静息态 G_1 的稳态分布 π_{G1} 和对应细胞周期生物路径的稳态分布的意义.

为此, 先研究 π_{G_1}, 从式 (10.3) 可知 π_{G_1} 可以看成参数 β 和 α 的函数. 固定不同 α, 研究 β 与 π_{G_1} 之间的关系, 数值发现如图 10.13 所示. 由该图可知, 一个重要的特点是对于不同 α, π_{G_1} 是随 β 的减少而减少的. 另一个更为重要的现象是, π_{G_1} 随 β 变化出现了一个类似相变的过程, 其中对于 $\alpha=5$ 时, 这个过程最明显.

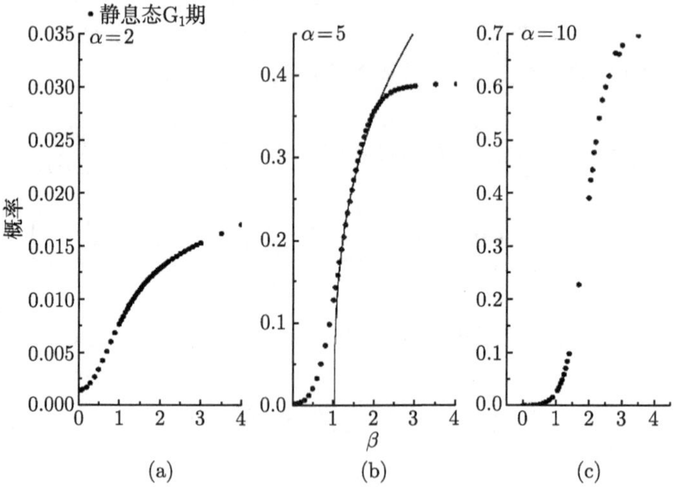

图 10.13　静息态 G_1 的稳态概率 (序参数 π_{G_1} 作为 β 和 α 的函数)

(a) $\alpha=2$; (b) $\alpha=5$; (c) $\alpha=10$

注: (b) 中的实线代表了函数 $\varphi(\beta)=0.36\left|\dfrac{\beta}{1.03}-1\right|^{0.36}$ 的图像

注意到 β 具有类温度的性质, 所以可以按热力学的方法对稳态分布定义形式的 "能量"[32]

$$E_n=-\frac{\log\pi_n}{\beta} \tag{10.6}$$

这样, 就可以建立表达相变性质的关系

$$\varphi(\beta)=b\left|\frac{\beta}{\beta_{\rm c}}-1\right|^{a} \tag{10.7}$$

式中, $\beta_{\rm c}$、b 和 a 为参数. 对于图 10.13 中固定 $\alpha=5$ 的情况, 可以得到 $\beta_{\rm c}=1.03, b\approx 0.36, a\approx 0.36$. 这个结果表明在 $\beta=\beta_{\rm c}=1.03$ 附近发生相变, 也就是当 $\beta<\beta_{\rm c}$ 时, $\pi_{\rm G_1}$ 处于一个低态; 而 $\beta>\beta_{\rm c}$ 时, 在 $\beta_{\rm c}$ 附近发生相变, $\pi_{\rm G_1}$ 发生剧变, $\pi_{\rm G_1}$ 很快达到一个高态. 注意到发生相变时 $\beta_{\rm c}=1.03$, 此形式 "温度" 是很高的, 而 β 的本意是反映系统中随机性, 这就表明 $\pi_{\rm G_1}$ 的高态具有较强的抗噪声能力. 换句话说, 这个生物系统对应的细胞周期的静息态 $\rm G_1$ 是鲁棒的.

接着讨论利用此模型分析细胞周期的生物路径的统计意义. 首先把沿着生物路径的任意生物态的稳态概率看成 β 的函数. 经过类似于上述相似的方法研究也发现类似的相变现象, 即在相变的高态时, 沿着生物路径状态之间的概率跃迁成为系统中不同生物态之间概率的主要部分. 当然我们同样也关心这种情况, 为了看清这一点, 我们在图 10.14 中给出网络 2 048 个状态之间的概率流.

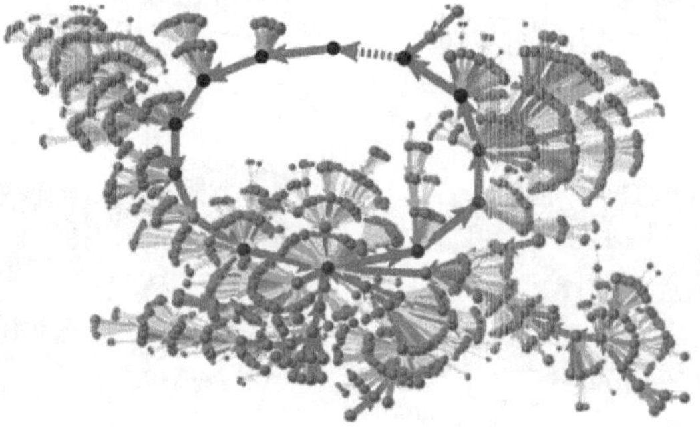

图 10.14 概率流

图中只标出了由每个节点流出的最大流. 在数值模拟中, 两个参数的选取值分别为 $\alpha=5$ 和 $\beta=6$

图 10.14 中每一点代表细胞周期网络的一个状态, 它们构成一个流向网. 网中节点大小表示该状态的稳态概率分布大小. 在具体处理中, 我们是定义了一个稳态概率的阈值, 对于所有稳态概率小于该阈值的节点, 取其大小都是一样的; 对于稳态概率大于阈值的节点, 其大小正比于稳态概率的对数值. 图 10.14 中带箭头的符号表示概率流. 带箭头符号的颜色越深, 符号越粗, 则概率流越大, 符合宽度正比于几率流的对数. 考虑到细胞周期的启动需要激发态 $\rm G_{11}$, 因此用带箭头的虚线符号来表示由静息态 $\rm G_1$ 到激发态 $\rm G_{11}$ 的几率流. 从这张图中我们可看到两个结果: ① 一旦流向网被激发到细胞周期开始时的激发态 $\rm G_{11}$, 系统主要是经过生物路径的那些状态, 最终回到静息态 $\rm G_1$; ② 不在生物路径上的概率流都收敛到生物路径上去. 当然, 处于相变低态处, 这种特征都消失了. 从上面的结果我们看出, 对于体现芽殖酵母的细胞周期生物功能的静息态 $\rm G_1$ 和生物路径在统计意义下也是具有

很重要意义的.

最后, 北京大学的学者们还根据系统生物学的思想, 通过场景 (landscape) 作出了有意义的分析. 为此, 首先要定义与形式能量有关的形式势函数

$$S_n = -\log \pi_n = \beta E_n \tag{10.8}$$

这样选取的目的是可以把势函数表示为 β 的函数, 因为从上面分析来看场景必定在相变点 ($\beta = \beta_c$) 前后会出现差别. 然后, 对于不同 β, 计算形式势函数差 $\Delta\delta_n = S_n - S_0$. 对于四个不同的 β 值得到 ΔS_n 的分布由图 10.15 给出.

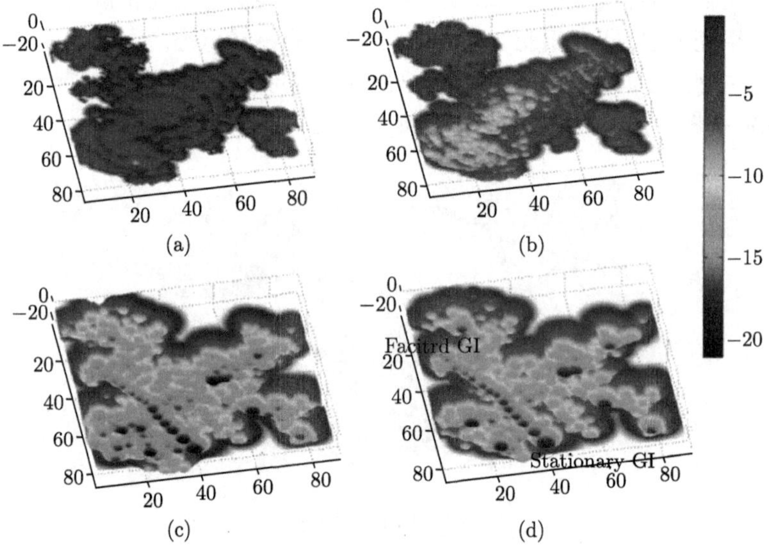

图 10.15　系统在临界点前后的 "势能" 场景

(a) $\beta = 0.01$; (b) $\beta = 0.6$; (c) $\beta = 1.5$; (d) $\beta = 6.0$, 其中 $\alpha = 5$

在图 10.15 中取 S_0 为最高值, 因而 ΔS_n 都为负值. 把原来 11 维的相空间约化为二维空间, 在这个二维空间中系统的状态之间没有距离概念. 在二维空间中状态是按动力学性质进行排列的. 在图 10.15(a) 中, $\beta = 0.01$, 此时, 远离相变临界点, 结果形式势能值都比较高, 它的场景是扁平的. 在图 10.15(b) 中, $\beta = 0.6$, 仍在相变临界点之外, 但离相变临界点比较接近, 此时的场景中出现了一些局部极小点, 但场景总体比较平坦, 当然此时极小值不一定相当于生物路径的状态. 在图 10.15(c) 中, 取 $\beta = 1.5$, 在相变临界点后, 场景明显出现深的山谷. 发现具有最低形式势能差的状态相应于静息态 G_1, 场景中还存在一条从左上方到中下方的深山谷, 它相当于生物功能中的生物路径. 此外, 也发现存在一些不在生物路径上的状态, 它的

形式势能差也是很低的, 但它们只能吸引周围很小一些状态, 这些点几乎是孤立的. 图 10.15(d) 中, $\beta = 6.0$, 同样处于相变临界点后, 场景与图 10.15(c) 没有定性上的差别. 所有这些证实了科学家预测在系统生物学研究中生物系统动态过程可以用场景来描述是非常合理的[32~36].

本节的结果告诉我们用随机模型来分析酵母细胞周期网络上的动态过程, 可以非常合理地用动态过程的理论结果来解释生物功能.

10.4 生物节律

很多生物有 24h 为周期的节律现象是大家早就知道的. 除此之外还有其他节律现象, 如冬眠、迁徙等.

对动物而言, 生物钟有四点功能：提示时间、提示事件、维持状态和禁止功能.

提示时间：是指你在一定的时间必须做某事, 到了这个时间, 你就自动会想起这件事来, 如你想明天早上 6 点起床, 到时你会自动起来.

提示事件：是指当你遇到某事时, 生物钟可以自动提示另外一个事件的出现. 看到某事时, 在你的大脑里所依次产生的那些 "忆块"(回忆的一种), 如看到熊猫, 你就会想到, 它是中国的国宝, 它喜欢吃竹子等忆块. 这些知识是在生物钟的 "提示事件" 功能作用下才可依次出现在你的大脑里.

维持状态：是指人们在做某一事时能够使人一直做下去的力量. 例如, 持续 8h 的班就是生物钟这一功能的结果.

禁止功能：是指机体某个功能或行为可以被生物钟终止. 比如说看到一个恐怖的事件 (如地震), 你无论在做什么, 都有可能逃跑, 这种逃跑就是对前面所做事物的终止.

20 世纪 80 年代, 第一批影响 24h 节律的基因被发现. 他们是果蝇的 per(指 period) 以及脉孢菌 (Fungus Neurospora) 的 frq(指 frequency) 基因.

节律现象在很多物种中都被发现, 它们的机制都一样, 都是某个因子激活生物钟基因产生大量蛋白来抑制这个因子自身. 因而, 所有的生物钟机制都是由负反馈加上时间延滞产生的.

在本节中, 我们将以果蝇、蓝藻及哺乳动物为实例来讨论生物节律问题.

10.4.1 果蝇的生物钟

我们来研究果蝇的生物钟问题. 早晨, 时钟基因被二聚体 CLK (for CLOCK) 和 CYC (for CYCLE) 激活, 导致 PER 和 TIM 的 mRNA 浓度开始上升. PER 蛋白在没有 TIM 蛋白时是不稳定的 (易降解), 而有 TIM 蛋白时两者构成二聚体, 是稳定的. PER/TIM 二聚体是核运输的标靶, 一旦它们被运进核内 (大约在黄昏的 3h

中) 就会抑制 CLK/CYC 的活性, 从而关闭 PER 和 TIM 的 mRNA 的合成. 在夜间, PER 和 TIM 蛋白加速磷酸化导致降解. 当它们稀释后, CLK/CYC 二聚体重新活化, 周期再次开始.

与日光同步以及调节相位的原因是, TIM 蛋白的降解是被日光促进的. 白天较晚时 (TIM 浓度升高过程中), 照日光可以延缓生物钟; 晚间 (TIM 浓度下降过程中), 照日光可以加速生物钟. 尽管各种物种的生物钟有差别, 但这个机制是一样的.

生物钟较早的一个模型 (1995 年) 由 Goldbeter[37] 提出, 见图 10.16. 该模型由一个基因与其产生的蛋白以及蛋白的两次磷酸化构成. 最终的磷酸化蛋白转移到细胞核内来抑制基因的转录. PER 蛋白有三个磷酸化态转化. 他假定 PER 蛋白有三个磷酸化态: P_0、P_1 和 P_2.

$$P_0 \rightleftarrows P_1 \rightleftarrows P_2$$

其中, P_2 可以进入核内, 记为 $P_{\rm N}$. $P_{\rm N}$ (核内 PER) 可以抑制 per 基因转录的 mRNA (这个过程其实是通过抑制 CLK/CYC 的活性, 从而关闭 per 和 tim 的 mRNA 的合成来实现的, 但这里被简略了).

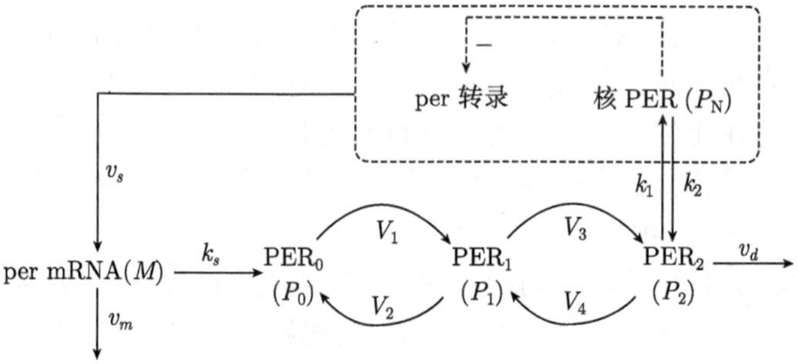

图 10.16 Goldbeter1995 年提出的生物钟模型

对应的方程可以写出

$$\begin{cases} \dfrac{\mathrm{d}M}{\mathrm{d}t} = \dfrac{v_s}{1+\left(\dfrac{P_{\rm N}}{K_I}\right)^4} - \dfrac{v_m M}{K_{m1}+M} \\ \dfrac{\mathrm{d}P_0}{\mathrm{d}t} = k_s M - \dfrac{V_1 P_0}{K_1+P_0} + \dfrac{V_2 P_1}{K_2+P_1} \\ \dfrac{\mathrm{d}P_1}{\mathrm{d}t} = \dfrac{V_1 P_0}{K_1+P_0} - \dfrac{V_2 P_1}{K_2+P_1} - \dfrac{V_3 P_1}{K_3+P_1} + \dfrac{V_4 P_2}{K_4+P_2} \\ \dfrac{\mathrm{d}P_2}{\mathrm{d}t} = \dfrac{V_3 P_1}{K_3+P_1} - \dfrac{V_4 P_2}{K_4+P_2} - k_1 P_2 + k_2 P_{\rm N} - \dfrac{v_d P_2}{K_d+P_2} \\ \dfrac{\mathrm{d}P_{\rm N}}{\mathrm{d}t} = k_1 P_2 - k_2 P_{\rm N} \end{cases} \tag{10.9}$$

注意, 上述公式都是 Michaelis–Menten 速率方程. 在给定的参数下, 上述系统可以产生 24h 周期的振荡, 见图 10.17.

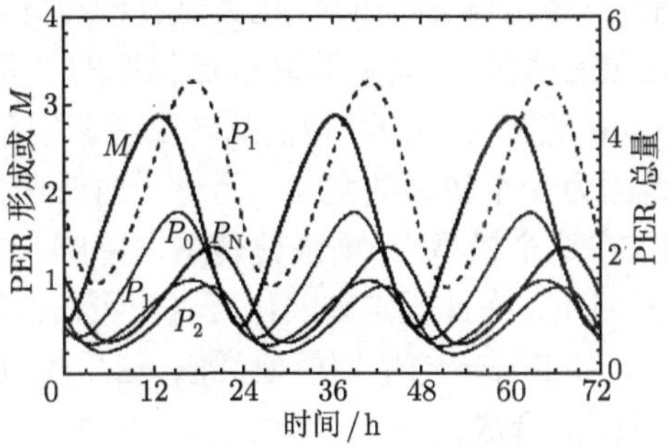

$v_s=0.76$ μM/h	$k_s=0.38\ h^{-1}$
$v_m=0.65$ μM/h	$k_1=1.9\ h^{-1}$
$v_d=0.95$ μM/h	$k_2=1.3\ h^{-1}$
$V_1=3.2$ μM/h	$K_{1,2,3,4}=2$ μM
$V_2=1.58$ μM/h	$K_I=1$ μM
$V_3=5$ μM/h	$K_{M1}=0.5$ μM
$V_4=2.5$ μM/h	$K_d=0.2$ μM

图 10.17 系统 (10.9) 产生 24h 周期的振荡

之后, Leloup 和 Goldbeter[38~40] 发表了一系列的文章, 考虑 PER 和 TIM 两种蛋白. 假设它们都可以多步磷酸化, 然后结合为二聚体, 而后进入核内. 这个模型和上面的模型没有本质的差别, 但由于有了 TIM 蛋白, 可以考虑日光的影响.

Leloup 和 Goldbeter 又进一步建立了一个较为复杂的反映果蝇生物钟的详细模型[38], 如图 10.18 所示. 该模型包含两个基因 per 和 tim, 它们各自产生的蛋白

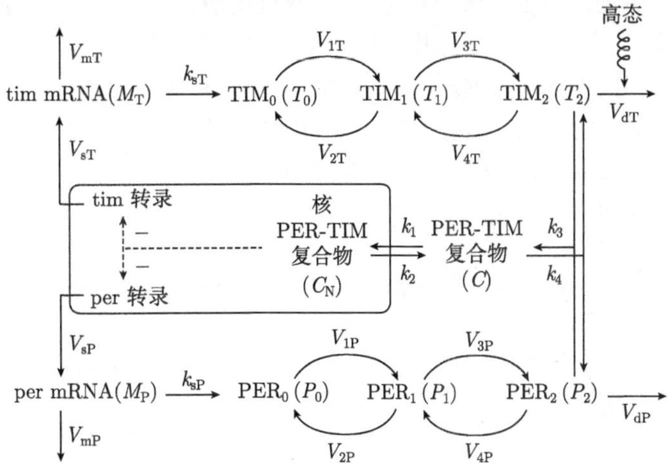

图 10.18 Leloup 和 Goldbeter1998 年提出的果蝇生物钟模型[38]

均经过两次磷酸化, 并最终形成一个复合物, 该复合物转移到细胞核内并抑制两个基因的转录, 同时该模型还包括了昼夜光照变化的影响. 光照的影响通过光对完全磷酸化的蛋白 TIM_2 的退化影响反映出来, 也就是在没有光照的情况下, V_{DT} 保持基准的退化率; 而在光照的情况下, V_{DT} 为基准退化率的 2 倍.

另一个模型是 Tyson 等[41] 提出的, 他们从转录后调控角度考虑问题 (PER 和 TIM 的磷酸化). 这是因为一个较新的发现：另一个时钟因素 dbt(doubletime) 对 PER 的磷酸化很重要. 在这个模型中, 磷酸化使蛋白降解. 这与 Goldbeter 的假设"磷酸化促进进入核内" 不同. 在此假定磷酸化可以使蛋白快速降解, 比起复合成二聚体的速度快得多. 与 Goldbeter 的早期模型类似, 这里也没有 TIM 蛋白, 但假定 PER 的二聚体抑制 PER 的合成.

10.4.2　蓝藻生物钟

除了动物的生物钟外, 蓝藻 (cyanobacteria) 的生物钟近来也吸引了很多人的注意力. 主要是因为蓝藻的生物钟的运作可以不依赖于转录调控, 而单靠翻译后蛋白的磷酸化就可完成. 蓝藻的核心钟的成分是：KaiA、KaiB 和 KaiC 蛋白.

2006 年, Emberly 等提出第一个描述蓝藻昼夜节律振子的模型[42], 模型中假设 KaiC 六聚体之间有单体交换 (monomer shuffling), 这一假设很快就被实验证实了. 我们在这里主要介绍 2007 年 Rust 等在*Science*杂志上提出的模型[43].

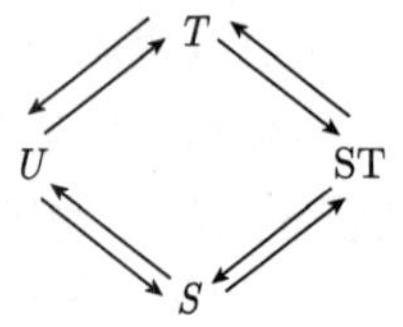

图 10.19　四种磷酸态及其转化

KaiC 是其中的关键. 假定 KaiC 有两个磷酸位 S 和 T, 因此对于四种磷酸态：U 为未磷酸化态; T 为 T 位被磷酸化, S 位未被磷酸化; S 为 S 位被磷酸化, T 位未被磷酸化; ST 为 S 与 T 位都被磷酸化 (图 10.19).

进一步地, 引进 KaiA、KaiB 蛋白的作用. KaiA 蛋白可以促进 $U \to T$、$T \to$ ST, 以及 $S \to$ ST 的磷酸化过程, 并抑制 ST $\to S$ 的磷酸化过程. 而 S 态 KaiC 通过 KaiB 蛋白抑制 KaiA 蛋白的活性 [图 10.20(a)].

这些作用可以归结为方程

$$\begin{cases} \dfrac{\mathrm{d}T}{\mathrm{d}t} = k_{UT}(S)U + k_{DT}(S)D - k_{TU}(S)T - k_{TD}(S)T \\ \dfrac{\mathrm{d}D}{\mathrm{d}t} = k_{TD}(S)T + k_{SD}(S)S - k_{DT}(S)D - k_{DS}(S)D \\ \dfrac{\mathrm{d}S}{\mathrm{d}t} = k_{US}(S)U + k_{DS}(S)D - k_{SU}(S)S - k_{SD}(S)S \end{cases} \tag{10.10}$$

式中, U、S、T 和 D (对应 ST) 分别表示 KaiC 的四种磷酸态, $U = [\text{KaiC}] - S - T - D$.

而 $K_{UT}(S)$ 等系数是依赖于活性的 [KaiA], 因此写为

$$k_{XY}(S) = k_{XY}^0 + \frac{k_{XY}^A A(S)}{K_{1/2} + A(S)} \tag{10.11}$$

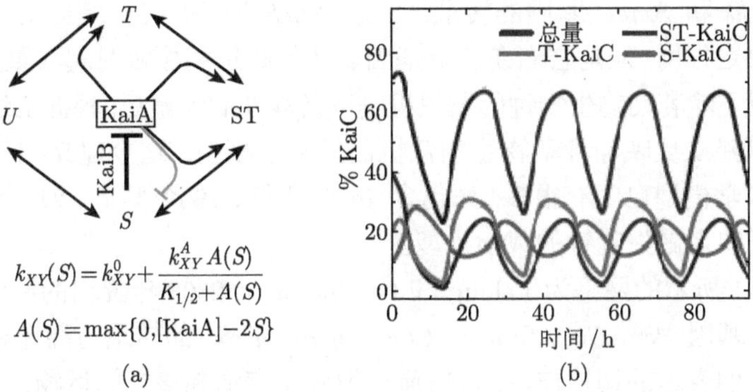

图 10.20 引进 KaiA 和 KaiB 蛋白后四种磷酸态及其转化

X、Y 分别是上述四态: U、S、T 和 D; A 为活性的 [KaiA], 依赖于 S 的浓度 (通过 KaiB 蛋白), 因此设

$$A = \max\{0, [\text{KaiA}] - 2mS\} \tag{10.12}$$

式中, [KaiA]、[KaiC]、m、k_{XY}^0、k_{XY}^A 和 $K_{1/2}$ 都是常数.

在上述假定下, 可以得到振荡 KaiC 的各磷酸化态的浓度 [图 10.20(b)], 其中 Total 指 $S+T+D$ 浓度. 详细过程可参考文献 [43].

10.4.3 哺乳动物生物钟

下面我们对哺乳动物生物钟模型进行较为详细的描述, 包括网络结构、数学模型以及定量分析等. 哺乳动物的生物钟现象是受大脑的下丘脑的视交叉上核 (suprachiasmatic nuclei, SCN) 控制的, 昼夜节律的 "主时钟" 就位于前下丘脑的视交叉上核上, 各个 "子时钟" 则分散在全身各处. 迄今生物学家已经发现了多个与生物钟相关的基因. 参与哺乳动物的生物钟的基因有：3 个周期 (period) 基因 (*Per*1、*Per*2、*Per*3), 2 个隐花色素 (cryptochrome) 基因 (*Cry*1、*Cry*2), 时钟基因 (*Clock*), Bmal1 基因, *Rev-Erbα* 基因, 以及*Ror*基因. 生物节律现象产生的基本原理是, CLK/BMAL1 蛋白质复合物会绑定到 E-BOX(一段 DNA 的序列, 通常位于一个基因启动子区域上游) 上, 从而促进基因*Per*1、*Per*2、*Per*3、*Cry*1、*Cry*2 以及*Rev-Erbα* 的转录, 这样相应的蛋白质 PER 和 CRY 的浓度就会升高. 当蛋白质 PER 和 CRY 浓度较高时会有异聚作用, 所形成的异聚物 PER/CRY 会进一步与蛋白质复合物 CLK/BMAL1 绑定, 进而抑制 CLK/BMAL1 绑定到 E-BOX 上, 从而最终抑

制它们自身基因的转录，这样蛋白质 PER 和 CRY 的浓度就会降低. 因而就产生了基因表达的振荡，生物节律现象也由此产生. 事实上除了这个中心的负反馈环，还存在其他辅助的通路，像蛋白质 RORc 会绑定到 ROR/REV-ERB 绑定元素 (简称 RORE) 促进 *Clk* 和 *Bmal1* 基因的转录，但当蛋白质 REV-ERBα 绑定到 RoRE 上时会抑制 *Clk* 和 *Bmal1* 基因的转录. 尽管 *Rev-Erb*α 和 *Rorc* 基因对生物节律的产生起不到决定作用，但是它们在调节基因表达的相位和振幅时起着重要的作用.

在了解了哺乳动物生物钟的发生机制以及涉及的元素后，根据上述生物钟的网络模型可以建立反映哺乳动物生物钟机制的数学模型. 迄今建立的关于哺乳动物生物钟的数学模型已经有很多，如包含 16 个变量、19 个变量、21 个变量以及 73 个变量的反映老鼠生物钟的数学模型.

图 10.21 所示的网络为 Leloup 和 Goldbeter 于 2003 年提出的网络模型[39]，该模型包含了基因 *Per*、*Cry*、*Bmal1*、*Clock* 和 *Rev-Erb*α 的转录与翻译以及它们的产物蛋白对它们表达的调控作用，蛋白质在细胞质和细胞核之间运输，蛋白质的异聚作用和本身的退化，以及蛋白质通过可逆的磷酸化作用产生的翻译后调控和光诱导的基因 *Per* 的表达. 该模型能够解释在恒定不变的环境中生物体产生自发的、持续的周期振动，同样可以解释有光照后生物钟的重设现象.

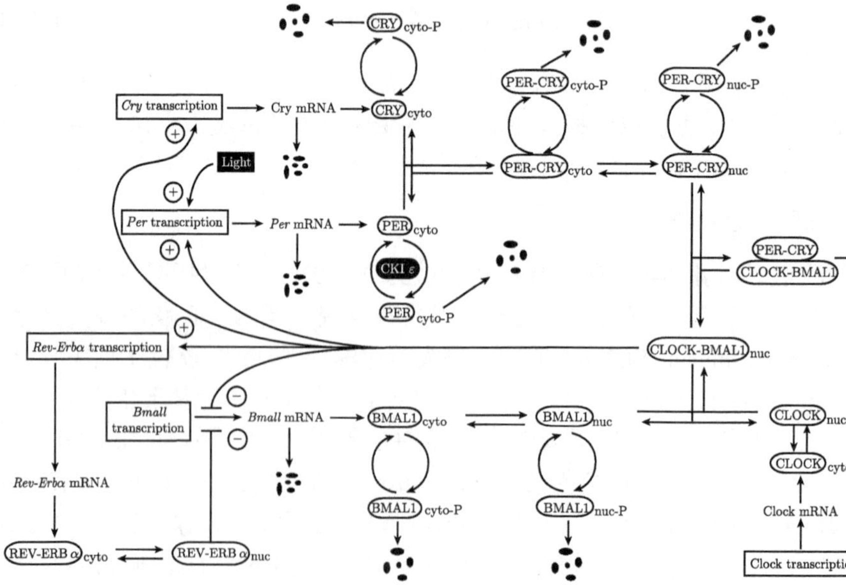

图 10.21 Leloup 和 Goldbeter 提出的哺乳动物生物钟模型[39]

图中着重强调了蛋白质 BMAL1 对它自身的基因表达形成了一个负调控

该模型首次突出强调了蛋白质 BMAL1 对它自身基因表达的负调控作用，也就是当蛋白质 BMAL1 的浓度升高时, 基因 *Bmal1* 的表达会受到抑制, 进而蛋白质 BMAL1 的浓度会下降, 抑制作用减弱, 蛋白质 BMAL1 的浓度逐渐升高, 这样就产生了周期振动. 模型里还包含了蛋白质 REV-ERBα 对基因 *Bmal1* 的抑制作用.

建立了反映生物钟的网络模型之后需要把这个模型转化为数学模型, 利用数值模拟来验证网络模型是否能正确反映生物钟现象. 在建立数学模型的时候, 需要利用动力学相关知识. 一般利用 Hill 函数和 Michaelis-Menten 速率方程来建立常微分方程系统, 通常参数可以通过文献获得或者利用数据拟合产生. 根据已知的网络模型和实验数据, 首先建立含有 16 个变量的常微分方程系统, 也就是先不考虑基因 *Rev-Erb*α 的产物蛋白的调控作用. 包含蛋白质 REV-ERBα 的调控作用的三个速率方程也会随后给出.

下面就是与网络模型对应的数学模型.

***Per*、*Cry* 和 *Bmal1* 的 mRNA 速率方程**

$$\frac{\mathrm{d}M_{\mathrm{P}}}{\mathrm{d}t}=v_{\mathrm{sP}}\frac{B_{\mathrm{N}}^{\mathrm{n}}}{K_{\mathrm{AP}}^{\mathrm{n}}+B_{\mathrm{N}}^{\mathrm{n}}}-v_{\mathrm{mP}}\frac{M_{\mathrm{P}}}{K_{\mathrm{mP}}+M_{\mathrm{P}}}-k_{\mathrm{dmp}}M_{\mathrm{P}}$$

$$\frac{\mathrm{d}M_{\mathrm{C}}}{\mathrm{d}t}=v_{\mathrm{sC}}\frac{B_{\mathrm{N}}^{\mathrm{n}}}{K_{\mathrm{AC}}^{\mathrm{n}}+B_{\mathrm{N}}^{\mathrm{n}}}-v_{\mathrm{mC}}\frac{M_{\mathrm{C}}}{K_{\mathrm{mC}}+M_{\mathrm{C}}}-k_{\mathrm{dmc}}M_{\mathrm{C}}$$

$$\frac{\mathrm{d}M_{\mathrm{B}}}{\mathrm{d}t}=v_{\mathrm{sB}}\frac{K_{\mathrm{IB}}^{\mathrm{m}}}{K_{\mathrm{IB}}^{\mathrm{m}}+B_{\mathrm{N}}^{\mathrm{m}}}-v_{\mathrm{mB}}\frac{M_{\mathrm{B}}}{K_{\mathrm{mB}}+M_{\mathrm{B}}}-k_{\mathrm{dmb}}M_{\mathrm{B}}$$

细胞质中蛋白质 PER 和 CRY 的磷酸化和去磷酸化

$$\frac{\mathrm{d}P_{\mathrm{C}}}{\mathrm{d}t}=k_{\mathrm{sP}}M_{\mathrm{P}}-V_{1\mathrm{P}}\frac{P_{\mathrm{C}}}{K_{\mathrm{P}}+P_{\mathrm{C}}}+V_{2\mathrm{P}}\frac{P_{\mathrm{CP}}}{K_{\mathrm{dP}}+P_{\mathrm{CP}}}+k_4\mathrm{PC_C}-k_3P_{\mathrm{C}}C_{\mathrm{C}}-k_{\mathrm{dn}}P_{\mathrm{C}}$$

$$\frac{\mathrm{d}C_{\mathrm{C}}}{\mathrm{d}t}=k_{\mathrm{sC}}M_{\mathrm{C}}-V_{1\mathrm{C}}\frac{C_{\mathrm{C}}}{K_{\mathrm{P}}+C_{\mathrm{C}}}+V_{2\mathrm{C}}\frac{C_{\mathrm{CP}}}{K_{\mathrm{dP}}+C_{\mathrm{CP}}}+k_4\mathrm{PC_C}-k_3P_{\mathrm{C}}C_{\mathrm{C}}-k_{\mathrm{dnc}}C_{\mathrm{C}}$$

$$\frac{\mathrm{d}P_{\mathrm{CP}}}{\mathrm{d}t}=V_{1\mathrm{P}}\frac{P_{\mathrm{C}}}{K_{\mathrm{P}}+P_{\mathrm{C}}}-V_{2\mathrm{P}}\frac{P_{\mathrm{CP}}}{K_{\mathrm{dP}}+P_{\mathrm{CP}}}-v_{\mathrm{dPC}}\frac{P_{\mathrm{CP}}}{K_{\mathrm{d}}+P_{\mathrm{CP}}}-k_{\mathrm{dn}}P_{\mathrm{CP}}$$

$$\frac{\mathrm{d}C_{\mathrm{CP}}}{\mathrm{d}t}=V_{1\mathrm{C}}\frac{C_{\mathrm{C}}}{K_{\mathrm{P}}+C_{\mathrm{C}}}-V_{2\mathrm{C}}\frac{C_{\mathrm{CP}}}{K_{\mathrm{dP}}+C_{\mathrm{CP}}}-v_{\mathrm{dCC}}\frac{C_{\mathrm{CP}}}{K_{\mathrm{d}}+C_{\mathrm{CP}}}-k_{\mathrm{dn}}C_{\mathrm{CP}}$$

细胞质和细胞核中蛋白质复合物 PER/CRY 的磷酸化和去磷酸化

$$\begin{aligned}\frac{\mathrm{dPC_C}}{\mathrm{d}t}=&-V_{1\mathrm{PC}}\frac{\mathrm{RC_C}}{K_{\mathrm{P}}+\mathrm{PC_C}}+V_{2\mathrm{PC}}\frac{\mathrm{PC_{CP}}}{K_{\mathrm{dP}}+\mathrm{PC_{CP}}}\\&-k_4\mathrm{PC_C}+k_3P_{\mathrm{C}}C_{\mathrm{C}}+k_2\mathrm{PC_N}-k_1\mathrm{PC_C}-k_{\mathrm{dn}}\mathrm{PC_C}\end{aligned}$$

$$\begin{aligned}\frac{\mathrm{dPC_N}}{\mathrm{d}t}=&-V_{3\mathrm{PC}}\frac{\mathrm{PC_N}}{K_{\mathrm{P}}+\mathrm{PC_N}}+V_{4\mathrm{PC}}\frac{\mathrm{PC_{NP}}}{K_{\mathrm{dP}}+\mathrm{PC_{NP}}}\\&-k_2\mathrm{PC_N}+k_1\mathrm{PC_C}-k_7B_{\mathrm{N}}\mathrm{PC_N}+k_8I_{\mathrm{N}}-k_{\mathrm{dn}}\mathrm{PC_N}\end{aligned}$$

$$\begin{aligned}\frac{\mathrm{dPC_{CP}}}{\mathrm{d}t}=&V_{1\mathrm{PC}}\frac{\mathrm{PC_C}}{K_{\mathrm{P}}+\mathrm{PC_C}}-V_{2\mathrm{PC}}\frac{\mathrm{PC_{CP}}}{K_{\mathrm{dP}}+\mathrm{PC_{CP}}}\\&-v_{\mathrm{dPCC}}\frac{\mathrm{PC_{CP}}}{K_{\mathrm{d}}+\mathrm{PC_{CP}}}-k_{\mathrm{dn}}\mathrm{PC_{CP}}\end{aligned}$$

$$\frac{\mathrm{dPC_{NP}}}{\mathrm{d}t} = V_{3\mathrm{PC}}\frac{\mathrm{PC_N}}{K_\mathrm{P}+\mathrm{PC_N}} - V_{4\mathrm{PC}}\frac{\mathrm{PC_{NP}}}{K_\mathrm{dP}+\mathrm{PC_{NP}}} - v_{\mathrm{dPCN}}\frac{\mathrm{PC_{NP}}}{K_\mathrm{d}+\mathrm{PC_{NP}}} - k_\mathrm{dn}\mathrm{PC_{NP}}$$

细胞质和细胞核中蛋白质 BMAL1 的磷酸化和去磷酸化

$$\frac{\mathrm{d}B_\mathrm{C}}{\mathrm{d}t} = k_\mathrm{sB}M_\mathrm{B} - V_{1\mathrm{B}}\frac{B_\mathrm{C}}{K_\mathrm{P}+B_\mathrm{C}} + V_{2\mathrm{B}}\frac{B_\mathrm{CP}}{K_\mathrm{dP}+B_\mathrm{CP}} - k_5B_\mathrm{C} + k_6B_\mathrm{N} - k_\mathrm{dn}B_\mathrm{C}$$

$$\frac{\mathrm{d}B_\mathrm{CP}}{\mathrm{d}_t} = V_{1\mathrm{B}}\frac{B_\mathrm{C}}{K_\mathrm{P}+B_\mathrm{C}} - V_{2\mathrm{B}}\frac{B_\mathrm{CP}}{K_\mathrm{dP}+B_\mathrm{CP}} - v_\mathrm{dBC}\frac{B_\mathrm{CP}}{K_\mathrm{d}+B_\mathrm{CP}} - k_\mathrm{dn}B_\mathrm{CP}$$

$$\frac{\mathrm{d}B_\mathrm{N}}{\mathrm{d}t} = -V_{3\mathrm{B}}\frac{B_\mathrm{N}}{K_\mathrm{P}+B_\mathrm{N}} + V_{4\mathrm{B}}\frac{B_\mathrm{NP}}{K_\mathrm{dP}+B_\mathrm{NP}} + k_5B_\mathrm{C} - k_6B_\mathrm{N} - k_7B_\mathrm{N}\mathrm{PC_N} + k_8I_\mathrm{N} - k_\mathrm{dn}B_\mathrm{N}$$

$$\frac{\mathrm{d}B_\mathrm{NP}}{\mathrm{d}t} = V_{3\mathrm{B}}\frac{B_\mathrm{N}}{K_\mathrm{P}+B_\mathrm{N}} - V_{4\mathrm{B}}\frac{B_\mathrm{NP}}{K_\mathrm{dP}+B_\mathrm{NP}} - v_\mathrm{dBN}\frac{B_\mathrm{NP}}{K_\mathrm{d}+B_\mathrm{NP}} - k_\mathrm{dn}B_\mathrm{NP}$$

细胞核中 PER/CRY 和 CLOCK/BMAL1 的复合物

$$\frac{\mathrm{d}I_\mathrm{N}}{\mathrm{d}t} = -k_8I_\mathrm{N} + k_7B_\mathrm{N}\mathrm{PC_N} - v_\mathrm{dIN}\frac{I_\mathrm{N}}{K_\mathrm{d}+I_\mathrm{N}} - k_\mathrm{dn}I_\mathrm{N}$$

模型中包含蛋白质 REV-ERBα

$$\frac{\mathrm{d}M_\mathrm{R}}{\mathrm{d}t} = v_\mathrm{sR}\frac{B_\mathrm{N}^\mathrm{h}}{K_\mathrm{AR}^\mathrm{h}+B_\mathrm{N}^\mathrm{h}} - v_\mathrm{mR}\frac{M_\mathrm{R}}{K_\mathrm{mR}+M_\mathrm{R}} - k_\mathrm{dmr}M_\mathrm{R}$$

$$\frac{\mathrm{d}R_\mathrm{C}}{\mathrm{d}t} = k_\mathrm{sR}M_\mathrm{R} - k_9R_\mathrm{C} + k_{10}R_\mathrm{N} - v_\mathrm{dRC}\frac{R_\mathrm{C}}{K_\mathrm{d}+R_\mathrm{C}} - k_\mathrm{dn}R_\mathrm{C}$$

$$\frac{\mathrm{d}R_\mathrm{N}}{\mathrm{d}t} = k_9R_\mathrm{C} - k_{10}R_\mathrm{N} - v_\mathrm{dBN}\frac{R_\mathrm{N}}{K_\mathrm{d}+R_\mathrm{N}} - k_{dn}R_\mathrm{N}$$

模型中包含了蛋白质 REV-ERBα 后, 现在对基因 *Bmal* 的表达的抑制作用是通过核里的蛋白质 REV-ERBα 而不是 BMAL1, 所以模型中基因 *Bmal*1 的 mRNA 的速率方程要发生改变

$$\frac{\mathrm{d}M_\mathrm{B}}{\mathrm{d}t} = v_\mathrm{sB}\frac{K_\mathrm{IB}^\mathrm{m}}{K_\mathrm{IB}^\mathrm{m}+R_\mathrm{N}^\mathrm{m}} - v_\mathrm{mB}\frac{M_\mathrm{B}}{K_\mathrm{mB}+M_\mathrm{B}} - k_\mathrm{dmb}M_\mathrm{B}$$

以上各式中, M_P、M_C 和 M_B 分别是基因 *Per*、*Cry* 和 *Bmal*1 转录成的 mRNA 的浓度; P_C、C_C 和 B_C 分别是基因 *Per*、*Cry* 和 *Bmal*1 的 mRNA 翻译成细胞质中非磷酸化的蛋白质的浓度; P_CP、C_CP 和 B_CP 分别是被磷酸化的蛋白质 PER、CRY 和 BMAL1 的浓度; $\mathrm{PC_C}$ 是细胞质中非磷化的 PER/CRY 蛋白质复合物的浓度; $\mathrm{PC_{CP}}$ 是细胞质中磷酸化的 PER/CRY 蛋白质复合物的浓度; $\mathrm{PC_N}$ 与 $\mathrm{PC_{NP}}$ 分别是进入到细胞核中的非磷酸化和磷酸化的 PER/CRY 蛋白质复合物浓度; B_N 与

B_{NP} 分别是进入核中的非磷酸化和磷酸化的蛋白质 BMAL1 的浓度; B_N 是在核里的 CLOCK/BMAL1 蛋白质复合物的浓度; I_N 是 CLOCK/BMAL1 和 PER/CRY 形成的蛋白质复合物; M_R 是基因 Rev-erbα 的 mRNA 的浓度; R_C 是细胞质中蛋白质 REV-ERBα 的浓度; R_N 是细胞核中蛋白质 REV-ERBα 的浓度. 需要注意的是, 上述系统中变量符号里的单一字母下标中含有 C、N、CP 和 NP, 分别表示单一蛋白质在细胞质、细胞核、细胞质中的磷酸化以及细胞核中的磷酸化. PC_C 代表蛋白质复合物在细胞质中的浓度, 而 P_CC_C 代表细胞质中蛋白质 PER 和 CRY 的浓度乘积. 另外, 关于数学模型中参数表达的意义和参数值都在 Leloup 和 Goldbeter 2003 年发表在 *PNAS* 上的文章的附录里[21], 有兴趣的读者可以查阅 PNAS 网站得到.

构建数学模型之后, 需要对其进行定性或定量分析, 由于其维数较高且具有较强的非线性, 定性分析具有一定的难度, 因而需要对其进行定量分析. 有许多软件可以对常微分方程系统进行数值模拟, 如 Matlab、Mathematica 和 Xppaut 等. 该模型在没有光照以及光照情况下的模拟结果如图 10.22 所示. 在没有光照的情况下, 该模型确实表现出周期振动, 但由于没有受到光照的影响, 其周期并没有达到准确的 24h, 而是大约 24h. 由于没有受到光照的影响, 该周期振动完全是生物体内的一种内源性的生物振动, 如图 10.22(a)、(b) 所示.

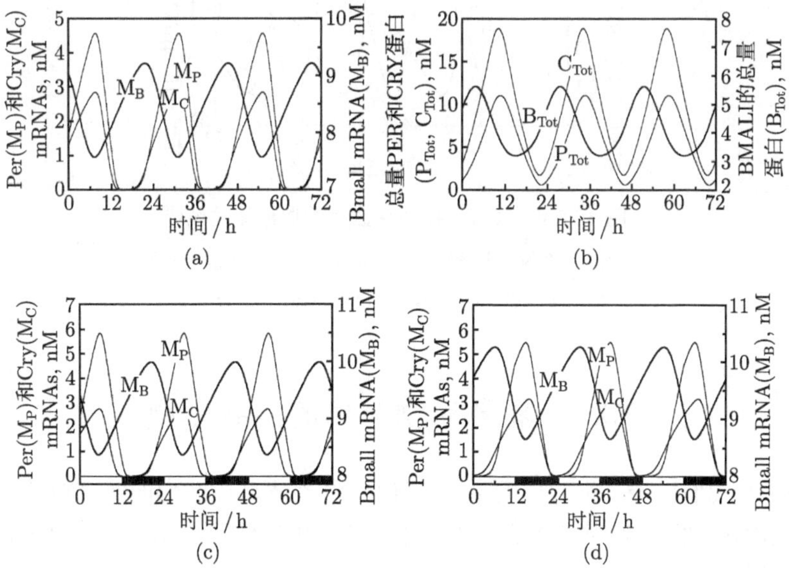

图 10.22 恒定环境 (a) 与 (b) 以及光照情况 (c) 与 (d) 下的周期振动[39]

下面对模型是否能反映光对时钟的重设效果进行检验. 在分析光照对系统的影响时, 周期的光照可以利用方波来进行模拟. 在图 8.22(c)、(d) 中, 在 12h 的黑夜中, v_{sP} 的值恒定且较小; 而在 12h 的光照时, v_{sP} 的值恒定但较大. 图 10.22(c)、(d) 表明在经过了 12h 光照后, 振动的相位发生了改变, 从而说明了光对生物钟的重设作用. 但是值得注意的是, Bmal1 的 mRNA 和 Per 及 Cry 的 mRNA 的图像的趋势仍然是相反的, 与在恒定环境下是一样的, 这就验证了前面关于生物钟是一种内源性生物振动, 外界环境的变化如光可以重设相位, 并不会改变生物钟的发生机制的结论.

为了说明基因 Per 的振动并不是生物钟产生的唯一来源, 利用数学模型, 可以微调部分参数使得 Per 的振动不再是生物钟发生的诱导因素. 图 10.23 说明当蛋白质 PER 不能产生后, 即 $k_{sp}=0$, 系统仍然保持振动, 说明还存在着另外一个振动的机制, 就是由 CLOCK/BMAL1 产生的负反馈回路, 这说明引发生物钟的机制不是单一的. 需要说明的是, 图 10.22 和图 10.23 都是在没有考虑蛋白质 REV-ERBα 的调控作用时所得到的, 即在前 16 个方程的基础上做出来的. 考虑 REV-ERBα 的调控作用时的分析也可以类似地得到.

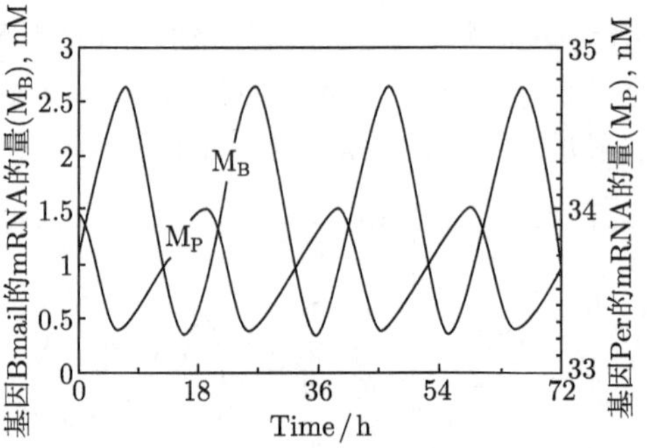

图 10.23　微调了某些参数后的周期振动图[39]

本图中参数发生的变化为: $m=4$, $k_{sp}=0$, $k_{sB}=0.5$,

其他都不变. 图像的周期缩短到 19.83h

10.5　哺乳动物节律的网络模型

10.4 节我们讨论了细胞内的生物节律问题, 在本节中我们的研究对象将上升到细胞网络的层次. 我们讨论由交叉上核 (SCN) 中的起搏器控制[44,45] 的哺乳动物昼夜节律问题.

SCN 是由 16 000 多个神经细胞构成的, 研究表明, 每个单细胞都能产生周期振荡, 其周期分布在 20~25h[46,47] 之间. 每个细胞的振荡产生的生物分子的机制是一个调控转录的负反馈环. 已经存在着许多模型来描述细胞振荡的产生, 这里就借助 Goodwin[48,49] 的三变量模型. 在这个模型中, 生物钟基因的 mRNA(用 x 表示) 产生一个生物钟蛋白 (用 y 表示), 蛋白质又催进抑制子 (用 z 表示) 的转录, z 又抑制生物钟基因 x 的转录, 这样就组成一个负反馈环. 这样一个负反馈调控机制可用如下方程表示：

$$\begin{cases} \dot{x} = v_1 \dfrac{K_1^n}{K_1^n + z^n} - v_2 \dfrac{x}{K_2 + x} \\ \dot{y} = K_3 x - v_4 \dfrac{y}{K_4 + y} \\ \dot{z} = K_5 y - v_6 \dfrac{z}{K_6 + z} \end{cases} \tag{10.13}$$

在模型中, 生物分子的降解都通过 Michaelian 函数来建立, 其中, K_2、K_4 和 K_6 是有关 Michaelian 常数; v_2、v_4 和 v_6 代表降解的系数; K_3、K_5 为增长率; z 对 x 的抑制采用 $n=4$ 的 Hill 函数; K_1 为对应的 Hill 常数; v_1 为比率常数.

利用非线性动力学分析方法可以证明式 (10.13) 存在唯一的有生物意义的平衡点, 可记为 $(\bar{x}, \bar{y}, \bar{z})$. 这个平衡点在 $a_1a_2 - a_3 > 0$ 时是渐进稳定的, 因而当 $a_1a_2 - a_3 = 0$ 时, 出现 Hopf 分叉, 即式 (10.13) 有周期解, 其中参数 a_1、a_2 和 a_3 分别为

$$a_1 = \frac{K_2v_2}{(K_2+\bar{x})^2} + \frac{K_4v_4}{(K_4+\bar{y})^2} + \frac{K_6v_6}{(K_6+\bar{z})^2} > 0$$

$$a_2 = \frac{K_2v_2K_4v_4}{(K_2+\bar{x})^2(K_4+\bar{y})^2} + \frac{K_2v_2K_6v_6}{(K_2+\bar{x})^2(K_6+\bar{z})^2} + \frac{K_4v_4K_6v_6}{(K_4+\bar{y})^2(K_6+\bar{z})^2} > 0$$

$$a_3 = \frac{K_2v_2K_4v_4K_6v_6}{(K_2+\bar{x})^2(X_4+\bar{y})^2(K_6+\bar{z})^2} + \frac{nv_1K_1^nK_3K_5\bar{z}^{n-1}}{(K_1^n+\bar{z}^n)^2} > 0$$

如果取 $K_1 = K_2 = K_4 = K_6 = 1$, $n = 4$, $v_2 = v_4 = v_6 = 0.35$, v_1、K_3 和 K_5 的取值见表 10.3.

表 10.3　v_1、K_3 和 K_5 在不同 n 时的取值

n	1	2	3	4	5	6	7	8	9	10
v_1, K_3, K_5	0.61	0.62	0.63	0.64	0.65	0.66	0.67	0.68	0.69	0.70

经验证, 满足产生周期振荡的条件如图 10.24 所示.

由图 10.25 可见, 此时周期分布在 23.5~25.1 之间, 因而可以基本用来说明单个细胞产生振荡的特点.

从上面的分析可知, SCN 中 16 000 个神经细胞可以形成自维持振荡, 它们的周期形成一个分布. 接着, 我们分析在昼夜光照作用下, 讨论它们是否会产生 24h 的节律. 为此, 我们讨论如下模型：

$$
\begin{cases}
\dot{x} = v_1 \dfrac{K_1^n}{K_1^n + z^n} - v_2 \dfrac{x}{K_2 + x} + L \\
\dot{y} = K_3 x - v_4 \dfrac{y}{K_4 + y} \\
\dot{z} = K_5 y - v_6 \dfrac{z}{K_6 + z}
\end{cases}
\tag{10.14}
$$

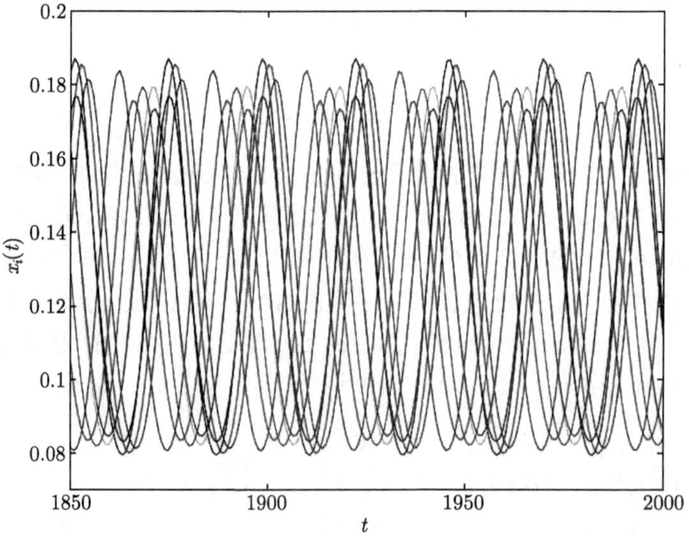

图 10.24　$x_i(t)$ 的时间演化图 (其中 $i = 1, 2, 3, \cdots, 10$)

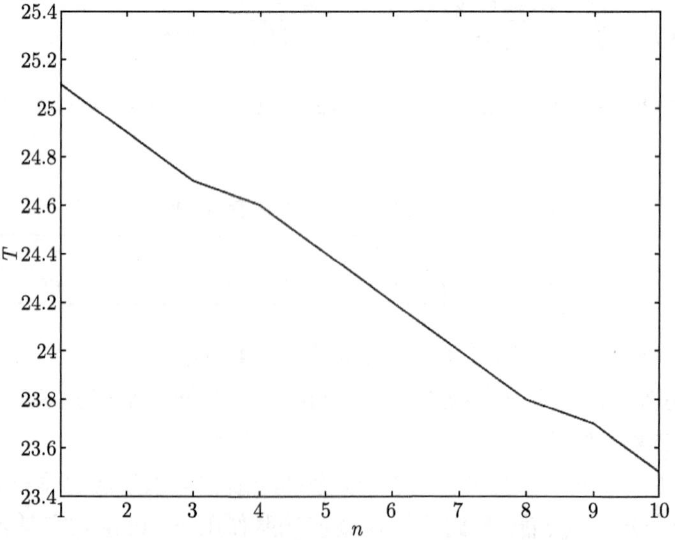

图 10.25　10 个细胞振子的周期分布

式中, L 是昼夜的光照. 为简单起见, 取 L 为如下形式:

$$L(t)=\begin{cases}L_0, & t\in[24k,24k+12]\\ 0, & t\in[24k+12,24(k+1)]\end{cases}$$

式中, k 是自然数; $L(t)$ 可以展开为如下的傅里叶级数:

$$L(t)\sim\frac{L_0}{2}-\frac{2L_0}{\pi}\sum_{k=0}^{\infty}\frac{1}{2k+1}\sin\frac{(2k+1)\pi t}{12}$$

模型 (10.14) 成为一个受迫振动的问题. 从振动理论可知, 只要 L_0 满足一定条件, 模型 (10.14) 应该表现出周期为 24 的振动行为. 为了说明这个结果, 我们也取 10 个细胞为例, 各个细胞描述的方程所取的参数同表 10.3, 取 $L_0=0.002$ 和 $L_0=0.09$ 两种情况, 得到的结果如图 10.26 和图 10.27 所示.

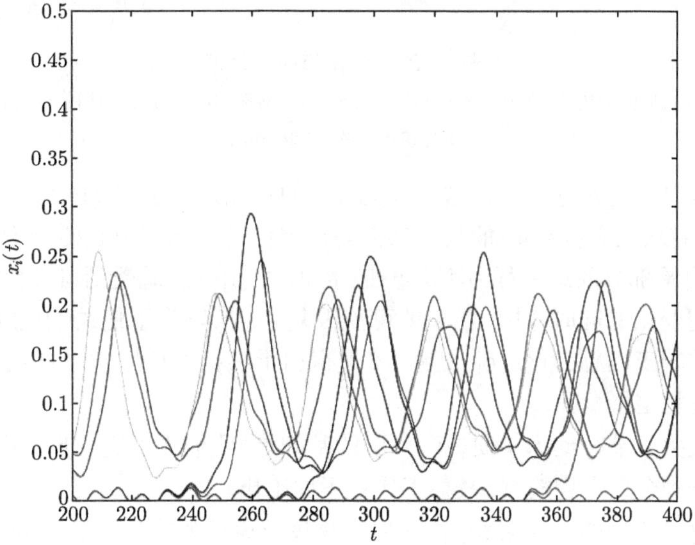

图 10.26 $x_i(t)$ 的时间演化图

其中 $i=1,2,3,\cdots,10$, $v_1=K_3=K_5=0.7$, $K_1=K_2=K_4=K_6=1$, $v_2=v_4=v_6=0.35$, $L_0=0.002$

比较两个结果我们发现, 只有当 L_0 足够大时, 取有不同参数值的细胞能出现同步现象. 图 10.27(a) 表明这个细胞不仅周期同步, 而且相位也达到同步, 它们之间动态的差别是由于参数不同而导致每个细胞的振动的振幅不同; 图 10.27(b) 表示这个同步周期为 24h. 由此, 我们看到光照强度 L_0 足够大时, 生物学上的昼夜节律对于每个细胞都可以达到, 即不仅仅要求周期为 24h, 而且它们的相也一样.

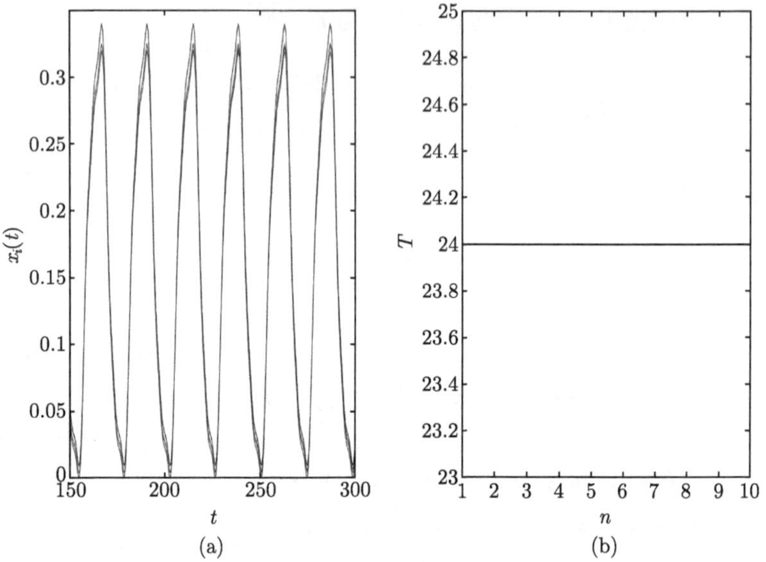

图 10.27 演化与周期分布

(a) 图是 $x_i(t)$ 的时间演化图, 其中 $i = 1, 2, 3, \cdots, 10$; (b) 图是 10 个细胞的周期分布. 其中 $L_0 = 0.09$, 其他参数与图 10.26 相同

为什么 L_0 要充分大呢? 这是因为 L_0 的存在影响了式 (10.14) 的自治部分. 没有 L_0 存在时, 式 (10.14) 的自治部分呈现自维持振动. 如果 L_0 比较小的话, 式 (10.14) 的自治部分的这种行为不会改变, 因而式 (10.14) 就受到自维持振动与昼夜光照的周期变化的同时作用, 结果就可能很复杂. 所以为了使式 (10.14) 出现光照周期变化的响应, 就必须使 L_0 足够大, 使得由于 L_0 存在式 (10.14) 的自治部分行为成为渐近稳定平衡点.

在前人关于节律动力学研究[50~57] 的基础上, 我们作了进一步分析, 从网络角度提出了一种全局考虑模型, 具体工作在下面给出.

从生物进化论的角度来看, 在确保生物体节律行为的条件下, 如何使 L_0 优化是一个很重要的问题, 这就需要在细胞层面上对 SCN 的 16 000 个细胞进行系统生物学分析. 在解剖学上将 SCN 分成腹外侧 (VL) 核和背内侧 (DM) 壳两部分. 日光通过视网膜等通道到达 VL 部分的神经元, 它占 SCN 细胞总数很少一部分, 它们有感光作用. 在此处实现同步和产生节律行为, 然后这些同步节律行为信号输送到 DM 部分的神经元, 由 DM 中的神经元把此信号振幅放大后输出到生物体各部分以达到控制生物学的昼夜节律行为的目的. 其中, 详细的生物分子过程至今还是不清楚的, 还有待于不断地深入研究. 解剖学告诉我们的另一重要事实, 即 VL 部分的神经元之间是通过突触相互联系的, DM 部分神经元之间相互有很少突触联系.

根据上述事实, 我们作出大胆假定: ① 由于 VL 和 DM 部分的详细生物分子过程还不十分清楚, 我们就假定它们属于前面描述的同一负反馈过程; ② 为简单起见, 假定 VL 部分之间的神经元之间是全连接的, 而 DM 部分中控制生物体某一部分节律的神经元是彼此有连接的, 不同部分没有连接. 这样我们就可得如下描述节律的 SCN 神经元网络的模型 (图 10.28).

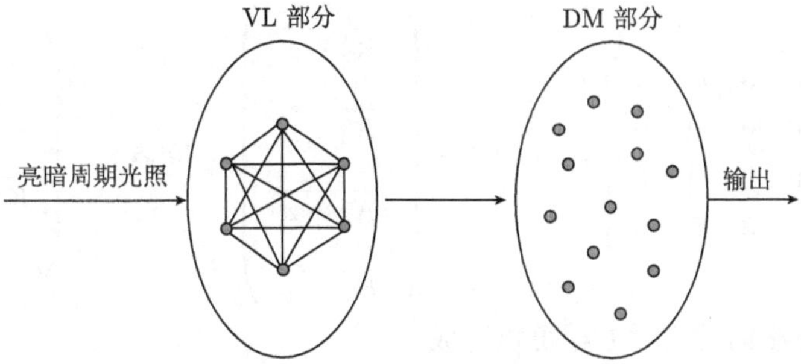

图 10.28 SCN 模型示意图

图 10.28 中由 VL 到 DM 的中间连线代表 DM 中每一节点可以接受来自 VL 部分 n 个节点的信号, 而 DM 中每一节点可以代表彼此有连接的控制生物体某一部分节律的总体. 这样 DM 中每一个节点就变成相对孤立的, 它们除了接受来自 VL 的信号外, 彼此不再有连接.

设 VL 部分神经元个数为 N_1, DM 部分神经元个数为 N_2, 按照解剖学上的结果, 显然有 $N_2 \gg N_1$. 此时网络的连线数目为 $O(N_1^2 + rN_2) \sim O(N_1 + N_2)$, 其中 r 表示 DM 上每一神经元连接线的上界, 因而网络的连线是稀疏的, 与生物学上所得实证网络稀疏是一致的.

现在网络中的节点的动力学方程可以写成

$$\begin{cases} \dot{x} = v_1 \dfrac{K_1^m}{K_1^m + z^m} - v_2 \dfrac{x}{K_2 + x} \\ \dot{y} = K_3 x - v_4 \dfrac{y}{K_4 + y} \\ \dot{z} = K_5 y - v_6 \dfrac{z}{K_6 + z} \\ \dot{w} = K_7 x - v_8 \dfrac{w}{K_8 + w} \end{cases} \tag{10.15}$$

和式 (10.15) 相比增加了变量 w, 它表示 SCN 中神经元所释放的神经递质.

用向量 $\boldsymbol{X} = (x, y, z, w)^{\mathrm{T}}$ 来代表式 (10.15) 中的变量, 可以把式 (10.15) 写成

$$\dot{\boldsymbol{X}} = \boldsymbol{A}\boldsymbol{X} + \boldsymbol{B}_1 f(\boldsymbol{X}) + \boldsymbol{B}_2 g(\boldsymbol{X}) \tag{10.16}$$

式中

$$
\boldsymbol{A}=\begin{bmatrix} 0 & 0 & 0 & 0 \\ K_2 & 0 & 0 & 0 \\ 0 & K_5 & 0 & 0 \\ K_7 & 0 & 0 & 0 \end{bmatrix},\quad \boldsymbol{B}_1=\begin{bmatrix} -v_1 & 0 & 0 & 0 \\ 0 & -v_2 & 0 & 0 \\ 0 & 0 & -v_6 & 0 \\ 0 & 0 & 0 & -v_8 \end{bmatrix},
$$

$$
\boldsymbol{B}_2=\begin{bmatrix} 0 & 0 & v_1 & 0 \\ 0 & 0 & 0 & 0 \\ 0 & 0 & 0 & 0 \\ 0 & 0 & 0 & 0 \end{bmatrix},\quad f(\boldsymbol{X})=\begin{pmatrix} \dfrac{x}{K_2+x} \\ \dfrac{y}{K_4+y} \\ \dfrac{z}{K_6+z} \\ \dfrac{w}{K_8+w} \end{pmatrix},\quad g(\boldsymbol{X})=\begin{pmatrix} 0 \\ 0 \\ \dfrac{K_1^m}{K_1^m+z^m} \\ 0 \end{pmatrix}
$$

于是, 整个网络的动力学方程可以写成

$$
\begin{cases} \dot{u}_i=(A_i+\delta A_i(t))u_i+(B_{1i}+\delta B_{1i}(t))f(u_i)+(B_{2i}+\delta B_{2i}(t))g(u_i) \\ \qquad +\displaystyle\sum_{j=1}^{N_1} c_{ij}\varGamma H_1(u_j,u_i),\quad i=1,\cdots,N_1 \\ \dot{v}_i=(A_i+\delta A_i(t))v_i+(B_{1i}+\delta B_{1i}(t))f(v_i)+(B_{2i}+\delta B_{2i}(t))g(v_i) \\ \qquad +\displaystyle\sum_{j=1}^{N_1} d_{ij}\varGamma H_1(u_j,u_i),\quad i=1,\cdots,N_1+N_2 \end{cases} \tag{10.17}
$$

式中, u_i 是 VL 中的神经元变量; v_i 是 DM 中神经元变量, 两个方程的最后一项表示了 VL 神经元相互作用和 VL 神经元对 DM 中神经元的相互作用. 失配矩阵 $\delta\boldsymbol{A}_i(t)$、$\delta\boldsymbol{B}_{1i}(t)$ 和 $\delta\boldsymbol{B}_{2i}(t)$ 表示各个神经元中的参数是可以不同的, 而且这种不同是随时间而变化的.

式 (10.17) 中第二个方程变量不影响第一个方程, 所以可以先对第一个方程进行讨论. 利用 Lur'e 理论以及有关假设, 在不强的要求下可以证明所有 u_i 能实现实用同步, 即充分长时间后, 对于一切 i, 各个变量的误差可以充分小.

这个结果说明, 即使光照不存在, VL 中所有神经元都可以达到实用同步. 为了说明这种情况, 我们作如下数值模拟. 取 $N_1=10$, $N_2=20$, $m=4$, $v_1=0.7\text{nM/h}$, $K_1=1\text{nM}$, $v_2=0.35\text{nM/h}$, $K_2=1\text{nM}$, $K_3=0.7\text{nM/h}$, $v_4=0.35\text{nM/h}$, $k_4=1\text{nM}$, $K_5=0.7\text{nM/h}$, $v_6=0.35\text{nM/h}$, $K_6=1\text{nM/h}$, $K_7=0.35\text{nM/h}$, $v_8=1\text{nM/h}$, $K_8=1\text{nM}$, 失配矩阵以上述参数矩阵为均值随机取值, 方差为 $\pm 2\%$; 为简便起见, 令 $c_{ij}=k$, 对任意 $i\neq j$

$$
\boldsymbol{H}(x_j,x_i)=(h_1(x_j^{(1)},x_i^{(1)}),\cdots,h_d(x_j^{(n)},x_i^{(n)}))^{\mathrm{T}}=(x_j^{(1)}-x_i^{(1)},\cdots,x_j^{(n)}-x_i^{(n)})^{\mathrm{T}}.
$$

得到如图 10.29 所示的结果.

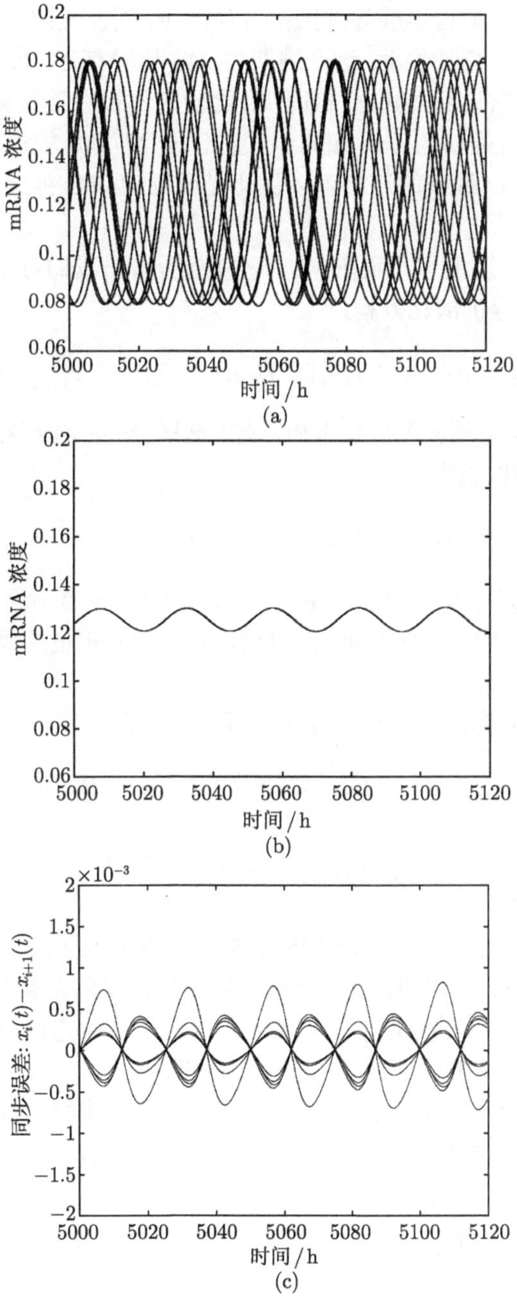

图 10.29 VL 时间演化图

(a) 是 VL 部分未耦合神经元振子 mRNA 浓度的时间演化图, 周期分布于 23.8~27.1h; (b) 是 VL 部分耦合后神经元振子 mRNA 浓度的时间演化图, 它们已经同步但周期不是 24h; (c) 是 VL 中神经元振子同步误差 $x_t(t) - x_{i+1}(t)$ 的时间演化图, $i = 1, \cdots, 9$

由于网络连线很稠密就会导致网络容易同步, 因而光照不存在时, VL 部分的神经元基本上以同一周期振动, 这个周期与 24h 比较接近, 按上面的分析, 只要同一个 L_0 就可以使它达到 24h 的相同步. 比较起不存在连接耦合时, 各个细胞振动周期不同, 光照所推动的 24h 相同步 L_0 不同, 离 24h 较远处所需的 L_0 大, 因而两者比较起来 VL 稠密的连接可以优化光照驱动 VL 神经元达到 24h 相同步的值.

根据同步结果, 当没有光照在 VL 部分神经元时, 我们可以简单认为 VL 中每个神经元满足如下等价演化方程:

$$\dot{u}_i = Au_i + B_1 f(u_i) + B_2 g(u_i), \quad i = 1, 2, \cdots, N_1 \tag{10.18}$$

式中, A、B_1 和 B_2 与相应同步状态相匹配. 这样当光照作用在 VL 部分的神经元上时, u_i 将满足演化方程

$$\dot{u}_i = Au_i + B_1 f(u_i) + B_2 g(u_i) + L(t)\boldsymbol{E}, \quad i = 1, 2, \cdots, N_1 \tag{10.19}$$

式中, $L(t)$ 表示同式 (10.14) 约定; $\boldsymbol{E} = (1,1,1,1)^{\mathrm{T}}$. 按照前面讨论给出数值结果, 只要光照强度合适, VL 中每个神经元将输出只有相同相位的周期为 24h 的节律信号, 至多在振幅上有很小差别.

于是 DM 上的神经元满足如下演化方程:

$$\begin{aligned}\dot{v}_i =& (A_i + \delta A_i(t))v_i + (B_{1i} + \delta B_{1i}(t))f(v_i) + (B_{2i} + \delta B_{2i}(t))g(v_i) \\ &+ \sum_{j=1}^{N_1} d_{ij} \varGamma \boldsymbol{H}(u_j, u_i), \quad i = 1, \cdots, N_1 + N_2\end{aligned} \tag{10.20}$$

式 (10.20) 中的 u_i 是一个周期为 24h 的振荡. 本质上也成为本节开始讨论一个 SCN 细胞接受一个 24h 周期振动刺激的情况, 所以也就很容易得出每个 DM 中的神经元输出一个相同步的 24h 的节律信号. 这个信号由它们再输出到生物体的各部分, 从而达到生物体整体上适应 24h 节律的要求.

为了进一步看到 VL 和 DM 上相同步节律信号的情况, 我们作了数值模拟, 模拟中取 $L = 0.1$, 其余参数同前, 得到的结果如图 10.30 所示.

从图 10.30 可作如下讨论:

(1) VL 和 DM 中神经元都产生相同的 24h 节律信号, 它们在振幅上略有差别;

(2) 相对于 VL 部分, DM 部分节律信号更为光滑, 这是因为 VL 部分接收日光外信号的变化比 VL 输出部分变化更剧烈, 而 VL 输出对于 DM 部分来看是节律信号输入, 也就是 DM 接收外信号的变化剧烈程度更弱一些, 因而输出也就相对更光滑.

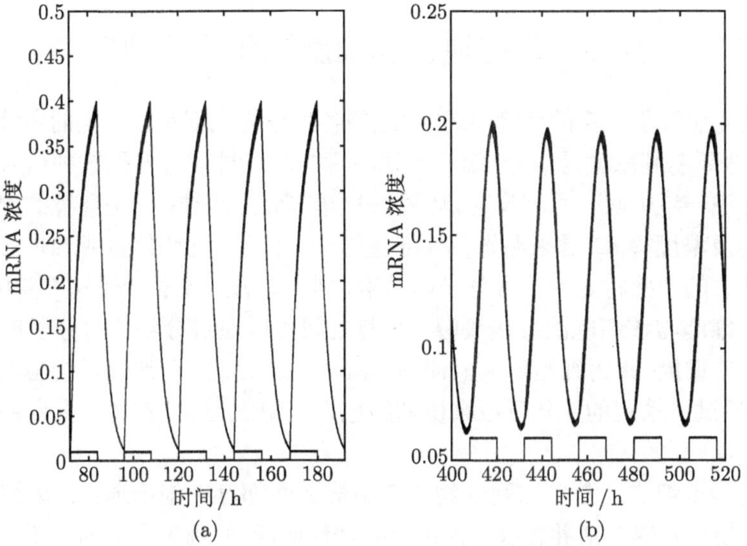

图 10.30 神经元振子 mRNA 时间演化图

(a) 昼夜光照影响下, VL 中耦合神经元振子的 mRNA 浓度的时间演化图, 虽然同步周期为 24h, 但波形图具有跳跃性; (b) VL 和 DM 耦合的部分神经元振子的 mRNA 浓度的时间演化图, 不仅同步周期为 24h, 波形也更为光滑

从我们的分析结果来看, 在自然选择的进化过程中, SCN 中神经元网络形成至少有以下几条达到了某种优化.

(1) 网络为稀疏的, 这是一种优化. 在这种特殊情况下分成两部分：一部分 VL 为稠连接, 另一部分 DM 为稀连接, 总体为稀疏.

(2) 稠连接的一部分存在可以确保降低由日光形成 24h 节律的光强阈值, 同时由于稠的一部分中 N_1 数目很小, 保证产生生物体节律所需光的总量也相对比较少. 这二者的综合效应在光照效应不明显时也能在生物体上产生 24h 的节律.

(3) DM 中的神经元是负责向生物体各部分输出 24h 节律信号的, DM 中的各个神经元所负责部门不完全相同, 因而彼此之间的连接并不是一种重要的决定因素, 所以在进化过程中会逐步消失, 导致 DM 中神经元之间的连接非常少. 这也符合优化原则.

(4) 经过 VL 神经元与 DM 神经元两次作用, 使得 24h 节律的信号更加光滑. 显然这种光滑变化的信号可能更加有利于生物体适应.

应该讲, 生物体 24h 节律是一个极为复杂的过程, 其中许多生物机制至今没有搞清, 如已知 VL 与 DM 两部分神经元是异质的, 但起到什么作用还不清楚. 我们在这里只能在现有的一些实验结果下, 给出一个粗略分析. 这种分析随着更多生物机制的揭示将得到不断地完善.

10.6 细胞通信和细胞同步行为研究

细胞是生存于一定的环境中的, 细胞的各种行为也都是在一定的环境刺激下实现的, 这些环境刺激就是信号, 细胞感知环境中的各种信号并把这种信号转导入细胞内部并进一步引起一系列反应. 环境信号基本分为两种：一是环境的固有参数如 pH、压力及温度等; 二是来源于其他细胞的一些信号, 这些信号或者是其他细胞分泌到环境中的一些特定的信号分子如激素、神经递质、生长因子和细胞因子等, 或者是其他细胞与该细胞的直接接触. 细胞之间可以通过分泌信号分子或直接接触而相互实施调控, 称为细胞通信 (cell communication). 细胞通过发送与接收的通信机制, 并通过一系列的生化反应来协调细胞乃至组织行为, 使之对多变的外界环境作出综合反应.

无论是单细胞还是多细胞生物的细胞群之间都存在细胞通信. 单细胞生物可由环境中摄取营养物质并在胞体内进行各种代谢活动, 细胞通信的主要目的是维持细胞基本的形态、功能、代谢及存活, 其细胞通信相对比较简单和松散, 最著名的就是细菌的群体感应 (quorum sensing)—— 一种群体行为调控机制. 自然界中的很多细菌都有这种能力, 即分泌一种或多种信号分子, 通过这些信号分子的浓度来感知菌群密度, 调控一系列靶基因的表达.

但对于多细胞生物, 情况要复杂得多, 细胞生存于一个各种参数相对稳定的环境中, 细胞之间出现了分工, 出现了担负着不同生物学功能的细胞群, 这些细胞群之间通过细胞通信相互实施调控以协调维持整个生物体的生命活动. 多细胞生物体内的细胞通信是非常复杂的, 其基础为细胞的信号转导. 细胞外信号分子被细胞的接收装置受体所感知, 然后细胞内信号转导装置 —— 一系列信号转导蛋白被依次激活, 信号借此逐步传递下去, 最后, 特定的靶基因或蛋白被调控并由此引起细胞的各种反应.

最典型的细胞通信的机制如图 10.31 所示. 具有群体感应的细胞能产生并释放一种或多种信号分子, 如细菌产生的自体诱导物 (autoinducer, AI), 它可以通过细胞膜自由扩散到细胞外环境, 同时环境中的信号分子也可以自由扩散到细胞内, 并引起一系列的生化反应, 如 AI 可以激活 LuxR 蛋白并调控其他基因的转录, 如 lux 操纵子, 并最终协调群体行为.

根据多细胞的通信机制, 可以作如下建模[58,59]：

$$\dot{\boldsymbol{x}}_i = -d_i^x x_i + f_i(x_i) + r_i(x_i, x_i) \tag{10.21}$$

$$\dot{\boldsymbol{s}}_i = -d_i^s s_i + p_i(x_i, s_i) + c_i(s_i, s_e) \tag{10.22}$$

$$\dot{\boldsymbol{s}}_e = -d_e s_e + c_e(s_i, s_e), \quad i = 1, \cdots, n \tag{10.23}$$

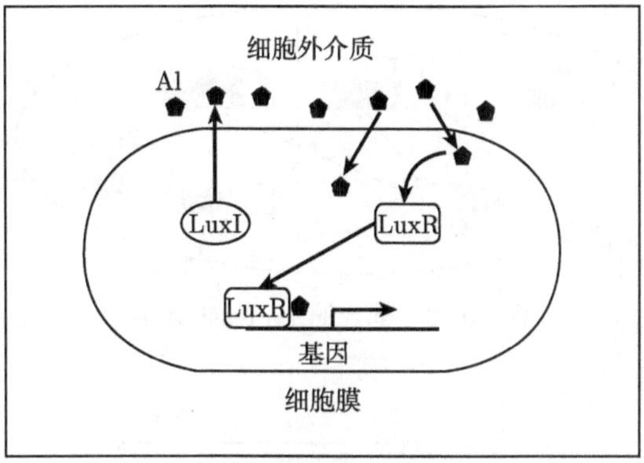

图 10.31 细胞通信示意图[58]

式中, x_i 是除信号分子 s_i 外其他分子的浓度; s_i 是细胞内信号分子的浓度; s_e 是细胞外信号分子的浓度; n 是细胞的个数; d_i^x、d_i^s 以及 d_e 是它们的退化率; $f_i(x_i)$ 与 $p_i(x_i, s_i)$ 分别是 x_i 与 s_i 的合成率; $r_i(x_i, s_i)$ 是细胞对信号分子作出反应的强度; $c_i(s_i, s_e)$ 与 $c_e(s_i, s_e)$ 是信号分子的产生与扩散. 进一步地, 如果未耦合的单细胞的动力学可描述为: $\dot{x}_i = -d_i^x x_i + f_i(x_i)$, 并假设它们之间的耦合为线性, 则式 (10.21)~(10.23) 可写成如下形式:

$$\dot{\boldsymbol{u}}_i = -\boldsymbol{d}_i\boldsymbol{u}_i + f_i(\boldsymbol{u}_i) + \eta(\boldsymbol{s}_e - \boldsymbol{u}_i) \tag{10.24}$$

$$\dot{\boldsymbol{s}}_e = -\boldsymbol{d}_e\boldsymbol{s}_e + \boldsymbol{\eta}_e\sum_{i=1}^{n}(\boldsymbol{u}_i - \boldsymbol{s}_e)/n \tag{10.25}$$

式中, $\boldsymbol{u}_i = (x_i, s_i)^{\mathrm{T}}$.

事实上, 式 (10.21)~ 式 (10.23) 或式 (10.24)、式 (10.25) 描述了多细胞通过信号分子的扩散耦合在一起, 从而进行细胞通信并产生协调行为. 对于具有式 (10.21)~ 式 (10.23) 或式 (10.24)、式 (10.25) 的多细胞耦合方面的研究目前已有许多, 如关于同步方面的研究[58~67]. 关于系统式 (10.21)~ 式 (10.23) 或式 (10.24)、式 (10.25) 的同步, 主要的产生机制有自发的同步[60~62], 随机噪声诱导的同步[63,64], 以及外力诱导产生的同步[65,66]. 关于这几种机制, 详细内容可参考文献 [68] 和 [69].

在这里, 我们以耦合的 repressilator 为例来说明多细胞通信与同步. 耦合的 repressilator 网络如图 10.32 所示. 其中, luxI 合成信号小分子 AI, 它可以自由地穿越细胞膜进行自由扩散. 当它与 LuxR 绑定后, 可以激活特定的基因.

该系统可以用如下模型来描述:

$$\dot{a}_i = -a_i + \frac{\alpha}{1 + c_i^n} \tag{10.26}$$

$$\dot{b}_i = -b_i + \frac{\alpha}{1 + A_i^n} \tag{10.27}$$

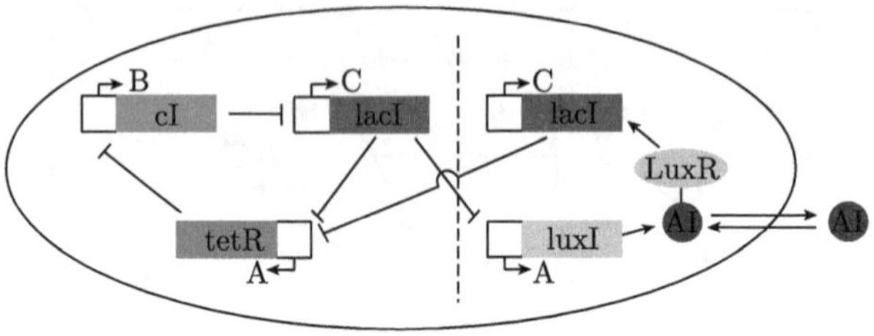

图 10.32 耦合的 repressilator[61]

$$\dot{c}_i = -c_i + \frac{\alpha}{1+B_i^n} + \frac{Ks_i}{1+S_i} \tag{10.28}$$

$$\dot{A}_i = \beta(a_i - A_i) \tag{10.29}$$

$$\dot{B}_i = \beta(b_i - B_i) \tag{10.30}$$

$$\dot{C}_i = \beta(c_i - C_i) \tag{10.31}$$

$$\dot{S}_i = -k_{s0}s_i + k_{s1}A_i + \eta(s_e - s_i) \tag{10.32}$$

$$\begin{aligned} \dot{s}_e &= -k_{\text{se}}s_e + \eta_{\text{ext}}\sum_{i=1}^{N}(S_i - S_e) \\ &= -k_{\text{se}}s_e + k_{\text{diff}}(\bar{S} - S_e) \end{aligned} \tag{10.33}$$

式中, a_i、b_i、c_i 分别是 tetR、cI 以及 lacI mRNA 浓度; 它们对应的蛋白浓度为 A_i、B_i、C_i; S_i 与 S_e 分别是细胞内与细胞外的 AI 浓度; η 与 k_{diff} 分别是 AI 通过细胞膜的扩散率. 在实际处理时, 应用拟稳态假设, 也就是 $\dot{s}_e = 0$, 可以得到

$$S_e = \frac{k_{\text{diff}}}{k_{\text{se}} + k_{\text{diff}}} \equiv Q\bar{S} \tag{10.34}$$

$$Q = \frac{\delta N/V_{\text{ext}}}{k_{\text{se}} + \delta N/V_{\text{ext}}} \tag{10.35}$$

根据 Q 的定义, 当 $\delta N/V_{\text{ext}}$ 远小于 k_{se} 时, Q 与细胞密度近似线性地成正比. 对比式 (10.21)~ 式 (10.23) 以及式 (10.26)~ 式 (10.33), 可以发现如果在式 (10.26)~ 式 (10.32) 中取 $\boldsymbol{x} = (a,b,c,A,B,C)^{\text{T}}$, $r_i = \dfrac{KS_i}{1+S_i}$, $c_i = \eta(s_e - s_i)$, $c_e = k_{\text{diff}}(\bar{S} - S_e)$, 两者就一致了.

现在我们考虑式 (10.26)~ 式 (10.32), 以及式 (10.34)、式 (10.35) 组成的系统, 以 Q 为控制参数, 结果发现耦合的细胞可以自发地产生同步, 如图 10.33 所示. 当细胞密度足够大时, 同步发生了, 这是因为微生物的群体感应是细菌根据种群密度大小进行细胞内或细胞间信息交流, 协调群体行为并调控基因表达的一种机制. 它利用信号分子在细胞间的扩散, 来感知自身和周围环境中其他细菌的数量变化, 当信号分子的浓度达到一定的阈值时就能启动菌体中相关基因的表达, 调控相关的生物学功能. 详细分析过程参考文献 [61].

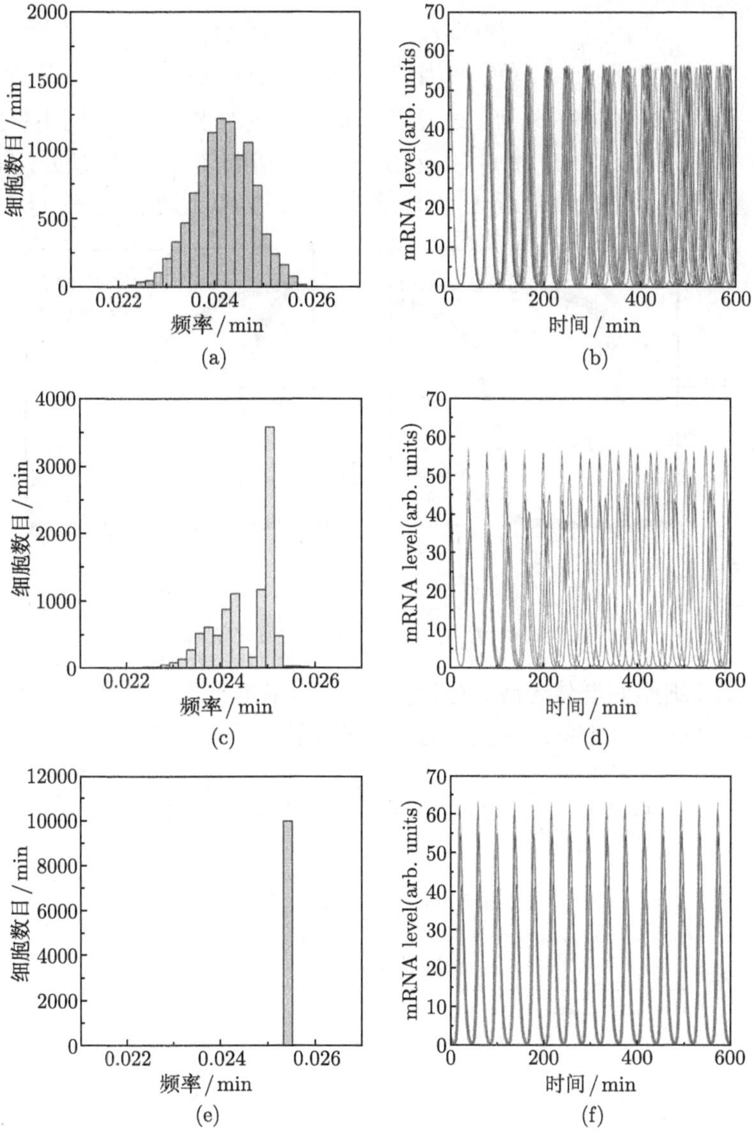

图 10.33 耦合的 repressilator 产生的同步[61]

(a)、(b): $Q = 4$; (c)、(d): $Q = 0.63$; (e)、(f): $Q = 0.8$. 其他参数为 $N = 10^4$, $\alpha = 216$, $K = 20$, $n = 2$, $\eta = 2.0$, $k_{s0} = 1$, $k_{s0} = 0.01$. β 服从均值为 1.0, 标准差为 $\Delta\beta = 0.05$ 的高斯分布

为了说明上述现象, 我们进一步进行定量化研究, 定义

$$M(t) = \frac{1}{N\sum_{i=1}^{N}(b_i(t))} \tag{10.36}$$

$$R = \frac{\langle M^2\rangle - \langle M\rangle^2}{\langle b_l^2\rangle - \langle b_l\rangle^2} = \frac{\mathrm{Var}_t(M)}{\mathrm{Mean}_i(\mathrm{Var}_t(b_i))} \tag{10.37}$$

式中, $\langle\ \rangle$ 是关于时间的平均; 而 M 是关于细胞个数的平均. 对非同步状态 $R\approx 0$, 而对于同步情况 $R\approx 1$. R 随 Q 以及 $\Delta\beta$ 的变化情况如图 10.34 所示. 随着 Q 的增加, Q 逐渐增大, 并最终接近 1. 而标准差越大, 达到同步所需要的 Q 越大.

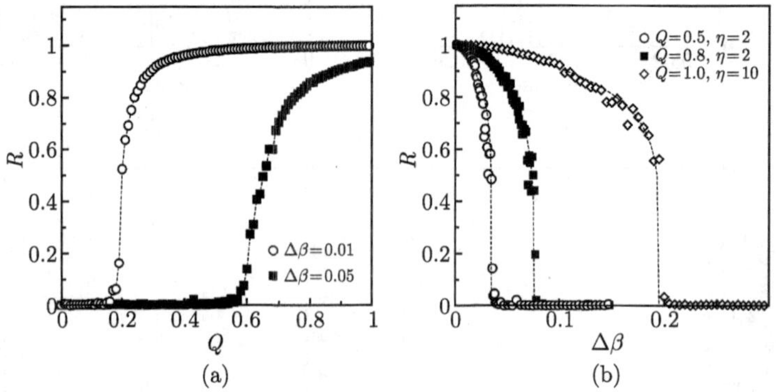

图 10.34 R 随 Q 以及 $\Delta\beta$ 的变化情况[62]

除了上述细胞间群体感应产生同步, 还可以借助外力诱导产生细胞间的同步. 以耦合的以 24h 为周期的细胞韵律为例. 该模型如下:

$$\dot{X}_i = v_1\frac{K_1^n}{K_1^n + Z_i^n} - v_2\frac{X_i}{K_2 + X_i} + v_c\frac{KF}{K_c + KC} + L \tag{10.38}$$

$$\dot{Y}_i = k_3X_i - v_4\frac{Y_i}{K_4 + Y_i} \tag{10.39}$$

$$\dot{Z}_i = k_5Y_i - v_6\frac{z_i}{K_6 + Z_i} \tag{10.40}$$

$$\dot{V}_i = k_7X_i - v_8\frac{V_i}{K_8 + V_i} \tag{10.41}$$

式中, $F = \frac{1}{N}\sum_{i=1}^{N}V_i$.

由于周期外力, 也就是光照存在也可以引起细胞间的同步. 其中的周期外力 L 定义为方波, 也就是在 12h 白天, $L = 0.01$; 在 12h 黑夜, $L = 0$. 周期外力诱导的

同步如图 10.35 所示. 关于更多细节, 有兴趣的读者可以参考文献 [60], 详细过程在专门章节中介绍. 因为所有细胞通过共同的信号分子耦合在一起, 所以通过控制信号分子, 可以实现对多细胞通信的控制, 如利用周期脉冲对信号分子的周期注入等 [66]. 除此之外, 对多细胞耦合的系统, 还会出现多簇 (clustering) 的情况, 有兴趣的读者可以参考文献 [61] 和 [70].

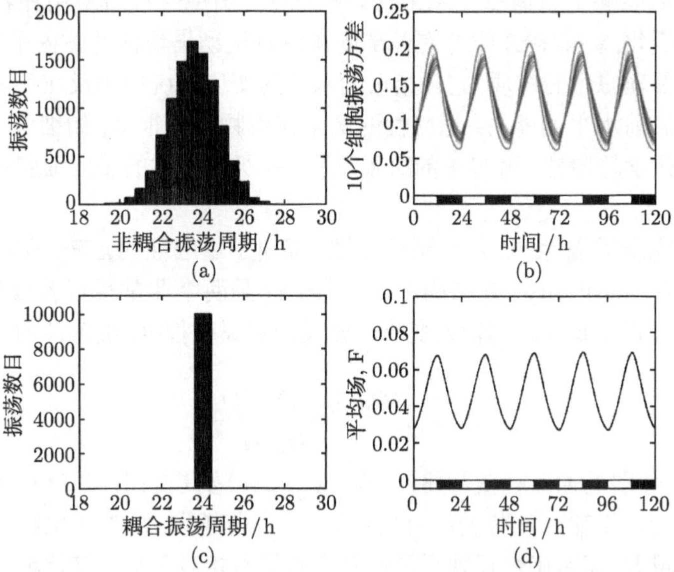

图 10.35 周期外力诱导的同步 (其中的细胞个数为 10000)

(a) 未耦合细胞的周期分布, 也就是 $F = 0$; (b) 在周期外力作用下, 达到了同步, 图中显示了随机选取的 10 个细胞; (c) 同步后的周期分布; (d) 耦合下的 F

注: 参数为 $v_1 = 0.7\text{nM/h}$; $K_1 = 1\text{nM}$; $n = 4$; $v_1 = 0.35\text{nM/h}$; $K_2 = 1\text{nM}$; $K_3 = 0.7/\text{h}$; $v_4 = 0.35\text{nM/h}$; $K_4 = 1\text{nM}$; $K_5 = 0.7/\text{h}$; $v_6 = 0.35\text{nM/h}$; $K_6 = 1\text{nM}$; $K_7 = 0.35/\text{h}$; $v_8 = 1\text{nM/h}$; $K_8 = 1\text{nM}$; $v_c = 0.4\text{nM/h}$; $K_c = 1\text{nM}$; $K = 0.5$[60]

除了上述两种机制诱导的细胞间同步外, 由于噪声在生物系统的普遍存在性, 噪声也可以诱导细胞间的同步现象. 这里不再详细讨论, 有兴趣的读者可以参考文献 [64]、[69]、[71], 文献 [63] 给出了一个具体的合成多细胞网络模型, 并具体给出了如何从生化反应的主方程 (master equation) 逐步简化为确定的微分方程, 且给出了讨论噪声诱导的协调行为的具体过程.

10.7 适应性模型

任何生物体要生存下来, 就必须适应它们的生存环境. 适应性是通过长期的自然选择与进化, 经过很长时间才得以形成的. 适应性是指生物体与环境变化表现出适应的现象. 例如, 植物的向光性是使植物能够获得更多的光进行光合作用, 为自己制造更多的养料. 宏观层次上的适应性往往是通过生物体内的各种通路来完成的. 例如, 许多信号转导系统在受到外部刺激后, 经过一定的时间后, 都有恢复到接近原来状态的能力, 即使这个外部刺激仍然持续着. 所谓适应性是指一个系统受到外部刺激之后能够重新恢复到原来状态的性质. 适应性被普遍用在精确地感知网络输入端的变化, 并能持续维持在外部刺激或者扰动出现前的体内平衡. 完全适应性是一个非常理想化的性质, 它是指对输入端的变化系统作出反应后能够完全精确地返回到刺激前水平的能力. 适应性的例子在生物中有很多, 如细菌、变形虫和中性粒体等的化学趋向性、酵母中的跨膜反应、高级生物体的感应细胞和哺乳动物中的钙平衡等.

无论是完全适应性, 还是近似适应性, 都属于适应性的范畴. 在对适应性的研究中, 敏感性 (sensitivity) 与精确性 (precision) 是两个非常重要的概念. 敏感性反映系统对外部刺激或者外部输入变化作出反应的灵敏程度, 敏感性的计算通常用如下公式[72]:

$$S = \left|\frac{(O_{\mathrm{peak}} - O_1)/O_1}{(I_2 - I_1)/I_1}\right| \tag{10.42}$$

式中, I_1、I_2 分别是输入初值和终值; O_1、O_{peak} 分别是输出初值和峰值. 敏感性代表输出变化相对于输入变化的相对值之比, 这个值越大, 反映了生物系统对外界变化敏感程度越大. 而精确性反映系统恢复后的状态相对于输入变化前状态的准确程度, 可用如下公式加以描述[72]:

$$P = \left|\frac{(O_2 - O_1)/O_1}{(I_2 - I_1)/I_1}\right|^{-1} \tag{10.43}$$

式中, I_1、I_2 分别是输入初值和终值; O_1、O_2 分别是输出初值和终值. 它是输出与输入相对变化率之比的倒数, 可用该值来衡量一个系统受到外部输入变化之后恢复到原来状态的能力. 准确性越高, 也就是 P 值越大, 系统的最终状态越接近变化前的状态. 根据定义, 若 P 的值为无穷大, 则系统会达到完全适应. 对于生物体而言, 通常具有较高的敏感性和较高的精确性的生物体才能获得更多的生存机会, 这也意味着它们能够迅速地感知外界变化, 并作出相应的调整, 并最终恢复到接近外界变化前的状态. 从系统的角度来看, 一个既有较高的敏感性, 同时也有较高的精确性的系统, 才能更好地维持系统的动态平衡和稳定. 图 10.36 给出了这个概念的示意图.

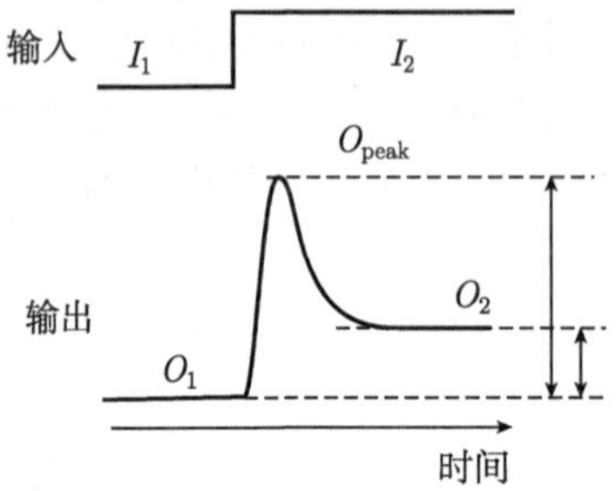

图 10.36　输入、输出示意图[72]

需要注意的是, 对于适应性的研究目前一般都是讨论系统收敛到平衡点的情形. 对于其他情况, 如生物节律现象, 相关的研究还不多见. 另外, 对于刺激, 也就是输入的变化, 一般都是讨论从一种恒定输入变化为另外一种恒定输入, 而对于其他输入变化, 如周期的输入变化等, 相关的讨论也不多见 [73] 和 [74]. 不过对于生物韵律现象, 如以 24h 为周期的生物韵律, 也有类似通过如状态敏感性、周期敏感性以及振幅敏感性来研究系统鲁棒性方面的研究[75].

与其他性质相比, 适应性更加强调对参数值选取是鲁棒的, 即一个适应的系统能够对一个很大范围内的参数选取都具有此适应性. 在大多数实际系统中, 适应性并不是仅基于单个机制, 而是基于多个反馈或者前馈机制. 因此, 对于适应性的分析能够对决定一些生物化学反应机制的实验分析提供有利的线索. 在生物学范畴, 很多系统都具有适应性. 而对于系统生物学研究而言, 我们更关心有哪些特有的较简单的网络和系统能够具有这一性质. 一个较为简单的例子为菌类趋化现象的完全与几乎完全适应性[76]. 而文献 [77] 给出了这种鲁棒适应性产生的机制. 所谓鲁棒适应性是指系统的精确度不随总参数的变化而改变, 如图 10.37 所示.

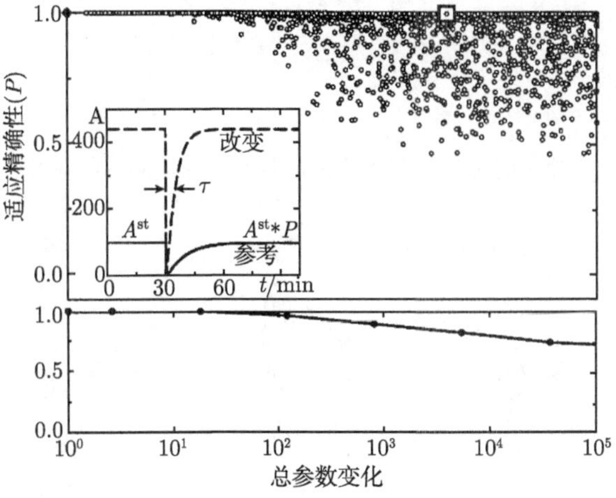

图 10.37 菌类趋化现象的鲁棒适应性[77]

由于生物体产生适应性的机制多种多样, 网络结构也千变万化, 因而讨论一个具体的适应性问题很难发现一般的规律. 接下来我们介绍具有一般性的能够产生适应性的网络.

生物系统是一个十分复杂的系统, 一个完整的生物网络是由很多个子网络构成的. 已有研究结果表明, 最简单的能够具有适应性的网络结构至少要具有三个节点. 文献 [72] 对所有三个节点的网络进行了统计分析和数值模拟, 从所有 16 038 个从接收外部输入的节点到输出变量节点有直接或者间接连接的网络 (图 10.38 和图 10.39) 中, 得出只有两类网络拓扑能够具有适应性: ① 具有一个缓冲节点的负

反馈环 (NFBLB)(图 10.40); ② 具有调节子的不连贯前馈环 (IFFLP)(图 10.41).

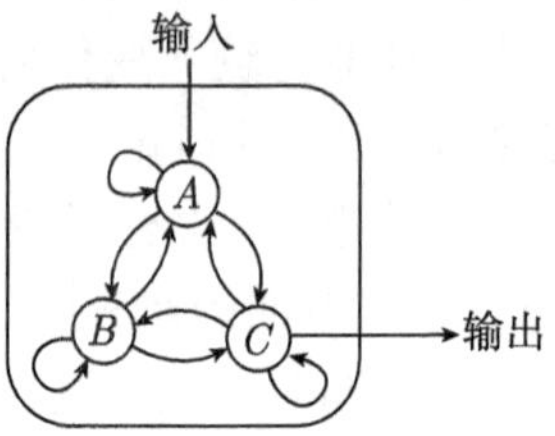

图 10.38　从输入节点到输出节点有直接或间接连接的三个节点的网络的一个例子 (共有 16 038 种组合方式[72])

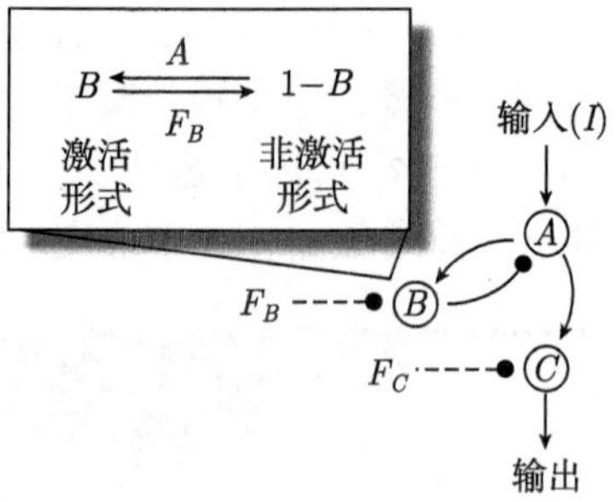

图 10.39　一个简单的由三个节点构成的具有适应性的网络拓扑结构示意图[72]

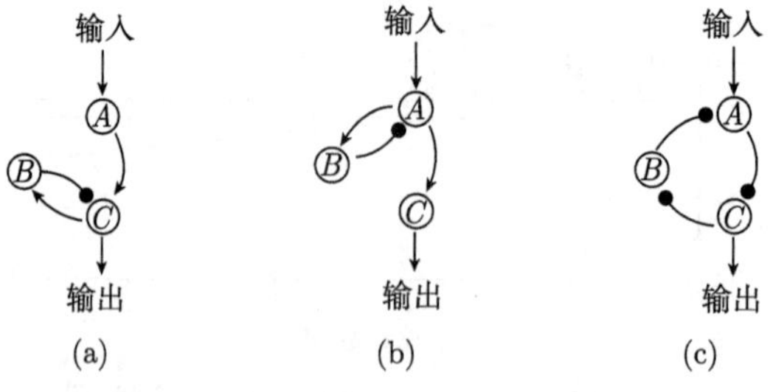

图 10.40　三个具有适应性的带缓冲节点的三个节点负反馈环网络示意图[72]

对于图 10.38 所示的网络结构可用如下方程建立模型:

$$\frac{\mathrm{d}A}{\mathrm{d}t} = f_A(A, B, C, I)$$

$$\frac{\mathrm{d}B}{\mathrm{d}t} = f_B(A, B, C)$$

$$\frac{\mathrm{d}C}{\mathrm{d}t} = f_C(A, B, C)$$

在稳定点对上述方程组进行线性化可得如下线性化方程:

$$\begin{bmatrix} \frac{\partial f_A}{\partial A} & \frac{\partial f_A}{\partial B} & \frac{\partial f_A}{\partial C} \\ \frac{\partial f_B}{\partial A} & \frac{\partial f_B}{\partial B} & \frac{\partial f_B}{\partial C} \\ \frac{\partial f_C}{\partial A} & \frac{\partial f_C}{\partial B} & \frac{\partial f_C}{\partial C} \end{bmatrix} \begin{bmatrix} \Delta \boldsymbol{A}^* \\ \Delta \boldsymbol{B}^* \\ \Delta \boldsymbol{C}^* \end{bmatrix} + \begin{bmatrix} \frac{\partial f_A}{\partial \boldsymbol{I}} \\ 0 \\ 0 \end{bmatrix} \Delta \boldsymbol{I} = 0$$

根据线性化方程可以求出其适应性误差

$$\frac{\Delta \boldsymbol{C}^*/\boldsymbol{C}^*}{\Delta \boldsymbol{I}/\boldsymbol{I}} = \frac{\boldsymbol{I}}{\boldsymbol{C}^*}\frac{\partial f_A}{\partial \boldsymbol{I}}\frac{|\boldsymbol{N}|}{|\boldsymbol{J}|}$$

式中

$$\boldsymbol{N} = \begin{bmatrix} \frac{\partial f_B}{\partial A} & \frac{\partial f_B}{\partial B} \\ \frac{\partial f_C}{\partial A} & \frac{\partial f_C}{\partial B} \end{bmatrix}, \quad \boldsymbol{J} = \begin{bmatrix} \frac{\partial f_A}{\partial A} & \frac{\partial f_A}{\partial B} & \frac{\partial f_A}{\partial C} \\ \frac{\partial f_B}{\partial A} & \frac{\partial f_B}{\partial B} & \frac{\partial f_B}{\partial C} \\ \frac{\partial f_C}{\partial A} & \frac{\partial f_C}{\partial B} & \frac{\partial f_C}{\partial C} \end{bmatrix}$$

系统具有适应性的条件为 $|\boldsymbol{N}| = 0$, 稳定性的条件为 $|\boldsymbol{J}| < 0$. 由于 $|\boldsymbol{N}| = \frac{\partial f_B}{\partial A}\frac{\partial f_C}{\partial B} - \frac{\partial f_B}{\partial B}\frac{\partial f_C}{\partial A}$, 令 $I = \frac{\partial f_B}{\partial A}\frac{\partial f_C}{\partial B}$. $II = \frac{\partial f_B}{\partial B}\frac{\partial f_C}{\partial A}$, 所以要获得完全适应性有两种情况: $I = II = 0$ 或者 $I = II \neq 0$. 第一种情况 $I = II = 0$ 正好对应具有一个缓冲节点的负反馈环结构的网络, 第二种情况 $I = II \neq 0$ 正好对应具有调节子的不连贯前馈环结构的网络. 下面对这两种结构的网络建立模型并讨论它们的适应性.

图 10.39 为一个简单的由三个节点构成的具有适应性的网络拓扑结构示意图, 其中节点 A 是输入的接收点, 节点 C 是输出节点, 节点 B 为缓冲节点, 可以缓冲节点 A 对节点 C 的作用, 从而使系统对外部输入的变化起到适应的作用. 在该三个节点的网络中, 节点 B 只有一个节点 A 对其的促进作用, 所以需要 F_B 对其的抑制作用才能使该系统平衡, F_C 对 C 所起的作用也是一样的. 用 B 表示 B 的激活状态, $1-B$ 表示 B 的非激活状态, 则图 10.39 的网络可用如下数学模型来描述:

$$\begin{cases} \frac{\mathrm{d}A}{\mathrm{d}t} = K_{IA}I\frac{(1-A)}{(1-A)+K_{IA}} - K'_{BA}F_A\frac{A}{A+K'_{BA}} \\ \frac{\mathrm{d}B}{\mathrm{d}t} = K_{AB}A\frac{(1-B)}{(1-B)+K_{AB}} - K'_{F_BB}F_B\frac{B}{B+K'_{F_BB}} \\ \frac{\mathrm{d}C}{\mathrm{d}t} = K_{AC}A\frac{(1-C)}{(1-C)+K_{AC}} - K'_{F_CC}F_C\frac{C}{C+K'_{F_CC}} \end{cases} \tag{10.44}$$

需要说明的是, 在对图 10.39 所示的网络进行建模时, 所有的函数均假设为 Michaelis-Menten 函数, 也就是方程式 (10.44). 事实上, 对于利用 Hill 函数或者其他建模方式, 如拟稳态近似等, 都可以得到类似的结论, 有兴趣的读者可参考文献 [72].

正反馈环是产生多稳态的必要条件, 单独的正反馈环不具有适应性, 负反馈环才有可能表现出适应性, 但并不是所有的负反馈环都能够表现出适应的性质, 只有一类简单的负反馈环能产生鲁棒的适应性. 在这类环路中, 输出的节点 C 不会直接地反馈到输入的节点 A 上. 更进一步地, 这个反馈必须通过一个中间的节点 B 提供缓冲作用.

参照方程式 (10.44), 图 10.40(a) 所示的网络结构可用如下方程建立模型:

$$\begin{cases} \dfrac{\mathrm{d}A}{\mathrm{d}t} = IK_{IA}\dfrac{(1-A)}{(1-A)+K_{IA}} - F_AK'_{F_AA}\dfrac{A}{A+K'_{F_AA}} \\ \dfrac{\mathrm{d}B}{\mathrm{d}t} = CK_{CB}\dfrac{(1-B)}{(1-B)+K_{CB}} - F_BK'_{F_BB}\dfrac{B}{B+K'_{F_BB}} \\ \dfrac{\mathrm{d}C}{\mathrm{d}t} = AK_{AC}\dfrac{(1-C)}{(1-C)+K_{AC}} - BK'_{BC}\dfrac{C}{C+K'_{BC}} \end{cases} \tag{10.45}$$

对于图 10.40(b)、(c) 可用类似的模型方式进行分析, 在此只对图 10.40(a) 进行讨论. 由于节点 A、B 在网络中只有促进其激活的直接连接, 所以用 F_A、F_B 分别代表对节点 A 和 B 起相反作用的基酶浓度 (它们的作用与激活 A 和 B 直接的网络连接相反). K_s 是 MM 常数. 通过分析参数集以使得该结构具有适应性, 其中两个参数 K_{CB} 和 K'_{F_BB} (其中 K_{CB} 是 B 被 C 激活的 MM 常数, K'_{F_BB} 是 B 被激酶抑制的 MM 常数) 很小, 这就揭示了作用在 B 上的两个激酶必须趋于饱和以获得适应性. 实际上, 它表明了在这种饱和的情况下, 这个拓扑结构能够获得完全适应性. 在饱和的情况下, 也就是 $(1-B) \gg K_{CB}$ 和 $B \gg K'_{F_BB}$, B 的速率方程可以近似地用如下方程表示:

$$\frac{\mathrm{d}B}{\mathrm{d}t} = CK_{CB} - F_BK'_{F_BB} \tag{10.46}$$

这个方程的稳态解为

$$C^* = F_BK'_{F_BB}/K_{CB} \tag{10.47}$$

它不依赖于输入量 I 的值. 该环路的输出量 C 能够暂态地对输入的变化作出反应 (如方程式 (10.45) 的第一个和第三个方程所示) 并最终维持在式 (10.47) 所示的相同的稳态. 方程式 (10.46) 可被重新写成

$$\begin{cases} \dfrac{\mathrm{d}B}{\mathrm{d}t} = K_{CB}(C-C^*) \\ B = B^*(I_0) + K_{CB}\displaystyle\int_0^t (C-C^*)\mathrm{d}\tau \end{cases} \tag{10.48}$$

从而, 缓冲节点 B 积分输出量 C 和它的不依赖于输入的稳态之间的差值. 因此, 这个 NFBLB 模块, 节点 C 促进节点 B, 节点 B 抑制节点 C, 运用了一个积分控制 —— 一个在工程上完全适应性的常见机制. 所有的最小的 NFBLB 拓扑结构都使用了相同的积分控制机制获得完全适应性. 关于这个系统的适应性, 也可以从方程的零位线分析得出类似结论. 而对于图 10.41 所示的不具有适应性的负反馈环拓扑结构, 可以用类似上面的分析, 其输出量 C 是依赖于输入量的, 所以对输入的变化不具有适应性. 图 10.41(a) 所示模块, 因为 B 没有对 A 对 C 的作用起到缓冲, 图 10.41(b)、(c) 则是因为节点 C 对 A 有直接的作用, 所以它们都不具备适应性.

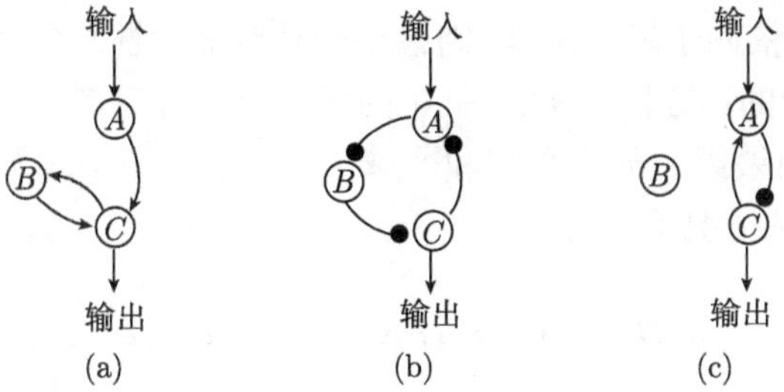

图 10.41 三个不具有适应性的带缓冲节点的三个节点负反馈环网络示意图[72]

具有适应性的带有调节器节点的不连贯前馈环 (IFFLP) 的最小网络如图 10.42 所示. 在不连贯的前馈环中, 输出节点 C 受到另外两个节点 A 和 B 的调控, A 和 B 通过两个不同的通路对 C 进行调控并且它们的作用是相反的. 图 10.42 和图 10.43 所示的均为不连贯的前馈环, 但是只有图 10.42 中的网络结构具有适应性, 因为这种拓扑结构中有一个调节器节点 B, 它以与输入对 C 的作用相反的作用来调控输出节点 C, 从而调节输入对 C 的作用影响, 进而使得该结构能够具有适应性. IFFLP 拓扑结构获得适应性的机制与前面讨论的 NFBLB 结构不同, 在 IFFLP 结构中, 节点 B 调节输入和对节点 C 实施了一个与输入相反的作用, 从而减弱了输出对输入的依赖. 对于图 10.42(b) 所示的拓扑结构, 它的微分方程模型如下, 对于图 10.42(a) 所示结构可进行类似讨论.

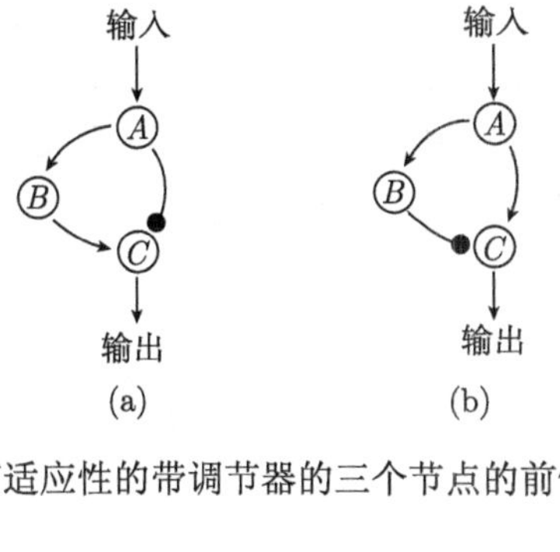

图 10.42 两个具有适应性的带调节器的三个节点的前馈环网络示意图[72]

$$\begin{cases} \dfrac{\mathrm{d}A}{\mathrm{d}t} = IK_{IA}\dfrac{(1-A)}{(1-A)+K_{IA}} - F_A K'_{F_A A}\dfrac{A}{A+K'_{F_A A}} \\ \dfrac{\mathrm{d}B}{\mathrm{d}t} = AK_{AB}\dfrac{(1-B)}{(A-B)+K_{AB}} - F_B K'_{F_B B}\dfrac{B}{B+K'_{F_B B}} \\ \dfrac{\mathrm{d}C}{\mathrm{d}t} = AK_{AC}\dfrac{(1-C)}{(1-C)+K_{AC}} - BK'_{BC}\dfrac{C}{C+K'_{BC}} \end{cases} \tag{10.49}$$

适应性可以通过计算节点 C 的方程来说明：如果负调控子 B 的稳态浓度与正调控子 A 的稳态浓度成比例，那么决定输出量 C 稳态的方程 $\mathrm{d}C/\mathrm{d}t = 0$ 将不依赖于 A，从而不依赖于输入量 I，则该结构具有适应性. 在该条件下稳态 B^* 与稳态 A^* 是成比例的：方程 $\mathrm{d}B/\mathrm{d}t = 0$ 的第一个部分应该只依赖于 A，第二个部分只依赖于 B. 如果第一部分在饱和区域 $(1-B) \gg K_{AB}$，第二部分在线性区域 $B \ll K'_{F_B B}$，在这种情况下将有

$$B^* = A^* \cdot K_{AB}K'_{F_B B}/(F_B K'_{F_B B}) \tag{10.50}$$

由节点 B 建立的式 (10.50) 的关系表明激活的 B 的稳态浓度与激活的 A 的稳态浓度成比例，因此 B 将与通路输入对 C 的调控成比例地负调控 C. B 的作用是作为 A 的一个调节器节点. 在这种情况下，维持 C^* 的不变是通过 B 的对输入的调节作用得到的. 该环路的敏感性依赖于两个信号通路 (A 直接促进 C 和 A 促进 B 同时 B 抑制 C) 速度的比率，该比例可以不依赖于适应的精确性而得到调整.

不具有适应性的带有调节器节点的前馈环网络如图 10.43 所示. 图 10.43(a) 所示的结构为连贯的前馈环，所以不具有适应性；图 10.43(b) 所示的结构虽然是不连贯的前馈环，但是 B 对 C 的作用与 A 对 C 的作用相同，这样 B 就不能对 A 起到调节器的作用，所以该结构也不具有适应性.

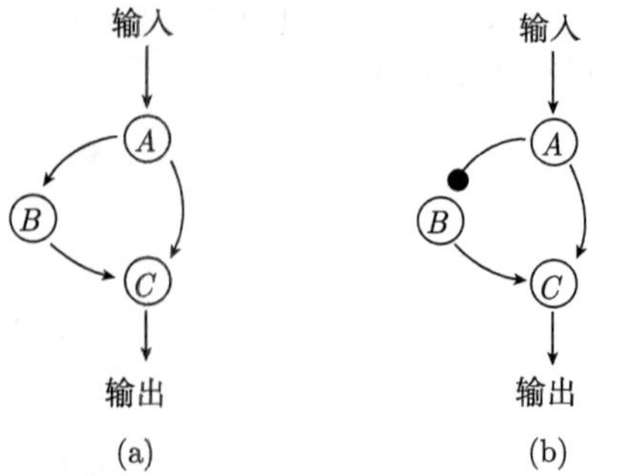

图 10.43 两个不具有适应性的带有调节器的三个节点的前馈环网络示意图[72]

上述分析主要讨论了最小的 (不多于三个节点) 网络并发现了这些简单的结构足以产生适应性. 具有适应性的小网络是产生适应性的结构基础, 所有能够具有适应性的更加复杂的网络至少包含一个 NFFBLB 或者一个 IFFLP, 也就是说, 若一个系统要获得适应性, 那么至少这两种基本结构必含其一. 一个广为研究的生物完全适应性网络是如图 10.44 所示的大肠杆菌的化学趋向性适应网络, 它其实就类似于我们前面所讨论的 NFBLB 这类基本的适应网络结构. 在使用 MM 方程建模对适应性网络的理论研究中发现, IFFLP 结构的网络比 NFBLB 结构的网络有更好的适应性. 但是, 现在还并没有很明显的例子说明 IFFLP 结构的网络在生物系统中能够获得更好的适应性. 这一现象内在的原因还有待于进一步探寻. 当然这些基础的适应性网络的结合也能够使得一个更复杂的系统获得更好的适应性[72].

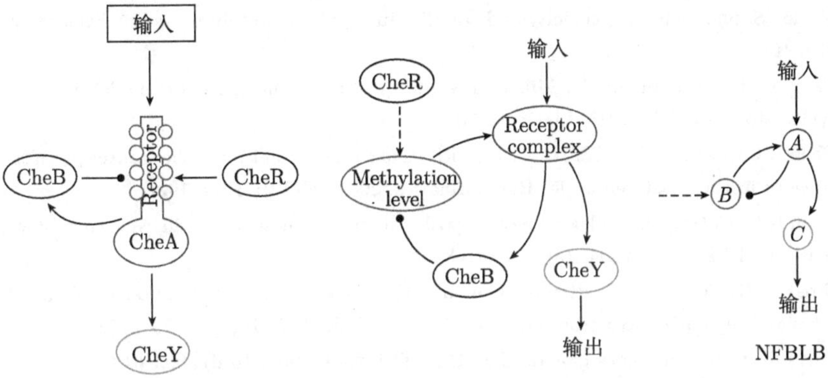

图 10.44 化学趋向性的完全适应性网络属于 NFBLB 适应性网络拓扑类型[72]

参 考 文 献

[1] Nasmyth K. Evolution of the cell cycle. Philos Trans R Soc Lond B Biol Sci, 1995, 349: 271–281

[2] Nasmyth K. Viewpoint: putting the cell cycle in order. Science, 1996, 274: 1643–1645

[3] Pomerening J R, Kim S Y, Ferrell Jr J E. Systems-level dissection of the cell-cycle oscillator: bypassing positive feedback produces damped oscillations. Cell. 2005, 122: 565–578

[4] Pomerening J R, Sontag E D, Ferrell Jr J E. Building a cell cycle oscillator: hysteresis and bistability in the activation of Cdc2. Nat Cell Biol, 2003, 5: 346–351

[5] Tsai T Y, Choi Y S, Ma W, et al. Robust, tunable biological oscillations from interlinked positive and negative feedback loops. Science, 2008, 321: 126–129

[6] Sha W, Moore J, Chen K, et al. Hysteresis drives cell-cycle transitions in Xenopus laevis egg extracts, Proc Natl Acad Sci U S A, 2003, 100: 975–980

[7] Novak B, Pataki Z, Ciliberto A, et al. Mathematical model of the cell division cycle of fission yeast. Chaos, 2001, 11: 277–286

[8] Chen K C, Calzone L, Csikasz-Nagy A, et al. Integrative analysis of cell cycle control in budding

yeast. Mol Biol Cell, 2004, 15: 3841–3862

[9] Qu Z, Weiss J N, MacLellan W R. Regulation of the mammalian cell cycle: a model of the G1-to-S transition. Am J Physiol Cell Physiol, 2003, 284: C349–364

[10] Yang L, Han Z, Robb MacLellan W, et al. Linking cell division to cell growth in a spatiotemporal model of the cell cycle. J Theor Biol, 2006, 241: 120–133

[11] Goffean A, Bovrrell B G, Bussey H, et al. Life with 6000 genes. Science, 1996, 274: 546–567

[12] Mering C, Krause R, Snel B, et al. Comporative assessment of large-scale data sets of protein-protein interactions. Nature, 2002, 417: 399–403

[13] Uetz P, Giot L, Cagney G, et al. A comprehensive analysis of protein-protein interactions in sacchoromytes cerevisiae. Nature, 2000, 403: 623–627

[14] Schwikowaki B, Uetz P, Fields S. Nature Biotechnology, 2000, 18: 1257–1261.

[15] Albert R, Jeong H, Barabasi A L, Error and attack: tolerance of complex networks. Nature, 2000, 406: 378–382

[16] Maslov S, Sneppen K. specificity and stability in topology protein networks, Science, 2002, 296: 910–913

[17] Cross F R, Archambault V, Miller M, et al. Testing a mathematical model of the yeast cell cycle. Mol Biol Cell, 2002, 13(1): 52–70

[18] Chen H C, Lee H C, Lin T Y, et al. Quantitative characterization of the transcription regulatory network in the yeast cell cycle. Bioinformatics, 2004, 20(12): 1914–1927

[19] Chen K C, Calzone L, Csikasz-Nagy A, et al. Integrative analysis of cell cycle control in budding yeast. Mol Biol Cell, 2004, 15(8): 3841–3862

[20] Cross F R, Schroeder L, Kruse M, et al. Quantitative characterization of a mitotic cyclin threshold regulating exit from mitosis. Mol Biol Cell, 2005, 16(5): 2129–2138

[21] Tyers M. Cell cycles goes global. Curr Opin Cell Biol, 2004, 16(6): 602–613

[22] Li F T, Long T, Lu Y, et al. The yeast cell-cycle network is robustly designed. PNAS, 2004, 101(14): 4781–4786

[23] Vershon A K, Pierce M. Transcriptional regulation of meiosis in yeast. curr Opin Cell Bio, 2000, 12: 334–339

[24] Gustin M C, Albertyn J, Alexander M, et al, MAP kinase pathways in the yeast Saccharomyces Cerevisiae. Microbiol Mol Biol Rev, 1998, 62: 1264–1300

[25] Chen K C, Csikasz-Nagy A, Gyorffy B, et al. Kinetic analysis of a molecular model of the budding yeast cell cycle. Mol Biol Cell, 2000, 11(1): 369–391

[26] 李方廷, 欧阳颀. 生物系统中的非线性现象. 物理, 2007, 36(2): 131–135

[27] Zhang Y P, Qian M P, Ouyang Q, et al. Stochastic model of yeast cell-cycle network. Physica D, 2006, 219: 35–39

[28] Rao C V, Wolf D M, Arkin A P. Control, exploitation and tolerance of intracellular noise. Nature, 2002. 420: 231–237

[29] Brun M, Dougherty E R, Shmulevich I. Stead-state probabities for attractors in probabilistic Boolean networks. Signal Process, 2005, 85(10): 1993–2013

[30] Qu X, Aldana M, Kadanoff L P. Numerical and theoretical studies of noise effects in the Kauffman model. J Stat Phys, 2002, 109(5–6): 967–986

[31] Chung K. Markov chains with stationary transition probability. New York: Springer, 1967

[32] Albeverio S, Feng J, Qian M. Role of noises in neural networks. Phys Rev E, 1995, 52(6): 6593–6606

[33] Qian M, Chen D, Feng J. Metastability of exponentially perturbed markov chains. Sci China Ser A, 1997, 39: 7

[34] Waddington C H. The strategy of the genes. London: Allen and Unwin, 1957

[35] Ao P. Potential in stochastic differential equations: novel construction. J Phys A, 2004, (3) L25–L30

[36] Zhu X M, Yin L, Hood L, et al. Calculating biological behaviors of epigenetic states in the phage λ life cycle. Funct Integr Genomics, 2004, 4(3): 188–195

[37] Goldbeter A. A model for circadian oscillations in the Drosophila period protein (PER). Proc Biol Sci, 1995, 261: 319–324

[38] Leloup J C, Goldbeter A. A model for circadian rhythms in Drosophila incorporating the formation of a complex between the PER and TIM proteins. J Biol Rhythms, 1998, 13: 70–87

[39] Leloup J C, Goldbeter A. Toward a detailed computational model for the mammalian circadian clock, Proc Natl Acad Sci USA, 2003, 100: 7051-7056

[40] Leloup J C, Goldbeter A. Modeling the mammalian circadian clock: sensitivity analysis and multiplicity of oscillatory mechanisms. J Theor Biol, 2004, 230: 541–562

[41] Tyson J J, Hong C I, Thron C D, et al. A simple model of circadian rhythms based on dimerization and proteolysis of PER and TIM. Biophys J, 1999, 77: 2411-2417

[42] Emberly E, Wingreen N S. Hourglass model for a protein-based circadian oscillator. Phys Rev Lett, 2006, 96: 038303

[43] Rust M J, Markson J S, Lane W S, et al. ordered phosphorylation governs oscillcotion of a three-protein circadian clock. Science, 2007, 318: 809–812

[44] Moore R Y, Speh J C, Leak R K. Suprachiasmatic nucleus organization. Cell Tissue Res, 2002. 309: 89–98

[45] Welsh D K, Logothetis D E, Meister M, et al. Individual neurons dissociated from rat suprachiasmatic nucleus express independently phased circadian firing rhythms. Neuron, 1995, 14: 697–706

[46] Honma S, Nakamura W, Shirakawa T, et al. Diversity in the circadian periods of single neurons of the rat suprachiasmatic nucleus depends on nuclear structure and intrinsic period. Neurosci Lett, 2004, 358: 173–176

[47] Goodwin B C. Oscillatory behavior in enzymatic control processes. Adv Enzyme Regul, 1965, 3: 425–438

[48] Garcia-Ojalvo J, Elowitz M B, Strogatz S H. Modeling a synthetic multicellular clock: repressilators coupled by quorum sensing. PNAS, 2004, 101: 10955–10960

[49] Antle M, Foley D, Foley N, et al. Gates and oscillators: a network model of the brain clock. J Bio Rhy, 2003, 18: 339–359

[50] Bush W, Siegelman H. Circadian synchrony in networks of protein rhythm driven neurons. Complexity, 2006, 12: 67–72

[51] Rougemont J, Naef F. Collective synchronization in populations of globally coupled phase oscillators with drifting frequencies. Phy Rev E, 2006, 73: 011104

[52] Antle M, Foley N, Foley D, et al. Gates and oscillators II: zeitgebers and the network model of the brain clock. J Bio Rhy, 2007, 22(1): 14–25

[53] Indic P, Schwartz W, Herzog E, et al. Modelling the behavior of coupled cellular ciecadian oscillators in the suprachiasmatic nucleus. J Bio Rhy, 2007, 22(3): 211–219
[54] Leise T, Siegelmann H. Dynamics of a multistage circadian system. J Bio Rhy, 2007, 21(3): 314–323
[55] To T, Henson M, Herzog E, et al. A molecular model for intercellular synchronization in the mammalian circadian clock. Biophys J, 2007, 92: 3792–3803
[56] Rougemont J, Naef F. Dynamical signatures of crllular fluctuations and oscillator stability in peripheral circadian clocks. Molecular Sys Bio, 2007, 3: 93
[57] Li Y, Liu Z R, Zhang J B, et al. Synchronization mechanisms of circadian rhythms in suprachiasmatic nucleus. IET Systems Biology, 2009, 3(2): 100–112
[58] Wang R, Li C, Chen L, et al. Modeling and analyzing biological oscillations in molecular networks. Proceedings of the IEEE, 2008, 96: 1361–1385
[59] Monte S D, d'Ovidio F, Danø S, et al. Dynamical quorum sensing: Population density encoded in cellular dynamics. Proc Natl Acad Sci U S A, 2007, 104: 18377–18381
[60] Gonze D, Bernard S, Waltermann C, et al. Spontaneous synchronization of coupled circadian oscillators. Biophys J, 2005, 89: 120–129
[61] Garcia-Ojalvo J, Elowitz M, Strogatz S H. Modeling a synthetic multicellular clock: Repressilators coupled by quorum sensing. Porc Natl Acad Sci, 2004, 101: 10955–10960
[62] McMillen D, Kopell N, Hasty J, et al. Synchronizing genetic relaxation oscillators by intercell signaling. Porc Natl Acad Sci, 2002, 99: 679–684
[63] Chen L, Wang R, Zhou T, et al. Noise-induced cooperative behavior in a multicell system. Bioinformatics, 2005, 21: 2722–2729
[64] Zhou, T, Chen L, Aihara K. Molecular communication through stochastic synchronization induced by extra cellular fluctuation. Phys Rev Lett, 2005, 95: 178103
[65] Zhou T S, Zhang J J, Yuan Z J, et al. Synchronization of genetic oscillators. Chaos, 2008, 18: 037126
[66] Wang R, Chen L, Aihara K. Synchronizing a multicellular system by external input: An artificial control strategy. Bioinformatics, 2006, 22: 1775–1781
[67] Kuznetsov A, Kærn M, Kopell N. Synchrony in a population of hysteresis-based genetic oscillators. SIAM J Appl Math, 2004, 65: 392–425
[68] Wang R, Chen L. Synchronizing genetic oscillators by signaling molecules. J Biol Rhythms, 2005, 20: 257–269
[69] Wang R, Li C, Chen L, et al. Modeling Biomolecular Networks in Cells: Structures and Dynamics. Tokyo Springer, 2010
[70] Ullner E, Zaikin A, Volkov E I, et al. Multistability and clustering in a population of synthetic genetic oscillators via phase-repulsive cell-to-cell communication. Phys Rev Lett, 2007, 99: 148103
[71] Li C, Chen L, Aihara K. Stochastic synchronization genetic oscillator networks. BMC Syst Biol, 2007, 1: 6
[72] Ma W, Trusina A, El-Samad H, et al. Defining network topologies that can achieve biochemical adaptation. Cell, 2009, 138: 760–773
[73] Sontag E D. Remarks on feedforward circuits, adaptation, and pulse memory. IET Syst Biol, 2010, 4: 39–51

[74] Cournac A, Sepulchre J A. Simple molecular networks that respond optimally to time-periodic stimulation. BMC Syst Biol, 2009, 3: 29

[75] Stelling J, Gilles E D, Doyle III F J. Robustness properties of circadian clock architectures. Proc Natl Acad Sci, 2004, 101: 13210–13215

[76] Mello B A, Tu Y. Perfect and near-perfect adaptation in a model of bacterial chemotaxis. Biophys J, 2003, 84: 2943–2956

[77] Barkai N, Leibler S. Robustness in simple biochemical networks, Nature, 1997, 387: 913–917